3시간쏙!
운전면허 필기 1·2종 공통 합격 전략

이것만 봐도 합격!

초요약 1시간컷 문장형 680제

발문 + 정답 한 줄 요약으로 1페이지 2분 순삭! 1시간이면 끝!

*611~680번은 제1종 대형·특수만 해당

다 읽을 필요 없다!

초간단 키워드

발문·정답·해설에 표시한 핵심 키워드만 봐도 합격!

정답이 보인다!

초고속 이미지 힌트

사진·일러스트·안전표지·동영상의 이미지 힌트로 320제 2시간!

문장형 1시간 + 사진·일러스트·안전표지·동영상 2시간!

3시간컷 초스피드 합격

핵심만 콕! 빠르게 외워지는 암기 특화 학습

1. 발문 + 정답만 담은 초압축 한 줄 요약

1시간컷 초요약 문장형 680제

틈날 때마다, 어디서든!
[초요약 1시간컷] PDF 추가 제공

sdedu.co.kr/book
로그인 ▶ 도서업데이트
▶ 제목 검색
[3시간쏙 초스피드 운전면허]

2. 발문·정답·해설 키워드 표시로 정답 각인!

003
시·도경찰청장이 발급한 국제운전면허증의 유효기간은 발급받은 날부터 몇 년인가?
① 1년
② 2년
③ 3년
④ 4년

해설 도로교통법 제98조에 따라 국제운전면허증의 유효기간은 발급받은 날부터 1년이다.

111
다음 중 회전교차로의 통행 방법으로 가장 적절한 2가지는?
① 회전교차로에서 이미 회전하고 있는 차량이 우선이다.
② 회전교차로에 진입하고자 하는 경우 신속히 진입한다.
③ 회전교차로 진입 시 비상점멸등을 켜고 진입을 알린다.
④ 회전교차로에서는 반시계 방향으로 주행한다.

해설 도로교통법 제25조의2(회전교차로 통행 방법)
① 모든 차의 운전자는 회전교차로에서는 반시계 방향으로 통행하여야 한다.
② 모든 차의 운전자는 회전교차로에 진입하려는 경우에는 서행하거나 일시정지하여야 하며, 이미 진행하고

3. 실제 시험처럼 최종 점검까지 완벽 대비! CBT 모의고사 3회분 제공

이미지만 봐도 푼다!
한눈에 외워지는 시각형 집중 학습

1 정답 힌트를 이미지에 직접 표시!

681
다음과 같은 상황에서 잘못된 통행 방법 2가지는?

☑ 도로 상황
- 편도 2차로의 교차로
- 신호등은 적색 등화
- 비보호 좌회전 표지
- 교차로 진입 전

③ 좌회전 화살표 등화가 없는 가로형 삼색등
④ 1차로에서 우회전 불가

979
다음 영상에서 운전자가 운전 중 예측되는 위험한 상황으로 발생 가능성이 가장 낮은 것은?

③ 전방 킥보드, 킥보드 일시정지는 예상 가능, 위험 X

➕ 동영상 문제에 QR코드 제공!

2 시험에 나오는 표지만 쏙! 안전표지 100 + 정답 초스피드 정리

차례

초요약 1시간컷 문장형 680제 (별책)

- 1시간컷 초요약 문장형 680제 ········· 01
- **특별부록** 초스피드 정리 안전표지 100 + 정답 한눈에 보기 ········· 28

초간단 키워드

01 | 문장형 680제 ········· 08
＊611~680번은 제1종 대형·특수만 해당

초고속 이미지 힌트

02 | 사진형 100제 ········· 170
03 | 일러스트형 85제 ········· 221
04 | 안전표지형 100제 ········· 266
05 | 동영상형 85제 ········· 295

CBT 모의고사 3회분
※ 실제 시험 출제 문항, 동일 구성

① QR코드 스캔 또는 URL 입력
② 로그인&검색창 옆 [쿠폰 입력하고 모의고사 받자] 클릭
③ 쿠폰번호 입력&마이페이지 내 [합격시대 모의고사] 클릭

www.sdedu.co.kr
/pass_sidae_new

CBT 모의고사 3회분 무료 쿠폰번호 ZBGH - 00000 - 13580

※ CBT 모의고사는 쿠폰 등록 후 30일 이내에 사용 가능합니다.

운전면허 취득 절차

1. 응시 전 교통안전교육
- 학과 시험 전까지 이수 완료해야 학과 시험 응시 가능
- **준비물**: 신분증
- **수강료**: 무료

3. 학과시험
- **준비물**: 응시 원서, 신분증, 6개월 이내 촬영한 컬러 사진 1매 (규격 3.5cm×4.5cm)
- 1·2종 대형/특수/보통: 10,000원
- 불합격 시 하루 뒤 재응시 가능

2. 신체 검사
- **준비물**: 신분증, 6개월 이내 촬영한 컬러 사진 1매 (규격 3.5cm×4.5cm)
- **시험장 내 신체 검사실**: 1종 대형/특수 7,000원, 기타 6,000원 (병원에서도 진행 가능)

운전면허 준비물·수수료 정보는 이걸로 끝!

4. 기능시험
- **준비물**: 응시 원서, 신분증
- **대리 접수**: 대리인·위임자 신분증 및 위임자의 위임장
- **대형/특수/1·2종 보통**: 25,000원
- 불합격 시 3일 후 재응시 가능

6. 도로주행시험
- **준비물**: 온라인 접수 또는 현장 예약 접수, 시험 당일 연습면허 발급·부착된 응시 원서, 신분증
- **제1·2종 보통**: 30,000원
- 불합격 시 3일 후 재응시 가능

Goal

운전면허증 발급
- **제1·2종 보통면허**: 연습면허 취득 후 도로주행시험에 합격한 자
- **기타 면허**: 학과시험, 장내기능시험에 합격한 자
- **구비 서류**: 최종 합격한 응시 원서, 신분증, 6개월 이내 촬영한 컬러 사진 1매(규격 3.5cm×4.5cm)
- **수수료**: 운전면허증 10,000원, 모바일 운전면허증 15,000원

 천천히 SLOW

5. 연습면허 발급
- 제1·2종 보통면허시험 응시자로 학과시험, 장내기능시험에 모두 합격한 자
- **준비물**: 응시 원서, 신분증
- **수수료**: 4,000원

※ 자세한 정보는 도로교통공단 안전운전 통합민원 참조
www.safedriving.or.kr/main.do

학과시험 절차·문항 구성
학과시험 정보

◯ 학과시험 절차

접수 방법	• 교통안전교육을 이수하고 신체 검사를 완료한 뒤 민원실에서 PC 학과시험 접수
합격 기준	• 1종 대형·특수·보통: 70점 이상 시 합격 • 2종 보통: 60점 이상 시 합격
시험 자격	• 1종 대형·특수: 19세 이상 1·2종 보통 면허 취득 후 1년 경과한 자 • 1·2종 보통: 18세 이상
시험 시간	• 40분(모든 면허 학과시험 시간 공통)
시험 유형/내용	• 시험 유형: 객관식(선다형, CBT 시험) • 내용: 안전 운전에 필요한 교통 법규 등 공개된 학과시험 문제은행 중 40문제 출제
결과 발표	• 시험 종료 즉시 컴퓨터 모니터에 획득 점수 및 합격 여부 표시 • 합격 또는 불합격 도장이 찍힌 응시 원서를 돌려받아 본인이 보관
주의 사항	• 학과시험 최초 응시일로부터 1년 이내 학과시험에 합격하여야 함 • 학과시험 합격일로부터 1년 이내 기능시험에 합격해야 함 • 1년 경과 시 기존 원서 폐기 후 학과시험부터 신규 접수하여야 하며 이때 교통안전교육 재수강은 불필요

◯ 학과시험 유형

항목	문장형		사진형	일러스트형	안전표지형	동영상형
문항별 (배점)	4지 1답 (2점)	4지 2답 (3점)	5지 2답 (3점)	5지 2답 (3점)	4지 1답 (2점)	4지 1답 (5점)
출제 문항 (40문항)	17	4	6	7	5	1
배점 (100점)	34	12	18	21	10	5

CBT 응시 방법 안내

컴퓨터로 응시! CBT 절차 정리

※ 아래 CBT 화면은 한국도로교통공단의 청각장애인을 위한 수어동영상 학과시험 프로그램으로 실제 시험 화면과 차이가 있을 수 있습니다.

1. 개인정보 확인

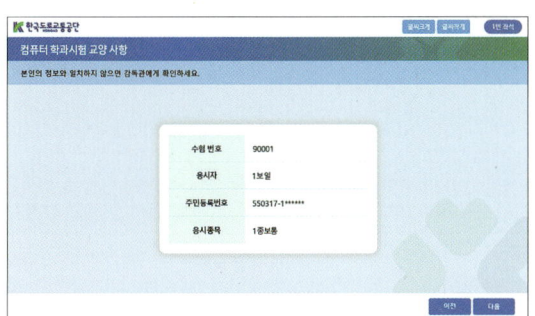

- 개인정보 수집에 동의하고, 수험 번호를 입력한 후 수험 번호, 성명, 주민등록번호, 응시 종목이 자신의 응시 정보와 맞는지 확인합니다.

2. 시험 응시

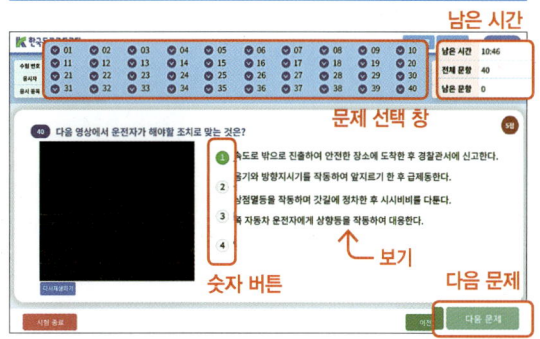

- 보기를 직접 클릭/터치하거나 숫자 버튼으로 정답을 선택하고, 우측 하단의 '다음 문제'를 클릭/터치합니다.
- 상단의 문제 선택 창을 누르면 원하는 문제로 돌아가 답을 다시 선택할 수 있습니다.
- 우측 상단에서 남은 시험 시간과 남은 문항 수를 확인합니다.

3. 시험 종료 및 성적 확인

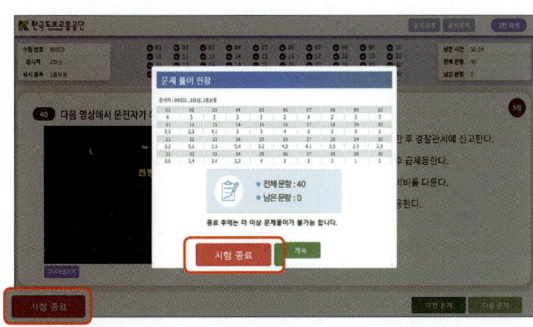

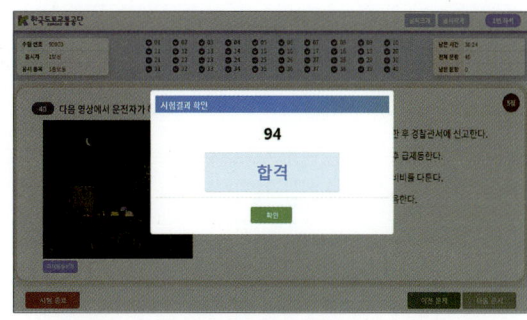

- 문제 풀이가 끝나면 좌측 하단 '시험 종료'와 시험 종료 안내창의 '시험 종료'를 클릭/터치합니다.
- 시험 종료 직후 합격/불합격 결과가 공개됩니다.
- 감독관에게 시험 결과 확인 도장을 받고 시험장에서 퇴실합니다.

어떤 길은 시작한 것만으로도,
다른 길이 펼쳐진다.

너의 시작을 옳게 만드는 노력,
그 단단한 걸음에 빛나는 길이 마중나올 것이니.

#시작의힘 #빛나는미래

초간단 키워드

발문·정답·해설에 표시된
초간단 키워드만 암기!

01 문장형 680제

문장형 680제

♦ 4지 1답: 2점   ♦ 4지 2답: 3점

001
다음 중 총중량 1.5톤 피견인 승용자동차를 4.5톤 화물자동차로 견인하는 경우 필요한 운전면허에 해당하지 않는 것은?

① 제1종 대형면허 및 소형견인차면허
② 제1종 보통면허 및 대형견인차면허
③ 제1종 보통면허 및 소형견인차면허
④ 제2종 보통면허 및 대형견인차면허

해설 도로교통법 시행규칙 별표18
총중량 750킬로그램을 초과하는 3톤 이하의 피견인자동차를 견인하기 위해서는 견인하는 자동차를 운전할 수 있는 면허와 소형견인차면허 또는 대형견인차면허를 가지고 있어야 한다.

002
도로교통법령상 운전면허증 발급에 대한 설명으로 옳지 않은 것은?

① 운전면허시험 합격일로부터 30일 이내에 운전면허증을 발급받아야 한다.
② 영문운전면허증을 발급받을 수 없다.
③ 모바일운전면허증을 발급받을 수 있다.
④ 운전면허증을 잃어버린 경우에는 재발급받을 수 있다.

해설 도로교통법 시행규칙 제77조~제81조, 도로교통법 시행규칙 제80조
운전면허증을 잃어버렸거나 헐어 못 쓰게 되었을 때에는 행정안전부령으로 정하는 바에 따라 시·도경찰청장에게 신청하여 다시 발급받을 수 있다.

003
시·도경찰청장이 발급한 국제운전면허증의 유효기간은 발급받은 날부터 몇 년인가?

① 1년
② 2년
③ 3년
④ 4년

해설 도로교통법 제98조에 따라 국제운전면허증의 유효기간은 발급받은 날부터 1년이다.

004
도로교통법상 승차정원 15인승의 긴급 승합자동차를 처음 운전하려고 할 때 필요한 조건으로 맞는 것은?

① 제1종 보통면허, 교통안전교육 3시간
② 제1종 특수면허(대형견인차), 교통안전교육 2시간
③ 제1종 특수면허(구난차), 교통안전교육 2시간
④ 제2종 보통면허, 교통안전교육 3시간

해설 도로교통법 시행규칙 별표18
승차정원 15인승의 승합자동차는 제1종 대형면허 또는 제1종 보통면허가 필요하고 긴급자동차 업무에 종사하는 사람은 도로교통법 시행령 제38조의2 제2항에 따른 신규(3시간) 및 정기 교통안전교육(2시간)을 받아야 한다.

005

도로교통법상 연습운전면허의 유효기간은?

① 받은 날부터 6개월
② 받은 날부터 1년
③ 받은 날부터 2년
④ 받은 날부터 3년

해설 도로교통법 제81조에 따라 연습운전면허는 그 면허를 받은 날부터 1년 동안 효력을 가진다.

006

도로교통법상 운전면허의 조건 부과 기준 중 운전면허증 기재 방법으로 바르지 않은 것은?

① A: 수동 변속기
② E: 청각 장애인 표지 및 볼록 거울
③ G: 특수 제작 및 승인차
④ H: 우측 방향지시기

해설 도로교통법 시행규칙 제54조(운전면허의 조건 등) 제3항에 의거, 운전면허 조건의 부과 기준은 별표20 A는 자동 변속기, B는 의수, C는 의족, D는 보청기, E는 청각 장애인 표지 및 볼록 거울, F는 수동 제동기·가속기, G는 특수 제작 및 승인차, H는 우측 방향지시기, I는 왼쪽 엑셀러레이터이며, 신체 장애인이 운전면허시험에 응시할 때 조건에 맞는 차량으로 시험에 응시 및 합격해야 하며, 합격 후 해당 조건에 맞는 면허증 발급

007

승차정원이 11명인 승합자동차로 총중량 780킬로그램의 피견인자동차를 견인하고자 한다. 운전자가 취득해야 하는 운전면허의 종류는?

① 제1종 보통면허 및 소형견인차면허
② 제2종 보통면허 및 제1종 소형견인차면허
③ 제1종 보통면허 및 구난차면허
④ 제2종 보통면허 및 제1종 구난차면허

해설 도로교통법 시행규칙 별표18 비고3, 총중량 750킬로그램을 초과하는 3톤 이하의 피견인자동차를 견인하기 위해서는 견인하는 자동차를 운전할 수 있는 면허와 제1종 소형견인차면허 또는 대형견인차면허를 가지고 있어야 한다.

008

운전면허 종류별 운전할 수 있는 차에 관한 설명으로 맞는 것 2가지는?

① 제1종 대형면허로 아스팔트살포기를 운전할 수 있다.
② 제1종 보통면허로 덤프트럭을 운전할 수 있다.
③ 제2종 보통면허로 250시시 이륜자동차를 운전할 수 있다.
④ 제2종 소형면허로 원동기장치자전거를 운전할 수 있다.

해설 도로교통법 시행규칙 별표18(운전할 수 있는 차의 종류)에 따라 덤프트럭은 제1종 대형면허, 배기량 125시시 초과 이륜자동차는 2종 소형면허가 필요하다.

009

승차정원이 12명인 승합자동차를 도로에서 운전하려고 한다. 운전자가 취득해야 하는 운전면허의 종류는?

① 제1종 대형견인차면허
② 제1종 구난차면허
③ 제1종 보통면허
④ 제2종 보통면허

해설 도로교통법 시행규칙 별표18, 제1종 보통면허로 승차정원 15명 이하의 승합자동차 운전 가능, ①, ②, ④는 승차정원 10명 이하의 승합자동차 운전 가능

010

다음 중 제2종 보통면허를 취득할 수 있는 사람은?

① 한쪽 눈은 보지 못하나 다른 쪽 눈의 시력이 0.5인 사람
② 붉은색, 녹색, 노란색의 색채 식별이 불가능한 사람
③ 17세인 사람
④ 듣지 못하는 사람

> **해설** 도로교통법 시행령 제45조 제1항 제1호 나목에 따라 제2종 운전면허는 18세 이상으로, 두 눈을 동시에 뜨고 잰 시력이 0.5 이상(다만, 한쪽 눈을 보지 못하는 사람은 다른 쪽 눈의 시력이 0.6 이상이어야 한다)의 시력이 있어야 한다. 또한 붉은색, 녹색 및 노란색의 색채 식별이 가능해야 하나 듣지 못해도 취득이 가능하다.

011

다음 중 도로교통법상 원동기장치자전거의 정의(기준)에 대한 설명으로 옳은 것은?

① 배기량 50시시 이하 – 최고정격출력 0.59킬로와트 이하
② 배기량 50시시 미만 – 최고정격출력 0.59킬로와트 미만
③ 배기량 125시시 이하 – 최고정격출력 11킬로와트 이하
④ 배기량 125시시 미만 – 최고정격출력 11킬로와트 미만

> **해설** 도로교통법 제2조 제19호 나목 정의 참조
> "원동기장치자전거"란 다음 각 목의 어느 하나에 해당하는 차를 말한다.
> 가. 「자동차관리법」 제3조에 따른 이륜자동차 가운데 배기량 125시시 이하(전기를 동력으로 하는 경우에는 최고정격출력 11킬로와트 이하)의 이륜자동차
> 나. 그 밖에 배기량 125시시 이하(전기를 동력으로 하는 경우에는 최고정격출력 11킬로와트 이하)의 원동기를 단 차(「자전거 이용 활성화에 관한 법률」 제2조 제1호의2에 따른 전기자전거 및 제21호의3에 따른 실외 이동 로봇은 제외한다)

012

다음 중 도로교통법상 제1종 대형면허 시험에 응시할 수 있는 기준은?(이륜자동차 운전 경력은 제외)

① 자동차의 운전 경력이 6개월 이상이면서 18세인 사람
② 자동차의 운전 경력이 1년 이상이면서 18세인 사람
③ 자동차의 운전 경력이 6개월 이상이면서 19세인 사람
④ 자동차의 운전 경력이 1년 이상이면서 19세인 사람

> **해설** 도로교통법 제82조 제1항 제6호에 따라 제1종 대형면허는 19세 미만이거나 자동차(이륜자동차는 제외한다)의 운전 경력이 1년 미만인 사람은 받을 수 없다.

013

도로교통법령상 해외 출국 시, 운전면허 적성검사 연기에 대한 설명으로 틀린 것은?

① 출국 전 적성검사 연기 신청서를 제출해야 한다.
② 출국 후에는 대리인이 대신하여 적성검사 연기 신청을 할 수 없다.
③ 적성검사 연기 신청 시, E-티켓과 같은 출국 사실을 증명할 수 있는 서류를 제출해야 한다.
④ 적성검사 연기 신청이 승인된 경우, 귀국 후 3개월 이내에 적성검사를 받아야 한다.

> **해설** ①, ③ 도로교통법 시행령 제55조(운전면허증 갱신 발급 및 정기 적성검사의 연기 등) 제1항
> ④ 도로교통법 시행령 제55조(운전면허증 갱신 발급 및 정기 적성검사의 연기 등) 제3항
> ② 도로교통법 시행규칙 제83조(운전면허증 갱신 발급 및 정기 적성검사의 연기) 제3항, 별지 제59호 서식

014

도로주행시험에 불합격한 사람은 불합격한 날부터 (　　)이 지난 후에 다시 도로주행시험에 응시할 수 있다. (　　)에 기준으로 맞는 것은?

① 1일　　② 3일
③ 5일　　④ 7일

> **해설** 도로교통법 시행령 제49조 제4항에 따라 도로주행시험에 불합격한 사람은 불합격한 날부터 3일이 지난 후에 다시 도로주행시험에 응시할 수 있다.

015

'착한운전 마일리지' 제도에 대한 설명으로 적절치 않은 2가지는?

① 교통 법규를 잘 지키고 이를 실천한 운전자에게 실질적인 인센티브를 부여하는 제도이다.
② 운전자가 정지 처분을 받게 될 경우 누산 점수에서 공제할 수 있다.
③ 범칙금이나 과태료 미납자도 마일리지 제도의 무위반·무사고 서약에 참여할 수 있다.
④ 서약 실천 기간 중에 교통사고를 유발하거나 교통법규를 위반하면 다시 서약할 수 없다.

> **해설** 도로교통법 시행규칙 별표 28
> 운전자가 정지 처분을 받게 될 경우 누산 점수에서 이를 공제할 수 있다. 운전면허를 소지한 누구나 마일리지 제도에 참여할 수 있지만, 범칙금이나 과태료 미납자는 서약할 수 없고 서약 실천 기간 중에 교통사고를 일으키거나 교통법규를 위반해도 다시 서약할 수 있다(운전면허 특혜 점수 부여에 관한 기준 고시).

016

원동기장치자전거 중 개인형 이동장치의 정의에 대한 설명으로 바르지 않은 것은?

① 오르막 각도가 25도 미만이어야 한다.
② 차체 중량이 30킬로그램 미만이어야 한다.
③ 자전거 등이란 자전거와 개인형 이동장치를 말한다.
④ 시속 25킬로미터 이상으로 운행할 경우 전동기가 작동하지 않아야 한다.

> **해설** 도로교통법 제2조 제19호의2, 자전거 이용 활성화에 관한 법률 제2조 제1호의2
> "개인형 이동장치"란 제19호 나목의 원동기장치자전거 중 시속 25킬로미터 이상으로 운행할 경우 전동기가 작동하지 아니하고 차체 중량이 30킬로그램 미만인 것으로서 행정안전부령으로 정하는 것을 말하며, 등판 각도는 규정되어 있지 않다.

017

도로교통법상 개인형 이동장치의 기준에 대한 설명이다. 바르게 설명된 것은?

① 원동기를 단 차 중 시속 20킬로미터 이상으로 운행할 경우 전동기가 작동하지 아니하여야 한다.
② 전동기의 동력만으로 움직일 수 없는(Pedal Assist System, PAS) 전기자전거를 포함한다.
③ 최고정격출력 11킬로와트 이하의 원동기를 단 차로 차체 중량이 35킬로그램 미만인 것을 말한다.
④ 차체 중량은 30킬로그램 미만이어야 한다.

> **해설** 도로교통법 제2조 제19호 나목
> 그 밖에 배기량 125시시 이하(전기를 동력으로 하는 경우에는 최고정격출력 11킬로와트 이하)의 원동기를 단 차(자전거 이용 활성화에 관한 법률 제2조 제1호의2에 따른 전기자전거 및 제21호의3에 따른 실외이동로봇은 제외한다)
> 19의2호 '개인형 이동장치'란 제19호 나목의 원동기장치자전거 중 시속 25킬로미터 이상으로 운행할 경우 전동기가 작동하지 아니하고 차체 중량이 30킬로그램 미만인 것으로서 행정안전부령으로 정하는 것을 말한다.
> * PAS(Pedal Assist System)형 전기자전거: 페달과 전동기의 동시 동력으로 움직이며 전동기의 동력만으로 움직일 수 없는 자전거
> * Throttle형 전기자전거: 전동기의 동력만으로 움직일 수 있는 자전거로서 법령상 '개인형 이동장치'로 분류한다.

018

다음 중 운전면허 취득 결격 기간이 2년에 해당하는 사유 2가지는?(벌금 이상의 형이 확정된 경우)

① 무면허 운전을 3회한 때
② 다른 사람을 위하여 운전면허시험에 응시한 때
③ 자동차를 이용하여 감금한 때
④ 정기 적성검사를 받지 아니하여 운전면허가 취소된 때

해설 자동차를 이용하여 감금한 때는 운전면허 취득 결격 기간이 1년이나 정기 적성검사를 받지 아니하여 운전면허가 취소된 때는 운전면허 취득 결격 기간이 없다.

019

도로교통법령상 영문운전면허증에 대한 설명으로 옳지 않은 것은?(제네바 협약 또는 비엔나 협약 가입국으로 한정)

① 영문운전면허증 인정 국가에서 운전할 때 별도의 번역 공증서 없이 운전이 가능하다.
② 영문운전면허증 인정 국가에서는 체류 기간에 상관없이 사용할 수 있다.
③ 영문운전면허증 불인정 국가에서는 한국운전면허증, 국제운전면허증, 여권을 지참해야 한다.
④ 운전면허증 뒤쪽에 영문으로 운전면허증의 내용을 표기한 것이다.

해설 영문운전면허증 안내(한국도로교통공단)
운전할 수 있는 기간이 국가마다 상이하며, 대부분 3개월 정도의 단기간만 허용하고 있으므로 장기 체류를 하는 경우 해당국 운전면허를 취득해야 한다.

020

도로교통법상 원동기장치자전거는 전기를 동력으로 하는 경우에는 최고정격출력 (　　) 이하의 이륜자동차이다. (　　)에 기준으로 맞는 것은?

① 11킬로와트　　② 9킬로와트
③ 5킬로와트　　④ 0.59킬로와트

해설 도로교통법 제2조(용어)
원동기장치자전거란 자동차관리법상 이륜자동차 가운데 배기량 125시시 이하(전기를 동력으로 하는 경우에는 최고정격출력 11킬로와트 이하)의 이륜자동차와 그 밖에 배기량 125시시 이하(전기를 동력으로 하는 경우에는 최고정격출력 11킬로와트 이하)의 원동기를 단 차

021

다음 중 도로교통법령상에서 규정하고 있는 "연석선" 정의로 맞는 것은?

① 차마의 통행 방향을 명확하게 구분하기 위한 선
② 자동차가 한 줄로 도로의 정하여진 부분을 통행하도록 한 선
③ 차도와 보도를 구분하는 돌 등으로 이어진 선
④ 차로와 차로를 구분하기 위한 선

해설 도로교통법 제2조(정의) 제4호

022

도로교통법상 개인형 이동장치와 관련된 내용으로 맞는 것은?

① 승차정원을 초과하여 운전할 수 있다.
② 운전면허를 반납한 65세 이상인 사람이 운전할 수 있다.
③ 13세 이상인 사람이 운전면허 취득 없이 운전할 수 있다.
④ 횡단보도에서 개인형 이동장치를 끌거나 들고 횡단하여야 한다.

해설 도로교통법 제13조의2 제6항
자전거 등의 운전자가 횡단보도를 이용하여 도로를 횡단할 때에는 자전거 등에서 내려서 자전거 등을 끌거나 들고 보행하여야 한다.

023
도로교통법령상, 고령자 면허 갱신 및 적성검사의 주기가 3년인 사람의 연령 기준으로 맞는 것은?

① 65세 이상 ② 70세 이상
③ 75세 이상 ④ 80세 이상

해설 도로교통법 제87조 제1항

024
다음은 도로교통법령상 운전면허증을 발급받으려는 사람의 본인 여부 확인 절차에 대한 설명이다. 틀린 것은?

① 주민등록증을 분실한 경우 주민등록증 발급 신청 확인서로 가능하다.
② 신분증명서 또는 지문 정보로 본인 여부를 확인할 수 없으면 시험에 응시할 수 없다.
③ 신청인의 동의 없이 전자적 방법으로 지문 정보를 대조하여 확인할 수 있다.
④ 본인 여부 확인을 거부하는 경우 운전면허증 발급을 거부할 수 있다.

해설 도로교통법 제87조의2, 도로교통법 시행규칙 제57조(운전면허시험 응시)
신분 증명서를 제시하지 못하는 사람은 신청인이 원하는 경우 전자적 방법으로 지문 정보를 대조하여 본인 확인을 할 수 있다.

025
다음 중 수소 대형 승합자동차(승차정원 35인승 이상)를 신규로 운전하려는 운전자에 대한 특별교육을 실시하는 기관은?

① 한국가스안전공사
② 한국산업안전공단
③ 한국도로교통공단
④ 한국도로공사

해설 고압가스 안전관리법 시행규칙 제51조 제1항 별표31

026
도로교통법상 교통 법규 위반으로 운전면허 효력 정지 처분을 받을 가능성이 있는 사람이 특별교통안전 권장교육을 받고자 하는 경우 누구에게 신청하여야 하는가?(음주운전 제외)

① 한국도로교통공단 이사장
② 주소지 지방자치단체장
③ 운전면허시험장장
④ 시·도경찰청장

해설 도로교통법 제73조(교통안전교육) 제3항
다음 각 호의 어느 하나에 해당하는 사람이 시·도경찰청장에게 신청하는 경우에는 대통령령으로 정하는 바에 따라 특별교통안전 권장교육을 받을 수 있다. 이 경우 권장교육을 받기 전 1년 이내에 해당 교육을 받지 아니한 사람에 한정한다.
1. 교통 법규 위반 등 제2항 제2호 및 제4호에 따른 사유 외의 사유로 인하여 운전면허 효력 정지 처분을 받게 되거나 받은 사람
2. 교통 법규 위반 등으로 인하여 운전면허 효력 정지 처분을 받을 가능성이 있는 사람
3. 제2항 제2호부터 제4호까지에 해당하여 제2항에 따른 특별교통안전 의무교육을 받은 사람
4. 운전면허를 받은 사람 중 교육을 받으려는 날에 65세 이상인 사람

027

도로교통법령상 한쪽 눈을 보지 못하는 사람이 제1종 보통면허를 취득하려는 경우 다른 쪽 눈의 시력이 (　　) 이상, 수평 시야가 (　　)도 이상, 수직 시야가 20도 이상, 중심 시야 20도 내 암점과 반맹이 없어야 한다. (　　) 안에 기준으로 맞는 것은?

① 0.5, 50
② 0.6, 80
③ 0.7, 100
④ 0.8, 120

해설 도로교통법 시행령 제45조(자동차 등의 운전에 필요한 적성의 기준)
다만, 한쪽 눈을 보지 못하는 사람이 제1종 보통운전면허를 취득하려는 경우 자동차 등의 운전에 필요한 적성의 기준에서 다른 쪽 눈의 시력이 0.8 이상이고 수평 시야가 120도 이상이며, 수직 시야가 20도 이상이고, 중심 시야 20도 내 암점과 반맹이 없어야 한다.

028

제1종 운전면허를 발급받은 65세 이상 75세 미만인 사람(한쪽 눈만 보지 못하는 사람은 제외)은 몇 년마다 정기 적성검사를 받아야 하나?

① 3년마다
② 5년마다
③ 10년마다
④ 15년마다

해설 도로교통법 87조 제1항 제1호
제1종 운전면허를 발급받은 65세 이상 75세 미만인 사람은 5년마다 정기 적성검사를 받아야 한다. 다만 한쪽 눈만 보지 못하는 사람으로서 제1종 면허 중 보통면허를 취득한 사람은 3년이다.

029

운전면허증을 시·도경찰청장에게 반납하여야 하는 사유 2가지는?

① 운전면허 취소의 처분을 받은 때
② 운전면허 효력 정지의 처분을 받은 때
③ 운전면허 수시 적성검사 통지를 받은 때
④ 운전면허의 정기 적성검사 기간이 6개월 경과한 때

해설 운전면허의 취소 처분을 받은 때, 운전면허의 효력 정지 처분을 받은 때, 운전면허증을 잃어버리고 다시 교부 받은 후 그 잃어버린 운전면허증을 찾은 때, 연습운전면허를 받은 사람이 제1종 보통운전면허 또는 제2종 보통운전면허를 받은 때에는 7일 이내에 주소지를 관할하는 시·도경찰청장에게 운전면허증을 반납하여야 한다.

030

다음 중 고압가스 안전관리법령상 수소자동차 운전자의 안전 교육(특별교육)에 대한 설명 중 잘못된 것은?

① 수소 승용자동차 운전자는 특별교육 대상이 아니다.
② 수소 대형 승합자동차(승차정원 36인승 이상) 신규 종사하려는 운전자는 특별교육 대상이다.
③ 수소자동차 운전자 특별교육은 한국가스안전공사에서 실시한다.
④ 여객자동차 운수사업법에 따른 대여 사업용 자동차를 임차하여 운전하는 운전자도 특별교육 대상이다.

해설 고압가스 안전관리법 시행규칙 제51조(안전 교육), 별표31에 따라 수소가스사용자동차 중 자동차관리법 시행규칙 별표1 제1호에 따른 대형 승합자동차 운전자로 신규 종사하려는 경우에는 특별교육을 이수하여야 한다. 여객자동차 운수사업에 따른 대여 사업용 자동차 종류는 승용자동차, 경형·소형·중형 승합자동차, 캠핑자동차이다.

031

다음 중 도로교통법령상 영문운전면허증을 발급받을 수 없는 사람은?

① 운전면허시험에 합격하여 운전면허증을 신청하는 경우
② 운전면허 적성검사에 합격하여 운전면허증을 신청하는 경우
③ 외국면허증을 국내면허증으로 교환 발급 신청하는 경우
④ 연습운전면허증으로 신청하는 경우

> **해설** 도로교통법 시행규칙 제78조(영문운전면허증의 신청 등)
> 연습운전면허 소지자는 영문운전면허증 발급 대상이 아니다.

032

도로교통법상 제2종 보통면허로 운전할 수 없는 차는?

① 구난자동차
② 승차정원 10인 미만의 승합자동차
③ 승용자동차
④ 적재 중량 2.5톤의 화물자동차

> **해설** 도로교통법 시행규칙 별표18(운전할 수 있는 차의 종류)

033

운전면허시험 부정행위로 그 시험이 무효로 처리된 사람은 그 처분이 있는 날부터 (　　)간 해당 시험에 응시하지 못한다. (　) 안에 기준으로 맞는 것은?

① 2년
② 3년
③ 4년
④ 5년

> **해설** 도로교통법 제84조의2(부정행위자에 대한 조치)
> 부정행위로 시험이 무효로 처리된 사람은 그 처분이 있는 날부터 2년간 해당 시험에 응시하지 못한다.

034

다음 중 도로교통법령상 운전면허증 갱신 발급이나 정기 적성검사의 연기 사유가 아닌 것은?

① 해외 체류 중인 경우
② 질병으로 인하여 거동이 불가능한 경우
③ 군인사법에 따른 육·해·공군 부사관 이상의 간부로 복무 중인 경우
④ 재해 또는 재난을 당한 경우

> **해설** 도로교통법 시행령 제55조 제1항
> 1. 해외에 체류 중인 경우
> 2. 재해 또는 재난을 당한 경우
> 3. 질병이나 부상으로 인하여 거동이 불가능한 경우
> 4. 법령에 따라 신체의 자유를 구속당한 경우
> 5. 군 복무 중(「병역법」에 따라 의무 경찰 또는 의무 소방원으로 전환 복무 중인 경우를 포함하고, 병으로 한정한다)이거나 「대체역의 편입 및 복무 등에 관한 법률」에 따라 대체 복무 요원으로 복무 중인 경우
> 6. 그 밖에 사회 통념상 부득이하다고 인정할 만한 상당한 이유가 있는 경우

035

도로교통법상 운전면허증 갱신 기간의 연기를 받은 사람은 그 사유가 없어진 날부터 (　　) 이내에 운전면허증을 갱신하여 발급받아야 한다. (　)에 기준으로 맞는 것은?

① 1개월
② 3개월
③ 6개월
④ 12개월

> **해설** 도로교통법 시행령 제55조 제3항
> 운전면허증 갱신 기간의 연기를 받은 사람은 그 사유가 없어진 날부터 3개월 이내에 운전면허증을 갱신하여 발급받아야 한다.

036

다음 수소자동차 운전자 중 고압가스 안전관리법령상 특별교육 대상으로 맞는 것은?

① 수소 승용자동차 운전자
② 수소 대형 승합자동차(승차정원 36인승 이상) 운전자
③ 수소화물자동차 운전자
④ 수소특수자동차 운전자

해설 고압가스 안전관리법 시행규칙 제51조 제1항 별표31

037

다음 중 도로교통법상 음주운전 방지 장치 부착 조건부 운전면허를 받은 운전자 등의 준수 사항에 대한 설명으로 맞는 것은?

① 음주운전 방지 장치가 설치된 자동차 등을 시·도경찰청에 등록하지 아니하고 운전한 경우에는 면허가 정지된다.
② 음주운전 방지 장치가 설치되지 아니하거나 설치 기준에 부합하지 아니한 음주운전 방지 장치가 설치된 자동차 등을 운전한 경우 1개월 내 시정조치 명령을 한다.
③ 음주운전 방지 장치의 정비를 위해 해체·조작 또는 그 밖의 방법으로 효용이 떨어진 것을 알면서 해당 장치가 설치된 자동차 등을 운전한 경우에는 면허가 정지된다.
④ 음주운전으로 인한 면허 결격 기간 이후 방지 장치 부착 차량만 운전가능한 면허를 취득한 때부터 장치를 부착한 차량만 운행할 수 있다.

해설 도로교통법 제50조의3 음주운전 방지 장치 부착 조건부 운전면허를 받은 운전자 등의 준수 사항, 같은 법 제93조(운전면허의 취소·정지) 제1항
음주운전 방지 장치가 설치된 자동차 등을 시·도경찰청에 등록하지 아니하고 운전한 경우에는 면허가 취소된다(제21호).
음주운전 방지 장치가 설치되지 아니하거나 설치 기준에 부합하지 아니한 음주운전 방지 장치가 설치된 자동차 등을 운전한 경우 면허가 취소된다(제22호).
음주운전 방지 장치의 정비를 위해 해체·조작 또는 그 밖의 방법으로 효용이 떨어진 것을 알면서 해당 장치가 설치된 자동차 등을 운전한 경우에는 면허가 취소된다(제23호).

038

운전자가 가짜 석유 제품임을 알면서 차량 연료로 사용할 경우 처벌 기준은?

① 과태료 5만원~10만원
② 과태료 50만원~1백만원
③ 과태료 2백만원~2천만원
④ 처벌되지 않는다.

해설 석유 및 석유대체연료 사업법 시행령 별표6(과태료 시행 기준)
가짜 석유 제품임을 알면서 차량 연료로 사용할 경우 사용량에 따라 2백만원에서 2천만원까지 과태료가 부과될 수 있다.

039

다음 중 전기자동차 충전 시설에 대해서 틀린 것은?

① 공용 충전기란 휴게소·대형 마트·관공서 등에 설치되어 있는 충전기를 말한다.
② 전기차의 충전 방식으로는 교류를 사용하는 완속 충전 방식과 직류를 사용하는 급속 충전 방식이 있다.
③ 공용 충전기는 사전 등록된 차량에 한하여 사용이 가능하다.
④ 본인 소유의 부지를 가지고 있을 경우 개인용 충전 시설을 설치할 수 있다.

해설 한국전기설비규정(KEC) 241.17
전기자동차 전원 설비, 공용 충전기는 전기자동차를 가지고 있는 운전자라면 누구나 이용 가능하다.

040

가짜 석유를 주유했을 때 자동차에 발생할 수 있는 문제점이 아닌 것은?

① 연료 공급 장치 부식 및 파손으로 인한 엔진 소음 증가
② 연료를 분사하는 인젝터 파손으로 인한 출력 및 연비 감소
③ **윤활성 상승으로 인한 엔진 마찰력 감소로 출력 저하**
④ 연료를 공급하는 연료 고압 펌프 파손으로 시동 꺼짐

해설 가짜 석유를 자동차 연료로 사용하였을 경우, 윤활성 저하로 인한 마찰력 증가로 연료 고압 펌프 및 인젝터 파손이 발생할 수 있다.

041

자동차에 승차하기 전 주변 점검 사항으로 맞는 2가지는?

① **타이어 마모 상태**
② **전·후방 장애물 유무**
③ 운전석 계기판 정상 작동 여부
④ 브레이크 페달 정상 작동 여부

해설 운전석 계기판 및 브레이크 페달 정상 작동 여부는 승차 후 운전석에서의 점검 사항이다.

042

일반적으로 무보수(Maintenance Free, MF)배터리 수명이 다한 경우, 점검창에 나타나는 색깔은?

① 황색　　　　　　② **백색**
③ 검은색　　　　　④ 녹색

해설 일반적으로 무보수(Maintenance Free, MF)배터리는 정상인 경우 녹색(청색), 전해액의 비중이 낮다는 의미의 검은색은 충전 및 교체, 백색(적색)은 배터리 수명이 다한 경우를 말한다.

043

다음 중 차량 연료로 사용될 경우, 가짜 석유 제품으로 볼 수 없는 것은?

① 휘발유에 메탄올이 혼합된 제품
② 보통 휘발유에 고급 휘발유가 약 5% 미만으로 혼합된 제품
③ 경유에 등유가 혼합된 제품
④ **경유에 물이 약 5% 미만으로 혼합된 제품**

해설 석유 및 석유대체연료 사업법에서 규정한 가짜 석유 제품이란 석유 제품에 다른 석유 제품(등급이 다른 석유 제품 포함) 또는 석유 화학 제품 등을 혼합하는 방법으로 차량 연료로 사용할 목적으로 제조된 것을 말하며, 혼합량에 따른 별도 적용 기준은 없으므로 소량을 혼합해도 가짜 석유 제품으로 볼 수 있다. 가짜 석유 제품 또는 적법한 용도를 벗어난 연료 사용은 차량 이상으로 이어져 교통사고 및 유해 배출 가스 증가로 인한 환경 오염 등을 유발한다. 휘발유, 경유 등에 물과 침전물이 유입되는 경우 품질 부적합 제품으로 본다.

044

수소 가스 누출을 확인할 수 있는 방법이 아닌 것은?

① 가연성 가스 검지기 활용 측정
② 비눗물을 통한 확인
③ 가스 냄새를 맡아 확인
④ 수소 검지기로 확인

> **해설** 수소자동차 충전소 시공 매뉴얼, p.12. 한국가스안전공사
> 수소는 지구에서 가장 가벼운 원소로 무색, 무미, 무독한 특징을 가지고 있다. 또한 수소와 비슷한 확산 속도를 가진 부취제가 없어 누출 감지가 어려운 가스이다.

045

수소 차량의 안전 수칙으로 틀린 것은?

① 충전하기 전 차량의 시동을 끈다.
② 충전소에서 흡연은 차량에서 떨어져서 한다.
③ 수소 가스가 누설할 때에는 충전소 안전 관리자에게 안전 점검을 요청한다.
④ 수소 차량의 충돌 등 교통사고 후에는 가스 안전 점검을 받은 후 사용한다.

> **해설** 수소자동차 충전 시설 유지관리 매뉴얼, p.21.
> 일반적인 주의 사항으로는 1) 충전소 주변은 절대 금연, 2) 방폭형 전기설비 사용, 3) 가스 설비실 내 휴대전화 사용 금지, 4) 충전소 내 차량 제한 속도 10km 이하, 5) 매뉴얼 숙지 전 장비 작동 금지, 6) 충전소는 교육된 인원에 의해서만 사용 및 유지 보수되어야 함, 7) 매뉴얼에 언급된 사항 및 고압가스 안전관리법에 따라 운영할 것, 8) 불안전한 상황에서 장비 작동 금지, 9) 안전 관련 설비가 제대로 작동하지 않는 상태에서는 운전을 금지하고, 안전 관련 설비를 무시하고 운전하지 말 것, 10) 운전 및 유지 보수 관련 절차 준수, 11) 매뉴얼에 설명된 압력 범위 내에서만 운전할 것

046

다음 중 수소 차량에서 누출을 확인하지 않아도 되는 곳은?

① 밸브와 용기의 접속부
② 조정기
③ 가스 호스와 배관 연결부
④ 연료 전지 부스트 인버터

> **해설** 전장 장치는 연료 전지 스택으로부터 출력된 DC를 AC로 변환하는 인버터와 제동 시 발생하는 전기를 저장하기 위한 슈퍼 커패시터 및 이차 전지 등으로 구성된다. 전력 변환 장치는 스택으로부터 얻어지는 DC 전력을 모터 구성 전압 수준으로 변환하거나 고전류의 AC 구동 모터를 구동 및 제어하기 위해 DC 전력을 AC 전력으로 변환하고 차량 내 각종 전자 기기들을 구동하기 위한 전압으로 전환하는 역할을 한다.

047

전기차 충전을 위한 올바른 방법으로 적절하지 않은 것은?

① 충전할 때는 규격에 맞는 충전기와 어댑터를 사용한다.
② 충전 중에는 충전 커넥터를 임의로 분리하지 않고 충전 종료 버튼으로 종료한다.
③ 젖은 손으로 충전기 사용을 하지 않고 충전 장치에 물이 들어가지 않도록 주의한다.
④ 휴대용 충전기를 이용하여 충전할 경우 가정용 멀티탭이나 연장선을 사용한다.

> **해설** 전기차 충전을 위해 규격에 맞지 않는 멀티탭이나 연장선 사용 시 고전력으로 인한 화재 위험성이 있다.

048

법령상 **자동차의 등화 종류와 그 등광색**을 연결한 것으로 맞는 것은?

① 후퇴등 – 호박색
② 번호등 – 청색
③ 후미등 – 백색
④ 제동등 – 적색

> **해설** 등광색은 후퇴등·번호등은 백색이고(자동차 및 자동차부품의 성능과 기준에 관한 규칙 제39조, 제41조), 후미등·제동등은 적색이다(동 규칙 제42조, 제43조).

049

LPG차량의 연료 특성에 대한 설명으로 적당하지 **않**은 것은?

① 일반적인 상온에서는 기체로 존재한다.
② 차량용 LPG는 독특한 냄새가 있다.
③ 일반적으로 공기보다 가볍다.
④ 폭발 위험성이 크다.

> **해설** 끓는점이 낮아 일반적인 상온에서 기체 상태로 존재한다. 압력을 가해 액체 상태로 만들어 압력 용기에 보관하며 가정용, 자동차용으로 사용한다. 일반 공기보다 무겁고 폭발 위험성이 크다. LPG 자체는 무색무취이지만 차량용 LPG에는 특수한 향을 섞어 누출 여부를 확인할 수 있도록 하고 있다.

050

자동차의 **제동력을 저하**하는 **원인**으로 가장 거리가 **먼** 것은?

① 마스터 실린더 고장
② 휠 실린더 불량
③ 릴리스 포크 변형
④ 베이퍼 록 발생

> **해설** 릴리스 포크는 릴리스 베어링 칼라에 끼워져 릴리스 베어링에 페달의 조작력을 전달하는 작동을 한다.

051

주행 보조 장치가 장착된 자동차의 운전 방법으로 바르지 **않**은 것은?

① 주행 보조 장치를 사용하는 경우 주행 보조 장치 작동 유지 여부를 수시로 확인하며 주행한다.
② 운전 개입 경고 시 주행 보조 장치가 해제될 때까지 기다렸다가 개입해야 한다.
③ 주행 보조 장치의 일부 또는 전체를 해제하는 경우 작동 여부를 확인한다.
④ 주행 보조 장치가 작동되고 있더라도 즉시 개입할 수 있도록 대기하면서 운전한다.

> **해설** 운전 개입 경고 시 즉시 개입하여 운전해야 한다.

052

자동차를 안전하고 편리하게 주행할 수 있도록 보조해 주는 기능에 대한 설명으로 **잘못**된 것은?

① LFA(Lane Following Assist)는 "차로 유지 보조" 기능으로 자동차가 차로 중앙을 유지하며 주행할 수 있도록 보조해 주는 기능이다.
② ASCC(Adaptive Smart Cruise Control)는 "차간거리 및 속도 유지" 기능으로 운전자가 설정한 속도로 주행하면서 앞차와의 거리를 유지하여 스스로 가·감속을 해주는 기능이다.
③ ABSD(Active Blind Spot Detection)는 "사각지대 감지" 기능으로 사각지대의 충돌 위험을 감지해 안전한 차로 변경을 돕는 기능이다.
④ AEB(Autonomous Emergency Braking)는 "자동긴급제동" 기능으로 브레이크 제동 시 타이어가 잠기는 것을 방지하여 제동거리를 줄여주는 기능이다.

해설 안전을 위한 첨단 자동차 기능으로 LFA, ASCC, ABSD, AEB 등 다양한 기능이 있으며 자동차 구입 옵션에 따라 운전자가 선택할 수 있는 부분이 있으며, 운전 중 필요에 따라 일정 부분 기능 해제도 운전자가 선택할 수 있도록 되어 있다. AEB는 운전자가 위험 상황 발생 시 브레이크 작동을 하지 않거나 약하게 브레이크를 작동하여 충돌을 피할 수 없을 경우 시스템이 자동으로 긴급제동을 하는 기능이다. 보기 ④는 ABS에 대한 설명이다.

자율주행자동차 상용화 촉진 및 지원에 관한 법률 제2조 제1항 제2호
"자율주행시스템"이란 운전자 또는 승객의 조작 없이 주변 상황과 도로 정보 등을 스스로 인지하고 판단하여 자동차를 운행할 수 있게 하는 자동화 장비, 소프트웨어 및 이와 관련한 모든 장치를 말한다.

053

자율주행시스템과 관련된 법령의 내용으로 **틀린** 것은?

① 도로교통법상 "운전"에는 도로에서 차마를 그 본래의 사용 방법에 따라 자율주행시스템을 사용하는 것은 포함되지 않는다.
② 운전자가 자율주행시스템을 사용하여 운전하는 경우에는 휴대전화 사용 금지 규정을 적용하지 아니한다.
③ 자율주행시스템의 직접 운전 요구에 지체 없이 대응하지 아니한 자율 주행 승용자동차의 운전자에 대한 범칙금액은 4만원이다.
④ "자율주행시스템"이란 운전자 또는 승객의 조작 없이 주변 상황과 도로 정보 등을 스스로 인지하고 판단하여 자동차를 운행할 수 있게 하는 자동화 장비, 소프트웨어 및 이와 관련한 모든 장치를 말한다.

해설 도로교통법 제2조 제26호, 제56조의2, 도로교통법 시행령 별표8. 38의3조
"운전"이란 도로에서 차마 또는 노면 전차를 그 본래의 사용 방법에 따라 사용하는 것(조종 또는 자율주행시스템을 사용하는 것을 포함한다)을 말한다.
완전 자율주행시스템에 해당하지 아니하는 자율주행시스템을 갖춘 자동차의 운전자는 자율주행시스템의 직접 운전 요구에 지체 없이 대응하여 조향 장치, 제동 장치 및 그 밖의 장치를 직접 조작하여 운전하여야 한다.
운전자가 자율주행시스템을 사용하여 운전하는 경우에는 제49조 제1항 제10호, 제11호 및 제11호의2의 규정을 적용하지 아니한다.

054

다음 중 **수소자동차의 주요 구성품**이 **아닌** 것은?

① 연료 전지   ② 구동 모터
③ 엔진   ④ 배터리

해설 수소자동차의 작동 원리: 수소 저장 용기에 저장된 수소를 연료 전지 시스템에 공급하여 연료 전지 스택에서 산소와 수소의 화학 반응으로 전기를 생성한다. 생성된 전기는 모터를 구동시켜 자동차를 움직이거나, 주행상태에 따라 배터리에 저장된다.
엔진은 내연기관 자동차의 구성품이다.

055

자동차 내연기관의 크랭크축에서 발생하는 회전력(순간적으로 내는 힘)을 무엇이라 하는가?

① 토크   ② 연비
③ 배기량   ④ 마력

해설 ② 1리터의 연료로 주행할 수 있는 거리이다.
③ 내연기관에서 피스톤이 움직이는 부피이다.
④ 75킬로그램의 무게를 1초 동안에 1미터 이동하는 일의 양이다.

056

자율주행자동차 상용화 촉진 및 지원에 관한 법령상 **자율주행자동차**에 대한 설명으로 **잘못**된 것은?

① 자율주행자동차의 종류는 완전자율주행자동차와 부분자율주행자동차로 구분할 수 있다.
② 완전자율주행자동차는 자율주행시스템만으로 운행할 수 있어 운전자가 없거나 운전자 또는 승객의 개입이 필요하지 아니한 자동차를 말한다.
③ 부분자율주행자동차는 자율주행시스템만으로 운행할 수 없거나 운전자가 지속적으로 주시할 필요가 있는 등 운전자 또는 승객의 개입이 필요한 자동차를 말한다.
④ 자율주행자동차는 승용자동차에 한정되어 적용하고, 승합자동차나 화물자동차는 이 법이 적용되지 않는다.

> **해설** 자율주행자동차 상용화 촉진 및 지원에 관한 법률 제2조 제2항
> 1. 부분자율주행자동차: 자율주행시스템만으로는 운행할 수 없거나 운전자가 지속적으로 주시할 필요가 있는 등 운전자 또는 승객의 개입이 필요한 자율주행자동차
> 2. 완전자율주행자동차: 자율주행시스템만으로 운행할 수 있어 운전자가 없거나 운전자 또는 승객의 개입이 필요하지 아니한 자율주행자동차
> ④ 자율주행자동차는 승용자동차에 한정되지 않고 승합자동차 또는 화물자동차에도 적용된다(2020. 5. 1. 시행 법령 기준이며, 문제의 정답에는 변동 없음).

057

전기자동차 관리 방법으로 옳지 **않은** 2가지는?

① 비사업용 승용자동차의 자동차 검사 유효기간은 6년이다.
② 장거리 운전 시에는 사전에 배터리를 확인하고 충전한다.
③ 충전 직후에는 급가속, 급정지를 하지 않는 것이 좋다.
④ 열선 시트, 열선 핸들보다 공기 히터를 사용하는 것이 효율적이다.

> **해설** ① 신조차를 제외하고 비사업용 승용자동차의 자동차검사 유효기간은 2년이다(자동차관리법 시행규칙 별표15의2).
> ② 배터리 잔량과 이동 거리를 고려하여 주행 중 방전되지 않도록 한다.
> ③ 충전 직후에는 배터리 온도가 상승한다. 이때 급가속, 급정지의 경우 전기 에너지를 많이 소모하므로 배터리 효율을 저하시킨다.
> ④ 내연기관이 없는 전기자동차의 경우, 히터 작동에 많은 전기 에너지를 사용한다. 따라서 열선 시트, 열선 핸들을 사용하는 것이 좋다.

058

도로교통법령상 **자동차**(단, 어린이통학버스 제외) **창유리 가시광선 투과율의 규제**를 받는 것은?

① 뒷좌석 옆면 창유리
② 앞면, 운전석 좌우 옆면 창유리
③ 앞면, 운전석 좌우, 뒷면 창유리
④ 모든 창유리

> **해설** 자동차의 앞면 창유리와 운전석 좌우 옆면 창유리의 가시광선(可視光線)의 투과율이 대통령령으로 정하는 기준보다 낮아 교통안전 등에 지장을 줄 수 있는 차를 운전하지 아니해야 한다.

059

자동차관리법령상 **승용자동차는 몇 인 이하를 운송하기에 적합하게 제작된 자동차**인가?

① 10인
② 12인
③ 15인
④ 18인

> **해설** 승용자동차는 10인 이하를 운송하기에 적합하게 제작된 자동차이다.

060

자동차관리법령상 비사업용 신규 승용자동차의 최초 검사 유효기간은?

① 1년   ② 2년
③ 4년   ④ 5년

> **해설** 자동차관리법 시행규칙 별표15의2
> 비사업용 승용자동차의 최초 검사 유효기간은 5년이다.

061

자동차관리법상 자동차의 종류로 맞는 2가지는?

① 건설 기계   ② 화물자동차
③ 경운기   ④ 특수자동차

> **해설** 자동차관리법상 자동차는 승용자동차, 승합자동차, 화물자동차, 특수자동차, 이륜자동차가 있다.

062

비사업용 및 대여 사업용 전기자동차와 수소연료전지자동차(하이브리드자동차 제외) 전용 번호판 색상으로 맞는 것은?

① 황색 바탕에 검은색 문자
② 파란색 바탕에 검은색 문자
③ 감청색 바탕에 흰색 문자
④ 보랏빛 바탕에 검은색 문자

> **해설** 자동차 등록 번호판 등의 기준에 관한 고시(국토교통부 고시 제2017-245호 2017. 4. 18. 일부개정)
> 1. 비사업용
>   가. 일반용(SOFA자동차, 대여사업용 자동차 포함): 분홍빛 흰색 바탕에 보랏빛 검은색 문자
>   나. 외교용(외교, 영사, 준외, 준영, 국기, 협정, 대표): 감청색 바탕에 흰색 문자
> 2. 자동차 운수 사업용: 황색 바탕에 검은색 문자
>   ② 이륜자동차 번호판: 흰색 바탕에 청색 문자
>   ⑤ 전기자동차 번호판: 파란색 바탕에 검은색 문자

063

다음 차량 중 하이패스차로 이용이 불가능한 차량은?

① 적재 중량 16톤 덤프트럭
② 서울과 수원을 운행하는 2층 좌석 버스
③ 단차로인 경우, 차폭이 3.7m인 소방 차량
④ 10톤 대형 구난 차량

> **해설** 하이패스차로는 단차로 차폭 3.0m, 다차로 차폭 3.6m이다.

064

자동차관리법령상 비사업용 소형 승합자동차(2001년 이후 등록된 차령이 4년 초과)의 검사 유효기간으로 맞는 것은?

① 6개월   ② 1년
③ 2년   ④ 4년

> **해설** 자동차관리법 시행규칙 별표15의2
> 비사업용 경형·소형 승합자동차의 검사 유효기간(차령 4년 초과)은 1년이다.

065

자동차관리법령상 비사업용 소형 화물자동차(차령이 4년 이하)의 검사 유효기간으로 맞는 것은?

① 6개월   ② 1년
③ 2년   ④ 4년

> **해설** 자동차관리법 시행규칙 별표15의2
> 비사업용 경형·소형 화물자동차의 검사 유효기간(차령 4년 이하)은 2년이다.

066
자동차관리법령상 신차 구입 시 임시 운행 허가 유효기간의 기준은?

① 10일 이내   ② 15일 이내
③ 20일 이내   ④ 30일 이내

> **해설** 자동차관리법 시행령 제7조 제2항 제1호 임시 운행 허가 유효기간은 10일 이내이다.

067
다음 중 자동차관리법령에 따른 **자동차 변경등록 사유가 아닌** 것은?

① 자동차의 사용 본거지를 변경한 때
② 자동차의 차대 번호를 변경한 때
③ 소유권이 변동된 때
④ 법인의 명칭이 변경된 때

> **해설** 자동차등록령 제22조, 제26조
> 자동차 소유권의 변동이 된 때에는 이전등록을 하여야 한다.

068
자율주행자동차 운전자의 마음가짐으로 바르지 않은 것은?

① 자율주행자동차이므로 술에 취한 상태에서 운전해도 된다.
② 과로한 상태에서 자율주행자동차를 운전하면 아니 된다.
③ 자율주행자동차라 하더라도 향정신성 의약품을 복용하고 운전하면 아니 된다.
④ 자율주행자동차의 운전 중에 휴대용 전화 사용이 가능하다.

> **해설** 도로교통법 제44조 제1항(술에 취한 상태에서의 운전 금지) 누구든지 술에 취한 상태에서 자동차 등, 노면 전차 또는 자전거를 운전하여서는 아니 된다.
> 제45조(과로한 때 등의 운전 금지) 자동차 등 또는 노면 전차의 운전자는 술에 취한 상태 외에 과로, 질병, 또는 약물(마약, 대마, 향정신성 의약품 등)의 영향과 그 밖의 사유로 정상적으로 운전하지 못할 우려가 있는 상태에서 자동차 등 또는 노면 전차를 운전하여서는 아니 된다(2006. 6. 1. 시행 법령 기준이며 정답에는 변동 없음).
> 제56조의2(자율주행자동차 운전자의 준수사항 등) 제2항 운전자가 자율주행시스템을 사용하여 운전하는 경우에는 제49조(모든 운전자의 준수 사항 등) 제1항 제10호(휴대용 전화 사용 금지), 제11호(영상 표시 장치 시청 금지) 및 제11호의2(영상 표시 장치 조작 금지)의 규정을 적용하지 아니한다.

069
화물자동차 운수사업법에 따른 **화물자동차 운송 사업자는** 관련 법령에 따라 **운행 기록 장치에 기록된 운행 기록을 (   ) 동안 보관하여야 한다.** (   ) 안에 기준으로 맞는 것은?

① 3개월   ② 6개월
③ 1년   ④ 2년

> **해설** 교통안전법 시행령 제45조 제2항
> 교통안전법상 6개월 동안 보관하여야 한다.

070
자동차관리법령상 **자동차를 이전등록하고자 하는 자는 매수한 날부터 (   ) 이내에 등록**해야 한다. (   )에 기준으로 맞는 것은?

① 15일   ② 20일
③ 30일   ④ 40일

> **해설** 자동차를 매수한 날부터 15일 이내 이전등록해야 한다.

071

자동차관리법령상 자동차의 정기 검사의 기간은 검사 유효기간 만료일 전 ( )일부터 후 ( )일까지다. ( )에 기준으로 맞는 것은?

① 90일, 31일
② 80일, 41일
③ 60일, 51일
④ 50일, 61일

해설 자동차관리법 시행규칙 제77조 제2항
정기 검사의 기간은 검사 유효기간 만료일(제75조의 규정에 의하여 검사 유효기간을 연장 또는 유예한 경우에는 그 만료일을 말한다) 전 90일부터 후 31일까지로 하며, 이 기간 내에 정기 검사에서 적합 판정을 받은 경우에는 검사 유효기간 만료일에 정기 검사를 받은 것으로 본다.

072

자동차손해배상 보장법상 의무 보험에 가입하지 않은 자동차 보유자의 처벌 기준으로 맞는 것은?(자동차 미운행)

① 300만원 이하의 과태료
② 500만원 이하의 과태료
③ 1년 이하의 징역 또는 1천만원 이하의 벌금
④ 2년 이하의 징역 또는 2천만원 이하의 벌금

해설 자동차손해배상 보장법 제48조(과태료)
③ 다음 각 호의 어느 하나에 해당하는 자에게는 300만원 이하의 과태료를 부과한다.
  1. 제5조 제1항부터 제3항까지의 규정에 따른 의무 보험에 가입하지 아니한 자
제46조(벌칙)
② 다음 각 호의 어느 하나에 해당하는 자는 1년 이하의 징역 또는 1천만원 이하의 벌금에 처한다.
  2. 제8조 본문을 위반하여 의무 보험에 가입되어 있지 아니한 자동차를 운행한 자동차 보유자
  (2021. 7. 27. 시행 법령 기준이며, 정답에는 변동 없음)

073

자동차관리법령상 자동차 소유권이 상속 등으로 변경될 경우에 해야 하는 등록은?

① 신규등록
② 이전등록
③ 변경등록
④ 말소등록

해설 자동차관리법 제12조
자동차 소유권이 매매, 상속, 공매, 경매 등으로 변경될 경우 양수인이 법정 기한 내 소유권의 이전등록을 해야 한다.

074

자동차관리법령상 자동차 소유자가 받아야 하는 자동차 검사의 종류가 아닌 것은?

① 수리검사
② 특별검사
③ 튜닝검사
④ 임시검사

해설 자동차관리법 제43조(자동차 검사)
자동차 소유자는 국토교통부장관이 실시하는 신규 검사, 정기 검사, 튜닝 검사, 임시 검사, 수리 검사를 받아야 한다.

075

다음 중 자동차를 매매한 경우 이전등록 담당 기관은?

① 한국도로교통공단
② 시·군·구청
③ 한국교통안전공단
④ 시·도경찰청

해설 자동차관리법 제8조 제1항
자동차 등록에 관한 사무는 시·군·구청이 담당한다.

076
자동차 등록의 종류가 **아닌 것 2가지**는?

① 경정등록
② 권리등록 ✓
③ 설정등록 ✓
④ 말소등록

> **해설** 자동차등록령 제3조
> 자동차 등록은 신규, 변경, 이전, 말소, 압류, 저당권, 경정, 예고등록이 있고, 특허등록은 권리등록, 설정등록 등이 있다.

077
자동차(단, 어린이통학버스 제외) **앞면 창유리의 가시광선 투과율 기준**으로 맞는 것은?

① 40퍼센트
② 50퍼센트
③ 60퍼센트
④ 70퍼센트 ✓

> **해설** 도로교통법 시행령 제28조에 따라 자동차 창유리 가시광선 투과율의 기준은 앞면 창유리의 경우 70퍼센트, 운전석 좌우 옆면 창유리의 경우 40퍼센트이어야 한다.

078
주행 중 **브레이크가 작동되는 운전 행동 과정**을 올바른 순서로 연결한 것은?

① 위험 인지 → 상황 판단 → 행동 명령 → 브레이크 작동 ✓
② 위험 인지 → 행동 명령 → 상황 판단 → 브레이크 작동
③ 상황 판단 → 위험 인지 → 행동 명령 → 브레이크 작동
④ 행동 명령 → 위험 인지 → 상황 판단 → 브레이크 작동

> **해설** 운전 중 위험 상황을 인지하고 판단하며 행동 명령 후 브레이크가 작동된다.

079
다음 중 자동차에 부착된 **에어백의 구비 조건**으로 가장 거리가 **먼** 것은?

① 높은 온도에서 인장강도 및 내열 강도
② 낮은 온도에서 인장강도 및 내열 강도
③ 파열 강도를 지니고 내마모성, 유연성
④ 운전자와 접촉하는 충격 에너지 극대화 ✓

> **해설** 자동차가 충돌할 때 운전자와 직접 접촉하여 충격 에너지를 흡수해주어야 한다.

080
다음 중 **운전자 등이 차량 승하차 시 주의 사항**으로 맞는 것은?

① 타고 내릴 때는 뒤에서 오는 차량이 있는지를 확인한다. ✓
② 문을 열 때는 완전히 열고 나서 곧바로 내린다.
③ 뒷좌석 승차자가 하차할 때 운전자는 전방을 주시해야 한다.
④ 운전석을 일시적으로 떠날 때에는 시동을 끄지 않아도 된다.

> **해설** 운전자 등이 타고 내릴 때는 뒤에서 오는 차량이 있는지를 확인한다.

081
도로교통법상 **올바른 운전 방법**으로 연결된 것은?

① 학교 앞 보행로 – 어린이에게 차량이 지나감을 알릴 수 있도록 경음기를 울리며 지나간다.
② 철길 건널목 – 차단기가 내려가려고 하는 경우 신속히 통과한다.
③ 신호 없는 교차로 – 우회전을 하는 경우 미리 도로의 우측 가장자리를 서행하면서 우회전한다. ✓
④ 야간 운전 시 – 차가 마주 보고 진행하는 경우 반대편 차량의 운전자가 주의할 수 있도록 전조등을 상향으로 조정한다.

해설 학교 앞 보행로에서 어린이가 지나갈 경우 일시정지해야 하며, 철길 건널목에서 차단기가 내려가려는 경우 진입하면 안 된다. 또한 야간 운전 시에는 반대편 차량의 주행에 방해가 되지 않도록 전조등을 하향으로 조정해야 한다.

해설 고장 차량 등으로 인한 도로의 위험 요소를 발견한 경우 비상등을 점등하여 후행 차량에 전방 상황을 미리 알리고 서행으로 안전하게 위험 구간을 벗어난 후, 도움이 필요하다 판단되는 경우 2차 사고 예방 조치를 실시하고 조치를 취한다.

082
앞지르기에 대한 내용으로 올바른 것은?

① 터널 안에서는 주간에는 앞지르기가 가능하지만 야간에는 앞지르기가 금지된다.
② 앞지르기할 때에는 전조등을 켜고 경음기를 울리면서 좌측이나 우측 관계없이 할 수 있다.
③ 다리 위나 교차로는 앞지르기가 금지된 장소이므로 앞지르기를 할 수 없다.
④ 앞차의 우측에 다른 차가 나란히 가고 있을 때에는 앞지르기를 할 수 없다.

해설 다리 위, 교차로, 터널 안은 앞지르기가 금지된 장소이므로 앞지르기를 할 수 없다. 모든 차의 운전자는 앞차의 좌측에 다른 차가 앞차와 나란히 가고 있는 경우에는 앞차를 앞지르지 못한다. 방향지시기·등화 또는 경음기(警音機)를 사용하는 등 안전한 속도와 방법으로 좌측으로 앞지르기를 하여야 한다.

084
다음 중 **운전자의 올바른 운전 행위**로 가장 적절한 것은?

① 졸음운전은 교통사고 위험이 있어 갓길에 세워두고 휴식한다.
② 초보 운전자는 고속도로에서 앞지르기 차로로 계속 주행한다.
③ 교통 단속용 장비의 기능을 방해하는 장치를 장착하고 운전한다.
④ 교통안전 위험 요소 발견 시 비상점멸등으로 주변에 알린다.

해설 갓길 휴식, 앞지르기 차로 계속 운전, 방해하는 장치 장착은 올바른 운전 행위로 볼 수 없다.

083
다음 중 **운전자의 올바른 마음가짐**으로 가장 바람직하지 **않은** 것은?

① 교통 상황은 변경되지 않으므로 사전 운행 계획을 세울 필요는 없다.
② 차량용 소화기를 차량 내부에 비치하여 화재 발생에 대비한다.
③ 차량 내부에 휴대용 라이터 등 인화성 물건을 두지 않는다.
④ 초보 운전자에게 배려운전을 한다.

085
다음 중 **운전자의 올바른 마음가짐**으로 가장 적절하지 **않은** 것은?

① 정속 주행 등 올바른 운전 습관을 가지려는 마음
② 정체되는 도로에서 갓길(길가장자리)로 통행하려는 마음
③ 교통 법규는 서로 간의 약속이라고 생각하는 마음
④ 자동차의 빠른 소통보다는 보행자를 우선으로 생각하는 마음

해설 정체되어 있다 하더라도 갓길(길가장자리)을 통행하는 것은 잘못된 운전 태도이다.

086
다음 중 교통사고가 발생한 경우 운전자 책임으로 가장 거리가 먼 것은?

① 형사 책임
② 행정 책임
③ 민사 책임
④ 공고 책임 ✓

해설 벌금 부과 등 형사 책임, 벌점에 따른 행정 책임, 손해 배상에 따른 민사 책임이 따른다.

087
고속도로 운전 중 교통사고 발생 현장에서의 운전자 대응 방법으로 바르지 않은 것은?

① 동승자의 부상 정도에 따라 응급조치한다.
② 비상표시등을 켜는 등 후행 운전자에게 위험을 알린다.
③ 사고 차량 후미에서 경찰 공무원이 도착할 때까지 교통정리를 한다. ✓
④ 2차 사고 예방을 위해 안전한 곳으로 이동한다.

해설 사고 차량 뒤쪽은 2차 사고의 위험이 있으므로 안전한 장소로 이동하는 것이 바람직하다.

088
승용자동차에 영유아와 동승하는 경우 운전자의 행동으로 가장 올바른 것은?

① 운전석 옆좌석에 성인이 영유아를 안고 좌석안전띠를 착용한다.
② 운전석 뒷좌석에 영유아가 착석한 경우 유아보호용 장구 없이 좌석안전띠를 착용하여도 된다.
③ 운전 중 영유아가 보채는 경우 이를 달래기 위해 운전석에서 영유아와 함께 좌석안전띠를 착용한다.
④ 영유아가 탑승하는 경우 도로를 불문하고 유아보호용 장구를 장착한 후에 좌석안전띠를 착용시킨다. ✓

해설 승용차에 영유아를 탑승시킬 때 운전석 뒷좌석에 유아보호용 장구를 장착 후 좌석안전띠를 착용시키는 것이 안전하다.

089
운전자 준수 사항으로 맞는 것 2가지는?

① 어린이 교통사고 위험이 있을 때에는 일시정지 한다. ✓
② 물이 고인 곳을 지날 때는 다른 사람에게 피해를 주지 않기 위해 감속한다. ✓
③ 자동차 유리창의 밝기를 규제하지 않으므로 짙은 틴팅(선팅)을 한다.
④ 보행자가 전방 횡단보도를 통행하고 있을 때에는 서행한다.

해설 도로에서 어린이 교통사고 위험이 있는 것을 발견한 경우 일시정지를 하여야 한다. 또한 보행자가 횡단보도를 통과하고 있을 때에는 일시정지하여야 하며, 안전지대에 보행자가 있는 경우에는 안전한 거리를 두고 서행하여야 한다.

090
다음 중 고속도로에서 운전자의 바람직한 운전 행위 2가지는?

① 피로한 경우 갓길에 정차하여 안정을 취한 후 출발한다.
② 평소 즐겨보는 동영상을 보면서 운전한다.
③ 주기적인 휴식이나 환기를 통해 졸음운전을 예방한다. ✓
④ 출발 전뿐만 아니라 휴식 중에도 목적지까지 경로의 위험 요소를 확인하며 운전한다. ✓

해설 사전에 주행 계획을 세우며 운전 중 휴대전화 사용이 아닌 휴식 중 위험 요소를 파악하고, 졸음운전을 이겨내기보다 주기적인 휴식이나 환기를 통해 졸음운전을 예방한다.

091

다음 중 안전 운전에 필요한 운전자의 준비 사항으로 가장 바람직하지 않은 것은?

① 주의력이 산만해지지 않도록 몸상태를 조절한다.
② 운전 기기 조작에 편안하고 운전에 적합한 복장을 착용한다.
③ 불꽃 신호기 등 비상 신호 도구를 준비한다.
④ 연료 절약을 위해 출발 10분 전에 시동을 켜 엔진을 예열한다.

해설 자동차의 공회전은 환경 오염을 유발할 수 있다.

092

운전 중 집중력에 대한 내용으로 가장 적합한 2가지는?

① 운전 중 동승자와 계속 이야기를 나누는 것은 집중력을 높여 준다.
② 운전자의 시야를 가리는 차량 부착물은 제거하는 것이 좋다.
③ 운전 중 집중력은 안전 운전과는 상관이 없다.
④ TV/DMB는 뒷좌석 동승자들만 볼 수 있는 곳에 장착하는 것이 좋다.

해설 운전 중 동승자와 계속 이야기를 나누면 집중력을 흐리게 하며 운전 중 집중력은 항상 필요하다.

093

도로교통법상 자동차(이륜자동차 제외)에 영유아를 동승하는 경우 유아보호용 장구를 사용토록 한다. 다음 중 영유아에 해당하는 나이 기준은?

① 8세 이하
② 8세 미만
③ 6세 미만
④ 6세 이하

해설 도로교통법 제11조(어린이 등에 대한 보호)
영유아(6세 미만인 사람을 말한다)의 보호자는 교통이 빈번한 도로에서 어린이를 놀게 하여서는 아니 된다.

094

도로교통법령상 개인형 이동장치에 대한 규정과 안전한 운전 방법으로 틀린 것은?

① 운전자는 밤에 도로를 통행할 때에는 전조등과 미등을 켜야 한다.
② 개인형 이동장치 중 전동킥보드의 승차정원은 1인이므로 2인이 탑승하면 안 된다.
③ 개인형 이동장치는 전동이륜평행차, 전동킥보드, 전기자전거, 전동휠, 전동스쿠터 등 개인이 이동하기에 적합한 이동 장치를 포함하고 있다.
④ 전동기의 동력만으로 움직일 수 있는 자전거의 경우 승차정원은 2인이다.

해설 도로교통법 제50조(특정 운전자 준수사항)
⑨ 자전거 등의 운전자는 밤에 도로를 통행하는 때에는 전조등과 미등을 켜거나 야광띠 등 발광 장치를 착용하여야 한다.
⑩ 개인형 이동장치의 운전자는 행정안전부령으로 정하는 승차정원을 초과하여 동승자를 태우고 개인형 이동장치를 운전하여서는 아니 된다.
도로교통법 시행규칙 33조의3(개인형 이동장치의 승차정원)
전동킥보드 및 전동이륜평행차의 경우: 승차정원 1명, 전동기의 동력만으로 움직일 수 있는 자전거의 경우: 승차정원 2명

095

다음 중 자동차(이륜자동차 제외) 좌석안전띠 착용에 대한 설명으로 맞는 것은?

① 13세 미만 어린이가 좌석안전띠를 미착용하는 경우 운전자에 대한 과태료는 10만원이다.
② 13세 이상의 동승자가 좌석안전띠를 착용하지 않은 경우 운전자에 대한 과태료는 3만원이다.
③ 일반 도로에서는 운전자와 조수석 동승자만 좌석안전띠 착용 의무가 있다.
④ 전 좌석 안전띠 착용은 의무이나 3세 미만 영유아는 보호자가 안고 동승이 가능하다.

해설 도로교통법 제50조(특정 운전자 준수사항) 제1항 자동차(이륜자동차는 제외)의 운전자는 자동차를 운전할 때에는 좌석안전띠를 매어야 하며, 도로교통법 시행령 별표6, 안전띠 미착용(동승자가 13세 미만인 경우 과태료 6만원, **13세 이상인 경우 과태료 3만원**)

096

교통사고를 예방하기 위한 운전 자세로 맞는 것은?

① 방향지시등으로 진행 방향을 명확히 알린다.
② 급조작과 급제동을 자주 한다.
③ 나에게 유리한 쪽으로 추측하면서 운전한다.
④ 다른 운전자의 법규 위반은 반드시 보복한다.

해설 급조작과 급제동을 하여서는 아니 되며, 상대방에 대한 배려 운전과 정확한 법규 이해가 필요하다.

097

다음 중 **운전자의 올바른 운전 행위**로 가장 바람직하지 **않은** 것은?

① 제한 속도 내에서 교통 흐름에 따라 운전한다.
② 초보 운전인 경우 고속도로에서 갓길을 이용하여 교통 흐름을 방해하지 않는다.
③ 도로에서 자동차를 세워둔 채 다툼 행위를 하지 않는다.
④ 연습운전면허 소지자는 법규에 따른 동승자와 동승하여 운전한다.

해설 초보 운전자라도 고속도로에서 갓길 운전을 해서는 안 된다.

098

도로교통법령상 **양보 운전**에 대한 설명 중 가장 알맞은 것은?

① 계속하여 느린 속도로 운행 중일 때에는 도로 좌측 가장자리로 피하여 차로를 양보한다.
② 긴급자동차가 뒤따라올 때에는 신속하게 진행한다.
③ 신호등 없는 교차로에 동시에 들어가려고 하는 차의 운전자는 좌측 도로의 차에 진로를 양보하여야 한다.
④ 양보 표지가 설치된 도로의 주행 차량은 다른 도로의 주행 차량에 차로를 양보하여야 한다.

해설 긴급자동차가 뒤따라오는 경우에도 차로를 양보하여야 한다. 또한 교통정리가 없는 교차로에서의 양보 운전 기준에 따라 통행을 하여야 하며, 양보 표지가 설치된 도로의 차량은 다른 차량에게 차로를 양보하여야 한다.

099

교통약자의 이동편의 증진법에 따른 '**교통약자**'에 해당되지 **않는** 사람은?

① 고령자
② 임산부
③ 영유아를 동반한 사람
④ 반려동물을 동반한 사람

해설 교통약자의 이동편의 증진법 제2조
'교통약자'란 장애인, 고령자, 임산부, 영유아를 동반한 사람, 어린이 등 일상생활에서 이동에 불편함을 느끼는 사람을 말한다.

100

교통약자의 이동편의 증진법에 따른 교통약자를 위한 '보행 안전 시설물'로 보기 어려운 것은?

① 속도 저감 시설
② 자전거전용도로
③ 대중 교통 정보 알림 시설 등 교통 안내 시설
④ 보행자 우선 통행을 위한 교통신호기

> **해설** 교통약자의 이동편의 증진법 제21조(보행 안전 시설물의 설치) 제1항
> 시장이나 군수는 보행 우선 구역에서 보행자가 안전하고 편리하게 보행할 수 있도록 다음 각 호의 보행 안전 시설물을 설치할 수 있다.
> 1. 속도 저감 시설
> 2. 횡단 시설
> 3. 대중 교통 정보 알림 시설 등 교통 안내 시설
> 4. 보행자 우선 통행을 위한 교통 신호기
> 5. 자동차 진입 억제용 말뚝
> 6. 교통약자를 위한 음향 신호기 등 보행 경로 안내 장치
> 7. 그 밖에 보행자의 안전과 이동 편의를 위하여 대통령령으로 정한 시설

101

도로교통법상 서행으로 운전하여야 하는 경우는?

① 교차로의 신호기가 적색 등화의 점멸일 때
② 교통정리를 하고 있지 아니하고 교통이 빈번한 교차로를 통과할 때
③ 교통정리를 하고 있지 아니하는 교차로를 통과할 때
④ 교차로 부근에서 차로를 변경하는 경우

> **해설** ① 일시정지해야 한다.
> ③ 교통정리를 하고 있지 아니하는 교차로를 통과할 때는 서행을 하고 통과해야 한다.

102

정체된 교차로에서 좌회전할 경우 가장 옳은 방법은?

① 가급적 앞차를 따라 진입한다.
② 녹색 등화가 켜진 경우에는 진입해도 무방하다.
③ 적색 등화가 켜진 경우라도 공간이 생기면 진입한다.
④ 녹색 화살표의 등화라도 진입하지 않는다.

> **해설** 모든 차의 운전자는 신호등이 있는 교차로에 들어가려는 경우에는 진행하고자 하는 차로의 앞쪽에 있는 차의 상황에 따라 교차로에 정지하여야 하며 다른 차의 통행에 방해가 될 우려가 있는 경우에는 그 교차로에 들어가서는 아니 된다.

103

고속도로 가속차로에서 주행 차로로의 진입 방법으로 옳은 것은?

① 반드시 일시정지하여 교통 흐름을 살핀 후 신속하게 진입한다.
② 진입 전 일시정지하여 주행 중인 차량이 있을 때 급진입한다.
③ 진입할 공간이 부족하더라도 뒤차를 생각하여 무리하게 진입한다.
④ 가속차로를 이용하여 일정 속도를 유지하면서 충분한 공간을 확보한 후 진입한다.

> **해설** 고속도로로 진입할 때는 가속차로를 이용하여 점차 속도를 높이면서 진입해야 한다. 천천히 진입하거나 일시정지할 경우 가속이 힘들기 때문에 오히려 위험할 수 있다. 들어갈 공간이 충분한 것을 확인하고 가속해서 진입해야 한다.

104

고속도로 본선 우측 차로에 서행하는 A차량이 있다. 이때 B차량의 안전한 본선 진입 방법으로 가장 알맞은 것은?

① 서서히 속도를 높여 진입하되 A차량이 지나간 후 진입한다.
② 가속하여 비어 있는 갓길을 이용하여 진입한다.
③ 가속차로 끝에서 정차하였다가 A차량이 지나가고 난 후 진입한다.
④ 가속차로에서 A차량과 동일한 속도로 계속 주행한다.

해설 자동차(긴급자동차는 제외한다)의 운전자는 고속도로에 들어가려고 하는 경우에는 그 고속도로를 통행하고 있는 다른 자동차의 통행을 방해하여서는 아니 된다.

105

어린이가 보호자 없이 도로를 횡단할 때 운전자의 올바른 운전 행위로 가장 바람직한 것은?

① 반복적으로 경음기를 울려 어린이가 빨리 횡단하도록 한다.
② 서행하여 도로를 횡단하는 어린이의 안전을 확보한다.
③ 일시정지하여 도로를 횡단하는 어린이의 안전을 확보한다.
④ 빠르게 지나가서 도로를 횡단하는 어린이의 안전을 확보한다.

해설 도로교통법 제49조(모든 운전자의 준수 사항 등) 어린이가 보호자 없이 도로를 횡단할 때 운전자는 일시정지하여야 한다.

106

신호등이 없고 좌우를 확인할 수 없는 교차로에 진입 시 가장 안전한 운행 방법은?

① 주변 상황에 따라 서행으로 안전을 확인한 다음 통과한다.
② 경음기를 울리고 전조등을 점멸하면서 진입한 다음 서행하며 통과한다.
③ 반드시 일시정지 후 안전을 확인한 다음 양보 운전 기준에 따라 통과한다.
④ 먼저 진입하면 최우선이므로 주변을 살피면서 신속하게 통과한다.

해설 신호등이 없는 교차로는 서행이 원칙이나 교차로의 교통이 빈번하거나 장애물 등이 있어 좌·우를 확인할 수 없는 경우에는 반드시 일시정지하여 안전을 확인한 다음 통과하여야 한다.

107

교차로에서 좌회전할 때 가장 위험한 요인은?

① 우측 도로의 횡단보도를 횡단하는 보행자
② 우측 차로 후방에서 달려오는 오토바이
③ 좌측 도로에서 우회전하는 승용차
④ 반대편 도로에서 우회전하는 자전거

해설 교차로에서 좌회전할 때에는 마주보는 도로에서 우회전하는 차량에 주의하여야 한다.

108

도로교통법에 따라 개인형 이동장치를 운전하는 사람의 자세로 가장 알맞은 것은?

① 보도를 통행하는 경우 보행자를 피해서 운전한다.
② 술을 마시고 운전하는 경우 특별히 주의하며 운전한다.
③ 횡단보도와 자전거 횡단도가 있는 경우 자전거 횡단도를 이용하여 운전한다.
④ 횡단보도를 횡단하는 경우 횡단보도를 이용하는 보행자를 피해서 운전한다.

해설 도로교통법 제15조의2(자전거 횡단도의 설치)
자전거 등(자전거와 개인형 이동장치)을 타고 자전거 횡단도가 따로 있는 도로를 횡단할 때에는 자전거 횡단도를 이용해야 한다.
도로교통법 제13조의2(자전거 등의 통행 방법의 특례)
개인형 이동장치의 운전자가 횡단보도를 이용하여 도로를 횡단할 때에는 내려서 끌거나 들고 보행하여야 한다.

109
'안전속도 5030' 교통안전 정책에 관한 내용으로 옳은 것은?

① 자동차전용도로 매시 50킬로미터 이내, 도시부 주거 지역 이면도로 매시 30킬로미터
② 도시부 지역 일반 도로 매시 50킬로미터 이내, 도시부 주거 지역 이면도로 매시 30킬로미터 이내
③ 자동차전용도로 매시 50킬로미터 이내, 어린이보호구역 매시 30킬로미터 이내
④ 도시부 지역 일반 도로 매시 50킬로미터 이내, 자전거도로 매시 30킬로미터 이내

해설 안전속도 5030은 보행자의 통행이 잦은 도시부 지역의 일반 도로 매시 50킬로미터(소통이 필요한 경우 60킬로미터 적용 가능), 주택가 등 이면도로는 매시 30킬로미터 이내로 하향 조정하는 정책으로, 속도 하향을 통해 보행자의 안전을 지키기 위해 도입되었다.

110
도로교통법령상 운전 중 서행을 하여야 하는 경우 또는 장소에 해당하는 2가지는?

① 신호등이 없는 교차로
② 어린이가 보호자 없이 도로를 횡단하는 때
③ 앞을 보지 못하는 사람이 흰색 지팡이를 가지고 도로를 횡단하고 있는 때
④ 도로가 구부러진 부근

해설 신호등이 없는 교차로는 서행을 하고, 어린이가 보호자 없이 도로를 횡단하는 때와 앞을 보지 못하는 사람이 흰색 지팡이를 가지고 도로를 횡단하고 있는 경우에서는 일시정지를 하여야 한다.

111
다음 중 회전교차로의 통행 방법으로 가장 적절한 2가지는?

① 회전교차로에서 이미 회전하고 있는 차량이 우선이다.
② 회전교차로에 진입하고자 하는 경우 신속히 진입한다.
③ 회전교차로 진입 시 비상점멸등을 켜고 진입을 알린다.
④ 회전교차로에서는 반시계 방향으로 주행한다.

해설 도로교통법 제25조의2(회전교차로 통행 방법)
① 모든 차의 운전자는 회전교차로에서는 반시계 방향으로 통행하여야 한다.
② 모든 차의 운전자는 회전교차로에 진입하려는 경우에는 서행하거나 일시정지하여야 하며, 이미 진행하고 있는 다른 차가 있는 때에는 그 차에 진로를 양보하여야 한다.

112
고속도로를 주행할 때 옳은 2가지는?

① 모든 좌석에서 안전띠를 착용하여야 한다.
② 고속도로를 주행하는 차는 진입하는 차에 대해 차로를 양보하여야 한다.
③ 고속도로를 주행하고 있다면 긴급자동차가 진입한다 하여도 양보할 필요는 없다.
④ 고장 자동차의 표지(안전 삼각대 포함)를 가지고 다녀야 한다.

해설 고속도로를 진입하는 차는 주행하는 차에 대해 차로를 양보해야 하며 주행 중 긴급자동차가 진입하면 양보해야 한다.
도로교통법 시행규칙 제40조(고장 자동차의 표지)
① 법 제66조에 따라 자동차의 운전자는 고장이나 그 밖의 사유로 고속도로 또는 자동차전용도로(이하 "고속도로 등"이라 한다)에서 자동차를 운행할 수 없게 되었을 때에는 다음 각 호의 표지를 설치하여야 한다.

113

다음 설명 중 맞는 2가지는?

① 양보 운전의 노면 표시는 흰색 '△'로 표시한다.
② 양보 표지가 있는 차로를 진행 중인 차는 다른 차로의 주행 차량에 차로를 양보하여야 한다.
③ 일반 도로에서 차로를 변경할 때에는 30미터 전에서 신호 후 차로 변경한다.
④ 원활한 교통을 위해서는 무리가 되더라도 속도를 내어 차간거리를 좁혀서 운전하여야 한다.

> **해설** 양보 운전 노면 표시는 '▽'이며, 교통 흐름에 방해가 되더라도 안전이 최우선이라는 생각으로 운행하여야 한다.

114

교통정리가 없는 교차로에서의 양보 운전에 대한 내용으로 맞는 것 2가지는?

① 좌회전하고자 하는 차의 운전자는 그 교차로에서 직진 또는 우회전하려는 차에 진로를 양보해야 한다.
② 교차로에 들어가고자 하는 차의 운전자는 이미 교차로에 들어가 있는 좌회전 차가 있을 때에는 그 차에 진로를 양보할 의무가 없다.
③ 교차로에 들어가고자 하는 차의 운전자는 폭이 좁은 도로에서 교차로에 진입하려는 차가 있을 경우에는 그 차에 진로를 양보해서는 안 된다.
④ 우선순위가 같은 차가 교차로에 동시에 들어가고자 하는 때에는 우측 도로의 차에 진로를 양보해야 한다.

> **해설** 교통정리가 없는 교차로에서 좌회전하고자 하는 차의 운전자는 그 교차로에서 직진 또는 우회전하려는 차에 진로를 양보해야 하며, 우선순위가 같은 차가 교차로에 동시에 들어가고자 하는 때에는 우측 도로의 차에 진로를 양보해야 한다.

115

도로교통법령상 개인형 이동장치에 대한 설명으로 바르지 않은 것 2가지는?

① 시속 25킬로미터 이상으로 운행할 경우 전동기가 작동하지 않아야 한다.
② 전동킥보드, 전동이륜평행차, 전동보드가 해당된다.
③ 자전거 등에 속한다.
④ 전동기의 동력만으로 움직일 수 없는(Pedal Assist System, PAS) 전기자전거를 포함한다

> **해설** 도로교통법 제2조(정의) 제19호의2
> 개인형 이동장치란 원동기장치자전거 중 시속 25킬로미터 이상으로 운행할 경우 전동기가 작동하지 아니하고 차체 중량이 30킬로그램 미만으로 행정안전부령으로 정하는 것을 말한다.
> 도로교통법 시행규칙 제2조의3(개인형 이동장치의 기준)
> 전동킥보드, 전기이륜평행차, 전동기의 동력만으로 움직일 수 있는 자전거
> * PAS(Pedal Assist System)형 전기자전거: 페달과 전동기의 동시 동력으로 움직이며 전동기의 동력만으로 움직일 수 없는 자전거
> * Throttle형 전기자전거: 전동기의 동력만으로 움직일 수 있는 자전거로서 법령상 개인형 이동장치로 분류한다.

116

교통사고를 일으킬 가능성이 가장 높은 운전자는?

① 운전에만 집중하는 운전자
② 급출발, 급제동, 급 차로 변경을 반복하는 운전자
③ 자전거나 이륜차에게 안전거리를 확보하는 운전자
④ 조급한 마음을 버리고 인내하는 마음을 갖춘 운전자

> **해설** 운전이 미숙한 운전자에게는 배려와 양보가 중요하며 급출발, 급제동, 급 차로 변경을 반복하여 운전하면 교통사고를 일으킬 가능성이 높다.

117

다음 중 운전자의 올바른 운전 태도로 가장 바람직하지 않은 것은?

① 신호기의 신호보다 교통 경찰관의 신호가 우선임을 명심한다.
② 교통 환경 변화에 따라 개정되는 교통 법규를 숙지한다.
③ 긴급자동차를 발견한 즉시 장소에 관계없이 일시정지하고 진로를 양보한다.
④ 폭우 시 또는 장마철 자주 비가 내리는 도로에서는 포트 홀(pot hole)을 주의한다.

> **해설** 긴급자동차에 진로를 양보하는 것은 맞으나 교차로 내 또는 교차로 부근이 아닌 곳에서 긴급자동차에 진로를 양보하여야 한다.

118

교통정리를 하고 있지 아니한 교차로에 직진하기 위하여 진입하려 한다. 맞은편 차로에서 좌회전하려는 차가 이미 교차로에 진입한 경우 이때, 운전자의 올바른 운전 방법은?

① 다른 차가 있을 때에는 그 차에 진로를 양보한다.
② 다른 차가 있더라도 직진차가 우선이므로 먼저 통과한다.
③ 다른 차가 있을 때에는 좌우를 확인하고 그 차와 상관없이 신속히 교차로를 통과한다.
④ 다른 차가 있더라도 본인의 주행 차로가 상대차의 차로보다 더 넓은 경우 통행 우선권에 따라 그대로 진입한다.

> **해설** 도로교통법 제26조(교통정리가 없는 교차로에서의 양보운전) 제1항
> 교통정리를 하고 있지 아니하는 교차로에 들어가려고 하는 차의 운전자는 이미 교차로에 들어가 있는 다른 차가 있을 때에는 그 차에 진로를 양보하여야 한다.

119

도로교통법령상 개인형 이동장치의 승차정원에 대한 설명으로 틀린 것은?

① 전동킥보드의 승차정원은 1인이다.
② 전동이륜평행차의 승차정원은 1인이다.
③ 전동기의 동력만으로 움직일 수 있는 자전거의 경우 승차정원은 1인이다.
④ 승차정원을 위반한 경우 범칙금 4만원을 부과한다.

> **해설** 도로교통법 시행령 별표8
> 전동기의 동력만으로 움직일 수 있는 자전거의 경우 승차정원은 2명이다[도로교통법 시행규칙 제33조의3(개인형 이동장치의 승차정원) 제2호]. 이를 위반한 경우 4만원의 범칙금을 부과한다.

120

운전자가 갖추어야 할 올바른 자세로 가장 맞는 것은?

① 소통과 안전을 생각하는 자세
② 사람보다는 자동차를 우선하는 자세
③ 다른 차보다는 내 차를 먼저 생각하는 자세
④ 교통사고는 준법 운전보다 운이 좌우한다는 자세

> **해설** 자동차보다 사람이 우선. 나보다는 다른 차를 우선. 사고 발생은 운보다는 준법 운전이 좌우한다.

121

도로교통법상 음주운전 방지 장치 부착 조건부 운전면허를 받은 사람에 대한 설명으로 틀린 것은?

① 자동차 등을 운전하려는 경우 음주운전 방지 장치를 설치하고, 시·도경찰청장에게 등록하여야 한다.
② 음주운전 방지 장치가 설치되지 않은 자동차 등을 운전하여서는 아니 된다.

③ 설치 기준에 적합하지 아니한 음주운전 방지 장치가 설치된 자동차 등은 운전이 가능하다.
④ 연 2회 이상 음주운전 방지 장치 부착 자동차 등의 운행 기록을 시·도경찰청장에게 제출하여야 한다.

> **해설** ① 도로교통법 제50조의3 제1항
> ②, ③ 도로교통법 제50조의3 제3항 음주운전 방지 장치 부착 조건부 운전면허를 받은 사람은 음주운전 방지 장치가 설치되지 아니하거나 설치 기준에 적합하지 아니한 음주운전 방지 장치가 설치된 자동차 등을 운전하여서는 아니 된다.
> ④ 도로교통법 제50조의3 제6항

122

도로교통법상 과로(졸음운전 포함)로 인하여 정상적으로 운전하지 못할 우려가 있는 상태에서 자동차를 운전한 사람에 대한 벌칙으로 맞는 것은?

① 처벌하지 않는다.
② 10만원 이하의 벌금이나 구류에 처한다.
③ 20만원 이하의 벌금이나 구류에 처한다.
④ 30만원 이하의 벌금이나 구류에 처한다.

> **해설** 도로교통법 제45조(과로한 때 등의 운전 금지), 제154조(벌칙)
> 30만원 이하의 벌금이나 구류에 처한다.
> 3. 제45조를 위반하여 과로·질병으로 인하여 정상적으로 운전하지 못할 우려가 있는 상태에서 자동차 등 또는 노면 전차를 운전한 사람(다만, 개인형 이동장치를 운전하는 경우는 제외한다.)

123

운전자의 피로는 운전 행동에 영향을 미치게 된다. 피로가 운전 행동에 미치는 영향을 바르게 설명한 것은?

① 주변 자극에 대해 반응 동작이 빠르게 나타난다.
② 시력이 떨어지고 시야가 넓어진다.
③ 지각 및 운전 조작 능력이 떨어진다.
④ 치밀하고 계획적인 운전 행동이 나타난다.

> **해설** 피로는 지각 및 운전 조작 능력이 떨어지게 한다.

124

승용자동차를 음주운전한 경우 처벌 기준에 대한 설명으로 틀린 것은?

① 최초 위반 시 혈중 알코올 농도가 0.2퍼센트 이상인 경우 2년 이상 5년 이하의 징역이나 1천만원 이상 2천만원 이하의 벌금
② 음주 측정 거부 1회 위반 시 1년 이상 5년 이하의 징역이나 5백만원 이상 2천만원 이하의 벌금
③ 혈중 알코올 농도가 0.05퍼센트로 2회 위반한 경우 1년 이하의 징역이나 5백만원 이하의 벌금
④ 최초 위반 시 혈중 알코올 농도가 0.08퍼센트 이상 0.2퍼센트 미만의 경우 1년 이상 2년 이하의 징역이나 5백만원 이상 1천만원 이하의 벌금

> **해설** 도로교통법 제148조의2(벌칙)
> ① 제44조 제1항 또는 제2항을 위반(자동차 등 또는 노면전차를 운전한 사람으로 한정한다. 다만, 개인형 이동형장치를 운전하는 경우는 제외한다.)하여 벌금 이상의 형을 선고받고 그 형이 확정된 날부터 10년 내 다시 같은 조 제1항 또는 제2항을 위반한 사람(형이 실효된 사람도 포함)은 다음 각 호의 구분에 따라 처벌한다.
> 1. 제44조 제2항을 위반한 사람은 1년 이상 6년 이하의 징역이나 500만원 이상 3천만원 이하의 벌금
> 2. 제44조 제1항을 위반한 사람 중 혈중 알코올 농도가 0.2퍼센트 이상인 사람은 2년 이상 6년 이하의 징역이나 1천만원 이상 3천만원 이하의 벌금
> 3. 제44조 제1항을 위반한 사람 중 혈중 알코올 농도가 0.03퍼센트 이상 0.2퍼센트 미만인 사람은 1년 이상 5년 이하의 징역이나 500만원 이상 2천만원 이하의 벌금

125

운전자가 **피로한 상태에서** 운전하게 되면 **속도 판단을 잘못**하게 된다. 그 내용이 맞는 것은?

① 좁은 도로에서는 실제 속도보다 느리게 느껴진다.
② 주변이 탁 트인 도로에서는 실제보다 빠르게 느껴진다.
③ 멀리서 다가오는 차의 속도를 과소평가하다가 사고가 발생할 수 있다.
④ 고속도로에서 전방에 정지한 차를 주행 중인 차로 잘못 아는 경우는 발생하지 않는다.

> **해설** ① 좁은 도로에서는 실제 속도보다 빠르게 느껴진다.
> ② 주변이 탁 트인 도로에서는 실제보다 느리게 느껴진다.
> ④ 고속도로에서 전방에 정지한 차를 주행 중인 차로 잘못 알고 충돌 사고가 발생할 수 있다.

126

자동차를 운행할 때 **공주거리에 영향을** 줄 수 있는 경우로 맞는 **2가지**는?

① 비가 오는 날 운전하는 경우
② 술에 취한 상태로 운전하는 경우
③ 차량의 브레이크액이 부족한 상태로 운전하는 경우
④ 운전자가 피로한 상태로 운전하는 경우

> **해설** 공주거리는 운전자의 심신 상태에 따라 영향을 주게 된다.

127

음주운전자에 대한 **처벌 기준**으로 맞는 **2가지**는?

① 혈중 알코올 농도 0.08퍼센트 이상의 만취 운전자는 운전면허 취소와 형사 처벌을 받는다.
② 경찰관의 음주 측정에 불응하거나 혈중 알코올 농도 0.03퍼센트 이상의 상태에서 인적 피해의 교통사고를 일으킨 경우 운전면허 취소와 형사 처벌을 받는다.
③ 혈중 알코올 농도 0.03퍼센트 이상 0.08퍼센트 미만의 단순 음주운전일 경우에는 120일간의 운전면허 정지와 형사 처벌을 받는다.
④ 처음으로 혈중 알코올 농도 0.03퍼센트 이상 0.08퍼센트 미만의 음주운전자가 물적 피해의 교통사고를 일으킨 경우에는 운전면허가 취소된다.

> **해설** 혈중 알코올 농도 0.03퍼센트 이상 0.08퍼센트 미만의 단순 음주운전일 경우에는 100일간의 운전면허 정지와 형사 처벌을 받으며, 혈중 알코올 농도 0.03퍼센트 이상의 음주운전자가 인적 피해의 교통사고를 일으킨 경우에는 운전면허가 취소된다.

128

음주운전 관련 내용 중 맞는 **2가지**는?

① 호흡 측정에 의한 음주 측정 결과에 불복하는 경우 다시 호흡 측정을 할 수 있다.
② 도로교통법상 음주 측정 방해 행위를 처벌하는 규정은 없다.
③ 술에 취한 상태로 자전거를 운전한 후 음주 측정 방해 행위를 한 사람은 처벌이 가능하다.
④ 술에 취한 상태에 있다고 인정할 만한 상당한 이유가 있음에도 경찰 공무원의 음주 측정에 응하지 않은 사람은 운전면허가 취소된다.

> **해설** ① 도로교통법 제44조 제3항, 혈액 채취 등의 방법으로 측정을 요구할 수 있다.
> ② 도로교통법 제44조 제5항, 운전 단속의 정확성과 공정성을 높이고 음주운전으로 인한 사회적 피해를 줄이기 위해 도입(2024. 1. 3. 일부 개정, 2025. 6. 4. 시행)
> ③ 도로교통법 제156조 12의2
> ④ 도로교통법 제93조(운전면허의 취소·정지) 제1항 제3호

129

피로 및 과로, 졸음운전과 관련된 설명 중 맞는 것 2가지는?

① 피로한 상황에서는 졸음운전이 빈번하므로 카페인 섭취를 늘리고 단조로운 상황을 피하기 위해 진로 변경을 자주한다.
② 변화가 적고 위험 사태의 출현이 적은 도로에서는 주의력이 향상되어 졸음운전 행동이 줄어든다.
③ 감기약 복용 시 졸음이 올 수 있기 때문에 안전을 위해 운전을 지양해야 한다.
④ 음주운전을 할 경우 대뇌의 기능이 비활성화되어 졸음운전의 가능성이 높아진다.

해설 교통 환경의 변화가 단조로운 고속도로 등에서의 운전은 시가지 도로나 일반 도로에서 운전하는 것보다 주의력이 둔화되고 수면 부족과 관계없이 졸음운전 행동이 많아진다. 아울러 음주운전을 할 경우 대뇌의 기능이 둔화되어 졸음운전의 가능성이 높아진다. 특히 감기약의 경우 도로교통법상 금지 약물은 아니나 졸음을 유발하는 성분이 함유된 경우가 있을 수 있기 때문에 복용 후 운전을 하는 경우 유의하여야 하며, 운전하여야 할 경우 복용 전 성분에 대하여 약사에게 문의한 후 복용할 필요가 있다.

130

질병·과로로 인해 정상적인 운전을 하지 못할 우려가 있는 상태에서 자동차를 운전하다가 단속된 경우 어떻게 되는가?

① 과태료가 부과될 수 있다.
② 운전면허가 정지될 수 있다.
③ 구류 또는 벌금에 처한다.
④ 처벌받지 않는다.

해설 도로교통법 제154조(벌칙)
30만원 이하의 벌금이나 구류에 처한다.
3. 제45조를 위반하여 과로·질병으로 인하여 정상적으로 운전하지 못할 우려가 있는 상태에서 자동차 등 또는 노면 전차를 운전한 사람(다만, 개인형 이동장치를 운전하는 경우는 제외한다.)

131

마약 등 약물 복용으로 정상적으로 운전하지 못할 우려가 있는 상태에서 자동차를 운전하다가 인명 피해 교통사고를 야기한 경우 교통사고처리 특례법상 운전자의 책임으로 맞는 것은?

① 책임 보험만 가입되어 있으나 추가적으로 피해자와 합의하더라도 형사처벌된다.
② 운전자 보험에 가입되어 있으면 형사 처벌이 면제된다.
③ 종합 보험에 가입되어 있으면 형사 처벌이 면제된다.
④ 종합 보험에 가입되어 있고 추가적으로 피해자와 합의한 경우에는 형사 처벌이 면제된다.

해설 교통사고처리 특례법 제3조 제1항, 제2항 8호
도로교통법에서 규정한 약물 복용으로 정상적으로 운전하지 못할 우려가 있는 상태에서 운전을 하다가 인명 피해 교통사고 시에는 5년 이하의 금고 또는 2천만원 이하의 벌금에 처한다. 이는 종합 보험 또는 책임 보험 가입 여부 및 합의 여부와 관계없이 형사 처벌되는 항목이다.

132

혈중 알코올 농도 0.03퍼센트 이상 상태의 운전자 갑이 신호대기 중인 상황에서 뒤차(운전자 을)가 추돌한 경우에 맞는 설명은?

① 음주운전이 중한 위반 행위이기 때문에 갑이 사고의 가해자로 처벌된다.
② 사고의 가해자는 을이 되지만, 갑의 음주운전은 별개로 처벌된다.
③ 갑은 피해자이므로 운전면허에 대한 행정 처분을 받지 않는다.
④ 을은 교통사고 원인과 결과에 따른 벌점은 없다.

해설 앞차 운전자 갑이 술을 마신 상태라고 하더라도 음주운전이 사고 발생과 직접적인 원인이 없는 한 교통사고의 피해자가 되고 별도로 단순 음주운전에 대해서만 형사 처벌과 면허 행정 처분을 받는다.

133
도로교통법상 운전이 금지되는 술에 취한 상태의 기준은 운전자의 혈중 알코올 농도가 (   )로 한다. (   ) 안에 맞는 것은?

① 0.01퍼센트 이상인 경우
② 0.02퍼센트 이상인 경우
③ 0.03퍼센트 이상인 경우
④ 0.08퍼센트 이상인 경우

해설 제44조(술에 취한 상태에서의 운전 금지) 제4항 술에 취한 상태의 기준은 운전자의 혈중 알코올 농도가 0.03퍼센트 이상인 경우로 한다.

134
다음은 피로 운전과 약물 복용 운전에 대한 설명이다. 맞는 2가지는?

① 피로한 상태에서의 운전은 졸음운전으로 이어질 가능성이 낮다.
② 피로한 상태에서의 운전은 주의력, 판단 능력, 반응 속도의 저하를 가져오기 때문에 위험하다.
③ 마약을 복용하고 운전을 하다가 교통사고로 사람을 상해에 이르게 한 운전자는 처벌될 수 있다.
④ 마약을 복용하고 운전을 하다가 교통사고로 사람을 상해에 이르게 하고 도주하여 운전면허가 취소된 경우에는 3년이 경과해야 운전면허 취득이 가능하다.

해설 피로한 상태 및 약물 복용 상태에서의 운전은 주의력, 판단 능력, 반응 속도의 저하와 졸음운전을 유발하기 쉽다. 특히, 마약 등 약물의 영향으로 정상적인 운전이 곤란한 상태에서 운전하다가 교통사고를 야기하여 상해에 이르게 한 경우는 특정범죄 가중처벌 등에 관한 법률 제5조의11(위험 운전 등 치사상)으로 처벌된다.
④의 경우는 5년이 경과해야 한다.

135
다음 중 보복 운전을 예방하는 방법이라고 볼 수 없는 것은?

① 긴급 제동 시 비상점멸등 켜주기
② 반대편 차로에서 차량이 접근 시 상향 전조등 끄기
③ 속도를 올릴 때 전조등을 상향으로 켜기
④ 앞차가 지연 출발할 때는 3초 정도 배려하기

해설 보복 운전을 예방하는 방법은 차로 변경 때 방향지시등 켜기, 비상점멸등 켜주기, 양보하고 배려하기, 지연 출발 때 3초간 배려하기, 경음기 또는 상향 전조등으로 자극하지 않기 등이 있다.

136
다음 중 보복 운전을 당했을 때 신고하는 방법으로 가장 적절하지 않은 것은?

① 120에 신고한다.
② 112에 신고한다.
③ 스마트폰 '안전신문고'에 신고한다.
④ 사이버 경찰청에 신고한다.

해설 보복 운전을 당했을 때 112, 경찰청 및 시·도경찰청 홈페이지, 안전신문고 등에 신고하면 된다.

137
도로교통법상 (   )의 운전자는 도로에서 2명 이상이 공동으로 2대 이상의 자동차 등을 정당한 사유 없이 앞뒤로 줄지어 통행하면서 교통상의 위험을 발생하게 하여서는 아니 된다. 이를 위반한 경우 (   )으로 처벌될 수 있다. (   ) 안에 각각 바르게 짝지어진 것은?

① 전동이륜평행차, 1년 이하의 징역 또는 500만원 이하의 벌금
② 이륜자동차, 6개월 이하의 징역 또는 300만원 이하의 벌금

③ 특수자동차, 2년 이하의 징역 또는 500만원 이하의 벌금
④ 원동기장치자전거, 6개월 이하의 징역 또는 300만원 이하의 벌금

> **해설** 도로교통법 제46조(공동 위험 행위의 금지)
> ① 자동차 등(개인형 이동장치는 제외한다.)의 운전자는 도로에서 2명 이상이 공동으로 2대 이상의 자동차 등을 정당한 사유 없이 앞뒤로 또는 좌우로 줄지어 통행하면서 다른 사람에게 위해를 끼치거나 교통상의 위험을 발생하게 하여서는 아니 된다.
> 또한 2년 이하의 징역 또는 500만원 이하의 벌금으로 처벌될 수 있다(도로교통법 제150조(벌칙) 제1호).
> 전동이륜평행차는 개인형 이동 장치로서 위에 본 조항 적용이 없다.
> 도로교통법 제2조 제21호: "자동차 등"이란 자동차와 원동기장치자전거를 말한다.
> 도로교통법 제2조 제18호: "자동차"란 철길이나 가설된 선을 이용하지 아니하고 원동기를 사용하여 운전되는 차(견인되는 자동차도 자동차의 일부로 본다)로서 다음 각 목의 차를 말한다.
> 가. 「자동차관리법」 제3조에 따른 다음의 자동차. 다만, 원동기장치자전거는 제외한다.
>   1) 승용자동차 2) 승합자동차 3) 화물자동차 4) 특수자동차 5) 이륜자동차
> 나. 「건설기계관리법」 제26조 제1항 단서에 따른 건설기계

138

피해 차량을 뒤따르던 승용차 운전자가 중앙선을 넘어 앞지르기하여 급제동하는 등 위협 운전을 한 경우에는 「형법」에 따른 보복 운전으로 처벌받을 수 있다. 이에 대한 처벌 기준으로 맞는 것은?

① 7년 이하의 징역 또는 1천만원 이하의 벌금에 처한다.
② 10년 이하의 징역 또는 2천만원 이하의 벌금에 처한다.
③ 1년 이상의 유기 징역에 처한다.
④ 1년 6월 이상의 유기 징역에 처한다.

> **해설** 「형법」 제284조(특수 협박)에 의하면 위험한 물건인 자동차를 이용하여 형법상의 협박죄를 범한 자는 7년 이하의 징역 또는 1천만원 이하의 벌금에 처한다.

139

승용차 운전자가 차로 변경 시비에 분노해 상대 차량 앞에서 급제동하자, 이를 보지 못하고 뒤따르던 화물차가 추돌하여 화물차 운전자가 다친 경우에는 「형법」에 따른 보복 운전으로 처벌받을 수 있다. 이에 대한 처벌 기준으로 맞는 것은?(중상해는 아님)

① 1년 이상 10년 이하의 징역
② 1년 이상 20년 이하의 징역
③ 2년 이상 10년 이하의 징역
④ 2년 이상 20년 이하의 징역

> **해설** 보복 운전으로 사람을 다치게 한 경우의 처벌은 형법 제258조의2(특수 상해) 제1항 위반으로 1년 이상 10년 이하의 징역에 처한다.

140

다음 중 도로교통법상 난폭 운전 적용 대상이 아닌 것은?

① 최고 속도의 위반
② 횡단·유턴·후진 금지 위반
③ 끼어들기
④ 연속적으로 경음기를 울리는 행위

> **해설** 도로교통법 ① 제17조 제3항에 따른 속도의 위반, ② 제18조 제1항에 따른 횡단·유턴·후진 금지 위반, ④ 제49조 제1항 제8호에 따른 정당한 사유 없는 소음 발생이며, ③은 제23조, 끼어들기는 난폭 운전 위반 대상이 아니다.

141

자동차 등(개인형 이동장치는 제외)의 운전자가 다음의 행위를 반복하여 다른 사람에게 위협을 가하는 경우 난폭 운전으로 처벌받게 된다. **난폭 운전의 대상 행위가 아닌** 것은?

① 신호 또는 지시 위반
② 횡단 · 유턴 · 후진 금지 위반
③ 정당한 사유 없는 소음 발생
④ 고속도로에서의 지정차로 위반

> **해설** 도로교통법 제46조의3(난폭 운전 금지)
> 신호 또는 지시 위반, 중앙선 침범, 속도의 위반, 횡단 · 유턴 · 후진 금지 위반, 안전거리 미확보, 진로 변경 금지 위반, 급제동 금지 위반, 앞지르기 방법 또는 앞지르기의 방해 금지 위반, 정당한 사유 없는 소음 발생, 고속도로에서의 앞지르기 방법 위반, 고속도로 등에서의 횡단 · 유턴 · 후진 금지

142

승용차 운전자가 **난폭 운전**을 하는 경우 도로교통법에 따른 **처벌 기준**으로 맞는 것은?

① 범칙금 6만원의 통고 처분을 받는다.
② 과태료 3만원이 부과된다.
③ 6개월 이하의 징역이나 200만원 이하의 벌금에 처한다.
④ 1년 이하의 징역 또는 500만원 이하의 벌금에 처한다.

> **해설** 도로교통법 제46조의3 및 동법 제151조의2에 의하여 난폭 운전 시 1년 이하의 징역이나 500만원 이하의 벌금에 처한다.

143

고속도로를 주행하는 차량(본인 차량 포함)의 **적재물이 주행 차로에 떨어졌을 때 운전자의 조치 요령**으로 가장 바르지 **않은** 것은?

① 후방 차량의 주행을 확인하면서 안전한 장소에 정차한다.
② 고속도로 관리청이나 관계 기관에 신속히 신고한다.
③ 안전한 곳에 정차 후 화물 적재 상태를 확인한다.
④ 화물 적재물을 떨어뜨린 차량의 운전자에게 보복 운전을 한다.

> **해설** 도로교통법 제39조(승차 또는 적재의 방법과 제한) 제4항
> 모든 차의 운전자는 운전 중 실은 화물이 떨어지지 아니하도록 덮개를 씌우거나 묶는 등 확실하게 고정될 수 있도록 필요한 조치를 하여야 한다.

144

도로교통법령상 **원동기장치자전거**(개인형 이동장치 제외)의 **난폭 운전 행위**로 볼 수 **없는** 것은?

① 신호 위반 행위를 3회 반복하여 운전하였다.
② 속도위반 행위와 지시 위반 행위를 연달아 위반하여 운전하였다.
③ 신호 위반 행위와 중앙선 침범 행위를 연달아 위반하여 운전하였다.
④ 음주운전 행위와 보행자 보호 의무 위반 행위를 연달아 위반하여 운전하였다.

> **해설** 도로교통법 제46조의3(난폭 운전 금지)
> 신호 또는 지시 위반, 중앙선 침범, 속도의 위반, 횡단 · 유턴 · 후진 금지 위반, 안전거리 미확보, 진로 변경 금지 위반, 급제동 금지 위반, 앞지르기 방법 또는 앞지르기의 방해금지 위반, 정당한 사유 없는 소음 발생, 고속도로에서의 앞지르기 방법 위반, 고속도로 등에서의 횡단 · 유턴 · 후진 금지 위반에 해당하는 둘 이상의 행위를 연달아 하거나, 하나의 행위를 지속 또는 반복하여 다른 사람에게 위협 또는 위해를 가하거나 교통상의 위험을 발생하게 하여서는 아니 된다.

보행자 보호 의무 위반은 난폭 운전의 행위에 포함되지 않는다.

145

다음은 **난폭 운전과 보복 운전**에 대한 설명이다. 맞는 것은?

① 오토바이 운전자가 정당한 사유 없이 소음을 반복하여 불특정 다수에게 위협을 가하는 경우는 보복 운전에 해당된다.
② 승용차 운전자가 중앙선 침범 및 속도위반을 연달아 하여 불특정 다수에게 위해를 가하는 경우는 난폭 운전에 해당된다.
③ 대형 트럭 운전자가 고의적으로 특정 차량 앞으로 앞지르기하여 급제동한 경우는 난폭 운전에 해당된다.
④ 버스 운전자가 반복적으로 앞지르기 방법을 위반하여 교통상의 위험을 발생하게 한 경우는 보복 운전에 해당된다.

> **해설** 난폭 운전은 다른 사람에게 위험과 장애를 주는 운전 행위이자 불특정인에 불쾌감과 위험을 주는 행위로 「도로교통법」의 적용을 받으며, 보복 운전은 의도적·고의적으로 특정인을 위협하는 행위로 「형법」의 적용을 받는다.

146

자동차 운전자가 **중앙선 침범을 반복하여 다른 사람에게 위해를 가하거나 교통상의 위험을 발생하게 하는 행위는 도로교통법상 ( )에 해당한다. ( )** 안에 맞는 것은?

① 공동 위험 행위   ② 난폭 운전
③ 폭력 운전   ④ 보복 운전

> **해설** 도로교통법 제46조의3(난폭 운전 금지)
> 자동차 등(개인형 이동장치는 제외한다)의 운전자는 다음 각 호 중 둘 이상의 행위를 연달아 하거나, 하나의 행위를 지속 또는 반복하여 다른 사람에게 위협 또는 위해를 가하거나 교통상의 위험을 발생하게 하여서는 아니 된다.

147

일반 도로에서 자동차 등(개인형 이동장치는 제외)의 운전자가 다음의 행위를 반복하여 다른 사람에게 위협을 가하는 경우 난폭 운전으로 처벌받게 된다. **난폭 운전의 대상 행위가 아닌** 것은?

① 일반 도로에서 지정차로 위반
② 중앙선 침범, 급제동 금지 위반
③ 안전거리 미확보, 차로 변경 금지 위반
④ 일반 도로에서 앞지르기 방법 위반

> **해설** 도로교통법 제46조의3(난폭 운전 금지)
> 신호 또는 지시 위반, 중앙선 침범, 속도의 위반, 횡단·유턴·후진 금지 위반, 안전거리 미확보, 진로 변경 금지 위반, 급제동 금지 위반, 앞지르기 방법 또는 앞지르기의 방해 금지 위반, 정당한 사유 없는 소음 발생, 고속도로에서의 앞지르기 방법 위반, 고속도로 등에서의 횡단·유턴·후진 금지

148

자동차 등(개인형 이동장치는 제외)의 운전자가 둘 이상의 행위를 연달아 하여 다른 사람에게 위협을 가하는 경우 난폭 운전으로 처벌받게 된다. 다음의 **난폭 운전 유형**에 대한 설명으로 적당하지 **않은** 것은?

① 운전 중 영상 표시 장치를 조작하면서 전방 주시를 태만하였다.
② 앞차의 우측으로 앞지르기하면서 속도를 위반하였다.
③ 안전거리를 확보하지 않고 급제동을 반복하였다.
④ 속도를 위반하여 앞지르기하려는 차를 방해하였다.

> **해설** 도로교통법 제46조의3(난폭 운전 금지)
> 신호 또는 지시 위반, 중앙선 침범, 속도의 위반, 횡단·유턴·후진 금지 위반, 안전거리 미확보, 진로 변경 금지 위반, 급제동 금지 위반, 앞지르기 방법 또는 앞지르기의 방해금지 위반, 정당한 사유 없는 소음 발생, 고속도로에서의 앞지르기 방법 위반, 고속도로 등에서의 횡단·유턴·후진 금지 위반

149

자동차 등(개인형 이동장치는 제외)의 운전자가 다음의 행위를 반복하여 다른 사람에게 위협을 가하는 경우 난폭 운전으로 처벌받게 된다. 난폭 운전의 대상 행위로 틀린 것은?

① 신호 및 지시 위반, 중앙선 침범
② 안전거리 미확보, 급제동 금지 위반
③ 앞지르기 방해 금지 위반, 앞지르기 방법 위반
④ 통행금지 위반, 운전 중 휴대용 전화 사용

해설 도로교통법 제46조의3(난폭 운전 금지)
신호 또는 지시 위반, 중앙선 침범, 속도의 위반, 횡단·유턴·후진 금지 위반, 안전거리 미확보, 진로 변경 금지 위반, 급제동 금지 위반, 앞지르기 방법 또는 앞지르기의 방해금지 위반, 정당한 사유 없는 소음 발생, 고속도로에서의 앞지르기 방법 위반, 고속도로 등에서의 횡단·유턴·후진 금지

150

다음의 행위를 반복하여 교통상의 위험이 발생하였을 때 난폭 운전으로 처벌받을 수 있는 것은?

① 고속도로 갓길 주정차
② 음주운전
③ 일반 도로 전용차로 위반
④ 중앙선 침범

해설 도로교통법 제46조의3(난폭 운전 금지)
신호 또는 지시 위반, 중앙선 침범, 속도의 위반, 횡단·유턴·후진 금지 위반, 안전거리 미확보, 차로 변경 금지 위반, 급제동 금지 위반, 앞지르기 방법 또는 앞지르기의 방해금지 위반, 정당한 사유 없는 소음 발생, 고속도로에서의 앞지르기 방법 위반, 고속도로 등에서의 횡단·유턴·후진 금지

151

다음 행위를 반복하여 교통상의 위험이 발생하였을 때, 난폭 운전으로 처벌할 수 없는 것은?

① 신호 위반
② 속도위반
③ 정비 불량차 운전 금지 위반
④ 차로 변경 금지 위반

해설 도로교통법 제46조의3(난폭 운전 금지)

152

자동차 등을 이용하여 형법상 특수 상해를 행하여(보복 운전) 구속되었다. 운전면허 행정 처분은?

① 면허 취소
② 면허 정지 100일
③ 면허 정지 60일
④ 할 수 없다.

해설 도로교통법 시행규칙 별표28
자동차 등을 이용하여 형법상 특수 상해, 특수 협박, 특수 손괴를 행하여 구속된 때 면허를 취소한다. 형사 입건된 때는 벌점 100점이 부과된다.

153

도로교통법상 도로에서 2명 이상이 공동으로 2대 이상의 자동차 등(개인형 이동장치는 제외)을 정당한 사유 없이 앞뒤로 또는 좌우로 줄지어 통행하면서 다른 사람에게 위해(危害)를 끼치거나 교통상의 위험을 발생하게 하는 행위를 무엇이라고 하는가?

① 공동 위험 행위
② 교차로 꼬리 물기 행위
③ 끼어들기 행위
④ 질서 위반 행위

해설 제46조(공동 위험 행위의 금지) 제1항
자동차 등의 운전자는 도로에서 2명 이상이 공동으로 2대 이상의 자동차 등을 정당한 사유 없이 앞뒤로 또는 좌우로 줄지어 통행하면서 다른 사람에게 위해(危害)를 끼치거나 교통상의 위험을 발생하게 하여서는 아니 된다.

154
다음 중 도로교통법상 난폭 운전에 해당하지 않는 운전자는?

① 급제동을 반복하여 교통상의 위험을 발생하게 하는 운전자
② 계속된 안전거리 미확보로 다른 사람에게 위협을 주는 운전자
③ 고속도로에서 지속적으로 앞지르기 방법 위반을 하여 교통상의 위험을 발생하게 하는 운전자
④ 심야 고속도로 갓길에 미등을 끄고 주차하여 다른 사람에게 위험을 주는 운전자

해설 도로교통법 제46조의3(난폭 운전 금지)

155
다음 중 운전자의 올바른 운전 습관으로 가장 바람직하지 않은 것은?

① 자동차 주유 중에는 엔진 시동을 끈다.
② 긴급한 상황을 제외하고 급제동하여 다른 차가 급제동하는 상황을 만들지 않는다.
③ 위험 상황을 예측하고 방어 운전하기 위하여 규정속도와 안전거리를 모두 준수하며 운전한다.
④ 타이어 공기압은 계절에 관계없이 주행 안정성을 위하여 적정량보다 10% 높게 유지한다.

해설 타이어 공기압은 최대 공기압의 80%가 적정하며, 계절에 따라 여름에는 10% 정도 적게, 겨울에는 10% 정도 높게 주입하는 것이 안전에 도움이 된다.

156
자동차 등을 이용하여 형법상 특수 폭행을 행하여(보복 운전) 입건되었다. 운전면허 행정 처분은?

① 면허 취소   ② 면허 정지 100일
③ 면허 정지 60일   ④ 행정 처분 없음

해설 도로교통법 시행규칙 별표28
자동차 등을 이용하여 형법상 특수 상해, 특수 협박, 특수 손괴를 행하여 구속된 때 면허를 취소한다. 형사 입건된 때는 벌점 100점이 부과된다.

157
도로교통법령상 보행자에 대한 설명으로 틀린 것은?

① 너비 1미터 이하의 동력이 없는 손수레를 이용하여 통행하는 사람은 보행자가 아니다.
② 너비 1미터 이하의 보행 보조용 의자차를 이용하여 통행하는 사람은 보행자이다.
③ 자전거를 타고 가는 사람은 보행자가 아니다.
④ 너비 1미터 이하의 노약자용 보행기를 이용하여 통행하는 사람은 보행자이다.

해설 "보도"(步道)란 연석선, 안전표지나 그와 비슷한 인공 구조물로 경계를 표시하여 보행자(유모차, 보행 보조용 의자차, 노약자용 보행기 등 행정안전부령으로 정하는 기구·장치를 이용하여 통행하는 사람 및 제21호의3에 따른 실외 이동 로봇을 포함한다. 이하 같다)가 통행할 수 있도록 한 도로의 부분을 말한다(도로교통법 제2조 제10호). 행정안전부령이 정하는 기구·장치란 너비 1미터 이하인 것으로서 유모차·보행 보조용 의자차·노약자용 보행기·어린이 놀이기구·동력 없는 손수레·이륜자동차 등을 운전자가 내려서 끌거나 들고 통행하는 것·도로 보수 유지 등에 사용하는 기구 및 제21호의3에 따른 실외 이동 로봇 등을 말한다(도로교통법 시행규칙 제2조).

158
승차 구매점(드라이브 스루 매장)을 이용하는 운전자의 자세로 가장 바르지 않은 것은?

① 승차 구매점 안내 요원의 안전 관련 지시에 따른다.
② 승차 구매점에서 설치한 안내 표지판의 지시를 준수한다.
③ 승차 구매점 대기열을 따라 횡단보도를 침범하여 정차한다.
④ 승차 구매점 진출입로의 안전시설에 주의하여 이동한다.

해설 승차 구매점(드라이브 스루 매장)은 최근 사회적인 교통 이슈가 되고 있다. 이들 대기열은 교통 정체에 영향을 미칠 뿐만 아니라 교통안전을 위협하고 있다. 승차 구매점 대기열이라고 하여도 횡단보도를 침범하여 정차하여서는 안 된다.

159

도로교통법령상 운전자의 **보행자 보호**에 대한 설명으로 옳지 **않은** 것은?

① 운전자가 보행자우선도로에서 서행·일시정지하지 않아 보행자 통행을 방해한 경우에는 범칙금이 부과된다.
② 도로 외의 곳을 운전하는 운전자에게도 보행자 보호 의무가 부여된다.
③ 운전자는 보행자가 횡단보도를 통행하려고 하는 때에는 그 횡단보도 앞에서 일시정지하여야 한다.
④ 운전자는 어린이보호구역 내 신호기가 없는 횡단보도 앞에서는 반드시 서행하여야 한다.

해설 도로교통법 제27조 제1항, 제6항 제2호·제3호, 제7항 도로교통법 시행령 별표8. 제11호. 승용자동차 등 범칙금액 6만원
운전자는 어린이보호구역 내에 신호기가 설치되지 아니한 횡단보도 앞에서는 보행자의 횡단 여부와 관계없이 일시정지하여야 한다.

160

운전자의 **보행자 보호**에 대한 설명으로 옳지 **않은** 것은?

① 운전자는 보행자가 횡단보도를 통행하려고 하는 때에는 그 횡단보도 앞에서 일시정지하여야 한다.
② 운전자는 차로가 설치되지 아니한 좁은 도로에서 보행자의 옆을 지나는 경우 안전한 거리를 두고 서행하여야 한다.
③ 운전자는 어린이보호구역 내에 신호기가 설치되지 않은 횡단보도 앞에서는 보행자의 횡단이 없을 경우 일시정지하지 않아도 된다.

④ 운전자는 교통정리를 하고 있지 아니하는 교차로를 횡단하는 보행자의 통행을 방해하여서는 아니 된다.

해설 도로교통법 제27조
① 모든 차 또는 노면 전차의 운전자는 보행자(제13조의2 제6항에 따라 자전거 등에서 내려서 자전거 등을 끌거나 들고 통행하는 자전거 등의 운전자를 포함한다)가 횡단보도를 통행하고 있거나 통행하려고 하는 때에는 보행자의 횡단을 방해하거나 위험을 주지 아니하도록 그 횡단보도 앞(정지선이 설치되어 있는 곳에서는 그 정지선을 말한다)에서 일시정지하여야 한다.
③ 모든 차의 운전자는 교통정리를 하고 있지 아니하는 교차로 또는 그 부근의 도로를 횡단하는 보행자의 통행을 방해하여서는 아니 된다.
④ 모든 차의 운전자는 도로에 설치된 안전지대에 보행자가 있는 경우와 차로가 설치되지 아니한 좁은 도로에서 보행자의 옆을 지나는 경우에는 안전한 거리를 두고 서행하여야 한다.
⑦ 모든 차 또는 노면 전차의 운전자는 제12조 제1항에 따른 어린이보호구역 내에 설치된 횡단보도 중 신호기가 설치되지 아니한 횡단보도 앞(정지선이 설치된 경우에는 그 정지선을 말한다)에서는 보행자의 횡단 여부와 관계없이 일시정지하여야 한다. 〈신설 2022. 1. 11.〉

161

보행자우선도로에 대한 설명으로 가장 바르지 **않은** 것은?

① 보행자우선도로에서 보행자는 도로의 우측 가장자리로만 통행할 수 있다.
② 운전자에게는 서행, 일시정지 등 각종 보행자 보호 의무가 부여된다.
③ 보행자 보호 의무를 불이행하였을 경우 승용자동차 기준 4만원의 범칙금과 10점의 벌점 처분의 대상이다.
④ 경찰서장은 보행자 보호를 위해 필요하다고 인정할 경우 차량 통행 속도를 시속 20킬로미터 이내로 제한할 수 있다.

해설 보행자는 보행자우선도로에서는 도로의 전 부분으로 통행할 수 있다. 이 경우 보행자는 고의로 차마의 진행을 방해하여서는 아니 된다(도로교통법 제8조 제3항 제2호). 보행자전용도로의 통행이 허용된 차마의 운전자는 보행자를 위험하게 하거나 보행자의 통행을 방해하지 아니하도록 차마를 보행자의 걸음 속도로 운행하거나 일시정지하여야 한다(도로교통법 제28조 제3항). 시·도경찰청장이나 경찰서장은 보행자우선도로에서 보행자를 보호하기 위하여 필요하다고 인정하는 경우에는 차마의 통행 속도를 시속 20킬로미터 이내로 제한할 수 있다(도로교통법 제28조의2).

162

시내도로를 매시 50킬로미터로 주행하던 중 무단 횡단 중인 보행자를 발견하였다. 가장 적절한 조치는?

① 보행자가 횡단 중이므로 일단 급브레이크를 밟아 멈춘다.
② 보행자의 움직임을 예측하여 그 사이로 주행한다.
③ 속도를 줄이며 멈출 준비를 하고 비상점멸등으로 뒤차에도 알리면서 안전하게 정지한다.
④ 보행자에게 경음기로 주의를 주며 다소 속도를 높여 통과한다.

해설 무단 횡단 중인 보행자를 발견하면 속도를 줄이며 멈출 준비를 하고 비상등으로 뒤차에도 알리면서 안전하게 정지한다.

163

도로교통법상 보행자의 보호 등에 관한 설명으로 맞지 않은 것은?

① 도로에 설치된 안전지대에 보행자가 있는 경우와 차로가 설치되지 아니한 좁은 도로에서 보행자의 옆을 지나는 경우에는 안전한 거리를 두고 서행하여야 한다.
② 보행자가 횡단보도가 설치되어 있지 아니한 도로를 횡단하고 있을 때에는 안전거리를 두고 일시정지하여 보행자가 안전하게 횡단할 수 있도록 하여야 한다.
③ 보도와 차도가 구분되지 아니한 도로 중 중앙선이 없는 도로에서 보행자의 통행에 방해가 될 때에는 서행하거나 일시정지하여 보행자가 안전하게 통행할 수 있도록 하여야 한다.
④ 어린이보호구역 내에 설치된 횡단보도 중 신호기가 설치되지 아니한 횡단보도 앞(정지선이 설치된 경우에는 그 정지선을 말한다)에서는 보행자의 횡단 여부와 관계없이 서행하여야 한다.

해설 도로교통법 제27조(보행자의 보호) 제7항
모든 차 또는 노면 전차의 운전자는 제12조 제1항에 따른 어린이보호구역 내에 설치된 횡단보도 중 신호기가 설치되지 아니한 횡단보도 앞(정지선이 설치된 경우에는 그 정지선을 말한다)에서는 보행자의 횡단 여부와 관계없이 일시정지하여야 한다.

164

도로교통법령상 도로에서 13세 미만의 어린이가 (   )를 타는 경우에는 어린이의 안전을 위해 인명 보호 장구를 착용하여야 한다. (   )에 해당되지 않는 것은?

① 킥보드
② 외발자전거
③ 인라인스케이트
④ 스케이트보드

해설 도로교통법 제11조(어린이 등에 대한 보호) 제3항
어린이의 보호자는 도로에서 어린이가 자전거를 타거나 행정안전부령으로 정하는 위험성이 큰 움직이는 놀이기구를 타는 경우에는 어린이의 안전을 위하여 행정안전부령으로 정하는 인명 보호 장구를 착용하도록 하여야 한다.
한편 외발자전거는 자전거 이용 활성화에 관한 법률 제2조의 '자전거'에 해당하지 않아 법령상 안전모 착용 의무는 없다. 그러나 어린이 안전을 위해서는 안전모를 착용하는 것이 바람직하다.

165

보행자의 보호 의무에 대한 설명으로 맞는 것은?

① 무단 횡단하는 술 취한 보행자를 보호할 필요 없다.
② 신호등이 있는 도로에서는 횡단 중인 보행자의 통행을 방해하여도 무방하다.
③ 보행자 신호기에 녹색 신호가 점멸하고 있는 경우 차량이 진행해도 된다.
④ 신호등이 있는 교차로에서 우회전할 경우 신호에 따르는 보행자를 방해해서는 아니 된다.

> **해설** 무단 횡단하는 술 취한 보행자도 보호의 대상이다. 보행자 신호기에 녹색 신호가 점멸하고 있는 경우에도 보행자 보호를 게을리 하지 말고 신호등이 있는 교차로에서 우회전할 경우 신호에 따르는 보행자를 방해해서는 아니 된다.

166

도로의 중앙을 통행할 수 있는 사람 또는 행렬로 맞는 것은?

① 사회적으로 중요한 행사에 따라 시가행진하는 행렬
② 말, 소 등의 큰 동물을 몰고 가는 사람
③ 도로의 청소 또는 보수 등 도로에서 작업 중인 사람
④ 기 또는 현수막 등을 휴대한 장의 행렬

> **해설** 말·소 등의 큰 동물을 몰고 가는 사람, 사다리·목재, 그 밖의 보행자의 통행에 지장을 줄 우려가 있는 물건을 운반 중인 사람, 도로에서 청소나 보수 등의 작업을 하고 있는 사람, 군부대나 그 밖의 이에 준하는 단체의 행렬, 기 또는 현수막 등을 휴대한 행렬, 장의 행렬은 차도의 우측으로 통행하여야 한다(도로교통법 제9조 제1항 및 동 시행령 제7조).

167

자동차 운전자가 **신호등이 없는 횡단보도를 통과할 때** 가장 안전한 **운전 방법**은?

① 횡단하는 사람이 없다 하더라도 전방과 그 주변을 잘 살피며 감속한다.
② 횡단하는 사람이 없으므로 그대로 진행한다.
③ 횡단하는 사람이 없을 때 빠르게 지나간다.
④ 횡단하는 사람이 있을 수 있으므로 경음기를 울리며 그대로 진행한다.

> **해설** 신호등이 없는 횡단보도에서는 혹시 모르는 보행자를 위하여 전방과 근방 보도를 잘 살피고 감속 운전하여야 한다.

168

철길 건널목을 통과하다가 고장으로 **건널목 안에서 차를 운행할 수 없는 경우** 운전자의 **조치 요령**으로 바르지 **않은** 것은?

① 동승자를 대피시킨다.
② 비상점멸등을 작동한다.
③ 철도 공무원에게 알린다.
④ 차량의 고장 원인을 확인한다.

> **해설** 도로교통법 제24조(철길 건널목 통과) 제3항 모든 차 또는 노면 전차의 운전자는 건널목을 통과하다가 고장 등의 사유로 건널목 안에서 차 또는 노면 전차를 운행할 수 없게 된 경우는 즉시 승객을 대피시키고 비상신호기 등을 사용하거나 그 밖의 방법으로 철도 공무원이나 경찰 공무원에게 그 사실을 알려야 한다.

169
차의 운전자가 보도를 횡단하여 건물 등에 진입하려고 한다. 운전자가 해야 할 순서로 올바른 것은?

① 서행 → 방향지시등 작동 → 신속 진입
② 일시정지 → 경음기 사용 → 신속 진입
③ 서행 → 좌측과 우측 부분 확인 → 서행 진입
④ 일시정지 → 좌측과 우측 부분 확인 → 서행 진입

> 해설 도로교통법 제13조(차마의 통행) 제2항
> 차마의 운전자는 보도를 횡단하기 직전에 일시정지하여 좌측과 우측 부분 등을 살핀 후 보행자의 통행을 방해하지 아니하도록 횡단하여야 한다.

170
다음 중 도로교통법상 보행자의 도로 횡단 방법에 대한 설명으로 잘못된 것은?

① 모든 차의 바로 앞이나 뒤로 횡단하여서는 아니 된다.
② 지체 장애인의 경우라도 반드시 도로 횡단 시설을 이용하여 도로를 횡단하여야 한다.
③ 안전표지 등에 의하여 횡단이 금지되어 있는 도로의 부분에서는 그 도로를 횡단하여서는 아니 된다.
④ 횡단보도가 설치되어 있지 아니한 도로에서는 가장 짧은 거리로 횡단하여야 한다.

> 해설 도로교통법 제10조(도로의 횡단) 제2항
> 지하도나 육교 등의 도로 횡단 시설을 이용할 수 없는 지체 장애인의 경우에는 다른 교통에 방해가 되지 아니하는 방법으로 도로 횡단 시설을 이용하지 아니하고 도로를 횡단할 수 있다.

171
야간에 도로상의 보행자나 물체들이 일시적으로 안 보이게 되는 "증발 현상"이 일어나기 쉬운 위치는?

① 반대 차로의 가장자리
② 주행 차로의 우측 부분
③ 도로의 중앙선 부근
④ 도로 우측의 가장자리

> 해설 야간에 도로상의 보행자나 물체들이 일시적으로 안 보이게 되는 "증발 현상"이 일어나기 쉬운 위치는 도로의 중앙선 부근이다.

172
보행자의 통행에 대한 설명으로 맞는 것은?

① 보행자는 도로 횡단 시 차의 바로 앞이나 뒤로 신속히 횡단하여야 한다.
② 지체 장애인은 도로 횡단시설이 있는 도로에서 반드시 그곳으로 횡단하여야 한다.
③ 보행자는 안전표지 등에 의하여 횡단이 금지된 도로에서는 신속하게 도로를 횡단하여야 한다.
④ 보행자는 횡단보도가 설치되어 있지 아니한 도로에서는 가장 짧은 거리로 횡단하여야 한다.

> 해설 보행자는 보도와 차도가 구분된 도로에서는 반드시 보도로 통행하여야 한다. 지체 장애인은 도로 횡단 시설을 이용하지 아니하고 횡단할 수 있다. 단, 안전표지 등에 의하여 횡단이 금지된 경우에는 횡단할 수 없다(도로교통법 제10조).

173
보행자의 보도 통행 원칙으로 맞는 것은?

① 보도 내 우측통행
② 보도 내 좌측통행
③ 보도 내 중앙 통행
④ 보도 내 통행 원칙은 없음

해설 보행자는 보도 내에서는 우측통행이 원칙이다.

174

어린이보호구역 내에 설치된 횡단보도 중 신호기가 설치되지 아니한 횡단보도 앞(정지선이 설치된 경우에는 그 정지선을 말한다)에서 운전자의 행동으로 맞는 것 2가지는?

① 보행자가 횡단보도를 통행하려고 하는 때에는 보행자의 안전을 확인하고 서행하며 통과한다.
② 보행자가 횡단보도를 통행하려고 하는 때에는 일시정지하여 보행자의 횡단을 보호한다.
③ 보행자의 횡단 여부와 관계없이 서행하며 통행한다.
④ 보행자의 횡단 여부와 관계없이 일시정지한다.

해설 도로교통법 제27조(보행자의 보호) 제7항
모든 차 또는 노면 전차의 운전자는 제12조 제1항에 따른 어린이보호구역 내에 설치된 횡단보도 중 신호기가 설치되지 아니한 횡단보도 앞(정지선이 설치된 경우에는 그 정지선을 말한다)에서는 보행자의 횡단 여부와 관계없이 일시정지하여야 한다.

175

도로교통법상 보행자 보호에 대한 설명 중 맞는 2가지는?

① 자전거를 끌고 걸어가는 사람은 보행자에 해당하지 않는다.
② 교통정리를 하고 있지 아니하는 교차로에 먼저 진입한 차량은 보행자에 우선하여 통행할 권한이 있다.
③ 시·도경찰청장은 보행자의 통행을 보호하기 위해 도로에 보행자전용도로를 설치할 수 있다.
④ 보행자전용도로에는 유모차를 끌고 갈 수 있다.

해설 자전거를 끌고 걸어가는 사람도 보행자에 해당하고, 교통정리를 하고 있지 아니하는 교차로에 먼저 진입한 차량도 보행자에게 양보해야 한다.

176

보행자의 통행에 대한 설명 중 맞는 것 2가지는?

① 보행자는 차도를 통행하는 경우 항상 차도의 좌측으로 통행해야 한다.
② 보행자는 사회적으로 중요한 행사에 따라 행진 시에는 도로의 중앙으로 통행할 수 있다.
③ 도로 횡단 시설을 이용할 수 없는 지체 장애인은 도로 횡단 시설을 이용하지 않고 도로를 횡단할 수 있다.
④ 도로 횡단 시설이 없는 경우 보행자는 안전을 위해 가장 긴 거리로 도로를 횡단하여야 한다.

해설 도로교통법 제9조 제1항
학생의 대열과 그 밖에 보행자의 통행에 지장을 줄 우려가 있다고 인정하여 대통령령으로 정하는 사람이나 행렬(이하 "행렬 등"이라 한다)은 제8조 제1항 본문에도 불구하고 차도로 통행할 수 있다. 이 경우 행렬 등은 차도의 우측으로 통행하여야 한다.
제13조 제3항
차마의 운전자는 도로(보도와 차도가 구분된 도로에서는 차도를 말한다)의 중앙(중앙선이 설치되어있는 경우에는 그 중앙선을 말한다. 이하 같다) 우측 부분을 통행하여야 한다.

177

도로교통법령상 승용자동차의 운전자가 보도를 횡단하는 방법을 위반한 경우 범칙금은?

① 3만원　　　　② 4만원
③ 5만원　　　　④ 6만원

해설 (도로교통법 시행령 별표8) 통행 구분 위반, 횡단·유턴·후진 위반으로 범칙금 6만원

178
도로교통법령상 보행자 보호와 관련된 승용자동차 운전자의 범칙 행위에 대한 범칙금액이 다른 것은?(보호구역은 제외)

① 신호에 따라 도로를 횡단하는 보행자 횡단 방해
② 보행자전용도로 통행 위반
③ 도로를 통행하고 있는 차에서 밖으로 물건을 던지는 행위
④ 어린이 · 앞을 보지 못하는 사람 등의 보호 위반

> 해설 도로교통법 시행령 별표8 범칙 행위 및 범칙금액(운전자)
> ①, ②, ④는 6만원이고, ③은 5만원의 범칙금액 부과

179
보행자에 대한 운전자의 바람직한 태도는?

① 도로를 무단 횡단하는 보행자는 보호받을 수 없다.
② 자동차 옆을 지나는 보행자에게 신경 쓰지 않아도 된다.
③ 보행자가 자동차를 피해야 한다.
④ 운전자는 보행자를 우선으로 보호해야 한다.

> 해설 도로교통법 제27조(보행자의 보호) 제5항
> 모든 차 또는 노면 전차의 운전자는 보행자가 제10조 제3항에 따라 횡단보도가 설치되어 있지 아니한 도로를 횡단하고 있을 때에는 안전거리를 두고 일시정지하여 보행자가 안전하게 횡단할 수 있도록 하여야 한다.

180
도로교통법령상 보행자가 도로를 횡단할 수 있게 안전표지로 표시한 도로의 부분을 무엇이라 하는가?

① 보도
② 길가장자리구역
③ 횡단보도
④ 보행자전용도로

> 해설 도로교통법 제2조 제12호
> "횡단보도"란, 보행자가 도로를 횡단할 수 있도록 안전표지로 표시한 도로의 부분을 말한다.

181
다음 중 보행자에 대한 운전자 조치로 잘못된 것은?

① 어린이 보호 표지가 있는 곳에서는 어린이가 뛰어 나오는 일이 있으므로 주의해야 한다.
② 보도를 횡단하기 직전에 서행하여 보행자를 보호해야 한다.
③ 무단 횡단하는 보행자도 일단 보호해야 한다.
④ 어린이가 보호자 없이 도로를 횡단 중일 때에는 일시정지해야 한다.

> 해설 도로교통법 제13조 제1항 내지 제2항
> 보도를 횡단하기 직전에 일시정지하여 좌측 및 우측 부분 등을 살핀 후 보행자의 통행을 방해하지 아니하도록 횡단하여야 한다.

182
보행자의 도로 횡단 방법에 대한 설명으로 잘못된 것은?

① 보행자는 횡단보도가 없는 도로에서 가장 짧은 거리로 횡단해야 한다.
② 보행자는 모든 차의 바로 앞이나 뒤로 횡단하면 안 된다.
③ 무단 횡단 방지를 위한 차선 분리대가 설치된 곳이라도 넘어서 횡단할 수 있다.
④ 도로 공사 등으로 보도의 통행이 금지된 때 차도로 통행할 수 있다.

> 해설 도로교통법 제8조(보행자의 통행) 제1항
> 보행자는 보도와 차도가 구분된 도로에서는 언제나 보도로 통행하여야 한다. 다만, 차도를 횡단하는 경우, 도로공사 등으로 보도의 통행이 금지된 경우나 그 밖의 부득이한 경우에는 그러하지 아니하다.

도로교통법 제10조(도로의 횡단)
② 보행자는 제1항에 따른 횡단보도, 지하도, 육교나 그 밖의 도로 횡단 시설이 설치되어 있는 도로에서는 그 곳으로 횡단하여야 한다. 다만, 지하도나 육교 등의 도로 횡단 시설을 이용할 수 없는 지체 장애인의 경우에는 다른 교통에 방해가 되지 아니하는 방법으로 도로 횡단 시설을 이용하지 아니하고 도로를 횡단할 수 있다.
③ 보행자는 제1항에 따른 횡단보도가 설치되어 있지 아니한 도로에서는 가장 짧은 거리로 횡단하여야 한다.
④ 보행자는 차와 노면 전차의 바로 앞이나 뒤로 횡단하여서는 아니 된다. 다만, 횡단보도를 횡단하거나 신호기 또는 경찰 공무원 등의 신호나 지시에 따라 도로를 횡단하는 경우에는 그러하지 아니하다.

183
앞을 보지 못하는 사람에 준하는 범위에 해당하지 않는 사람은?

① 어린이 또는 영유아
② 의족 등을 사용하지 아니하고는 보행을 할 수 없는 사람
③ 신체의 평형 기능에 장애가 있는 사람
④ 듣지 못하는 사람

해설 도로교통법 제11조 제2항 및 동법 시행령 제8조에 따른 앞을 보지 못하는 사람에 준하는 사람은 다음 각 호의 어느 하나에 해당하는 사람을 말한다.
1. 듣지 못하는 사람
2. 신체의 평형 기능에 장애가 있는 사람
3. 의족 등을 사용하지 아니하고는 보행을 할 수 없는 사람

184
도로교통법령상 어린이보호구역 안에서 ( )~( ) 사이에 신호 위반을 한 승용차 운전자에 대해 기존의 벌점을 2배로 부과한다. ( )에 순서대로 맞는 것은?

① 오전 6시, 오후 6시
② 오전 7시, 오후 7시
③ 오전 8시, 오후 8시
④ 오전 9시, 오후 9시

해설 도로교통법 시행규칙 별표28 주4호
어린이보호구역 안에서 오전 8시부터 오후 8시 사이에 위반 행위를 한 운전자에 대하여 기존의 벌점의 2배에 해당하는 벌점을 부과한다.

185
도로교통법령상 4.5톤 화물자동차가 오전 10시부터 11시까지 노인보호구역에서 주차 위반을 한 경우 과태료는?

① 4만원
② 5만원
③ 9만원
④ 10만원

해설 도로교통법 시행령 별표7 제3호
법 제32조부터 제34조까지의 규정을 위반하여 정차 또는 주차를 한 차의 고용주 등은, 승합자동차 등은 2시간 미만일 경우 과태료 9만원이다.

186
다음 중 보행자의 통행 방법으로 잘못된 것은?

① 보도에서는 좌측통행을 원칙으로 한다.
② 보행자우선도로에서는 도로의 전 부분을 통행할 수 있다.
③ 보도와 차도가 구분된 도로에서는 언제나 보도로 통행하여야 한다.
④ 보도와 차도가 구분되지 않은 도로 중 중앙선이 있는 도로에서는 길가장자리구역으로 통행하여야 한다.

해설 도로교통법 제8조(보행자의 통행) 제4항
보행자는 보도에서는 우측통행을 원칙으로 한다.

187
도로교통법령상 차도를 통행할 수 있는 사람 또는 행렬이 아닌 경우는?

① 도로에서 청소나 보수 등의 작업을 하고 있을 때
② 말·소 등의 큰 동물을 몰고 갈 때
③ 유모차를 끌고 가는 사람
④ 장의(葬儀) 행렬일 때

> **해설** 도로교통법 시행령 제7조(차도를 통행할 수 있는 사람 또는 행렬)
> 법 제9조 제1항 전단에서 "대통령령으로 정하는 사람이나 행렬"이란 다음 각 호의 어느 하나에 해당하는 사람이나 행렬을 말한다.
> 1. 말·소 등의 큰 동물을 몰고 가는 사람
> 2. 사다리, 목재, 그 밖에 보행자의 통행에 지장을 줄 우려가 있는 물건을 운반 중인 사람
> 3. 도로에서 청소나 보수 등의 작업을 하고 있는 사람
> 4. 군부대나 그 밖에 이에 준하는 단체의 행렬
> 5. 기(旗) 또는 현수막 등을 휴대한 행렬
> 6. 장의(葬儀) 행렬

188
운전자가 진행 방향 신호등이 적색일 때 정지선을 초과하여 정지한 경우 처벌 기준은?

① 교차로 통행 방법 위반
② 일시정지 위반
③ 신호 위반
④ 서행 위반

> **해설** 신호등이 적색일 때 정지선을 초과하여 정지한 경우 신호 위반의 처벌을 받는다.

189
다음 중 앞을 보지 못하는 사람이 장애인 보조견을 동반하고 도로를 횡단하는 모습을 발견하였을 때의 올바른 운전 방법은?

① 주정차 금지 장소인 경우 그대로 진행한다.
② 일시정지한다.
③ 즉시 정차하여 앞을 보지 못하는 사람이 되돌아가도록 안내한다.
④ 경음기를 울리며 보호한다.

> **해설** 도로교통법 제49조(모든 운전자의 준수사항 등)
> ① 모든 차의 운전자는 다음 각 호의 사항을 지켜야 한다.
>   2. 다음 각 목의 어느 하나에 해당하는 경우에는 일시정지할 것
>   나. 앞을 보지 못하는 사람이 흰색 지팡이를 가지거나 장애인 보조견을 동반하는 등의 조치를 하고 도로를 횡단하고 있는 경우

190
도로교통법상 모든 차의 운전자는 어린이보호구역 내에 설치된 횡단보도 중 신호기가 설치되지 아니한 횡단보도 앞에서는 보행자의 횡단 여부와 관계없이 (   )하여야 한다. (   ) 안에 맞는 것은?

① 서행   ② 일시정지
③ 서행 또는 일시정지   ④ 감속 주행

> **해설** 도로교통법 제27조(보행자의 보호) 제7항
> 모든 차의 운전자는 어린이보호구역 내에 설치된 횡단보도 중 신호기가 설치되지 아니한 횡단보도 앞에서는 보행자의 횡단 여부와 관계없이 일시정지하여야 한다.

191
도로를 횡단하는 보행자 보호에 대한 설명으로 맞는 것은?

① 교차로 이외의 도로에서는 보행자 보호 의무가 없다.
② 신호를 위반하는 무단 횡단 보행자는 보호할 의무가 없다.
③ 무단 횡단 보행자도 보호하여야 한다.
④ 일방통행 도로에서는 무단 횡단 보행자를 보호할 의무가 없다.

해설 도로교통법 제27조(보행자의 보호) 제5항
모든 차 또는 노면 전차의 운전자는 보행자가 제10조 제3항에 따라 횡단보도가 설치되어 있지 아니한 도로를 횡단하고 있을 때에는 안전거리를 두고 일시정지하여 보행자가 안전하게 횡단할 수 있도록 하여야 한다.

해설 도로교통법 시행규칙 별표2(신호기가 표시하는 신호의 종류 및 신호의 뜻)
보행 신호등 녹색 등화의 점멸: 보행자는 횡단을 시작하여서는 아니 되고, 횡단하고 있는 보행자는 신속하게 횡단을 완료하거나 그 횡단을 중지하고 보도로 되돌아와야 한다.

192
도로교통법상 원칙적으로 **차도의 통행이 허용되지 않는 사람**은?
① 보행 보조용 의자차를 타고 가는 사람
② 사회적으로 중요한 행사에 따라 시가를 행진하는 사람
③ 도로에서 청소나 보수 등의 작업을 하고 있는 사람
④ 사다리 등 보행자의 통행에 지장을 줄 우려가 있는 물건을 운반 중인 사람

해설 도로교통법 시행령 제7조(차도를 통행할 수 있는 사람 또는 행렬)
법 제9조 제1항 전단에서 "대통령령으로 정하는 사람이나 행렬"이란 다음 각 호의 어느 하나에 해당하는 사람이나 행렬을 말한다.
1. 말·소 등의 큰 동물을 몰고 가는 사람
2. 사다리, 목재, 그 밖에 보행자의 통행에 지장을 줄 우려가 있는 물건을 운반 중인 사람
3. 도로에서 청소나 보수 등의 작업을 하고 있는 사람
4. 군부대나 그 밖에 이에 준하는 단체의 행렬
5. 기(旗) 또는 현수막 등을 휴대한 행렬
6. 장의(葬儀) 행렬

193
다음 중 **보행등의 녹색 등화가 점멸할 때 보행자의 가장 올바른 통행 방법**은?
① 횡단보도에 진입하지 않은 보행자는 다음 신호 때까지 기다렸다가 보행등의 녹색 등화 때 통행하여야 한다.
② 횡단보도 중간에 그냥 서 있는다.
③ 다음 신호를 기다리지 않고 횡단보도를 건넌다.
④ 적색 등화로 바뀌기 전에는 언제나 횡단을 시작할 수 있다.

194
다음 중 도로교통법상 **보도를 통행하는 보행자**에 대한 설명으로 **맞는 것**은?
① 125시시 미만의 이륜차를 타고 보도를 통행하는 사람은 보행자로 볼 수 있다.
② 자전거를 타고 가는 사람은 보행자로 볼 수 있다.
③ 보행 보조용 의자차를 타고 가는 사람은 보행자로 볼 수 있다.
④ 49시시 원동기장치자전거를 타고 가는 사람은 보행자로 볼 수 있다.

해설 도로교통법 제2조(정의) 제10호
"보도(步道)"란 연석선, 안전표지나 그와 비슷한 인공 구조물로 경계를 표시하여 보행자(유모차와 행정안전부령으로 정하는 보행 보조용 의자차를 포함한다)가 통행할 수 있도록 한 도로의 부분을 말한다.

195
다음 중 도로교통법상 **보행자전용도로**에 대한 설명으로 **맞는 2가지**는?
① 통행이 허용된 차마의 운전자는 통행 속도를 보행자의 걸음 속도로 운행하여야 한다.
② 차마의 운전자는 원칙적으로 보행자전용도로를 통행할 수 있다.
③ 경찰서장이 특히 필요하다고 인정하는 경우는 차마의 통행을 허용할 수 없다.
④ 통행이 허용된 차마의 운전자는 보행자를 위험하게 할 때는 일시정지하여야 한다.

해설 도로교통법 제28조(보행자전용도로의 설치)
① 시·도경찰청장이나 경찰서장은 보행자의 통행을 보호하기 위하여 특히 필요한 경우에는 도로에 보행자전용도로를 설치할 수 있다.
② 차마의 운전자는 제1항에 따른 보행자전용도로를 통행하여서는 아니 된다. 다만, 시·도경찰청장이나 경찰서장은 특히 필요하다고 인정하는 경우에는 보행자전용도로에 차마의 통행을 허용할 수 있다.
③ 제2항 단서에 따라 보행자전용도로의 통행이 허용된 차마의 운전자는 보행자를 위험하게 하거나 보행자의 통행을 방해하지 아니하도록 차마를 보행자의 걸음 속도로 운행하거나 일시정지하여야 한다.

196
노인보호구역에서 자동차에 싣고 가던 화물이 떨어져 노인에게 2주 진단의 상해를 입힌 운전자에 대한 처벌 2가지는?

① 피해자의 처벌 의사에 관계없이 형사 처벌된다.
② 피해자와 합의하면 처벌되지 않는다.
③ 손해를 전액 보상받을 수 있는 보험에 가입되어 있으면 처벌되지 않는다.
④ 손해를 전액 보상받을 수 있는 보험 가입 여부와 관계없이 형사 처벌된다.

해설 교통사고처리 특례법 제3조(처벌의 특례) 제2항 제12호
도로교통법 제39조 제4항을 위반하여 자동차의 화물이 떨어지지 아니하도록 필요한 조치를 하지 아니하고 운전한 경우에 해당되어 종합 보험에 가입되어도 형사 처벌을 받게 된다.

197
다음 중 도로교통법상 횡단보도가 없는 도로에서 보행자의 가장 올바른 횡단 방법은?

① 통과 차량 바로 뒤로 횡단한다.
② 차량 통행이 없을 때 빠르게 횡단한다.
③ 횡단보도가 없는 곳이므로 아무 곳이나 횡단한다.
④ 도로에서 가장 짧은 거리로 횡단한다.

해설 도로교통법 제10조 제3항
보행자는 제1항에 따른 횡단보도가 설치되어 있지 아니한 도로에서는 가장 짧은 거리로 횡단하여야 한다.

198
다음 중 도로교통법상 횡단보도를 횡단하는 방법에 대한 설명으로 옳지 않은 것은?

① 개인형 이동장치를 끌고 횡단할 수 있다.
② 보행 보조용 의자차를 타고 횡단할 수 있다.
③ 자전거를 타고 횡단할 수 있다.
④ 유모차를 끌고 횡단할 수 있다.

해설 도로교통법 제2조 제12호
횡단보도란 보행자가 도로를 횡단할 수 있도록 안전표지로 표시한 도로의 부분을 말한다.
도로교통법 제27조 제1항
모든 차의 운전자는 보행자(제13조의2 제6항에 따라 자전거에서 내려서 자전거를 끌고 통행하는 자전거 운전자를 포함한다)가 횡단보도를 통행하고 있을 때에는 보행자의 횡단을 방해하거나 위험을 주지 아니하도록 그 횡단보도 앞(정지선이 설치되어 있는 곳에서는 그 정지선을 말한다)에서 일시정지하여야 한다.

199
다음 중 도로교통법상 차마의 통행 방법에 대한 설명이다. 잘못된 것은?

① 보도와 차도가 구분된 도로에서는 차도로 통행하여야 한다.
② 보도를 횡단하기 직전에 서행하여 좌우를 살핀 후 보행자의 통행을 방해하지 않도록 횡단하여야 한다.
③ 도로 중앙의 우측 부분으로 통행하여야 한다.
④ 도로가 일방통행인 경우 도로의 중앙이나 좌측 부분을 통행할 수 있다.

[해설] 도로교통법 제13조 제2항
제1항 단서의 경우 차마의 운전자는 보도를 횡단하기 직전에 일시정지하여 좌측과 우측 부분 등을 살핀 후 보행자의 통행을 방해하지 아니하도록 횡단하여야 한다.

200

다음 중 도로교통법상 보행자의 보호에 대한 설명이다. 옳지 않은 것은?

① 보행자가 횡단보도를 통행하고 있을 때 그 직전에 일시정지하여야 한다.
② 경찰 공무원의 신호나 지시에 따라 도로를 횡단하는 보행자의 통행을 방해하여서는 아니 된다.
③ 교차로에서 도로를 횡단하는 보행자의 통행을 방해하여서는 아니 된다.
④ 보행자가 횡단보도가 없는 도로를 횡단하고 있을 때에는 안전거리를 두고 서행하여야 한다.

[해설] 도로교통법 제27조(보행자 보호)
① 모든 차 또는 노면 전차의 운전자는 보행자(제13조의2 제6항에 따라 자전거 등에서 내려서 자전거 등을 끌거나 들고 통행하는 자전거 등의 운전자를 포함한다)가 횡단보도를 통행하고 있거나 통행하려고 하는 때에는 보행자의 횡단을 방해하거나 위험을 주지 아니하도록 그 횡단보도 앞(정지선이 설치되어 있는 곳에서는 그 정지선을 말한다)에서 일시정지하여야 한다.
② 모든 차 또는 노면 전차의 운전자는 교통정리를 하고 있는 교차로에서 좌회전이나 우회전을 하려는 경우에는 신호기 또는 경찰 공무원 등의 신호나 지시에 따라 도로를 횡단하는 보행자의 통행을 방해하여서는 아니 된다.
③ 모든 차의 운전자는 교통정리를 하고 있지 아니하는 교차로 또는 그 부근의 도로를 횡단하는 보행자의 통행을 방해하여서는 아니 된다.
⑤ 모든 차 또는 노면 전차의 운전자는 보행자가 제10조 제3항에 따라 횡단보도가 설치되어 있지 아니한 도로를 횡단하고 있을 때에는 안전거리를 두고 일시정지하여 보행자가 안전하게 횡단할 수 있도록 하여야 한다.

201

차량 운전 중 차량 신호등과 횡단보도 보행자 신호등이 모두 고장 난 경우 횡단보도 통과 방법으로 옳은 것은?

① 횡단하는 사람이 있는 경우 서행으로 통과한다.
② 횡단보도에 사람이 없으면 서행하지 않고 빠르게 통과한다.
③ 신호등 고장으로 횡단보도 기능이 상실되었으므로 서행할 필요가 없다.
④ 횡단하는 사람이 있는 경우 횡단보도 직전에 일시정지한다.

[해설] 도로교통법 제27조 제1항
모든 차 또는 노면 전차의 운전자는 보행자(제13조의2 제6항에 따라 자전거 등에서 내려서 자전거 등을 끌거나 들고 통행하는 자전거 등의 운전자를 포함한다)가 횡단보도를 통행하고 있거나 통행하려고 하는 때에는 보행자의 횡단을 방해하거나 위험을 주지 아니하도록 그 횡단보도 앞(정지선이 설치되어 있는 곳에서는 그 정지선을 말한다)에서 일시정지하여야 한다.

202

도로교통법상 보도와 차도가 구분되지 않는 도로 중 중앙선이 있는 도로에서 보행자의 통행 방법으로 가장 적절한 것은?

① 차도 중앙으로 보행한다.
② 차도 우측으로 보행한다.
③ 길가장자리구역으로 보행한다.
④ 도로의 전 부분으로 보행한다.

[해설] 도로교통법 제8조(보행자의 통행)
② 보행자는 보도와 차도가 구분되지 아니한 도로 중 중앙선이 있는 도로(일방통행인 경우에는 차선으로 구분된 도로를 포함한다)에서는 길가장자리 또는 길가장자리구역으로 통행하여야 한다.
③ 보행자는 다음의 어느 하나에 해당하는 곳에서는 도로의 전 부분으로 통행할 수 있다. 이 경우 보행자는 고의로 차마의 진행을 방해하여서는 아니 된다.

1. 보도와 차도가 구분되지 아니한 도로 중 중앙선이 없는 도로(일방통행인 경우에는 차선으로 구분되지 아니한 도로에 한정한다. 이하 같다)
2. 보행자우선도로

203

도로교통법상 보행자전용도로 통행이 허용된 차마의 운전자가 통행하는 방법으로 맞는 것은?

① 보행자가 있는 경우 서행으로 진행한다.
② 경음기를 울리면서 진행한다.
③ 보행자의 걸음 속도로 운행하거나 일시정지하여야 한다.
④ 보행자가 없는 경우 신속히 진행한다.

해설 도로교통법 제28조 제3항
보행자전용도로의 통행이 허용된 차마의 운전자는 보행자를 위험하게 하거나 보행자의 통행을 방해하지 아니하도록 차마를 보행자의 걸음 속도로 운행하거나 일시정지하여야 한다.

204

도로교통법상 연석선, 안전표지나 그와 비슷한 인공 구조물로 경계를 표시하여 보행자가 통행할 수 있도록 한 도로의 부분은?

① 보도
② 길가장자리구역
③ 횡단보도
④ 자전거 횡단도

해설 도로교통법 제2조 제10호
보도란 연석선, 안전표지나 그와 비슷한 인공 구조물로 경계를 표시하여 보행자(유모차와 행정안전부령으로 정하는 보행 보조용 의자차를 포함한다. 이하 같다)가 통행할 수 있도록 한 도로의 부분을 말한다.

205

도로교통법령상 보행 신호등이 점멸할 때 올바른 횡단 방법이 아닌 것은?

① 보행자는 횡단을 시작하여서는 안 된다.
② 횡단하고 있는 보행자는 신속하게 횡단을 완료하여야 한다.
③ 횡단을 중지하고 보도로 되돌아와야 한다.
④ 횡단을 중지하고 그 자리에서 다음 신호를 기다린다.

해설 도로교통법 시행규칙 제6조 제2항, 별표2
신호기가 표시하는 신호의 종류 및 신호의 뜻 중 보행 신호등

206

도로교통법상 차의 운전자가 다음과 같은 상황에서 서행하여야 할 경우는?

① 자전거를 끌고 횡단보도를 횡단하는 사람을 발견하였을 때
② 이면도로에서 보행자의 옆을 지나갈 때
③ 보행자가 횡단보도를 횡단하는 것을 봤을 때
④ 보행자가 횡단보도가 없는 도로를 횡단하는 것을 봤을 때

해설 도로교통법 제27조 제4항
모든 차의 운전자는 도로에 설치된 안전지대에 보행자가 있는 경우와 차로가 설치되지 아니한 좁은 도로에서 보행자의 옆을 지나는 경우에는 안전한 거리를 두고 서행하여야 한다.

207

도로교통법령상 고원식 횡단보도는 제한 속도를 매시 (   )킬로미터 이하로 제한할 필요가 있는 도로에 설치한다. (   ) 안에 기준으로 맞는 것은?

① 10
② 20
③ 30
④ 50

해설 도로교통법 시행규칙 별표6 5. 533
고원식 횡단보도는 제한 속도를 시속 30킬로미터 이하로 제한할 필요가 있는 도로에서 횡단보도를 노면보다 높게 하여 운전자의 주의를 환기시킬 필요가 있는 지점에 설치한다.

208
도로교통법령상 차량 운전 중 **일시정지**해야 할 상황이 **아닌** 것은?

① 어린이가 보호자 없이 도로를 횡단할 때
② 차량 신호등이 적색 등화의 점멸 신호일 때
③ 어린이가 도로에서 앉아 있거나 서 있을 때
④ 차량 신호등이 황색 등화의 점멸 신호일 때

해설 도로교통법 제49조(모든 운전자의 준수사항) 제1항 제2호, 도로교통법 시행규칙 별표2
차량 신호등이 황색 등화의 점멸 신호일 때는 다른 교통 또는 안전표지의 표시에 주의하면서 진행할 수 있다.

209
다음 중 도로교통법령상 **대각선 횡단보도의 보행 신호가 녹색 등화일 때 차마의 통행 방법**으로 옳은 것은?

① 직진하려는 때에는 정지선의 직전에 정지하여야 한다.
② 보행자가 없다면 속도를 높여 우회전할 수 있다.
③ 보행자가 없다면 속도를 높여 좌회전할 수 있다.
④ 보행자가 횡단하지 않는 방향으로는 진행할 수 있다.

해설 도로교통법 시행규칙 별표6 532의 2 대각선 횡단보도 표시
도로교통법 시행규칙 제6조 제2항, 별표2 신호기가 표시하는 신호의 종류 및 신호의 뜻 중 적색의 등화

210
도로교통법상 **차의 운전자가 그 차의 바퀴를 일시적으로 완전히 정지시키는 것은?**

① 서행　　　② 정차
③ 주차　　　④ 일시정지

해설 도로교통법 제2조 제30호
"일시정지"란 차의 운전자가 그 차의 바퀴를 일시적으로 완전히 정지시키는 것을 말한다.

211
다음 중 도로교통법상 **의료용 전동 휠체어가 통행할 수 없는 곳은?**

① 자전거전용도로　　② 길가장자리구역
③ 보도　　　　　　　④ 도로의 가장자리

해설 도로교통법 제8조 제1항
보행자는 보도와 차도가 구분된 도로에서는 언제나 보도로 통행하여야 한다. 다만, 차도를 횡단하는 경우, 도로 공사 등으로 보도의 통행이 금지된 경우나 그 밖의 부득이한 경우에는 그러하지 아니하다.

212
교통정리가 없는 교차로에서 좌회전하는 방법 중 가장 옳은 것은?

① 일반 도로에서는 좌회전하려는 교차로 직전에서 방향지시등을 켜고 좌회전한다.
② 미리 도로의 중앙선을 따라 서행하면서 교차로의 중심 바깥쪽으로 좌회전한다.
③ 시·도경찰청장이 지정하더라도 교차로의 중심 바깥쪽을 이용하여 좌회전할 수 없다.
④ 반드시 서행하여야 하고, 일시정지는 상황에 따라 운전자가 판단하여 실시한다.

해설 일반 도로에서 좌회전하려는 때에는 좌회전하려는 지점에서부터 30미터 이상의 지점에서 방향지시등을 켜야 하고, 도로 중앙선을 따라 서행하며 교차로의 중심 안쪽으로 좌회전해야 하며, 시·도경찰청장이 지정한 곳에서는 교차로의 중심 바깥쪽으로 좌회전할 수 있다. 그리고 좌회전할 때에는 항상 서행할 의무가 있으나 일시정지는 상황에 따라 할 수도 있고 안 할 수도 있다.

213
도로교통법상 설치되는 차로의 너비는 (　)미터 이상으로 하여야 한다. 이 경우 좌회전용 차로의 설치 등 부득이하다고 인정되는 때에는 (　)센티미터 이상으로 할 수 있다. (　) 안에 기준으로 각각 맞는 것은?

① 5, 300　　② 4, 285
③ 3, 275　　④ 2, 265

해설 도로교통법 시행규칙 제15조(차로의 설치) 제2항
차로의 너비는 3미터 이상으로 하여야 하되, 좌회전용 차로의 설치 등 부득이하다고 인정되는 때에는 275센티미터 이상으로 할 수 있다.

214
도로 우측 부분의 폭이 6미터가 되지 아니하는 도로에서 다른 차를 앞지르기할 수 있는 경우로 맞는 것은?

① 도로의 좌측 부분을 확인할 수 없는 경우
② 반대 방향의 교통을 방해할 우려가 있는 경우
③ 앞차가 저속으로 진행하고, 다른 차와 안전거리가 확보된 경우
④ 안전표지 등으로 앞지르기를 금지하거나 제한하고 있는 경우

해설 도로교통법 제13조(차마의 통행) 제4항 제3호

215
도로교통법상 시간대에 따라 양방향의 통행량이 뚜렷하게 다른 도로에는 교통량이 많은 쪽으로 차로의 수가 확대될 수 있도록 신호기에 의하여 차로의 진행 방향을 지시하는 차로는?

① 가변차로
② 버스전용차로
③ 가속차로
④ 앞지르기차로

해설 도로교통법 제14조(차로의 설치 등) 제1항
시·도경찰청장은 시간대에 따라 양방향의 통행량이 뚜렷하게 다른 도로에는 교통량이 많은 쪽으로 차로의 수가 확대될 수 있도록 신호기에 의하여 차로의 진행 방향을 지시하는 가변차로를 설치할 수 있다.

216
도로교통법령상 '모든 차의 운전자는 교차로에서 (　)을 하려는 경우에는 미리 도로의 우측 가장자리를 서행하면서 (　)하여야 한다. 이 경우 (　)하는 차도의 운전자는 신호에 따라 정지하거나 진행하는 보행자 또는 자전거 등에 주의하여야 한다.' (　) 안에 맞는 것으로 짝지어진 것은?

① 우회전 – 우회전 – 우회전
② 좌회전 – 좌회전 – 좌회전
③ 우회전 – 좌회전 – 우회전
④ 좌회전 – 우회전 – 좌회전

해설 도로교통법 제25조(교차로 통행방법) 제1항
모든 차의 운전자는 교차로에서 우회전을 하려는 경우에는 미리 도로의 우측 가장자리를 서행하면서 우회전하여야 한다. 이 경우 우회전하는 차의 운전자는 신호에 따라 정지하거나 진행하는 보행자 또는 자전거 등에 주의하여야 한다. 〈개정 2020. 6. 9.〉

217

다음 중 도로교통법상 **차로 변경**에 대한 설명으로 맞는 것은?

① 다리 위는 위험한 장소이기 때문에 백색 실선으로 차로 변경을 제한하는 경우가 많다.
② 차로 변경을 제한하고자 하는 장소는 백색 점선의 차선으로 표시되어 있다.
③ 차로 변경 금지 장소에서는 도로 공사 등으로 장애물이 있어 통행이 불가능한 경우라도 차로 변경을 해서는 안 된다.
④ 차로 변경 금지 장소이지만 안전하게 차로를 변경하면 법규 위반이 아니다.

> **해설** 도로의 파손 등으로 진행할 수 없을 경우에는 차로를 변경하여 주행하여야 하며, 차로 변경 금지 장소에서는 안전하게 차로를 변경하여도 법규 위반에 해당한다. 차로 변경 금지선은 실선으로 표시한다.

218

다음 중 녹색 등화 교차로에 진입하여 신호가 바뀐 후에도 지나가지 못해 다른 차량 통행을 방해하는 행위인 "꼬리 물기"를 하였을 때의 위반 행위로 맞는 것은?

① 교차로 통행 방법 위반
② 일시정지 위반
③ 진로 변경 방법 위반
④ 혼잡 완화 조치 위반

> **해설** 모든 차 또는 노면 전차의 운전자는 신호기로 교통정리를 하고 있는 교차로에 들어가려는 경우에는 진행하려는 진로의 앞쪽에 있는 차 또는 노면 전차의 상황에 따라 교차로(정지선이 설치되어 있는 경우에는 그 정지선을 넘은 부분을 말한다)에 정지하게 되어 다른 차 또는 노면 전차의 통행에 방해가 될 우려가 있는 경우에는 그 교차로에 들어가서는 아니 된다(도로교통법 제25조 제5항). 이를 위반하는 것을 꼬리 물기라 한다.

219

고속도로의 **가속차로**에 대한 설명 중 옳은 것은?

① 고속도로 주행 차량이 진출로로 진출하기 위해 차로 변경할 수 있도록 유도하는 차로
② 고속도로로 진입하는 차량이 충분한 속도를 낼 수 있도록 유도하는 차로
③ 고속도로에서 앞지르기하고자 하는 차량이 속도를 낼 수 있도록 유도하는 차로
④ 오르막에서 대형 차량들의 속도 감소로 인한 영향을 줄이기 위해 설치한 차로

> **해설** 변속차로란 고속 주행하는 자동차가 감속해서 다른 도로 진입할 경우 또는 저속 주행하는 자동차가 고속 주행하고 있는 자동차군으로 유입할 경우에 본선의 다른 고속 자동차의 주행을 방해하지 않고 안전하게 감속 또는 가속하도록 설치하는 부가차로를 말한다. 일반적으로 전자를 감속차로, 후자를 가속차로라 한다[도로의 구조·시설 기준에 관한 규칙 해설(2020), 국토교통부, p.40].

220

고속도로에 진입한 후 잘못 진입한 사실을 알았을 때 가장 적절한 행동은?

① 갓길에 정차한 후 비상점멸등을 켜고 고속도로 순찰대에 도움을 요청한다.
② 이미 진입하였으므로 다음 출구까지 주행한 후 빠져나온다.
③ 비상점멸등을 켜고 진입했던 길로 서서히 후진하여 빠져나온다.
④ 진입차로가 2개 이상일 경우에는 유턴하여 돌아나온다.

> **해설** 고속도로에 진입한 후 잘못 진입한 경우 다음 출구까지 주행한 후 빠져나온다.

221

도로교통법령상 도로에 설치하는 **노면 표시의 색이 잘못 연결**된 것은?

① 안전지대 중 양방향 교통을 분리하는 표시는 노란색
② 버스전용차로 표시는 파란색
③ 노면 색깔 유도선 표시는 분홍색, 연한 녹색 또는 녹색
④ 어린이보호구역 안에 설치하는 속도 제한 표시의 테두리선은 흰색

> **해설** 도로교통법 시행규칙 별표 6(안전표지의 종류, 만드는 방식 및 설치·관리기준) 일반기준 제2호 나목 (3) 어린이보호구역 안에 설치하는 속도 제한 표시의 테두리선은 빨간색 또는 흰색

222

도로교통법령상 **고속도로 외의 도로에서 왼쪽 차로를 통행할 수 있는 차종**으로 맞는 것은?

① 승용자동차 및 경형·소형·중형 승합자동차
② 대형승합자동차
③ 화물자동차
④ 특수자동차 및 이륜자동차

> **해설** 도로교통법 시행규칙 별표9(차로에 따른 통행차의 기준)
> 고속도로 외의 도로에서 왼쪽 차로는 승용자동차 및 경형·소형·중형 승합자동차가 통행할 수 있는 차종이다.

223

자동차 운전 시 유턴이 허용되는 노면 표시 형식은?(유턴 표지가 있는 곳)

① 도로의 중앙에 황색 실선 형식으로 설치된 노면 표시
② 도로의 중앙에 백색 실선 형식으로 설치된 노면 표시
③ 도로의 중앙에 백색 점선 형식으로 설치된 노면 표시
④ 도로의 중앙에 청색 실선 형식으로 설치된 노면 표시

> **해설** 도로 중앙에 백색 점선 형식의 노면 표시가 설치된 구간에서 유턴이 허용된다.

224

도로교통법령상 **차로에 따른 통행 구분** 설명이다. **잘못**된 것은?

① 차로의 순위는 도로의 중앙선 쪽에 있는 차로부터 1차로로 한다.
② 느린 속도로 진행하여 다른 차의 정상적인 통행을 방해할 우려가 있는 때에는 그 통행하던 차로의 오른쪽 차로로 통행하여야 한다.
③ 일방통행 도로에서는 도로의 오른쪽부터 1차로로 한다.
④ 편도 2차로 고속도로에서 모든 자동차는 2차로로 통행하는 것이 원칙이다.

> **해설** 도로교통법 시행규칙 제16조(차로에 따른 통행 구분)
> 일방통행 도로에서는 도로의 왼쪽부터 1차로로 한다.

225

자동차 운전자는 **폭우로 가시거리가 50미터 이내인 경우** 도로교통법령상 **최고 속도의 (   )을 줄인 속도로 운행**하여야 한다. (   )에 기준으로 맞는 것은?

① 100분의 50   ② 100분의 40
③ 100분의 30   ④ 100분의 20

해설 도로교통법 시행규칙 제19조(자동차 등과 노면 전차의 속도)
② 비·안개·눈 등으로 인한 악천후 시에는 제1항에 불구하고 다음 각 호의 기준에 의하여 감속 운행하여야 한다.
  1. 최고 속도의 100분의 20을 줄인 속도로 운행하여야 하는 경우
    가. 비가 내려 노면이 젖어 있는 경우
    나. 눈이 20밀리미터 미만 쌓인 경우
  2. 최고 속도의 100분의 50을 줄인 속도로 운행하여야 하는 경우
    가. 폭우·폭설·안개 등으로 가시거리가 100미터 이내인 경우
    나. 노면이 얼어붙은 경우
    다. 눈이 20밀리미터 이상 쌓인 경우

226
도로교통법령상 다인승전용차로를 통행할 수 있는 차의 기준으로 맞는 2가지는?
① 3명 이상 승차한 승용자동차
② 3명 이상 승차한 화물자동차
③ 3명 이상 승차한 승합자동차
④ 2명 이상 승차한 이륜자동차

해설 도로교통법 시행령 별표1(전용차로의 종류와 전용차로로 통행할 수 있는 차)

227
도로교통법상 보도와 차도의 구분이 없는 도로에 차로를 설치하는 때 보행자가 안전하게 통행할 수 있도록 그 도로의 양쪽에 설치하는 것은?
① 안전지대
② 진로 변경 제한선 표시
③ 갓길
④ 길가장자리구역

해설 도로교통법 제2조(정의) 제11호(길가장자리구역) "길가장자리구역"이란 보도와 차도가 구분되지 아니한 도로에서 보행자의 안전을 확보하기 위하여 안전표지 등으로 경계를 표시한 도로의 가장자리 부분을 말한다.

228
도로교통법령상 1·2차로가 좌회전차로인 교차로의 통행 방법으로 맞는 것은?
① 승용자동차는 1차로만을 이용하여 좌회전하여야 한다.
② 승용자동차는 2차로만을 이용하여 좌회전하여야 한다.
③ 대형 승합자동차는 1차로만을 이용하여 좌회전하여야 한다.
④ 대형 승합자동차는 2차로만을 이용하여 좌회전하여야 한다.

해설 좌회전차로가 2개 이상 설치된 교차로에서 좌회전하려는 차는 그 설치된 좌회전차로 내에서 도로교통법 시행규칙 별표9의 고속도로 외의 차로 구분에 따라 좌회전하여야 한다.

229
도로교통법령상 차마의 통행 방법 및 속도에 대한 설명으로 옳지 않은 것은?
① 신호등이 없는 교차로에서 좌회전할 때 직진하려는 다른 차가 있는 경우 직진차에 차로를 양보하여야 한다.
② 차도와 보도의 구별이 없는 도로에서 차량을 정차할 때 도로의 오른쪽 가장자리로부터 중앙으로 50센티미터 이상의 거리를 두어야 한다.
③ 교차로에서 앞차가 우회전을 하려고 신호를 하는 경우 뒤따르는 차는 앞차의 진행을 방해해서는 안 된다.
④ 자동차전용도로에서의 최저 속도는 매시 40킬로미터이다.

해설 ① 도로교통법 제26조 제4항
② 도로교통법 시행령 제11조 제1항 제1호
③ 도로교통법 제25조 제4항
④ 자동차전용도로에서의 최저 속도는 매시 30킬로미터이다(도로교통법 시행규칙 제19조 제1항 제2호).

230

도로교통법령상 **최고 속도 매시 100킬로미터인 편도 4차로 고속도로를 주행하는 적재 중량 3톤의 화물자동차의 최고 속도는?**

① 매시 60킬로미터   ② 매시 70킬로미터
③ **매시 80킬로미터**   ④ 매시 90킬로미터

> 해설 도로교통법 시행규칙 제19조 제1항
> 편도 2차로 이상 고속도로에서 적재 중량 1.5톤을 초과하는 화물자동차의 최고 속도는 매시 80킬로미터이다.

231

차마의 운전자가 도로의 좌측으로 통행할 수 없는 경우로 맞는 것은?

① **안전표지 등으로 앞지르기를 제한하고 있는 경우**
② 도로가 일방통행인 경우
③ 도로 공사 등으로 도로의 우측 부분을 통행할 수 없는 경우
④ 도로의 우측 부분의 폭이 차마의 통행에 충분하지 아니한 경우

> 해설 도로교통법 제13조(차마의 통행) 제4항 제3호 다목

232

교차로와 딜레마 존(dilemma zone) 통과 방법 중 가장 거리가 먼 것은?

① 교차로 진입 전 교통 상황을 미리 확인하고 안전 거리 유지와 감속 운전으로 모든 상황을 예측하며 방어 운전을 한다.
② 적색 신호에서 교차로에 진입하면 신호 위반에 해당된다.
③ 신호등이 녹색에서 황색으로 바뀔 때 앞바퀴가 정지선을 진입했다면 교차로 교통 상황을 주시하며 신속하게 교차로 밖으로 진행한다.
④ **도로교통법령상 딜레마 존(dilemma zone)을 인정하여 차량이 교차로에 진입하기 전에 황색의 등화로 바뀐 경우 교차로 직전에 정지할 필요가 없다.**

> 해설 도로교통법 시행규칙 제6조 제2항, 도로교통법 시행규칙 별표2. 도로교통법상 차량이 교차로에 진입하기 전에 '황색의 등화'로 바뀐 경우, 차량은 정지선이나 '교차로의 직전'에 정지하여야 하는지 여부(적극) (대법원 2018. 12. 27. 선고 2018도14262 판결)

233

다음은 차간거리에 대한 설명이다. 올바르게 표현된 것은?

① **공주거리는 위험을 발견하고 브레이크 페달을 밟아 브레이크가 듣기 시작할 때까지의 거리를 말한다.**
② 정지거리는 앞차가 급정지할 때 추돌하지 않을 정도의 거리를 말한다.
③ 안전거리는 브레이크를 작동시켜 완전히 정지할 때까지의 거리를 말한다.
④ 제동거리는 위험을 발견한 후 차량이 완전히 정지할 때까지의 거리를 말한다.

> 해설 ① 공주거리, ② 안전거리, ③ 제동거리, ④ 정지거리

234

다음 중 앞지르기가 가능한 장소는?

① 교차로
② **중앙선(황색 점선)**
③ 터널 안(흰색 실선 차로)
④ 다리 위(흰색 실선 차로)

> 해설 도로교통법 제22조(앞지르기 금지의 시기 및 장소), 도로교통법 시행규칙 별표6, 501
> 교차로, 황색 실선 구간, 터널 안, 다리 위, 시·도경찰청장이 지정한 곳은 앞지르기 금지 장소이다.

235

다음 중 도로교통법상 교차로에서의 서행에 대한 설명으로 가장 적절한 것은?

① 차를 즉시 정지시킬 수 있는 정도의 느린 속도로 진행하는 것
② 매시 30킬로미터의 속도를 유지하여 진행하는 것
③ 사고를 유발하지 않을 만큼의 속도로 느리게 진행하는 것
④ 앞차의 급정지를 피할 만큼의 속도로 진행하는 것

> **해설** 도로교통법 제2조(정의) 제28호
> "서행"(徐行)이란 운전자가 차를 즉시 정지시킬 수 있는 정도의 느린 속도로 진행하는 것을 말한다.

236

다음은 도로에서 최고 속도를 위반하여 자동차 등(개인형 이동장치 제외)을 운전한 경우 처벌기준은?

① 시속 100킬로미터를 초과한 속도로 3회 이상 운전한 사람은 500만원 이하의 벌금 또는 구류
② 시속 100킬로미터를 초과한 속도로 3회 이상 운전한 사람은 1년 이하의 징역이나 500만원 이하의 벌금
③ 시속 100킬로미터를 초과한 속도로 2회 운전한 사람은 300만원 이하의 벌금
④ 시속 80킬로미터를 초과한 속도로 운전한 사람은 50만원 이하의 벌금 또는 구류

> **해설** ①, ② 도로교통법 제151조의2 제2호, 최고 속도보다 시속 100킬로미터를 초과한 속도로 3회 이상 자동차 등을 운전한 사람은 1년 이하의 징역이나 500만원 이하의 벌금
> ③ 도로교통법 제153조 제2항 제2호, 최고 속도보다 시속 100킬로미터를 초과한 속도로 자동차 등을 운전한 사람은 100만 원 이하의 벌금 또는 구류
> ④ 도로교통법 제154조 제9호 최고 속도보다 시속 80킬로미터를 초과한 속도로 자동차 등을 운전한 사람 30만원 이하의 벌금 또는 구류

237

신호등이 없는 교차로에서 우회전하려 할 때 옳은 것은?

① 가급적 빠른 속도로 신속하게 우회전한다.
② 교차로에 선진입한 차량이 통과한 뒤 우회전한다.
③ 반대편에서 앞서 좌회전하고 있는 차량이 있으면 안전에 유의하며 함께 우회전한다.
④ 폭이 넓은 도로에서 좁은 도로로 우회전할 때는 다른 차량에 주의할 필요가 없다.

> **해설** 교차로에서 우회전할 때에는 서행으로 우회전해야 하고, 선진입한 좌회전 차량에 차로를 양보해야 한다. 그리고 폭이 넓은 도로에서 좁은 도로로 우회전할 때에도 다른 차량에 주의해야 한다.

238

신호기의 신호가 있고 차량 보조 신호가 없는 교차로에서 우회전하려고 한다. 도로교통법상 잘못된 것은?

① 차량 신호가 적색 등화인 경우, 횡단보도에서 보행자 신호와 관계없이 정지선 직전에 일시정지한다.
② 차량 신호가 녹색 등화인 경우, 정지선 직전에 일시정지하지 않고 우회전한다.
③ 차량 신호가 좌회전 신호인 경우, 횡단보도에서 보행자 신호와 관계없이 정지선 직전에 일시정지한다.
④ 차량 신호에 관계없이 다른 차량의 교통을 방해하지 않은 때 일시정지하지 않고 우회전한다.

> **해설** 도로교통법 제25조, 도로교통법 시행령 별표2, 도로교통법 시행규칙 별표2
> ① 차량 신호가 적색 등화인 경우, 횡단보도에서 보행자 신호와 관계없이 정지선 직전에 일시정지 후 신호에 따라 진행하는 다른 차량의 교통을 방해하지 않고 우회전한다.
> ② 차량 신호가 녹색 등화인 경우 횡단보도에서 일지정지 의무는 없다.

③ 차량 신호가 녹색 화살표 등화(좌회전)인 경우, 횡단보도에서 보행자 신호와 관계없이 정지선 직전에 일시정지 후 신호에 따라 진행하는 다른 차량의 교통을 방해하지 않고 좌회전한다.
※ 일시정지하지 않는 경우 신호 위반, 일시정지하였으나 보행자 통행을 방해한 경우, 보행자 보호 의무 위반으로 처벌된다.

239
교차로에서 좌·우회전하는 방법을 가장 바르게 설명한 것은?

① 우회전을 하고자 하는 때에는 신호에 따라 정지 또는 진행하는 보행자와 자전거에 주의하면서 신속히 통과한다.
② 좌회전을 하고자 하는 때에는 항상 교차로 중심 바깥쪽으로 통과해야 한다.
③ 우회전을 하고자 하는 때에는 미리 우측 가장자리를 따라 서행하여야 한다.
④ 신호기 없는 교차로에서 좌회전을 하고자 할 경우 보행자가 횡단 중이면 그 앞을 신속히 통과한다.

[해설] 모든 차의 운전자는 교차로에서 우회전을 하고자 하는 때에는 미리 도로의 우측 가장자리를 서행하면서 우회전하여야 한다. 이 경우 우회전하는 차의 운전자는 신호에 따라 정지 또는 진행하는 보행자 또는 자전거에 주의하여야 한다.

240
정지거리에 대한 설명으로 맞는 것은?

① 운전자가 브레이크 페달을 밟은 후 최종적으로 정지한 거리
② 앞차가 급정지 시 앞차와의 추돌을 피할 수 있는 거리
③ 운전자가 위험을 발견하고 브레이크 페달을 밟아 실제로 차량이 정지하기까지 진행한 거리
④ 운전자가 위험을 감지하고 브레이크 페달을 밟아 브레이크가 실제로 작동하기 전까지의 거리

[해설] ① 제동거리, ② 안전거리, ④ 공주거리

241
올바른 교차로 통행 방법으로 맞는 것은?

① 신호등이 적색 점멸인 경우 서행한다.
② 신호등이 황색 점멸인 경우 빠르게 통행한다.
③ 교차로에서는 앞지르기를 하지 않는다.
④ 교차로 접근 시 전조등을 항상 상향으로 켜고 진행한다.

[해설] 교차로에서는 황색 점멸인 경우 주의하며 통행, 적색 점멸인 경우 일시정지한다. 교차로 접근 시 전조등을 상향으로 켜는 것은 상대방의 안전운전에 위협이 된다.

242
하이패스차로 설명 및 이용 방법이다. 가장 올바른 것은?

① 하이패스차로는 항상 1차로에 설치되어 있으므로 미리 일반 차로에서 하이패스차로로 진로를 변경하여 안전하게 통과한다.
② 화물차 하이패스차로 유도선은 파란색으로 표시되어 있고 화물차전용차로이므로 주행하던 속도 그대로 통과한다.
③ 다차로 하이패스 구간 통과 속도는 매시 30킬로미터 이내로 제한하고 있으므로 미리 감속하여 서행한다.
④ 다차로 하이패스 구간은 규정된 속도를 준수하고 하이패스 단말기 고장 등으로 정보를 인식하지 못하는 경우 도착지 요금소에서 정산하면 된다.

[해설] 화물차 하이패스 유도선은 주황색, 일반 하이패스 차로는 파란색이고 다차로 하이패스 구간은 매시 50~80 킬로미터로 구간에 따라 다르다.

243

편도 3차로 자동차전용도로의 구간에 최고 속도 매시 60킬로미터의 안전표지가 설치되어 있다. 다음 중 운전자의 속도 준수 방법으로 맞는 것은?

① 매시 90킬로미터로 주행한다.
② 매시 80킬로미터로 주행한다.
③ 매시 70킬로미터로 주행한다.
④ 매시 60킬로미터로 주행한다.

해설 자동차 등은 법정속도보다 안전표지가 지정하고 있는 규제속도를 우선 준수해야 한다.

244

도로교통법령상 주거 지역·상업 지역 및 공업 지역의 일반 도로에서 제한할 수 있는 속도로 맞는 것은?

① 시속 20킬로미터 이내
② 시속 30킬로미터 이내
③ 시속 40킬로미터 이내
④ 시속 50킬로미터 이내

해설 속도 저감을 통해 도로 교통 참가자의 안전을 위한 5030정책의 일환으로 2021. 4. 17. 도로교통법 시행규칙이 시행되어 주거, 상업, 공업지역의 일반 도로는 매시 50킬로미터 이내, 단 시·도경찰청장이 특히 필요하다고 인정하여 지정한 노선 또는 구간에서는 매시 60킬로미터 이내로 자동차 등과 노면 전차의 통행 속도를 정함

245

교통사고 감소를 위해 도심부 최고 속도를 시속 50킬로미터로 제한하고, 주거 지역 등 이면도로는 시속 30킬로미터 이하로 하향 조정하는 교통안전 정책으로 맞는 것은?

① 뉴딜 정책
② 안전속도 5030
③ 교통사고 줄이기 한마음 대회
④ 지능형 교통 체계(ITS)

해설 '뉴딜 정책'은 대공황 극복을 위하여 추진하였던 제반 정책(두산백과), '교통사고 줄이기 한마음 대회'는 한국도로교통공단이 주최하고 행정안전부와 경찰청이 후원하는 교통안전 의식 고취행사, '지능형 교통 체계'는 전자, 정보, 통신, 제어 등의 기술을 교통 체계에 접목시킨 교통 시스템을 말한다(두산백과).
문제의 교통안전 정책은 '안전속도 5030'이다. 2019. 4. 17. 도로교통법 시행규칙 제19조 개정에 따라 「국토의 계획 및 이용에 관한 법률」 제36조 제1항 제1호 가목부터 다목까지의 규정에 따른 주거 지역, 상업 지역, 공업 지역의 일반 도로는 매시 50킬로미터 이내, 단 시·도경찰청장이 특히 필요하다고 인정하여 지정한 노선 또는 구간에서는 매시 60킬로미터 이내로 자동차 등과 노면 전차의 통행 속도를 정했다. 시행일자(2021. 4. 17.)

246

비보호 좌회전교차로에서 좌회전하고자 할 때 설명으로 맞는 2가지는?

① 마주 오는 차량이 없을 때 반드시 녹색 등화에서 좌회전하여야 한다.
② 마주 오는 차량이 모두 정지선 직전에 정지하는 적색 등화에서 좌회전하여야 한다.
③ 녹색 등화에서 비보호 좌회전할 때 사고가 나면 안전 운전 의무 위반으로 처벌받는다.
④ 적색 등화에서 비보호 좌회전할 때 사고가 나면 안전 운전 의무 위반으로 처벌받는다.

해설 비보호 좌회전은 비보호 좌회전 안전표지가 있고, 차량 신호가 녹색 신호이고, 마주 오는 차량이 없을 때 좌회전할 수 있다. 또한 녹색 등화에서 비보호 좌회전 때 사고가 발생하면 2010. 8. 24. 이후 안전 운전 의무 위반으로 처벌된다.

247

중앙버스전용차로가 운영 중인 시내도로를 주행하고 있다. 가장 안전한 운전 방법 2가지는?

① 다른 차가 끼어들지 않도록 경음기를 계속 사용하며 주행한다.

② 우측의 보행자가 무단 횡단할 수 있으므로 주의하며 주행한다.
③ 좌측의 버스 정류장에서 보행자가 나올 수 있으므로 서행한다.
④ 적색 신호로 변경될 수 있으므로 신속하게 통과한다.

해설 중앙버스전용차로(BRT) 구간 시내도로로 주행 중일 경우 버스 정류장이 중앙에 위치하고 횡단보도 길이가 짧아 보행자의 무단 횡단 사고가 많으므로 주의하며 서행해야 한다.

248
다음 중 도로교통법상 차로를 변경할 때 안전한 운전 방법으로 맞는 2가지는?

① 차로를 변경할 때 최대한 빠르게 해야 한다.
② 백색 실선 구간에서만 할 수 있다.
③ 진행하는 차의 통행에 지장을 주지 않을 때 해야 한다.
④ 백색 점선 구간에서만 할 수 있다.

해설 차로 변경은 차로 변경이 가능한 구간에서 안전을 확인한 후 차로를 변경해야 한다.

249
교차로에서 우회전할 때 가장 안전한 운전 행동으로 맞는 2가지는?

① 방향지시등은 우회전하는 지점의 30미터 이상 후방에서 작동한다.
② 백색 실선이 그려져 있으면 주의하며 우측으로 진로 변경한다.
③ 진행 방향의 좌측에서 진행해 오는 차량에 방해가 없도록 우회전한다.
④ 다른 교통에 주의하며 신속하게 우회전한다.

해설 교차로에 접근하여 백색 실선이 그려져 있으면 그 구간에서는 진로 변경해서는 안 되고, 다른 교통에 주의하며 서행으로 회전해야 한다. 그리고 우회전할 때 신호등 없는 교차로에서는 통행 우선권이 있는 차량에 차로를 양보해야 한다.

250
승용자동차 운전자가 앞지르기할 때의 운전 방법으로 옳은 2가지는?

① 앞지르기를 시작할 때에는 좌측 공간을 충분히 확보하여야 한다.
② 주행하는 도로의 제한 속도 범위 내에서 앞지르기 하여야 한다.
③ 안전이 확인된 경우에는 우측으로 앞지르기할 수 있다.
④ 앞차의 좌측으로 통과한 후 후사경에 우측 차량이 보이지 않을 때 빠르게 진입한다.

해설 모든 차의 운전자는 다른 차를 앞지르고자 하는 때에는 앞차의 좌측으로 통행하여야 한다. 앞지르고자 하는 모든 차의 운전자는 반대 방향의 교통과 앞차 앞쪽의 교통에도 주의를 충분히 기울여야 하며, 앞차의 속도·차로와 그 밖의 도로 상황에 따라 방향지시기·등화 또는 경음기를 사용하는 등 안전한 속도와 방법으로 앞지르기를 하여야 한다.

251
도로를 주행할 때 안전 운전 방법으로 맞는 2가지는?

① 주차를 위해서는 되도록 안전지대에 주차를 하는 것이 안전하다.
② 황색 신호가 켜지면 신호를 준수하기 위하여 교차로 내에 정지한다.
③ 앞 차량이 급제동할 때를 대비하여 추돌을 피할 수 있는 거리를 확보한다.
④ 앞지르기할 경우 앞 차량의 좌측으로 통행한다.

> 해설 앞 차량이 급제동할 때를 대비하여 추돌을 피할 수 있는 거리를 확보하며 앞지르기할 경우 앞 차량의 좌측으로 통행한다.

252
다음 중 소화기를 의무적으로 설치하거나 비치해야 하는 자동차가 아닌 것은?

① 5인승 이상의 승용자동차
② 승합자동차
③ 화물자동차
④ 이륜자동차

> 해설 소방시설 설치 및 관리에 관한 법률 제11조(자동차에 설치 또는 비치하는 소화기) 제1항
> 자동차관리법 제3조 제1항에 따른 자동차 중 다음 각 호의 어느 하나에 해당하는 자동차를 제작·조립·수입·판매하려는 자 또는 해당 자동차의 소유자는 차량용 소화기를 설치하거나 비치하여야 한다.
> 1. 5인승 이상의 승용자동차
> 2. 승합자동차
> 3. 화물자동차
> 4. 특수자동차

253
도로교통법상 긴급한 용도로 운행 중인 긴급자동차가 다가올 때 운전자의 준수 사항으로 맞는 것은?

① 교차로에 긴급자동차가 접근할 때에는 교차로 내 좌측 가장자리에 일시정지하여야 한다.
② 교차로 외의 곳에서는 긴급자동차가 우선 통행할 수 있도록 진로를 양보하여야 한다.
③ 긴급자동차보다 속도를 높여 신속히 통과한다.
④ 그 자리에 일시정지하여 긴급자동차가 지나갈 때까지 기다린다.

> 해설 도로교통법 제29조(긴급자동차의 우선 통행)
> ④ 교차로나 그 부근에서 긴급자동차가 접근하는 경우에는 차마와 노면 전차의 운전자는 교차로를 피하여 일시정지하여야 한다.
> ⑤ 모든 차와 노면 전차의 운전자는 제4항에 따른 곳 외의 곳에서 긴급자동차가 접근한 경우에는 긴급자동차가 우선 통행할 수 있도록 진로를 양보하여야 한다.

254
교차로에서 우회전 중 소방차가 경광등을 켜고 사이렌을 울리며 접근할 경우에 가장 안전한 운전 방법은?

① 교차로를 피하여 일시정지하여야 한다.
② 즉시 현 위치에서 정지한다.
③ 서행하면서 우회전한다.
④ 교차로를 신속하게 통과한 후 계속 진행한다.

> 해설 도로교통법 제29조(긴급자동차의 우선 통행) 제4항
> 교차로나 그 부근에서 긴급자동차가 접근하는 경우에는 차마와 노면 전차의 운전자는 교차로를 피하여 일시정지하여야 한다.

255
도로교통법상 긴급자동차 특례 적용 대상이 아닌 것은?

① 자동차 등의 속도 제한
② 앞지르기의 금지
③ 끼어들기의 금지
④ 보행자 보호

> 해설 도로교통법 제30조(긴급자동차에 대한 특례)
> 긴급자동차에 대하여는 다음 각 호의 사항을 적용하지 아니한다. 다만, 제4호부터 제12호까지의 사항은 긴급자동차 중 제2조 제22호 가목부터 다목까지의 자동차와 대통령령으로 정하는 경찰용 자동차에 대해서만 적용하지 아니한다.

1. 제17조에 따른 자동차 등의 속도 제한. 다만, 제17조에 따라 긴급자동차에 대하여 속도를 제한한 경우에는 같은 조의 규정을 적용한다.
2. 제22조에 따른 앞지르기의 금지
3. 제23조에 따른 끼어들기의 금지
4. 제5조에 따른 신호 위반
5. 제13조 제1항에 따른 보도 침범
6. 제13조 제3항에 따른 중앙선 침범
7. 제18조에 따른 횡단 등의 금지
8. 제19조에 따른 안전거리 확보 등
9. 제21조 제1항에 따른 앞지르기 방법 등
10. 제32조에 따른 정차 및 주차의 금지
11. 제33조에 따른 주차 금지
12. 제66조에 따른 고장 등의 조치

256

긴급자동차는 긴급자동차의 구조를 갖추고, 사이렌을 울리거나 경광등을 켜서 긴급한 용무를 수행 중임을 알려야 한다. 이러한 조치를 취하지 **않아도** 되는 긴급자동차는?

① 불법 주차 단속용 자동차
② 소방차
③ 구급차
④ 속도위반 단속용 경찰자동차

해설 긴급자동차는 「자동차관리법」에 따른 자동차의 안전 운행에 필요한 기준에서 정한 긴급자동차의 구조를 갖추어야 하고, 우선 통행 및 긴급자동차에 대한 특례와 그 밖에 법에서 규정된 특례의 적용을 받고자 하는 때에는 사이렌을 울리거나 경광등을 켜야 한다. 다만, 속도에 관한 규정을 위반하는 자동차 등을 단속하는 경우의 긴급자동차와 국내외 요인에 대한 경호 업무 수행에 공무로 사용되는 자동차는 그러하지 아니하다.

257

소방차와 구급차 등이 앞지르기 금지 구역에서 앞지르기를 시도하거나 속도를 초과하여 운행하는 등 특례를 적용받으려면 어떤 **조치를** 하여야 하는가?

① 경음기를 울리면서 운행하여야 한다.
② 자동차관리법에 따른 자동차의 안전 운행에 필요한 구조를 갖추고 사이렌을 울리거나 경광등을 켜야 한다.
③ 전조등을 켜고 운행하여야 한다.
④ 특별한 조치가 없다 하더라도 특례를 적용받을 수 있다.

해설 긴급자동차가 특례를 받으려면 자동차관리법에 따른 자동차의 안전 운행에 필요한 구조를 갖추고 사이렌을 울리거나 경광등을 켜야 한다.

258

일반자동차가 **생명이 위독한 환자를 이송 중인** 경우 긴급자동차로 인정받기 위한 조치는?

① 관할 경찰서장의 허가를 받아야 한다.
② 전조등 또는 비상등을 켜고 운행한다.
③ 생명이 위독한 환자를 이송 중이기 때문에 특별한 조치가 필요 없다.
④ 반드시 다른 자동차의 호송을 받으면서 운행하여야 한다.

해설 구급자동차를 부를 수 없는 상황에서 일반자동차로 생명이 위독한 환자를 이송해야 하는 긴급한 상황에서 주변 자동차 운전자의 양보를 받으면서 병원 등으로 운행해야 하는 경우에 긴급자동차로 특례를 적용받기 위해서는 전조등 또는 비상등을 켜거나 그 밖에 적당한 방법으로 긴급한 목적으로 운행되고 있음을 표시하여야 한다.

259

다음 중 도로교통법령상 긴급자동차로 볼 수 있는 것 2가지는?

① 고장 수리를 위해 자동차 정비 공장으로 가고 있는 소방차
② 생명이 위급한 환자 또는 부상자나 수혈을 위한 혈액을 운송 중인 자동차
③ 퇴원하는 환자를 싣고 가는 구급차
④ 시·도경찰청장으로부터 지정을 받고 긴급한 우편물의 운송에 사용되는 자동차

> **해설** 도로교통법 제2조 제22호
> "긴급자동차"란 다음 각 목의 자동차로서 그 본래의 긴급한 용도로 사용되고 있는 자동차를 말한다.
> 가. 소방차, 나. 구급차, 다. 혈액 공급 차량, 라. 그 밖에 대통령령으로 정하는 자동차
> 도로교통법 시행령 제2조 제5호 국내외 요인(要人)에 대한 경호 업무 수행에 공무(公務)로 사용되는 자동차, 제10호 긴급한 우편물의 운송에 사용되는 자동차

260

도로교통법상 긴급한 용도로 운행되고 있는 구급차 운전자가 할 수 있는 2가지는?

① 교통사고를 일으킨 때 사상자 구호 조치 없이 계속 운행할 수 있다.
② 횡단하는 보행자의 통행을 방해하면서 계속 운행할 수 있다.
③ 도로의 중앙이나 좌측으로 통행할 수 있다.
④ 정체된 도로에서 끼어들기를 할 수 있다.

> **해설** 도로교통법 제29조(긴급자동차의 우선 통행)
> ① 긴급자동차는 제13조 제3항에도 불구하고 긴급하고 부득이한 경우에는 도로의 중앙이나 좌측 부분을 통행할 수 있다.
> ② 긴급자동차는 이 법이나 이 법에 따른 명령에 따라 정지하여야 하는 경우에도 불구하고 긴급하고 부득이한 경우에는 정지하지 아니할 수 있다.
> ③ 긴급자동차의 운전자는 제1항이나 제2항의 경우에 교통안전에 특히 주의하면서 통행하여야 한다.

261

도로교통법령상 본래의 용도로 운행되고 있는 소방차 운전자가 긴급자동차에 대한 특례를 적용받을 수 없는 것은?

① 좌석안전띠 미착용   ② 음주운전
③ 중앙선 침범   ④ 신호 위반

> **해설** 도로교통법 제30조(긴급자동차에 대한 특례)
> 긴급자동차에 대하여는 다음 각 호의 사항을 적용하지 아니한다. 다만, 제4호부터 제12호까지의 사항은 긴급자동차 중 제2조 제22호 가목부터 다목까지의 자동차와 대통령령으로 정하는 경찰용 자동차에 대해서만 적용하지 아니한다. 〈개정 2021. 1. 12.〉
> 1. 제17조에 따른 자동차 등의 속도 제한. 다만, 제17조에 따라 긴급자동차에 대하여 속도를 제한한 경우에는 같은 조의 규정을 적용한다.
> 2. 제22조에 따른 앞지르기의 금지
> 3. 제23조에 따른 끼어들기의 금지
> 4. 제5조에 따른 신호 위반
> 5. 제13조 제1항에 따른 보도 침범
> 6. 제13조 제3항에 따른 중앙선 침범
> 7. 제18조에 따른 횡단 등의 금지
> 8. 제19조에 따른 안전거리 확보 등
> 9. 제21조 제1항에 따른 앞지르기 방법 등
> 10. 제32조에 따른 정차 및 주차의 금지
> 11. 제33조에 따른 주차 금지
> 12. 제66조에 따른 고장 등의 조치

262

도로교통법령상 긴급자동차를 운전하는 사람을 대상으로 실시하는 정기 교통안전교육은 (   )년마다 받아야 한다. (   ) 안에 맞는 것은?

① 1   ② 2
③ 3   ④ 5

> **해설** 정기 교통안전교육: 긴급자동차를 운전하는 사람을 대상으로 3년마다 정기적으로 실시하는 교육. 이 경우 직전에 긴급자동차 교통안전교육을 받은 날부터 기산하여 3년이 되는 날이 속하는 해의 1월 1일부터 12월 31일 사이에 교육을 받아야 한다(도로교통법 제73조 제4항, 도로교통법 시행령 제38조의2 제2항 제2호).

263

도로교통법령상 **긴급자동차에 대한 특례**의 설명으로 **잘못**된 것은?

① 앞지르기 금지 장소에서 앞지르기할 수 있다.
② 끼어들기 금지 장소에서 끼어들기할 수 있다.
③ 횡단보도를 횡단하는 보행자가 있어도 보호하지 않고 통행할 수 있다.
④ 도로 통행 속도의 최고 속도보다 빠르게 운전할 수 있다.

> **해설** 도로교통법 제30조(긴급자동차에 대한 특례)
> 긴급자동차에 대하여는 다음 각 호의 사항을 적용하지 아니한다. 다만, 제4호부터 제12호까지의 사항은 긴급자동차 중 제2조 제22호 가목부터 다목까지의 자동차와 대통령령으로 정하는 경찰용 자동차에 대해서만 적용하지 아니한다.
> 1. 제17조에 따른 자동차 등의 속도 제한. 다만, 제17조에 따라 긴급자동차에 대하여 속도를 제한한 경우에는 같은 조의 규정을 적용한다.
> 2. 제22조에 따른 앞지르기의 금지
> 3. 제23조에 따른 끼어들기의 금지
> 4. 제5조에 따른 신호 위반
> 5. 제13조 제1항에 따른 보도 침범
> 6. 제13조 제3항에 따른 중앙선 침범
> 7. 제18조에 따른 횡단 등의 금지
> 8. 제19조에 따른 안전거리 확보 등
> 9. 제21조 제1항에 따른 앞지르기 방법 등
> 10. 제32조에 따른 정차 및 주차의 금지
> 11. 제33조에 따른 주차 금지
> 12. 제66조에 따른 고장 등의 조치

264

도로교통법상 **소방 용수 시설, 비상 소화 장치, 소방 시설**로부터 (　)**미터 이내인 곳은 정차 및 주차의 금지 구역**이다. (　) 안에 맞는 것은?

 ① 5　　　　　　② 6
③ 8　　　　　　④ 10

> **해설** 도로교통법 제32조(정차 및 주차의 금지)
> 모든 차의 운전자는 다음 각 호의 어느 하나에 해당하는 곳에서는 차를 정차하거나 주차하여서는 아니 된다. 다만, 이 법이나 이 법에 따른 명령 또는 경찰 공무원의 지시를 따르는 경우와 위험방지를 위하여 일시정지하는 경우에는 그러하지 아니하다.
> 6. 다음 각 목의 곳으로부터 5미터 이내인 곳
>   가. 「소방기본법」 제10조에 따른 소방 용수 시설 또는 비상 소화 장치가 설치된 곳
>   나. 「소방시설 설치 및 관리에 관한 법률」 제2조 제1항 제1호에 따른 소방 시설로서 대통령령으로 정하는 시설이 설치된 곳

265

다음 중 사용하는 사람 또는 기관 등의 신청에 의하여 **시·도경찰청장이 지정할 수 있는 긴급자동차**로 맞는 것은?

① 소방차
② 가스 누출 복구를 위한 응급 작업에 사용되는 가스 사업용 자동차
③ 구급차
④ 혈액 공급 차량

> **해설** 도로교통법 시행령 제2조(긴급자동차의 종류)
> ① 도로교통법 제2조 제22호 라목에서 "대통령령으로 정하는 자동차"란 긴급한 용도로 사용되는 다음 각 호의 어느 하나에 해당하는 자동차를 말한다. 다만, 제6호부터 제11호까지의 자동차는 이를 사용하는 사람 또는 기관 등의 신청에 의하여 시·도경찰청장이 지정하는 경우로 한정한다.
> 6. 전기사업, 가스사업, 그 밖의 공익사업을 하는 기관에서 위험 방지를 위한 응급 작업에 사용되는 자동차
> 7. 민방위 업무를 수행하는 기관에서 긴급 예방 또는 복구를 위한 출동에 사용되는 자동차
> 8. 도로 관리를 위하여 사용되는 자동차 중 도로상의 위험을 방지하기 위한 응급 작업에 사용되거나 운행이 제한되는 자동차를 단속하기 위하여 사용되는 자동차
> 9. 전신·전화의 수리공사 등 응급 작업에 사용되는 자동차
> 10. 긴급한 우편물의 운송에 사용되는 자동차
> 11. 전파 감시 업무에 사용되는 자동차

266

다음 중 사용하는 사람 또는 기관 등의 신청에 의하여 시·도경찰청장이 지정할 수 있는 긴급자동차가 아닌 것은?

① 교통 단속에 사용되는 경찰용 자동차
② 긴급한 우편물의 운송에 사용되는 자동차
③ 전화의 수리 공사 등 응급 작업에 사용되는 자동차
④ 긴급 복구를 위한 출동에 사용되는 민방위 업무를 수행하는 기관용 자동차

> **해설** 도로교통법 시행령 제2조(긴급자동차의 종류)
> ① 도로교통법 제2조 제2호 라목에서 "대통령령으로 정하는 자동차"란 긴급한 용도로 사용되는 다음 각 호의 어느 하나에 해당하는 자동차를 말한다. 다만, 제6호부터 제11호까지의 자동차는 이를 사용하는 사람 또는 기관 등의 신청에 의하여 시·도경찰청장이 지정하는 경우로 한정한다.
> 6. 전기 사업, 가스 사업, 그 밖의 공익사업을 하는 기관에서 위험 방지를 위한 응급 작업에 사용되는 자동차
> 7. 민방위 업무를 수행하는 기관에서 긴급 예방 또는 복구를 위한 출동에 사용되는 자동차
> 8. 도로 관리를 위하여 사용되는 자동차 중 도로상의 위험을 방지하기 위한 응급 작업에 사용되거나 운행이 제한되는 자동차를 단속하기 위하여 사용되는 자동차
> 9. 전신·전화의 수리 공사 등 응급 작업에 사용되는 자동차
> 10. 긴급한 우편물의 운송에 사용되는 자동차
> 11. 전파 감시 업무에 사용되는 자동차
> ② 3. 생명이 위급한 환자 또는 부상자나 수혈을 위한 혈액을 운송 중인 자동차

267

도로교통법령상 긴급자동차가 긴급한 용도 외에도 경광등 등을 사용할 수 있는 경우가 아닌 것은?

① 소방차가 화재 예방 및 구조·구급 활동을 위하여 순찰을 하는 경우
② 소방차가 정비를 위해 긴급히 이동하는 경우
③ 민방위 업무용 자동차가 그 본래의 긴급한 용도와 관련된 훈련에 참여하는 경우
④ 경찰용 자동차가 범죄 예방 및 단속을 위하여 순찰을 하는 경우

> **해설** 도로교통법 시행령 제10조의2(긴급한 용도 외에 경광등 등을 사용할 수 있는 경우)
> 법 제2조 제22호 각 목의 자동차 운전자는 법 제29조 제6항 단서에 따라 해당 자동차를 그 본래의 긴급한 용도로 운행하지 아니하는 경우에도 다음 각 호의 어느 하나에 해당하는 경우에는 「자동차관리법」에 따라 해당 자동차에 설치된 경광등을 켜거나 사이렌을 작동할 수 있다.
> 1. 소방차가 화재 예방 및 구조·구급 활동을 위하여 순찰을 하는 경우
> 2. 법 제2조 제22호 각 목에 해당하는 자동차가 그 본래의 긴급한 용도와 관련된 훈련에 참여하는 경우
> 3. 제2조 제1항 제1호에 따른 자동차가 범죄 예방 및 단속을 위하여 순찰을 하는 경우

268

도로교통법상 긴급 출동 중인 긴급자동차의 법규 위반으로 맞는 것은?

① 편도 2차로 일반 도로에서 매시 100킬로미터로 주행하였다.
② 백색 실선으로 차선이 설치된 터널 안에서 앞지르기하였다.
③ 우회전하기 위해 교차로에서 끼어들기를 하였다.
④ 인명 피해 교통사고가 발생하여도 긴급 출동 중이므로 필요한 신고나 조치 없이 계속 운전하였다.

> **해설** 긴급자동차에 대하여는 자동차 등의 속도 제한, 앞지르기 금지, 끼어들기의 금지를 적용하지 않는다[도로교통법 제30조(긴급자동차에 대한 특례), 도로교통법 제54조(사고 발생 시의 조치) 제5항].

269

긴급자동차가 긴급한 용도 외에 경광등을 사용할 수 있는 경우가 아닌 것은?

① 소방차가 화재 예방을 위하여 순찰하는 경우
② 도로 관리용 자동차가 도로상의 위험을 방지하기 위하여 도로 순찰하는 경우

③ 구급차가 긴급한 용도와 관련된 훈련에 참여하는 경우
④ 경찰용 자동차가 범죄 예방을 위하여 순찰하는 경우

> **해설** 도로교통법 시행령 제10조의2(긴급한 용도 외에 경광등 등을 사용할 수 있는 경우)
> 법 제2조 제22호 각 목의 자동차 운전자는 법 제29조 제6항 단서에 따라 해당 자동차를 그 본래의 긴급한 용도로 운행하지 아니하는 경우에도 다음 각 호의 어느 하나에 해당하는 경우에는 「자동차관리법」에 따라 해당 자동차에 설치된 경광등을 켜거나 사이렌을 작동할 수 있다.
> 1. 소방차가 화재 예방 및 구조·구급 활동을 위하여 순찰을 하는 경우
> 2. 법 제2조 제22호 각 목에 해당하는 자동차가 그 본래의 긴급한 용도와 관련된 훈련에 참여하는 경우
> 3. 제2조 제1항 제1호에 따른 자동차가 범죄 예방 및 단속을 위하여 순찰을 하는 경우

270

긴급한 용도로 운행 중인 긴급자동차에게 양보하는 운전 방법으로 맞는 2가지는?

① 모든 자동차는 좌측 가장자리로 피하는 것이 원칙이다.
② 비탈진 좁은 도로에서 서로 마주보고 진행하는 경우 올라가는 긴급자동차는 도로의 우측 가장자리로 피하여 차로를 양보하여야 한다.
③ 교차로 부근에서는 교차로를 피하여 일시정지하여야 한다.
④ 교차로나 그 부근 외의 곳에서 긴급자동차가 접근한 경우에는 긴급자동차가 우선 통행할 수 있도록 진로를 양보하여야 한다.

> **해설** 도로교통법 제29조(긴급자동차의 우선 통행)
> ④ 교차로나 그 부근에서 긴급자동차가 접근하는 경우에는 차마와 노면 전차의 운전자는 교차로를 피하여 일시정지하여야 한다.
> ⑤ 모든 차와 노면 전차의 운전자는 제4항에 따른 곳 외의 곳에서 긴급자동차가 접근한 경우에는 긴급자동차가 우선 통행할 수 있도록 진로를 양보하여야 한다.

271

다음 중 긴급자동차에 해당하는 2가지는?

① 경찰용 긴급자동차에 의하여 유도되고 있는 자동차
② 수사 기관의 자동차이지만 수사와 관련 없는 기능으로 사용되는 자동차
③ 구난 활동을 마치고 복귀하는 구난차
④ 생명이 위급한 환자 또는 부상자나 수혈을 위한 혈액을 운송 중인 자동차

> **해설** 도로교통법 시행령 제2조(긴급자동차의 종류)
> ① 「도로교통법」 제2조 제22호라목에서 "대통령령으로 정하는 자동차"란 긴급한 용도로 사용되는 다음 각 호의 어느 하나에 해당하는 자동차를 말한다. 다만, 제6호부터 제11호까지의 자동차는 이를 사용하는 사람 또는 기관 등의 신청에 의하여 시·도경찰청장이 지정하는 경우로 한정한다.
> 1. 경찰용 자동차 중 범죄 수사, 교통 단속, 그 밖의 긴급한 경찰 업무 수행에 사용되는 자동차
> 2. 국군 및 주한 국제 연합군용 자동차 중 군 내부의 질서 유지나 부대의 질서 있는 이동을 유도(誘導)하는 데 사용되는 자동차
> 3. 수사 기관의 자동차 중 범죄 수사를 위하여 사용되는 자동차
> 4. 다음 각 목의 어느 하나에 해당하는 시설 또는 기관의 자동차 중 도주자의 체포 또는 수용자, 보호 관찰 대상자의 호송·경비를 위하여 사용되는 자동차
>   가. 교도소·소년 교도소 또는 구치소
>   나. 소년원 또는 소년 분류 심사원
>   다. 보호 관찰소
> 5. 국내외 요인(要人)에 대한 경호 업무 수행에 공무(公務)로 사용되는 자동차
> 6. 전기 사업, 가스 사업, 그 밖의 공익사업을 하는 기관에서 위험 방지를 위한 응급 작업에 사용되는 자동차
> 7. 민방위 업무를 수행하는 기관에서 긴급 예방 또는 복구를 위한 출동에 사용되는 자동차
> 8. 도로 관리를 위하여 사용되는 자동차 중 도로상의 위험을 방지하기 위한 응급 작업에 사용되거나 운행이 제한되는 자동차를 단속하기 위하여 사용되는 자동차
> 9. 전신·전화의 수리 공사 등 응급 작업에 사용되는 자동차
> 10. 긴급한 우편물의 운송에 사용되는 자동차
> 11. 전파 감시 업무에 사용되는 자동차

② 제1항 각 호에 따른 자동차 외에 다음 각 호의 어느 하나에 해당하는 자동차는 긴급자동차로 본다.
1. 제1항 제1호에 따른 경찰용 긴급자동차에 의하여 유도되고 있는 자동차
2. 제1항 제2호에 따른 국군 및 주한 국제 연합군용의 긴급자동차에 의하여 유도되고 있는 국군 및 주한 국제 연합군의 자동차
3. 생명이 위급한 환자 또는 부상자나 수혈을 위한 혈액을 운송 중인 자동차

해설 모든 차의 운전자는 보도와 차도가 구분되지 아니한 도로 중 중앙선이 없는 도로, 보행자우선도로, 도로 외의 곳에서 보행자의 옆을 지나는 경우에는 안전한 거리를 두고 서행하여야 하며, 보행자의 통행에 방해가 될 때에는 서행하거나 일시정지하여 보행자가 안전하게 통행할 수 있도록 하여야 한다(도로교통법 제27조 제6항).
운전자는 어린이보호구역 내에 설치된 횡단보도 중 신호기가 설치되지 아니한 횡단보도 앞(정지선이 설치된 경우에는 그 정지선을 말한다)에서는 보행자의 횡단 여부와 관계없이 일시정지하여야 한다(도로교통법 제27조 제7항).

272

도로교통법령상 어린이통학버스 운전자 및 운영자의 의무에 대한 설명으로 맞지 않는 것은?

① 어린이통학버스 운전자는 어린이나 영유아가 타고 내리는 경우에만 점멸등을 작동하여야 한다.
② 어린이통학버스 운전자는 승차한 모든 어린이나 영유아가 좌석안전띠를 매도록 한 후 출발한다.
③ 어린이통학버스 운영자는 어린이통학버스에 보호자를 함께 태우고 운행하는 경우에는 보호자 동승 표지를 부착할 수 있다.
④ 어린이통학버스 운영자는 어린이통학버스에 보호자가 동승한 경우에는 안전 운행 기록을 작성하지 않아도 된다.

해설 도로교통법 제53조 제1항, 제2항, 제6항, 제7항

273

도로교통법령상 보행자의 통행 여부에 관계없이 반드시 일시정지하여야 할 장소는?

① 보도와 차도가 구분되지 아니한 도로 중 중앙선이 없는 도로
② 어린이보호구역 내 신호기가 설치되지 아니한 횡단보도 앞
③ 보행자우선도로
④ 도로 외의 곳

274

편도 2차로 도로에서 1차로로 어린이통학버스가 어린이나 영유아를 태우고 있음을 알리는 표시를 한 상태로 주행 중이다. 가장 안전한 운전 방법은?

① 2차로가 비어 있어도 앞지르기를 하지 않는다.
② 2차로로 앞지르기하여 주행한다.
③ 경음기를 울려 전방 차로를 비켜 달라는 표시를 한다.
④ 반대 차로의 상황을 주시한 후 중앙선을 넘어 앞지르기한다.

해설 가장 안전한 운전 방법은 2차로가 비어 있어도 앞지르기를 하지 않는 것이다. 모든 차의 운전자는 어린이나 영유아를 태우고 있다는 표시를 한 상태로 도로를 통행하는 어린이통학버스를 앞지르지 못한다(도로교통법 제51조).

275

도로교통법령상 어린이보호구역에 관한 설명 중 맞는 것은?

① 유치원이나 중학교 앞에 설치할 수 있다.
② 시장 등은 차의 통행을 금지할 수 있다.
③ 어린이보호구역에서의 어린이는 12세 미만인 자를 말한다.
④ 자동차 등의 통행 속도를 시속 30킬로미터 이내로 제한할 수 있다.

해설 어린이보호구역에서는 차량의 통행 속도를 매시 30킬로미터 이내로 제한할 수 있다.

276
교통사고처리특례법상 어린이보호구역 내에서 매시 40킬로미터로 주행 중 운전자의 과실로 어린이를 다치게 한 경우의 처벌로 맞는 것은?

① 피해자가 형사 처벌을 요구할 경우에만 형사 처벌된다.
②피해자의 처벌 의사에 관계없이 형사 처벌된다.
③ 종합 보험에 가입되어 있는 경우에는 형사 처벌되지 않는다.
④ 피해자와 합의하면 형사 처벌되지 않는다.

해설 어린이보호구역 내에서 주행 중 어린이를 다치게 한 경우 피해자의 처벌 의사에 관계없이 형사 처벌된다.

277
도로교통법령상 어린이통학버스로 신고할 수 있는 자동차의 승차정원 기준으로 맞는 것은?(어린이 1명을 승차정원 1명으로 본다)

① 11인승 이상
② 16인승 이상
③ 17인승 이상
④ 9인승 이상

해설 도로교통법 시행규칙 제34조(어린이통학버스로 사용할 수 있는 자동차)
어린이통학버스로 사용할 수 있는 자동차는 승차정원 9인승(어린이 1명을 승차정원 1명으로 본다) 이상의 자동차로 한다.

278
승용차 운전자가 08:30경 어린이보호구역에서 제한 속도를 매시 25킬로미터 초과하여 위반한 경우 벌점으로 맞는 것은?

① 10점
② 15점
③ 30점
④ 60점

해설 어린이보호구역 안에서 오전 8시부터 오후 8시까지 사이에 속도위반을 한 운전자에 대해서는 벌점의 2배에 해당하는 벌점을 부과한다.

279
승용차 운전자가 어린이나 영유아를 태우고 있다는 표시를 하고 도로를 통행하는 어린이통학버스를 앞지르기한 경우 몇 점의 벌점이 부과되는가?

① 10점
② 15점
③ 30점
④ 40점

해설 승용차 운전자가 어린이나 영유아를 태우고 있다는 표시를 하고 도로를 통행하는 어린이통학버스를 앞지르기한 경우 30점의 벌점이 부과된다.

280
도로교통법령상 어린이통학버스 안전 교육 대상자의 교육시간 기준으로 맞는 것은?

① 1시간 이상
② 3시간 이상
③ 5시간 이상
④ 6시간 이상

해설 어린이통학버스의 안전 교육은 교통안전을 위한 어린이 행동특성, 어린이통학버스의 운영 등과 관련된 법령, 어린이통학버스의 주요 사고 사례 분석, 그 밖에 운전 및 승차·하차 중 어린이 보호를 위하여 필요한 사항 등에 대하여 강의·시청각 교육 등의 방법으로 3시간 이상 실시한다(도로교통법 시행령 제31조의2).

281

도로교통법상 **어린이 및 영유아 연령 기준**으로 맞는 것은?

① 어린이는 13세 이하인 사람
② **영유아는 6세 미만인 사람**
③ 어린이는 15세 미만인 사람
④ 영유아는 7세 미만인 사람

> **해설** 어린이는 13세 미만인 사람을 말하며(도로교통법 제2조 제23호), 영유아는 6세 미만인 사람을 말한다(도로교통법 제11조).

282

도로교통법령상 **승용차 운전자가 13:00경 어린이보호구역에서 신호 위반을 한 경우 범칙금은?**

① 5만원　　② 7만원
③ 　　④ 15만원

> **해설** 어린이보호구역 안에서 오전 8시부터 오후 8시까지 사이에 신호 위반을 한 승용차 운전자에 대해서는 12만원의 범칙금을 부과한다.

283

어린이가 보호자 없이 도로에서 놀고 있는 경우 가장 올바른 **운전 방법**은?

① 어린이 잘못이므로 무시하고 지나간다.
② 경음기를 울려 겁을 주며 진행한다.
③ **일시정지하여야 한다.**
④ 어린이에 조심하며 급히 지나간다.

> **해설** 어린이가 보호자 없이 도로에서 놀고 있는 경우 일시정지하여 어린이를 보호한다.

284

어린이가 횡단보도 위를 걸어가고 있을 때 도로교통법령상 **규정 및 운전자의 행동**으로 올바른 것은?

① 횡단보도 표지는 보행자가 횡단보도로 통행할 것을 권유하는 것으로 횡단보도 앞에서 일시정지하여야 한다.
② 신호등이 없는 일반 도로의 횡단보도일 경우 횡단보도 정지선을 지나쳐도 횡단보도 내에만 진입하지 않으면 된다.
③ 신호등이 없는 일반 도로의 횡단보도일 경우 신호등이 없으므로 어린이 뒤쪽으로 서행하여 통과하면 된다.
④ **횡단보도 표지는 횡단보도를 설치한 장소의 필요한 지점의 도로 양측에 설치하며 횡단보도 앞에서 일시정지하여야 한다.**

> **해설** 횡단보도 표지는 보행자가 횡단보도로 통행할 것을 지시하는 것으로 횡단보도 앞에서 일시정지하여야 하며, 횡단보도를 설치한 장소의 필요한 지점의 도로 양측에 설치한다. 어린이가 신호등 없는 횡단보도를 통과하고 있을 때에는 횡단보도 앞에서 일시정지하여 어린이가 통과하도록 기다린다.

285

어린이통학버스가 편도 1차로 도로에서 정차하여 영유아가 타고 내리는 중임을 표시하는 점멸등이 작동하고 있을 때 반대 방향에서 진행하는 차의 운전자는 어떻게 하여야 하는가?

① **일시정지하여 안전을 확인한 후 서행하여야 한다.**
② 서행하면서 안전 확인한 후 통과한다.
③ 그대로 통과해도 된다.
④ 경음기를 울리면서 통과하면 된다.

> **해설** 어린이통학버스가 편도 1차로 도로에서 정차하여 영유아가 타고 내리는 중임을 표시하는 점멸등이 작동하고 있을 때 반대 방향에서 진행하는 차의 운전자는 일시정지하여 안전을 확인한 후 서행하여야 한다.

286

차의 운전자가 운전 중 '어린이를 충격한 경우' 가장 올바른 행동은?

① 이륜차 운전자는 어린이에게 다쳤냐고 물어보았으나 아무 말도 하지 않아 안 다친 것으로 판단하여 계속 주행하였다.
② 승용차 운전자는 바로 정차한 후 어린이를 육안으로 살펴본 후 다친 곳이 없다고 판단하여 계속 주행하였다.
③ 화물차 운전자는 어린이가 넘어졌다 금방 일어나는 것을 본 후 안 다친 것으로 판단하여 계속 주행하였다.
④ 자전거 운전자는 넘어진 어린이가 재빨리 일어나 뛰어가는 것을 본 후 경찰관서에 신고하고 현장에 대기하였다.

해설 어린이 말만 믿지 말고 경찰관서에 신고하여야 한다.

287

골목길에서 갑자기 뛰어나오는 어린이를 자동차가 충격하였다. 어린이는 외견상 다친 곳이 없어 보였고, "괜찮다"고 말하고 있다. 이런 경우 운전자의 올바른 행동으로 맞는 것은?

① 반의사 불벌죄에 해당하므로 운전자는 가던 길을 가면 된다.
② 어린이의 피해가 없어 교통사고가 아니므로 별도의 조치 없이 현장을 벗어난다.
③ 부모에게 연락하는 등 반드시 필요한 조치를 다한 후 현장을 벗어난다.
④ 어린이의 과실이므로 운전자는 어린이의 연락처만 확인하고 귀가한다.

해설 교통사고로 어린이를 다치게 한 운전자는 부모에게 연락하는 등 필요한 조치를 다하여야 한다.

288

도로교통법령상 어린이보호구역 지정 및 관리 주체는?

① 경찰서장
② 시장 등
③ 시·도경찰청장
④ 교육감

해설 도로교통법 제12조 제1항

289

도로교통법령상 어린이보호구역에 대한 설명으로 맞는 2가지는?

① 어린이보호구역은 초등학교 주출입문 100미터 이내의 도로 중 일정 구간을 말한다.
② 어린이보호구역 안에서 오전 8시부터 오후 8시까지 주정차 위반한 경우 범칙금이 가중된다.
③ 어린이보호구역 내 설치된 신호기의 보행 시간은 어린이 최고 보행 속도를 기준으로 한다.
④ 어린이보호구역 안에서 오전 8시부터 오후 8시까지 보행자 보호 불이행하면 벌점이 2배가 된다.

해설 어린이보호구역은 초등학교 주출입문 300미터 이내의 도로 중 일정 구간을 말하며 어린이보호구역 내 설치된 신호기의 보행 시간은 어린이 평균 보행 속도를 기준으로 한다.

290

어린이통학버스의 특별 보호에 대한 설명으로 맞는 2가지는?

① 어린이통학버스를 앞지르기하고자 할 때는 다른 차의 앞지르기 방법과 같다.
② 어린이들이 승하차 시, 중앙선이 없는 도로에서는 반대편에서 오는 차량도 안전을 확인한 후, 서행하여야 한다.
③ 어린이들이 승하차 시, 편도 1차로 도로에서는 반대편에서 오는 차량도 일시정지하여 안전을 확인한 후, 서행하여야 한다.
④ 어린이들이 승하차 시, 동일 차로와 그 차로의 바로 옆 차량은 일시정지하여 안전을 확인한 후, 서행하여야 한다.

> **해설** 어린이통학버스가 도로에 정차하여 점멸등 등으로 어린이 또는 유아가 타고 내리는 중임을 표시하는 장치를 작동 중인 때에는 어린이통학버스가 정차한 차로와 그 차로의 바로 옆 차로를 통행하는 차량은 일시정지하여 안전을 확인한 후, 서행하여야 한다. 그리고 중앙선이 설치되지 아니한 도로와 편도 1차로인 도로에서는 반대 방향에서 진행하는 차량의 운전자도 어린이통학버스에 이르기 전에 일시정지하여 안전을 확인한 후 서행하여야 한다.

291

도로교통법상 **자전거 통행 방법**에 대한 설명이다. **틀린 것은?**

① 자전거도로가 따로 있는 곳에서는 그 자전거도로로 통행하여야 한다.
② 자전거도로가 설치되지 아니한 곳에서는 도로 우측 가장자리에 붙어서 통행하여야 한다.
③ 자전거의 운전자는 길가장자리구역(안전표지로 자전거 통행을 금지한 구간은 제외)을 통행할 수 있다.
④ 자전거의 운전자가 횡단보도를 이용하여 도로를 횡단할 때에는 자전거를 타고 통행할 수 있다.

> **해설** 도로교통법 제13조의2(자전거의 통행 방법의 특례)

292

도로교통법상 '**보호구역의 지정 절차 및 기준**' 등에 관하여 필요한 사항을 정하는 공동 부령 기관으로 맞는 것은?

① 어린이보호구역은 행정안전부, 보건복지부, 국토교통부의 공동부령으로 정한다.
② 노인보호구역은 행정안전부, 국토교통부, 환경부의 공동부령으로 정한다.
③ 장애인보호구역은 행정안전부, 보건복지부, 국토교통부의 공동부령으로 정한다.
④ 교통약자보호구역은 행정안전부, 환경부, 국토교통부의 공동부령으로 정한다.

> **해설** 도로교통법 제12조(어린이보호구역 지정·해제 및 관리) 제2항
> 제1항에 따른 어린이보호구역의 지정 절차 및 기준 등에 관하여 필요한 사항은 교육부, 행정안전부, 국토교통부의 공동부령으로 정한다.
> 도로교통법 제12조의2(노인 및 장애인보호구역의 지정·해제 및 관리) 제2항
> 노인보호구역 또는 장애인보호구역의 지정 절차 및 기준 등에 관하여 필요한 사항은 행정안전부, 보건복지부 및 국토교통부의 공동부령으로 정한다.

293

어린이통학버스 특별 보호를 위한 운전자의 올바른 운행방법은?

① 편도 1차로인 도로에서는 반대 방향에서 진행하는 차의 운전자도 어린이통학버스에 이르기 전에 일시정지하여 안전을 확인한 후 서행하여야 한다.
② 어린이통학버스가 어린이가 하차하고자 점멸등을 표시할 때는 어린이통학버스가 정차한 차로 외의 차로로 신속히 통행한다.
③ 중앙선이 설치되지 아니한 도로인 경우 반대 방향에서 진행하는 차는 기존 속도로 진행한다.
④ 모든 차의 운전자는 어린이나 영유아를 태우고 있다는 표시를 한 경우라도 도로를 통행하는 어린이통학버스를 앞지를 수 있다.

해설 도로교통법 제51조(어린이통학버스의 특별보호)
① 어린이통학버스가 도로에 정차하여 어린이나 영유아가 타고 내리는 중임을 표시하는 점멸등 등의 장치를 작동 중일 때에는 어린이통학버스가 정차한 차로와 그 차로의 바로 옆 차로로 통행하는 차의 운전자는 어린이통학버스에 이르기 전에 일시정지하여 안전을 확인한 후 서행하여야 한다.
② 제1항의 경우 중앙선이 설치되지 아니한 도로와 편도 1차로인 도로에서는 반대 방향에서 진행하는 차의 운전자도 어린이통학버스에 이르기 전에 일시정지하여 안전을 확인한 후 서행하여야 한다.
③ 모든 차의 운전자는 어린이나 영유아를 태우고 있다는 표시를 한 상태로 도로를 통행하는 어린이통학버스를 앞지르지 못한다.

294

도로교통법령상 **어린이통학버스 신고**에 관한 설명이다. 맞는 것 **2가지**는?

① 어린이통학버스를 운영하려면 미리 한국도로교통공단에 신고하고 신고 증명서를 발급받아야 한다.
② 어린이통학버스는 원칙적으로 승차정원 9인승(어린이 1명을 승차정원 1인으로 본다) 이상의 자동차로 한다.
③ 어린이통학버스 신고 증명서가 헐어 못 쓰게 되어 다시 신청하는 때에는 어린이통학버스 신고 증명서 재교부 신청서에 헐어 못쓰게 된 신고 증명서를 첨부하여 제출하여야 한다.
④ 어린이통학버스 신고 증명서는 그 자동차의 앞면 창유리 좌측 상단의 보기 쉬운 곳에 부착하여야 한다.

해설 도로교통법 제52조(어린이통학버스의 신고 등)
① 어린이통학버스를 운영하려는 자는 미리 관할 경찰서장에게 신고하고 신고 증명서를 발급받아야 한다.
도로교통법 시행규칙 제35조(어린이통학버스의 신고 절차 등)
③ 어린이통학버스 신고 증명서는 그 자동차의 앞면 창유리 우측 상단의 보기 쉬운 곳에 부착하여야 한다.
④ 어린이통학버스 신고 증명서가 헐어 못 쓰게 되어 다시 신청하는 때에는 어린이통학버스 신고증명서 재교부신청서에 헐어 못 쓰게 된 신고 증명서를 첨부하여 제출하여야 한다.

295

어린이통학버스 운전자가 영유아를 승하차시키는 방법으로 바른 것은?

① 영유아가 승차하고 있는 경우에는 점멸등 장치를 작동하여 안전을 확보하여야 한다.
② 교통이 혼잡한 경우 점멸등을 잠시 끄고 영유아를 승차시킨다.
③ 영유아를 어린이통학버스 주변에 내려주고 바로 출발한다.
④ 어린이보호구역에서는 좌석안전띠를 매지 않아도 된다.

해설 도로교통법 제53조(어린이통학버스 운전자 및 운영자 등의 의무)
① 어린이통학버스를 운전하는 사람은 어린이나 영유아가 타고 내리는 경우에만 점멸등 등의 장치를 작동하여야 하며, 어린이나 영유아를 태우고 운행 중인 경우에만 제51조 제3항에 따른 표시를 하여야 한다.
② 어린이통학버스를 운전하는 사람은 어린이나 영유아가 어린이통학버스를 탈 때에는 승차한 모든 어린이나 영유아가 좌석안전띠를 매도록 한 후에 출발하여야 하며, 내릴 때에는 보도나 길가장자리구역 등 자동차로부터 안전한 장소에 도착한 것을 확인한 후에 출발하여야 한다.

296

도로교통법령상 **어린이보호구역**에 대한 설명으로 바르지 **않은** 것은?

① 주차 금지 위반에 대한 범칙금은 노인보호구역과 같다.
② 어린이보호구역 내에는 서행 표시를 설치할 수 있다.
③ 어린이보호구역 내에는 주정차가 금지된다.
④ 어린이를 다치게 한 교통사고가 발생하면 합의 여부와 관계없이 형사 처벌을 받는다.

해설 ① 도로교통법 시행규칙 제93조 제2항 관련 별표10
② 도로교통법 시행규칙 별표6 일련번호 520
③ 도로교통법 제32조 제8호, 어린이 보호구역에는 주정차가 금지되어 있다.
④ 교통사고처리 특례법 제3조 제2항 단서, 어린이보호구역 내에서 사고가 발생했다면 합의 여부와 관계없이 형사 처벌을 받는다.

해설 일시정지하여야 하며, 보행자의 안전 확보가 우선이다.

299

어린이보호구역에 대한 설명과 주행 방법이다. 맞는 것 2가지는?

① 어린이 보호를 위해 필요한 경우 통행 속도를 시속 30킬로미터 이내로 제한할 수 있고 통행할 때는 항상 제한 속도 이내로 서행한다.
② 어린이보호구역 내 속도 제한의 대상은 자동차, 원동기장치자전거, 노면 전차이며 어린이가 횡단하는 경우 일시정지한다.
③ 대안 학교나 외국인 학교의 주변 도로는 어린이보호구역 지정 대상이 아니므로 횡단보도가 아닌 곳에서 어린이가 횡단하는 경우 서행한다.
④ 어린이보호구역에 속도 제한 및 횡단보도에 관한 안전표지를 우선적으로 설치할 수 있으며 어린이가 중앙선 부근에 서 있는 경우 서행한다.

297

어린이보호구역에서 어린이가 영유아를 동반하여 함께 횡단하고 있다. 운전자의 올바른 주행방법은?

① 어린이와 영유아 보호를 위해 일시정지하였다.
② 어린이가 영유아 보호하면서 횡단하고 있으므로 서행하였다.
③ 어린이와 영유아가 아직 반대편 차로 쪽에 있어 신속히 주행하였다.
④ 어린이와 영유아는 걸음이 느리므로 안전거리를 두고 옆으로 피하여 주행하였다.

해설 횡단 보행자의 안전을 위해 일시정지하여 횡단이 종료되면 주행한다.

해설 도로교통법 제12조(어린이보호구역의 지정·해제 및 관리)
① 시장 등은 교통사고의 위험으로부터 어린이를 보호하기 위하여 필요하다고 인정하는 경우 자동차 등과 노면 전차의 통행 속도를 시속 30킬로미터 이내로 제한할 수 있다.
④ 4. 외국인 학교, 대안 학교도 어린이보호구역으로 지정할 수 있다.
⑤ 2. 어린이보호구역에 어린이의 안전을 위하여 속도 제한 및 횡단보도에 관한 안전표지를 우선적으로 설치할 수 있다.

298

도로교통법상 어린이보호구역과 관련된 설명으로 맞는 것은?

① 어린이가 무단 횡단을 하다가 교통사고가 발생한 경우 운전자의 모든 책임은 면제된다.
② 자전거 운전자가 운전 중 어린이를 충격하는 경우 자전거는 차마가 아니므로 민사 책임만 존재한다.
③ 차도로 갑자기 뛰어드는 어린이를 보면 서행하지 말고 일시정지한다.
④ 경찰서장은 자동차 등의 통행 속도를 시속 50킬로미터 이내로 지정할 수 있다.

300

도로교통법령상 승용차 운전자가 어린이통학버스 특별 보호 위반 행위를 한 경우 범칙금액으로 맞는 것은?

① 13만원 ② 9만원
③ 7만원 ④ 5만원

해설 승용차 운전자가 어린이통학버스 특별 보호 위반 행위를 한 경우 범칙금 9만원이다(도로교통법 시행령 별표8).

301

도로교통법령상 영유아 및 어린이에 대한 규정 및 어린이통학버스 운전자의 의무에 대한 설명으로 올바른 것은?

① 어린이는 13세 이하의 사람을 의미하며, 어린이가 타고 내릴 때에는 반드시 안전을 확인한 후 출발한다.
② 출발하기 전 영유아를 제외한 모든 어린이가 좌석안전띠를 매도록 한 후 출발하여야 한다.
③ 어린이가 내릴 때에는 어린이가 요구하는 장소에 안전하게 내려준 후 출발하여야 한다.
④ 영유아는 6세 미만의 사람을 의미하며, 영유아가 타고 내리는 경우에도 점멸등 등의 장치를 작동해야 한다.

해설 도로교통법 제53조(어린이통학버스 운전자 및 운영자의 의무)
① 어린이통학버스를 운전하는 사람은 어린이나 영유아가 타고 내리는 경우에만 점멸등 등의 장치를 작동하여야 하며, 어린이나 영유아를 태우고 운행 중인 경우에만 도로교통법 제51조 제3항에 따른 표시를 하여야 한다.
② 어린이나 영유아가 내릴 때에는 보도나 길가장자리구역 등 자동차로부터 안전한 장소에 도착한 것을 확인한 후 출발하여야 한다.

302

도로교통법령상 어린이나 영유아가 타고 내리게 하기 위한 어린이통학버스에 장착된 황색 및 적색 표시등의 작동 방법에 대한 설명으로 맞는 것은?

① 정차할 때는 적색 표시등을 점멸 작동하여야 한다.
② 제동할 때는 적색 표시등을 점멸 작동하여야 한다.
③ 도로에 정지하려는 때에는 황색 표시등을 점멸 작동하여야 한다.
④ 주차할 때는 황색 표시등과 적색 표시등을 동시에 점멸 작동하여야 한다.

해설 자동차 및 자동차부품의 성능과 기준에 관한 규칙 제48조(등화에 대한 그 밖의 기준) 제4항
5. 도로에 정지하려고 하거나 출발하려고 하는 때에는 다음 각 목의 기준에 적합할 것
 가. 도로에 정지하려는 때에는 황색 표시등 또는 호박색 표시등이 점멸되도록 운전자가 조작할 수 있어야 할 것
 나. 가목의 점멸 이후 어린이의 승하차를 위한 승강구가 열릴 때에는 자동으로 적색 표시등이 점멸될 것
 다. 출발하기 위하여 승강구가 닫혔을 때에는 다시 자동으로 황색 표시등 또는 호박색 표시등이 점멸될 것
 라. 다목의 점멸 시 적색 표시등과 황색 표시등 또는 호박색 표시등이 동시에 점멸되지 아니할 것
도로교통법 제53조(어린이통학버스 운전자 및 운영자의 의무) 제1항
어린이통학버스를 운전하는 사람은 어린이나 영유아가 타고 내리는 경우에만 제51조 제1항에 따른 점멸등 등의 장치를 작동하여야 하며, 어린이나 영유아를 태우고 운행 중인 경우에만 제51조 제3항에 따른 표시를 하여야 한다.

303

도로교통법령상 어린이보호구역의 지정 대상의 근거가 되는 법률이 아닌 것은?

① 유아교육법
② 초·중등교육법
③ 학원의 설립·운영 및 과외교습에 관한 법률
④ 아동복지법

해설 도로교통법 제12조에 유아교육법, 초·중등교육법, 학원의 설립·운영 및 과외교습에 관한 법률 등이 어린이보호구역의 지정 근거 법률로 명시되어 있다.

304

다음 중 어린이보호구역에 대한 설명이다. 옳지 않은 것은?

① 이곳에서의 교통사고는 교통사고처리 특례법상 중과실에 해당될 수 있다.
② 자동차 등의 통행 속도를 시속 30킬로미터 이내로 제한할 수 있다.
③ 범칙금과 벌점은 일반 도로의 3배이다.
④ 주정차가 금지된다.

> **해설** 도로교통법 제12조 제1항, 교통사고처리 특례법 제3조 제2항 제11호, 도로교통법 시행령 별표10 어린이보호구역 및 노인 장애인보호구역에서의 범칙 행위 및 범칙금액

305

도로교통법령상 안전한 보행을 하고 있지 않은 어린이는?

① 보도와 차도가 구분된 도로에서 차도 가장자리를 걸어가고 있는 어린이
② 일방통행 도로의 가장자리에서 차가 오는 방향을 바라보며 걸어가고 있는 어린이
③ 보도와 차도가 구분되지 않은 도로의 가장자리 구역에서 차가 오는 방향을 마주보고 걸어가는 어린이
④ 보도 내에서 우측으로 걸어가고 있는 어린이

> **해설** 도로교통법 제8조
> 보행자는 보·차도가 구분된 도로에서는 언제나 보도로 통행하여야 한다. 보·차도가 구분되지 않은 도로에서는 길가장자리 또는 길가장자리구역으로 통행하여야 한다. 보행자는 보도에서는 우측통행을 원칙으로 한다.

306

도로교통법령상 어린이 보호에 대한 설명이다. 옳지 않은 것은?

① 횡단보도가 없는 도로에서 어린이가 횡단하고 있는 경우 서행하여야 한다.
② 안전지대에 어린이가 서 있는 경우 안전거리를 두고 서행하여야 한다.
③ 좁은 골목길에서 어린이가 걸어가고 있는 경우 안전한 거리를 두고 서행하여야 한다.
④ 횡단보도에 어린이가 통행하고 있는 경우 횡단보도 앞에 일시정지하여야 한다.

> **해설** 도로교통법 제27조(보행자의 보호)
> ① 모든 차 또는 노면 전차의 운전자는 보행자(제13조의2 제6항에 따라 자전거 등에서 내려서 자전거 등을 끌거나 들고 통행하는 자전거 등의 운전자를 포함한다)가 횡단보도를 통행하고 있거나 통행하려고 하는 때에는 보행자의 횡단을 방해하거나 위험을 주지 아니하도록 그 횡단보도 앞(정지선이 설치되어 있는 곳에서는 그 정지선을 말한다)에서 일시정지하여야 한다.
> ② 모든 차 또는 노면 전차의 운전자는 교통정리를 하고 있는 교차로에서 좌회전이나 우회전을 하려는 경우에는 신호기 또는 경찰 공무원 등의 신호나 지시에 따라 도로를 횡단하는 보행자의 통행을 방해하여서는 아니 된다.
> ③ 모든 차의 운전자는 교통정리를 하고 있지 아니하는 교차로 또는 그 부근의 도로를 횡단하는 보행자의 통행을 방해하여서는 아니 된다.
> ④ 모든 차의 운전자는 도로에 설치된 안전지대에 보행자가 있는 경우와 차로가 설치되지 아니한 좁은 도로에서 보행자의 옆을 지나는 경우에는 안전한 거리를 두고 서행하여야 한다.
> ⑤ 모든 차 또는 노면 전차의 운전자는 보행자가 제10조 제3항에 따라 횡단보도가 설치되어 있지 아니한 도로를 횡단하고 있을 때에는 안전거리를 두고 일시정지하여 보행자가 안전하게 횡단할 수 있도록 하여야 한다.

307

도로교통법령상 어린이통학버스 특별 보호에 대한 운전자 의무를 맞게 설명한 것은?

① 적색 점멸 장치를 작동 중인 어린이통학버스가 정차한 차로의 바로 옆 차로로 통행하는 경우 일시정지하여야 한다.
② 도로를 통행 중인 모든 어린이통학버스를 앞지르기할 수 없다.
③ 이 의무를 위반하면 운전면허 벌점 15점을 부과받는다.
④ 편도 1차로의 도로에서 적색 점멸 장치를 작동 중인 어린이통학버스가 정차한 경우는 이 의무가 제외된다.

해설 도로교통법 제2조 제19호, 도로교통법 제51조, 자동차관리법, 자동차 및 자동차부품의 성능과 기준에 관한 규칙
① 어린이통학버스가 도로에 정차하여 어린이나 영유아가 타고 내리는 중임을 표시하는 점멸등 등의 장치를 작동 중일 때에는 어린이통학버스가 정차한 차로와 그 차로의 바로 옆 차로로 통행하는 차의 운전자는 어린이통학버스에 이르기 전에 일시정지하여 안전을 확인한 후 서행하여야 한다.
② 제1항의 경우 중앙선이 설치되지 아니한 도로와 편도 1차로인 도로에서는 반대 방향에서 진행하는 차의 운전자도 어린이통학버스에 이르기 전에 일시정지하여 안전을 확인한 후 서행하여야 한다.
③ 모든 차의 운전자는 어린이나 영유아를 태우고 있다는 표시를 한 상태로 도로를 통행하는 어린이통학버스를 앞지르지 못한다.
도로교통법 시행규칙 별표28
어린이통학버스 특별 보호 의무 위반 시는 운전면허 벌점 30점이 부과된다.

308

도로교통법령상 어린이의 보호자가 과태료 부과 처분을 받는 경우에 해당하는 것은?

① 차도에서 어린이가 자전거를 타게 한 보호자
② 놀이터에서 어린이가 전동킥보드를 타게 한 보호자
③ 차도에서 어린이가 전동킥보드를 타게 한 보호자
④ 놀이터에서 어린이가 자전거를 타게 한 보호자

해설 어린이의 보호자는 도로에서 어린이가 개인형 이동장치를 운전하게 하여서는 아니 되고(도로교통법 제11조 제4항), 이를 위반하면 20만원 이하의 과태료를 부과 받는다(도로교통법 제160조 제2항 제9호).

309

어린이보호구역에서 어린이를 상해에 이르게 한 경우 특정범죄 가중처벌 등에 관한 법률에 따른 형사 처벌 기준은?

① 1년 이상 15년 이하의 징역 또는 500만원 이상 3천만원 이하의 벌금
② 무기 또는 5년 이상의 징역
③ 2년 이하의 징역이나 500만원 이하의 벌금
④ 5년 이하의 징역이나 2천만원 이하의 벌금

해설 특정범죄 가중처벌 등에 관한 법률 제5조의13 도로교통법 제12조 제3항 어린이보호구역에서 같은 조 제1항에 따른 조치를 준수해야 하며, 특정범죄 가중처벌 등에 관한 법률 제5조의13에 따라 상해에 이른 경우는 1년 이상 15년 이하의 징역 또는 5백만원 이상 3천만원 이하의 벌금이다.

310

도로교통법령상 어린이통학버스 운영자의 의무를 설명한 것으로 틀린 것은?

① 어린이통학버스에 어린이를 태울 때에는 성년인 사람 중 보호자를 지정해야 한다.
② 어린이통학버스에 어린이를 태울 때에는 성년인 사람 중 보호자를 함께 태우고 어린이 보호 표지만 부착해야 한다.
③ 좌석안전띠 착용 및 보호자 동승 확인 기록을 작성·보관해야 한다.
④ 좌석안전띠 착용 및 보호자 동승 확인 기록을 매 분기 어린이통학버스를 운영하는 시설의 감독 기관에 제출해야 한다.

해설 도로교통법 제53조(어린이통학버스 운전자 및 운영자 등의 의무)
③ 어린이통학버스를 운영하는 자는 어린이통학버스에 어린이나 영유아를 태울 때에는 성년인 사람 중 어린이통학버스를 운영하는 자가 지명한 보호자를 함께 태우고 운행하여야 하며, 동승한 보호자는 어린이나 영유아가 승차 또는 하차하는 때에는 자동차에서 내려서 어린이나 영유아가 안전하게 승하차하는 것을 확인하고 운행 중에는 어린이나 영유아가 좌석에 앉아 좌석안전띠를 매고 있도록 하는 등 어린이 보호에 필요한 조치를 하여야 한다.
⑥ 어린이통학버스를 운영하는 자는 제3항에 따라 보호자를 함께 태우고 운행하는 경우에는 행정안전부령으로 정하는 보호자 동승을 표시하는 표지(이하 "보호자 동승 표지"라 한다)를 부착할 수 있으며, 누구든지 보호자를 함께 태우지 아니하고 운행하는 경우에는 보호자 동승 표지를 부착하여서는 아니 된다.
⑦ 어린이통학버스를 운영하는 자는 좌석안전띠 착용 및 보호자 동승 확인 기록(이하 "안전 운행 기록"이라 한다)을 작성·보관하고 매 분기 어린이통학버스를 운영하는 시설을 감독하는 주무 기관의 장에게 안전 운행 기록을 제출하여야 한다.

311
도로교통법령상 **어린이통학버스에 성년 보호자가 없을 때 '보호자 동승 표지'를 부착한 경우의 처벌**로 맞는 것은?

① 20만원 이하의 벌금이나 구류
② 30만원 이하의 벌금이나 구류
③ 40만원 이하의 벌금이나 구류
④ 50만원 이하의 벌금이나 구류

해설 도로교통법 제53조, 제154조
어린이통학버스 보호자를 태우지 아니하고 운행하는 어린이통학버스에 보호자 동승 표지를 부착한 사람은 30만원 이하의 벌금이나 구류에 처한다.

312
도로교통법령상 **고령 운전자 표지**에 대한 설명으로 맞는 것은?

① 고령 운전자 표지란 운전면허를 받은 65세 이상인 사람이 운전하는 차임을 나타내는 표지이다.
② 바탕은 청색, 글씨는 노란색으로 한다.
③ 앞면은 탈부착이 가능하도록 고무 자석으로 제작하고, 뒷면은 반사지로 제작한다.
④ 차의 앞면 중 안전 운전에 지장을 주지 않고, 시인성을 확보할 수 있는 장소에 부착한다.

해설 도로교통법 시행규칙 제10조의2(고령 운전자 표지의 제작 및 배부)
① 경찰청장은 법 제7조의2 제1항에 따라 운전면허를 받은 65세 이상인 사람이 운전하는 차임을 나타내는 표지(이하 "고령 운전자 표지"라 한다)를 제작하여 배부할 수 있다.
도로교통법 시행규칙 별표8의2
〈제작방법〉
가. 바탕은 하늘색, 글씨는 흰색으로 한다.
나. 앞면은 반사지로 제작하고, 뒷면은 탈부착이 가능하도록 고무 자석으로 제작한다.
다. 글씨체는 문체부 제목 돋움체로 한다.
라. 표지 규격 및 글씨 크기를 변경하지 않는 범위에서 필요한 문구 등을 삽입할 수 있다.
〈부착장소〉
차의 뒷면 중 안전 운전에 지장을 주지 않고, 시인성을 확보할 수 있는 장소에 부착한다.

313
노인보호구역에서 노인을 위해 시·도경찰청장이나 경찰서장이 할 수 있는 조치가 아닌 것은?

① 차마의 통행을 금지하거나 제한할 수 있다.
② 이면도로를 일방통행로로 지정·운영할 수 있다.
③ 차마의 운행 속도를 시속 30킬로미터 이내로 제한할 수 있다.
④ 주출입문 연결 도로에 노인을 위한 노상 주차장을 설치할 수 있다.

해설 어린이·노인 및 장애인 보호구역의 지정 및 관리에 관한 규칙 제9조(보호구역에서의 필요한 조치) 제1항에 의하면 시·도경찰청장이나 경찰서장은 보호구역에서 구간별·시간대별로 다음 각 호의 조치를 할 수 있다.
1. 차마의 통행을 금지하거나 제한하는 것
2. 차마의 정차나 주차를 금지하는 것
3. 운행 속도를 시속 30킬로미터 이내로 제한하는 것
4. 이면도로를 일방통행로로 지정·운영하는 것

314

도로교통법령상 **노인보호구역에서 통행을 금지할 수 있는 대상**으로 바른 것은?

① 개인형 이동장치, 노면 전차
② 트럭 적재식 천공기, 어린이용 킥보드
③ 원동기장치자전거, 폭 1미터 이내의 보행 보조용 의자차
④ 노상안정기, 폭 1미터 이내의 노약자용 보행기

해설 도로교통법 제12조의2(노인 및 장애인 보호구역의 지정·해제 및 관리) 제1항
시장 등은 교통사고의 위험으로부터 노인 또는 장애인을 보호하기 위하여 필요하다고 인정하는 경우에는 제1호부터 제3호까지 및 제3호의2에 따른 시설 또는 장소의 주변 도로 가운데 일정 구간을 노인보호구역으로, 제4호에 따른 시설의 주변 도로 가운데 일정 구간을 장애인보호구역으로 각각 지정하여 차마와 노면 전차의 통행을 제한하거나 금지하는 등 필요한 조치를 할 수 있다.

315

도로교통법령상 **노인보호구역에서 오전 10시경 발생한 법규 위반**에 대한 설명으로 맞는 것은?

① 덤프트럭 운전자가 신호 위반을 하는 경우 범칙금은 13만원이다.
② 승용차 운전자가 노인 보행자의 통행을 방해하면 범칙금은 7만원이다.
③ 자전거 운전자가 횡단보도에서 횡단하는 노인 보행자의 횡단을 방해하면 범칙금은 5만원이다.
④ 경운기 운전자가 보행자 보호를 불이행하는 경우 범칙금은 3만원이다.

해설 신호 위반(덤프트럭 13만원), 횡단보도 보행자 횡단 방해(승용차 12만원, 자전거 6만원), 보행자 통행 방해 또는 보호 불이행(승용차 8만원, 자전거 4만원)의 범칙금이 부과된다.

316

시장 등이 **노인보호구역으로 지정할 수 있는 곳이 아닌** 곳은?

① 고등학교
② 노인 복지 시설
③ 도시공원
④ 생활 체육 시설

해설 노인 복지 시설, 자연공원, 도시공원, 생활 체육 시설, 노인이 자주 왕래하는 곳은 시장 등이 노인보호구역으로 지정할 수 있는 곳이다.

317

다음 중 **노인보호구역을 지정할 수 없는 자**는?

① 특별시장
② 광역시장
③ 특별자치도지사
④ 시·도경찰청장

해설 어린이·노인 및 장애인 보호구역 지정 및 관리에 관한 규칙 제3조 제1항

318

교통 약자인 **고령자의 일반적인 특징**에 대한 설명으로 올바른 것은?

① 반사 신경이 둔하지만 경험에 의한 신속한 판단은 가능하다.
② 시력은 약화되지만 청력은 발달되어 작은 소리에도 민감하게 반응한다.
③ 돌발 사태에 대응 능력은 미흡하지만 인지 능력은 강화된다.
④ 신체 상태가 노화될수록 행동이 원활하지 않다.

[해설] 고령자의 일반적인 특성은 반사 신경이 둔화되고 시력 및 청력이 약화되며, 신체 상태가 노화될수록 돌발 사태 대응력 및 인지 능력도 서서히 저하된다.

319

도로교통법령상 시장 등이 노인보호구역에서 할 수 있는 조치로 옳은 것은?

① 차마와 노면 전차의 통행을 제한하거나 금지할 수 있다.
② 대형승합차의 통행을 금지할 수 있지만 노면 전차는 제한할 수 없다.
③ 이륜차의 통행은 금지할 수 있으나 자전거는 제한할 수 없다.
④ 건설 기계는 통행을 금지할 수는 없지만 제한할 수 있다.

[해설] 도로교통법 제12조의2(노인 및 장애인 보호구역의 지정·해제 및 관리) 제1항
시장 등은 보호구역으로 각각 지정하여 차마와 노면 전차의 통행을 제한하거나 금지하는 등 필요한 조치를 할 수 있다. ⟨시행일 2023. 10. 19.⟩

320

보행자 신호등이 없는 횡단보도로 횡단하는 노인을 뒤늦게 발견한 승용차 운전자가 급제동을 하였으나 노인을 충격(2주 진단)하는 교통사고가 발생하였다. 올바른 설명 2가지는?

① 보행자 신호등이 없으므로 자동차 운전자는 과실이 전혀 없다.
② 자동차 운전자에게 민사 책임이 있다.
③ 횡단한 노인만 형사 처벌된다.
④ 자동차 운전자에게 형사 책임이 있다.

[해설] 횡단보도 교통사고로 운전자에게 민사 및 형사 책임이 있다.

321

관할 경찰서장이 노인보호구역 안에서 할 수 있는 조치로 맞는 2가지는?

① 자동차의 통행을 금지하거나 제한하는 것
② 자동차의 정차나 주차를 금지하는 것
③ 노상 주차장을 설치하는 것
④ 보행자의 통행을 금지하거나 제한하는 것

[해설] 어린이·노인 및 장애인 보호구역의 지정 및 관리에 관한 규칙 제9조(보호구역에서의 필요한 조치)
1. 차마(車馬)의 통행을 금지하거나 제한하는 것
2. 차마의 정차나 주차를 금지하는 것
3. 운행 속도를 시속 30킬로미터 이내로 제한하는 것
4. 이면도로(도시 지역에 있어서 간선도로가 아닌 도로로서 일반의 교통에 사용되는 도로를 말한다)를 일방통행로로 지정·운영하는 것

322

노인보호구역에서 노인의 옆을 지나갈 때 운전자의 운전 방법 중 맞는 것은?

① 주행 속도를 유지하여 신속히 통과한다.
② 노인과의 간격을 충분히 확보하며 서행으로 통과한다.
③ 경음기를 울리며 신속히 통과한다.
④ 전조등을 점멸하며 통과한다.

[해설] 노인과의 간격을 충분히 확보하며 서행으로 통과한다.

323

노인보호구역에서 노인의 안전을 위하여 설치할 수 있는 도로 시설물과 가장 거리가 먼 것은?

① 미끄럼 방지 시설, 방호 울타리
② 과속 방지 시설, 미끄럼 방지 시설
③ 가속차로, 보호구역 도로 표지
④ 방호 울타리, 도로 반사경

해설 어린이·노인 및 장애인 보호구역의 지정 및 관리에 관한 규칙 제7조(보도 및 도로 부속물의 설치)
③ 시장 등은 보호구역에 다음 각 호의 어느 하나에 해당하는 도로 부속물을 설치하거나 관할 도로 관리청에 설치를 요청할 수 있다.
1. 별표에 따른 보호구역 도로 표지
2. 도로 반사경
3. 과속 방지 시설
4. 미끄럼 방지 시설
5. 방호 울타리
6. 그 밖에 시장 등이 교통사고의 위험으로부터 어린이·노인 또는 장애인을 보호하기 위하여 필요하다고 인정하는 도로 부속물로서 「도로의 구조·시설기준에 관한 규칙」에 적합한 시설

324

야간에 노인보호구역을 통과할 때 운전자가 주의해야 할 사항으로 아닌 것은?

① 증발 현상이 발생할 수 있으므로 주의한다.
② 야간에는 노인이 없으므로 속도를 높여 통과한다.
③ 무단 횡단하는 노인에 주의하며 통과한다.
④ 검은색 옷을 입은 노인은 잘 보이지 않으므로 유의한다.

해설 야간에도 노인의 통행이 있을 수 있으므로 서행하며 통과한다.

325

도로교통법령상 노인보호구역 내 신호등 있는 횡단보도 통행 방법 및 법규 위반에 대한 설명으로 틀린 것은?

① 자동차 운전자는 신호가 바뀌면 즉시 출발하지 말고 주변을 살피고 천천히 출발한다.
② 승용차 운전자가 오전 8시부터 오후 8시 사이에 신호를 위반하고 통과하는 경우 범칙금은 12만원이 부과된다.
③ 자전거 운전자도 아직 횡단하지 못한 노인이 있는 경우 노인이 안전하게 건널 수 있도록 기다린다.
④ 이륜차 운전자가 오전 8시부터 오후 8시 사이에 횡단보도 보행자의 통행을 방해하면 범칙금 9만원이 부과된다.

해설 도로교통법 시행령 별표10
노인보호구역에서 승용차 운전자가 신호 위반하는 경우 12만원의 범칙금이 부과되고, 이륜차 운전자가 횡단보도 보행자의 횡단을 방해하는 경우 8만원의 범칙금이 부과된다.

326

노인보호구역에 대한 설명이다. 틀린 것은?

① 오전 8시부터 오후 8시까지 제한 속도를 위반한 경우 범칙금액이 가중된다.
② 보행 신호의 시간이 일반 도로의 보행 신호보다 더 길다.
③ 노상 주차장 설치를 할 수 없다.
④ 노인들이 잘 보일 수 있도록 규정보다 신호등을 크게 설치할 수 있다.

해설 노인의 신체 상태를 고려하여 보행 신호의 길이는 장애인의 평균 보행 속도를 기준으로 설정되어 일반 도로의 보행 신호보다 더 길다[어린이·노인 및 장애인 보호구역의 지정 및 관리에 관한 규칙 제6조 제2항, 2023교통신호기 설치운영 업무편람 제2편 제2장 보행 신호운영 참조(2024년에 개정되었으나 문제의 정답에는 변동 없음)]. 신호등은 규정보다 신호등을 크게 설치할 수 없다.

327

도로교통법령상 승용차 운전자가 오전 11시경 노인보호구역에서 제한 속도를 25km/h 초과한 경우 벌점은?

① 60점   ② 40점
③ 30점   ④ 15점

해설 노인보호구역에서 오전 8시부터 오후 8시까지 제한 속도를 위반한 경우 벌점은 2배 부과한다(도로교통법 시행규칙 별표28).

328

노인보호구역 내 신호등이 있는 횡단보도에 접근하고 있을 때 운전 방법으로 바르지 않은 것은?

① 보행 신호가 적색으로 바뀐 후에도 노인이 보행하는 경우 대기하고 있다가 횡단을 마친 후 주행한다.
② 신호의 변경을 예상하여 예측 출발할 수 있도록 한다.
③ 안전하게 정지할 속도로 서행하고 정지 신호에 맞춰 정지하여야 한다.
④ 노인의 경우 보행 속도가 느리다는 것을 감안하여 주의하여야 한다.

해설 보행자의 보호가 최우선이며, 신호등이 있는 횡단보도에 접근할 경우 보행자의 안전을 위하여 일시정지하여 안전을 확인하고 횡단보도 신호가 변경된 후 차량 진행 신호에 따라 진행한다.

329

노인보호구역으로 지정된 경우 할 수 있는 조치 사항이다. 바르지 않은 것은?

① 노인보호구역의 경우 시속 30킬로미터 이내로 제한할 수 있다.
② 보행 신호의 신호 시간이 일반 보행 신호기와 같기 때문에 주의 표지를 설치할 수 있다.
③ 과속방지턱 등 교통안전 시설을 보강하여 설치할 수 있다.
④ 보호구역으로 지정한 시설의 주출입문과 가장 가까운 거리에 위치한 간선도로의 횡단보도에는 신호기를 우선적으로 설치·관리해야 한다.

해설 노인보호구역에 설치되는 보행 신호등의 녹색 신호 시간은 어린이, 노인 또는 장애인의 평균 보행 속도를 기준으로 하여 설정되고 있다.
어린이·노인 및 장애인 보호구역의 지정 및 관리에 관한 규칙 제6조(교통안전 시설의 설치)

① 시·도 경찰청장이나 경찰서장은 제3조 제6항에 따라 보호구역으로 지정한 시설 또는 장소의 주출입문과 가장 가까운 거리에 위치한 간선도로의 횡단보도에는 신호기를 우선적으로 설치·관리해야 한다.

330

도로교통법령상 오전 8시부터 오후 8시까지 사이에 노인보호구역에서 교통 법규 위반 시 범칙금이 가중되는 행위가 아닌 것은?

① 신호 위반
② 주차 금지 위반
③ 횡단보도 보행자 횡단 방해
④ 중앙선 침범

해설 도로교통법 시행령 별표10(어린이보호구역 및 노인·장애인 보호구역에서의 범칙행위 및 범칙금액)

331

도로교통법령상 노인보호구역에 대한 설명으로 잘못된 것은?

① 노인보호구역을 통과할 때는 위험 상황 발생을 대비해 주의하면서 주행해야 한다.
② 노인 보호 표지란 노인보호구역 안에서 노인의 보호를 지시하는 것을 말한다.
③ 노인 보호 표지는 노인보호구역의 도로 중앙에 설치한다.
④ 승용차 운전자가 노인보호구역에서 오전 10시에 횡단보도 보행자의 횡단을 방해하면 범칙금 12만 원이 부과된다.

해설 도로교통법 시행령 별표10 일련번호 2
노인보호구역에서 횡단보도 보행자 횡단을 방해하는 경우 승용차 운전자는 12만원의 범칙금이 부과된다.
도로교통법 시행규칙 별표6 일련번호 323
노인 보호 표지는 노인보호구역 안에서 노인의 보호를 지시하는 것으로 노인보호구역의 도로 양측에 설치한다.

332

도로교통법령상 노인보호구역에 대한 설명이다. 옳지 않은 것은?

① 노인보호구역의 지정·해제 및 관리권은 시장 등에게 있다.
② 노인을 보호하기 위하여 일정 구간을 노인보호구역으로 지정할 수 있다.
③ 노인보호구역 내에서 차마의 통행을 제한할 수 있다.
④ 노인보호구역 내에서 차마의 통행을 금지할 수 없다.

> 해설 노인보호구역 내에서는 차마의 통행을 금지하거나 제한할 수 있다(도로교통법 제12조의 2).

333

다음 중 도로교통법을 가장 잘 준수하고 있는 보행자는?

① 횡단보도가 없는 도로를 가장 짧은 거리로 횡단하였다.
② 통행 차량이 없어 횡단보도로 통행하지 않고 도로를 가로질러 횡단하였다.
③ 정차하고 있는 화물자동차 바로 뒤쪽으로 도로를 횡단하였다.
④ 보도에서 좌측으로 통행하였다.

> 해설 도로교통법 제8조, 제10조
> ①, ② 횡단보도가 설치되어 있지 않은 도로에서는 가장 짧은 거리로 횡단하여야 한다.
> ③ 보행자는 모든 차의 앞이나 뒤로 횡단하여서는 안 된다.
> ④ 보행자는 보도에서 우측통행을 원칙으로 한다.

334

도로교통법령상 노인 운전자가 다음과 같은 운전행위를 하는 경우 벌점 기준이 가장 높은 위반 행위는?

① 횡단보도 내에 정차하여 보행자 통행을 방해하였다.
② 보행자를 뒤늦게 발견하고 급제동하여 보행자가 넘어질 뻔하였다.
③ 무단 횡단하는 보행자를 발견하고 경음기를 울리며 보행자 앞으로 재빨리 통과하였다.
④ 황색 실선의 중앙선을 넘어 앞지르기하였다.

> 해설 도로교통법 시행규칙 별표28, 승용자동차 기준
> ① 도로교통법 제27조 제1항 범칙금 6만원, 벌점 10점
> ② 도로교통법 제27조 제3항 범칙금 4만원, 벌점 10점
> ③ 도로교통법 제27조 제5항 범칙금 4만원, 벌점 10점
> ④ 도로교통법 제13조 제3항 범칙금 6만원, 벌점 30점

335

다음 중 교통약자의 이동편의 증진법상 교통약자에 해당되지 않는 사람은?

① 어린이
② 노인
③ 청소년
④ 임산부

> 해설 교통약자의 이동편의 증진법 제2조 제1호 교통약자란 장애인, 노인(고령자), 임산부, 영유아를 동반한 사람, 어린이 등 일상생활에서 이동에 불편을 느끼는 사람을 말한다.

336

노인의 일반적인 신체적 특성에 대한 설명으로 적당하지 않은 것은?

① 행동이 느려진다.
② 시력은 저하되나 청력은 향상된다.
③ 반사 신경이 둔화된다.
④ 근력이 약화된다.

해설 노인은 시력 및 청력이 약화되는 신체적 특성이 발생한다.

337

다음 중 가장 **바람직한 운전을 하고 있는 노인 운전자**는?

① 장거리를 이동할 때는 안전을 위하여 서행 운전한다.
② 시간 절약을 위해 목적지까지 쉬지 않고 운행한다.
③ 도로 상황을 주시하면서 규정 속도를 준수하고 운행한다.
④ 통행 차량이 적은 야간에 주로 운전을 한다.

해설 노인 운전자는 장거리 운전이나 장시간, 심야 운전은 삼가야 한다.

338

노인 운전자의 안전 운전과 가장 거리가 먼 것은?

① 운전하기 전 충분한 휴식
② 주기적인 건강 상태 확인
③ 운전하기 전에 목적지 경로 확인
④ 심야 운전

해설 노인 운전자는 운전하기 전 충분한 휴식과 주기적인 건강 상태를 확인하는 것이 바람직하다. 운전하기 전에 목적지 경로를 확인하고 가급적 심야 운전은 하지 않는 것이 좋다.

339

승용자동차 운전자가 **노인보호구역**에서 전방 주시 태만으로 **노인에게 3주간의 상해를 입힌 경우 형사 처벌**에 대한 설명으로 **틀린** 것은?

① 종합 보험에 가입되어 있으면 형사 처벌되지 않는다.
② 노인보호구역을 알리는 안전표지가 있는 경우 형사 처벌된다.
③ 피해자가 처벌을 원하지 않으면 형사 처벌되지 않는다.
④ 합의하면 형사 처벌되지 않는다.

해설 교통사고처리 특례법 제3조(처벌의 특례) 제2항 피해자의 명시적인 의사에 반하여 공소(公訴)를 제기할 수 없다.
제4조(보험 등에 가입된 경우의 특례) 제1항
보험 또는 공제에 가입된 경우에는 제3조 제2항 본문에 규정된 죄를 범한 차의 운전자에 대하여 공소를 제기할 수 없다. 다만 교통사고처리 특례법 제3조 제2항 단서에 규정된 항목에 대하여 피해자의 명시적인 의사에 반하거나 종합 보험에 가입되어 있더라도 형사 처벌될 수 있다.

340

도로교통법령상 **승용자동차 운전자가 노인보호구역에서 15:00경 규정 속도보다 시속 60킬로미터를 초과하여 운전한 경우 범칙금과 벌점**은?(가산금은 제외)

① 6만원, 60점   ② 9만원, 60점
③ 12만원, 120점   ④ 15만원, 120점

해설 도로교통법 시행령 별표10, 시행규칙 별표28
승용자동차 15만원, 벌점 120점

341

장애인주차구역에 대한 설명이다. **잘못된 것**은?

① 장애인전용주차구역 주차 표지가 붙어 있는 자동차에 장애가 있는 사람이 탑승하지 않아도 주차가 가능하다.
② 장애인전용주차구역 주차 표지를 발급받은 자가 그 표지를 양도·대여하는 등 부당한 목적으로 사용한 경우 표지를 회수하거나 재발급을 제한할 수 있다.

③ 장애인전용주차구역에 물건을 쌓거나 통행로를 막는 등 주차를 방해하는 행위를 하여서는 안 된다.
④ 장애인전용주차구역 주차 표지를 붙이지 않은 자동차를 장애인전용주차구역에 주차한 경우 10만 원의 과태료가 부과된다.

> **해설** 장애인·노인·임산부 등의 편의증진 보장에 관한 법률 제17조 제4항
> 누구든지 제2항에 따른 장애인전용주차구역 주차 표지가 붙어 있지 아니한 자동차를 장애인전용주차구역에 주차하여서는 아니 된다. 장애인전용주차구역 주차 표지가 붙어 있는 자동차에 보행에 장애가 있는 사람이 타지 아니한 경우에도 같다.

342
장애인전용주차구역 주차 표지 발급 기관이 아닌 것은?

① 국가보훈부장관
② 특별자치시장·특별자치도지사
③ 시장·군수·구청장
④ 보건복지부장관

> **해설** 장애인·노인·임산부 등 편의증진 보장에 관한 법률 제17조(장애인전용주차구역 등)

343
도로교통법령상 **밤에 자동차**(이륜자동차 제외)**의 운전자가 고장 그 밖의 부득이한 사유로 도로에 정차할 경우 켜야 하는 등화**로 맞는 것은?

① 전조등 및 미등
② 실내 조명등 및 차폭등
③ 번호등 및 전조등
④ 미등 및 차폭등

> **해설** 도로교통법 시행령 제19조 제2항
> 차 또는 노면 전차의 운전자가 법 제37조 제1항 각 호에 따라 도로에서 정차하거나 주차할 때 켜야 하는 등화의 종류는 다음 각 호의 구분에 따른다.
> 1. 자동차(이륜자동차는 제외한다): 자동차 안전 기준에서 정하는 미등 및 차폭등

344
도로교통법령상 **도로의 가장자리에 설치한 황색 점선**에 대한 설명이다. 가장 알맞은 것은?

① 주차와 정차를 동시에 할 수 있다.
② 주차는 금지되고 정차는 할 수 있다.
③ 주차는 할 수 있으나 정차는 할 수 없다.
④ 주차와 정차를 동시에 금지한다.

> **해설** 황색 점선으로 설치한 가장자리 구역선의 의미는 주차는 금지되고, 정차는 할 수 있다는 의미이다.

345
도로교통법령상 **개인형 이동장치의 정차 및 주차가 금지되는 기준**으로 틀린 것은?

① 교차로의 가장자리로부터 10미터 이내인 곳, 도로의 모퉁이로부터 5미터 이내인 곳
② 횡단보도로부터 10미터 이내인 곳, 건널목의 가장자리로부터 10미터 이내인 곳
③ 안전지대의 사방으로부터 각각 10미터 이내인 곳, 버스 정류장 기둥으로부터 10미터 이내인 곳
④ 비상 소화 장치가 설치된 곳으로부터 5미터 이내인 곳, 소방 용수 시설이 설치된 곳으로부터 5미터 이내인 곳

> **해설** 도로교통법 제32조(정차 및 주차의 금지) 제2호
> 교차로의 가장자리로부터 5미터 이내인 곳

346

전기자동차가 아닌 자동차를 환경친화적 자동차 충전 시설의 충전 구역에 주차했을 때 과태료는 얼마인가?

① 3만원 ② 5만원
③ 7만원 ④ 10만원

> 해설 환경친화적 자동차의 개발 및 보급 촉진에 관한 법률 제11조의2 제4항
> 환경친화적 자동차의 개발 및 보급 촉진에 관한 법률 시행령 제21조

347

자동차에서 하차할 때 문을 여는 방법인 '더치리치(dutch reach)'에 대한 설명으로 맞는 것은?

① 자동차 하차 시 창문에서 먼 쪽 손으로 손잡이를 잡아 뒤를 확인한 후 문을 연다.
② 자동차 하차 시 창문에서 가까운 쪽 손으로 손잡이를 잡아 앞을 확인한 후 문을 연다.
③ 개문 발차 사고를 예방한다.
④ 영국에서 처음 시작된 교통안전 캠페인이다.

> 해설 더치리치(Dutch Reach)는 1960년대 네덜란드에서 승용차 측면 뒤쪽에서 접근하는 자전거와 사고를 예방하기 위해서 시작된 교통안전 캠페인이다. 운전자나 동승자가 승용차에서 내리기 위해서 차문을 열 때 창문에서 먼 쪽 손으로 손잡이를 잡아서 차문을 여는 방법이다. 이렇게 문을 열면 자연스럽게 몸이 45도 이상 회전하게 되면서 뒤쪽을 눈으로 확인할 수 있어서 승용차 뒤쪽 측면에서 접근하는 자전거와 오토바이 등과 발생하는 사고를 예방할 수 있다. 개문 발차 사고는 운전자 등이 자동차 문을 열고 출발하는 과정에 발생하는 사고를 말한다.

348

전기자동차 또는 외부충전식 하이브리드자동차는 급속 충전 시설의 충전 시작 이후 충전 구역에서 얼마나 주차할 수 있는가?

① 1시간 ② 2시간
③ 3시간 ④ 4시간

> 해설 환경친화적 자동차의 개발 및 보급 촉진에 관한 법률 시행령 제18조의8(환경친화적 자동차에 대한 충전 방해 행위의 기준 등)
> 급속 충전 시설의 충전 구역에서 전기자동차 및 외부충전식 하이브리드자동차가 2시간 이내의 범위에서 산업통상부장관이 고시하는 시간인 1시간이 지난 후에도 계속 주차하는 행위는 환경친화적 자동차에 대한 충전 방해 행위임

349

도로교통법령상 경사진 곳에서의 정차 및 주차 방법과 그 기준에 대한 설명으로 올바른 것은?

① 경사의 내리막 방향으로 바퀴에 고임목, 고임돌 등 자동차의 미끄럼 사고를 방지할 수 있는 것을 설치해야 하며 비탈진 내리막길은 주차 금지 장소이다.
② 조향 장치를 자동차에서 멀리 있는 쪽 도로의 가장자리 방향으로 돌려놓아야 하며 경사진 장소는 정차 금지 장소이다.
③ 운전자가 운전석에 대기하고 있는 경우에는 조향 장치를 도로 쪽으로 돌려놓아야 하며 고장이 나서 부득이 정지하고 있는 것은 주차에 해당하지 않는다.
④ 도로 외의 경사진 곳에서 정차하는 경우에는 조향 장치를 자동차에서 가까운 쪽 도로의 가장자리 방향으로 돌려놓아야 하며 정차는 5분을 초과하지 않는 주차 외의 정지 상태를 말한다.

> **해설** 도로교통법 시행령 제11조 제3항
> 자동차의 운전자는 법 제34조의3에 따라 경사진 곳에 정차하거나 주차(도로 외의 경사진 곳에서 정차하거나 주차하는 경우를 포함한다)하려는 경우 자동차의 주차 제동 장치를 작동한 후에 다음 각 호의 어느 하나에 해당하는 조치를 취하여야 한다. 다만, 운전자가 운전석을 떠나지 아니하고 직접 제동 장치를 작동하고 있는 경우는 제외한다.
> 1. 경사의 내리막 방향으로 바퀴에 고임목, 고임돌, 그 밖에 고무, 플라스틱 등 자동차의 미끄럼 사고를 방지할 수 있는 것을 설치할 것
> 2. 조향 장치(操向裝置)를 도로의 가장자리(자동차에서 가까운 쪽을 말한다) 방향으로 돌려놓을 것
> 3. 그 밖에 제1호 또는 제2호에 준하는 방법으로 미끄럼 사고의 발생 방지를 위한 조치를 취할 것

350

장애인전용주차구역에 물건 등을 쌓거나 그 통행로를 가로막는 등 **주차를 방해하는 행위**를 한 경우 **과태료** 부과 금액으로 맞는 것은?

① 4만원 ② 20만원
③ 50만원 ④ 100만원

> **해설** 누구든지 장애인전용주차구역에서 주차를 방해하는 행위를 하면 과태료 50만원을 부과(장애인·노인·임산부 등의 편의증진 보장에 관한 법률 제17조 제5항, 시행령 별표3)

351

운전자의 준수 사항에 대한 설명으로 맞는 **2가지**는?

① 승객이 문을 열고 내릴 때에는 승객에게 안전 책임이 있다.
② 물건 등을 사기 위해 일시정차하는 경우에도 시동을 끈다.
③ 운전자는 차의 시동을 끄고 안전을 확인한 후 차의 문을 열고 내려야 한다.
④ 주차 구역이 아닌 경우에는 누구라도 즉시 이동이 가능하도록 조치해 둔다.

> **해설** 운전자가 운전석으로부터 떠나는 때에는 차의 시동을 끄고 제동 장치를 철저하게 하는 등 차의 정지 상태를 안전하게 유지하고 다른 사람이 함부로 운전하지 못하도록 필요한 조치를 하도록 규정하고 있다.

352

도로교통법령상 **급경사로에 주차할 경우** 가장 안전한 **방법 2가지**는?

① 자동차의 주차 제동 장치만 작동시킨다.
② 조향 장치를 도로의 가장자리(자동차에서 가까운 쪽을 말한다) 방향으로 돌려놓는다.
③ 경사의 내리막 방향으로 바퀴에 고임목 등 자동차의 미끄럼 사고를 방지할 수 있는 것을 설치한다.
④ 수동 변속기 자동차는 기어를 중립에 둔다.

> **해설** 도로교통법 시행령 제11조 제3항에 따라 경사의 내리막 방향으로 바퀴에 고임목 등 자동차의 미끄럼 사고를 방지할 수 있는 것을 설치하고, 조향 장치(操向裝置)를 도로의 가장자리(자동차에서 가까운 쪽을 말한다) 방향으로 돌려놓을 것

353

도로교통법령상 **주정차 방법**에 대한 설명이다. 맞는 **2가지**는?

① 도로에서 정차를 하고자 하는 때에는 차도의 우측 가장자리에 세워야 한다.
② 안전표지로 주정차 방법이 지정되어 있는 곳에서는 그 방법에 따를 필요는 없다.
③ 평지에서는 수동 변속기 차량의 경우 기어를 1단 또는 후진에 넣어두기만 하면 된다.
④ 경사진 도로에서는 고임목을 받쳐두어야 한다.

해설 도로교통법 시행령 제11조 제3항 제1호에 따라 자동차의 운전자는 법 제34조의3에 따라 경사진 곳에 정차하거나 주차(도로 외의 경사진 곳에서 정차하거나 주차하는 경우를 포함한다)하려는 경우 자동차의 주차 제동 장치를 작동한 후에 다음 각 호의 어느 하나에 해당하는 조치를 취하여야 한다. 다만, 운전자가 운전석을 떠나지 아니하고 직접 제동 장치를 작동하고 있는 경우는 제외한다. 〈신설 2018. 9. 28.〉
1. 경사의 내리막 방향으로 바퀴에 고임목, 고임돌, 그 밖에 고무, 플라스틱 등 자동차의 미끄럼 사고를 방지할 수 있는 것을 설치할 것
2. 조향 장치(操向裝置)를 도로의 가장자리(자동차에서 가까운 쪽을 말한다) 방향으로 돌려놓을 것
3. 그 밖에 제1호 또는 제2호에 준하는 방법으로 미끄럼 사고의 발생 방지를 위한 조치를 취할 것

354
도로교통법령상 주차에 해당하는 2가지는?

①(○) 차량이 고장 나서 계속 정지하고 있는 경우
② 위험 방지를 위한 일시정지
③(○) 5분을 초과하지 않았지만 운전자가 차를 떠나 즉시 운전할 수 없는 상태
④ 지하철역에 친구를 내려 주기 위해 일시정지

해설 신호 대기를 위한 정지, 위험 방지를 위한 일시정지는 5분을 초과하여도 주차에 해당하지 않는다. 그러나 5분을 초과하지 않았지만 운전자가 차를 떠나 즉시 운전할 수 없는 상태는 주차에 해당한다(도로교통법 제2조).

355
도로교통법령상 정차에 해당하는 2가지는?

① 택시 정류장에서 대기 중 운전자가 화장실을 간 경우
② 화물을 싣기 위해 운전자가 차를 떠나 즉시 운전할 수 없는 경우
③(○) 신호 대기를 위해 정지한 경우
④(○) 차를 정지하고 지나가는 행인에게 길을 묻는 경우

해설 도로교통법 제2조 제25호
정차라 함은 운전자가 5분을 초과하지 아니하고 차를 정지시키는 것으로서 주차 외의 정지 상태를 말한다.

356
도로교통법령상 정차 또는 주차를 금지하는 장소의 특례를 적용하지 않는 2가지는?

① 어린이보호구역 내 주 출입문으로부터 50미터 이내
② 횡단보도로부터 10미터 이내
③(○) 비상 소화 장치가 설치된 곳으로부터 5미터 이내
④(○) 안전지대의 사방으로부터 각각 10미터 이내

해설 도로교통법 제32조(정차 및 주차의 금지)
모든 차의 운전자는 다음 각 호의 어느 하나에 해당하는 곳에서는 차를 정차하거나 주차하여서는 아니 된다. 다만, 이 법이나 이 법에 따른 명령 또는 경찰 공무원의 지시를 따르는 경우와 위험 방지를 위하여 일시정지하는 경우에는 그러하지 아니하다.
1. 교차로·횡단보도·건널목이나 보도와 차도가 구분된 도로의 보도(「주차장법」에 따라 차도와 보도에 걸쳐서 설치된 노상 주차장은 제외한다)
2. 교차로의 가장자리나 도로의 모퉁이로부터 5미터 이내인 곳
3. 안전지대가 설치된 도로에서는 그 안전지대의 사방으로부터 각각 10미터 이내인 곳
4. 버스여객자동차의 정류지(停留地)임을 표시하는 기둥이나 표지판 또는 선이 설치된 곳으로부터 10미터 이내인 곳. 다만, 버스여객자동차의 운전자가 그 버스여객자동차의 운행 시간 중에 운행 노선에 따르는 정류장에서 승객을 태우거나 내리기 위하여 차를 정차하거나 주차하는 경우에는 그러하지 아니하다.
5. 건널목의 가장자리 또는 횡단보도로부터 10미터 이내인 곳
6. 다음 각 목의 곳으로부터 5미터 이내인 곳
  가. 「소방기본법」 제10조에 따른 소방용수시설 또는 비상 소화 장치가 설치된 곳
  나. 「소방시설 설치 및 관리에 관한 법률」 제2조 제1항 제1호에 따른 소방 시설로서 대통령령으로 정하는 시설이 설치된 곳
7. 시·도경찰청장이 도로에서의 위험을 방지하고 교통의 안전과 원활한 소통을 확보하기 위하여 필요하다고 인정하여 지정한 곳

8. 시장 등이 제12조 제1항에 따라 지정한 어린이 보호구역

제34조의2(정차 또는 주차를 금지하는 장소의 특례)
① 다음 각 호의 어느 하나에 해당하는 경우에는 제32조 제1호·제4호·제5호·제7호·제8호 또는 제33조 제3호에도 불구하고 정차하거나 주차할 수 있다.
  1. 「자전거 이용 활성화에 관한 법률」 제2조 제2호에 따른 자전거 이용 시설 중 전기자전거 충전소 및 자전거 주차 장치에 자전거를 정차 또는 주차하는 경우
  2. 시장 등의 요청에 따라 시·도경찰청장이 안전표지로 자전거 등의 정차 또는 주차를 허용한 경우
② 시·도경찰청장이 안전표지로 구역·시간·방법 및 차의 종류를 정하여 정차나 주차를 허용한 곳에서는 제32조 제7호·제8호 또는 제33조 제3호에도 불구하고 정차하거나 주차할 수 있다.

357
도로교통법령상 주차가 가능한 장소로 맞는 2가지는?

① 도로의 모퉁이로부터 5미터 지점
② 소방 용수 시설이 설치된 곳으로부터 7미터 지점
③ 비상 소화 장치가 설치된 곳으로부터 7미터 지점
④ 안전지대로부터 5미터 지점

> **해설** 주차 금지 장소(도로교통법 제32조)
> ① 횡단보도로부터 10미터 이내
> ② 소방 용수 시설이 설치된 곳으로부터 5미터 이내
> ③ 비상 소화 장치가 설치된 곳으로부터 5미터 이내
> ④ 안전지대 사방으로부터 각각 10미터 이내
> 제34조의2(정차 또는 주차를 금지하는 장소의 특례)
> ① 다음 각 호의 어느 하나에 해당하는 경우에는 제32조 제1호·제4호·제5호·제7호·제8호 또는 제33조 제3호에도 불구하고 정차하거나 주차할 수 있다.
>   1. 「자전거 이용 활성화에 관한 법률」 제2조 제2호에 따른 자전거 이용 시설 중 전기자전거 충전소 및 자전거 주차 장치에 자전거를 정차 또는 주차하는 경우
>   2. 시장 등의 요청에 따라 시·도경찰청장이 안전표지로 자전거 등의 정차 또는 주차를 허용한 경우
> ② 시·도경찰청장이 안전표지로 구역·시간·방법 및 차의 종류를 정하여 정차나 주차를 허용한 곳에서는 제32조 제7호·제8호 또는 제33조 제3호에도 불구하고 정차하거나 주차할 수 있다.

358
도로교통법령상 교통정리를 하고 있지 아니하는 교차로를 좌회전하려고 할 때 가장 안전한 운전 방법은?

① 먼저 진입한 다른 차량이 있어도 서행하며 조심스럽게 좌회전한다.
② 폭이 넓은 도로의 차에 진로를 양보한다.
③ 직진 차에는 차로를 양보하나 우회전 차보다는 우선권이 있다.
④ 미리 도로의 중앙선을 따라 서행하다 교차로 중심 바깥쪽을 이용하여 좌회전한다.

> **해설** 도로교통법 제26조
> 먼저 진입한 차량에 차로를 양보해야 하고, 좌회전 차량은 직진 및 우회전 차량에게 우선권을 양보해야 하며, 교차로 중심 안쪽을 이용하여 좌회전해야 한다.

359
도로교통법령상 회전교차로 통행 방법에 대한 설명으로 잘못된 것은?

① 진입할 때는 속도를 줄여 서행한다.
② 양보선에 대기하여 일시정지한 후 서행으로 진입한다.
③ 진입 차량에 우선권이 있어 회전 중인 차량이 양보한다.
④ 반시계 방향으로 회전한다.

> **해설** 도로교통법 제25조의2(회전교차로 통행 방법)
> ① 회전교차로에서는 반시계 방향으로 통행하여야 한다.
> ② 회전교차로에 진입하려는 경우에는 서행하거나 일시정지하여야 하며, 이미 진행하고 있는 다른 차가 있는 때에는 그 차에 진로를 양보하여야 한다.

360

도로교통법령상 신호등이 없는 교차로에 선진입하여 좌회전하는 차량이 있는 경우에 옳은 것은?

① 직진 차량은 주의하며 진행한다.
② 우회전 차량은 서행으로 우회전한다.
③ 직진 차량과 우회전 차량 모두 좌회전 차량에 차로를 양보한다.
④ 폭이 좁은 도로에서 진행하는 차량은 서행하며 통과한다.

> **해설** 교통정리가 행하여지고 있지 않은 교차로에서는 비록 좌회전 차량이라 할지라도 교차로에 이미 선진입한 경우에는 통행 우선권이 있으므로 직진 차와 우회전 차량일지라도 좌회전 차량에게 통행 우선권이 있다(도로교통법 제26조).

361

도로교통법령상 교차로에서 좌회전 시 가장 적절한 통행 방법은?

① 중앙선을 따라 서행하면서 교차로 중심 안쪽으로 좌회전한다.
② 중앙선을 따라 빠르게 진행하면서 교차로 중심 안쪽으로 좌회전한다.
③ 중앙선을 따라 빠르게 진행하면서 교차로 중심 바깥쪽으로 좌회전한다.
④ 중앙선을 따라 서행하면서 운전자가 편리한 대로 좌회전한다.

> **해설** 도로교통법 제25조
> 모든 차의 운전자는 교차로에서 좌회전을 하고자 하는 때에는 미리 도로의 중앙선을 따라 서행하면서 교차로의 중심 안쪽을 이용하여 좌회전하여야 한다.

362

도로교통법령상 교통정리가 없는 교차로 통행 방법으로 알맞은 것은?

① 좌우를 확인할 수 없는 경우에는 서행하여야 한다.
② 좌회전하려는 차는 직진 차량보다 우선 통행해야 한다.
③ 우회전하려는 차는 직진 차량보다 우선 통행해야 한다.
④ 통행하고 있는 도로의 폭보다 교차하는 도로의 폭이 넓은 경우 서행하여야 한다.

> **해설** 도로교통법 제26조
> 좌우를 확인할 수 없는 경우에는 일시정지하여야 하며, 해당 차가 통행하고 있는 도로의 폭보다 교차하는 도로의 폭이 넓은 경우에는 서행하여야 한다.

363

도로의 원활한 소통과 안전을 위하여 회전교차로의 설치가 권장되는 경우는?

① 교통량 수준이 높지 않으나, 교차로 교통사고가 많이 발생하는 곳
② 교차로에서 하나 이상의 접근로가 편도 3차로 이상인 곳
③ 회전교차로의 교통량 수준이 처리 용량을 초과하는 곳
④ 신호 연동에 필요한 구간 중 회전교차로이면 연동 효과가 감소되는 곳

> **해설** 회전교차로 설계지침(2022. 8., 국토교통부)
> 1. 회전교차로 설치가 권장되는 경우
>   ① 교통량 수준이 비신호 교차로로 운영하기에는 많고 신호 교차로로 운영하기에는 너무 적어 신호 운영의 효율이 떨어지는 경우
>   ② 교통량 수준이 높지 않으나, 교차로 교통사고가 많이 발생하는 경우
>   ③ 운전자의 통행 우선권 인식이 어려운 경우
>   ④ Y자형 교차로, T자형 교차로, 교차로 형태가 특이한 경우

⑤ 교통 정온화 사업 구간 내의 교차로
2. 회전교차로 설치를 권장하지 않는 경우
① 회전교차로의 교통량 수준이 처리 용량을 초과하는 경우
② 회전교차로 설계 기준을 만족시키지 못할 경우
③ 첨두 시 가변차로가 운영되는 경우
④ 신호 연동이 이루어지고 있는 구간 내 교차로인 경우
⑤ 교차로에서 하나 이상의 접근로가 편도 3차로 이상인 경우

364
회전교차로에 대한 설명으로 맞는 것은?

① 회전교차로는 신호 교차로에 비해 상충 지점 수가 많다.
②(○) 진입 시 회전교차로 내에 여유 공간이 있을 때까지 양보선에서 대기하여야 한다.
③ 신호등 설치로 진입 차량을 유도하여 교차로 내의 교통량을 처리한다.
④ 회전 중에 있는 차는 진입하는 차량에게 양보해야 한다.

해설 회전교차로는 신호 교차로에 비해 상충 지점 수가 적고, 회전 중인 차량에 대해 진입하고자 하는 차량이 양보해야 하며, 회전교차로 내에 여유 공간이 없는 경우에는 진입하면 안 된다.

365
도로교통법령상 운전자가 좌회전 시 정확하게 진행할 수 있도록 교차로 내에 백색 점선으로 한 노면 표시는 무엇인가?

①(○) 유도선　　② 연장선
③ 지시선　　④ 규제선

해설 도로교통법 시행규칙 별표6 Ⅰ. 일반기준 2. 노면 표시, Ⅱ. 개별기준 5. 노면 표시
교차로에서 진행 중 옆면 추돌 사고가 발생하는 것은 유도선에 대한 이해 부족일 가능성이 높다.

366
교차로에서 좌회전하는 차량 운전자의 가장 안전한 운전 방법 2가지는?

① 반대 방향에 정지하는 차량을 주의해야 한다.
②(○) 반대 방향에서 우회전하는 차량을 주의하면 된다.
③ 같은 방향에서 우회전하는 차량을 주의해야 한다.
④(○) 함께 좌회전하는 측면 차량도 주의해야 한다.

해설 교차로에서 비보호 좌회전하는 차량은 우회전 차량 및 같은 방향으로 함께 좌회전하는 측면 차량도 주의하며 좌회전해야 한다(도로교통법 제25조).

367
교차로에서 좌·우회전을 할 때 가장 안전한 운전 방법 2가지는?

①(○) 우회전 시에는 미리 도로의 우측 가장자리로 서행하면서 우회전해야 한다.
② 혼잡한 도로에서 좌회전할 때에는 좌측 유도선과 상관없이 신속히 통과해야 한다.
③(○) 좌회전할 때에는 미리 도로의 중앙선을 따라 서행하면서 교차로의 중심 안쪽을 이용하여 좌회전해야 한다.
④ 유도선이 있는 교차로에서 좌회전할 때에는 좌측 바퀴가 유도선 안쪽을 통과해야 한다.

해설 모든 차의 운전자는 교차로에서 우회전을 하고자 하는 때에는 미리 도로의 우측 가장자리를 따라 서행하면서 우회전하여야 하며, 좌회전 시에는 미리 도로의 중앙선을 따라 서행하면서 교차로의 중심 안쪽을 이용하여 좌회전해야 한다(도로교통법 제25조).

368
도로교통법령상 **회전교차로의 통행 방법**으로 맞는 것은?

① 회전하고 있는 차가 우선이다.
② 진입하려는 차가 우선이다.
③ 진출한 차가 우선이다.
④ 차량의 우선순위는 없다.

> **해설** 도로교통법 제25조의2(회전교차로 통행 방법)
> 회전교차로에 진입하려는 경우에는 서행하거나 일시정지하여야 하며, 이미 진행하고 있는 다른 차가 있는 때에는 그 차에 진로를 양보하여야 한다.

369
도로교통법령상 **회전교차로에서의 금지 행위가 아닌** 것은?

① 정차
② 주차
③ 서행 및 일시정지
④ 앞지르기

> **해설** 도로교통법 제32조(정차 및 주차의 금지)
> 모든 차의 운전자는 다음 각 호의 어느 하나에 해당하는 곳에서는 차를 정차하거나 주차하여서는 아니 된다. 다만, 이 법이나 이 법에 따른 명령 또는 경찰 공무원의 지시를 따르는 경우와 위험 방지를 위하여 일시정지하는 경우에는 그러하지 아니하다.
> 1. 교차로·횡단보도·건널목이나 보도와 차도가 구분된 도로의 보도(「주차장법」에 따라 차도와 보도에 걸쳐서 설치된 노상 주차장은 제외한다.)
> 2. 교차로의 가장자리나 도로의 모퉁이로부터 5미터 이내인 곳
>
> 도로교통법 제22조(앞지르기 금지의 시기 및 장소)
> ③ 모든 차의 운전자는 다음 각 호의 어느 하나에 해당하는 곳에서는 다른 차를 앞지르지 못한다.
>   1. 교차로
>   2. 터널 안
>   3. 다리 위

370
다음 중 **회전교차로에서 통행 우선권이 인정되는 차량**은?

① 회전교차로 내 회전차로에서 주행 중인 차량
② 회전교차로 진입 전 좌회전하려는 차량
③ 회전교차로 진입 전 우회전하려는 차량
④ 회전교차로 진입 전 좌회전 및 우회전하려는 차량

> **해설** 도로교통법 제25조의2(회전교차로 통행 방법)
> ① 모든 차의 운전자는 회전교차로에서는 반시계 방향으로 통행하여야 한다.
> ② 모든 차의 운전자는 회전교차로에 진입하려는 경우에는 서행하거나 일시정지하여야 하며, 이미 진행하고 있는 다른 차가 있는 때에는 그 차에 진로를 양보하여야 한다.
> ③ 제1항 및 제2항에 따라 회전교차로 통행을 위하여 손이나 방향지시기 또는 등화로써 신호를 하는 차가 있는 경우 그 뒤차의 운전자는 신호를 한 앞차의 진행을 방해하여서는 아니 된다.

371
회전교차로에 대한 설명으로 옳지 **않은** 것은?

① 차량이 서행으로 교차로에 접근하도록 되어 있다.
② 회전하고 있는 차량이 우선이다.
③ 신호가 없기 때문에 연속적으로 차량 진입이 가능하다.
④ 회전교차로는 시계 방향으로 회전한다.

> **해설** 회전교차로에서는 반시계 방향으로 회전한다.

372
회전교차로 통행 방법으로 가장 알맞은 **2가지**는?

① 교차로 진입 전 일시정지 후 교차로 내 왼쪽에서 다가오는 차량이 없으면 진입한다.

② 회전교차로에서의 회전은 시계 방향으로 회전해야 한다.
③ 회전교차로를 진·출입할 때에는 방향지시등을 작동할 필요가 없다.
④ 회전교차로 내에 진입한 후에도 다른 차량에 주의하면서 진행해야 한다.

> **해설** 회전교차로에서의 회전은 반시계 방향으로 회전해야 하고, 진·출입할 때에는 방향지시등을 작동해야 한다.

373
도로교통법령상 **일시정지하여야 할 장소**로 맞는 것은?

① 도로의 구부러진 부근
② 가파른 비탈길의 내리막
③ 비탈길의 고갯마루 부근
④ 교통정리가 없는 교통이 빈번한 교차로

> **해설** 도로교통법 제31조(서행 또는 일시정지할 장소) 서행해야 할 장소에는 도로의 구부러진 부근, 가파른 비탈길의 내리막, 비탈길의 고갯마루 부근이다. 교통정리를 하고 있지 아니하고 좌우를 확인할 수 없거나 교통이 빈번한 교차로, 시·도경찰청장이 도로에서의 위험을 방지하고 교통의 안전과 원활한 소통을 확보하기 위하여 필요하다고 인정하여 안전표지로 지정한 곳은 일시정지해야 할 장소이다.

374
도로교통법령상 **반드시 일시정지하여야 할 장소**로 맞는 것은?

① 교통정리를 하고 있지 아니하고 좌우를 확인할 수 없는 교차로
② 녹색 등화가 켜져 있는 교차로
③ 교통이 빈번한 다리 위 또는 터널 내
④ 도로의 구부러진 부근 또는 비탈길의 고갯마루 부근

> **해설** 도로교통법 제31조 제2항
> 교통정리를 하고 있지 아니하고 좌우를 확인할 수 없거나 교통이 빈번한 교차로에서는 일시정지하여야 한다.

375
도로교통법령상 **일시정지해야 하는 장소는**?

① 터널 안 및 다리 위
② 신호등이 없는 교통이 빈번한 교차로
③ 가파른 비탈길의 내리막
④ 도로가 구부러진 부근

> **해설** 도로교통법 제31조 제2항
> 앞지르기 금지 구역과 일시정지해야 하는 곳은 다르게 규정하고 있다. 터널 안 및 다리 위, 가파른 비탈길의 내리막 도로가 구부러진 부근은 앞지르기 금지 구역이다. 교통정리를 하고 있지 아니하고 좌우를 확인할 수 없거나 교통이 빈번한 교차로, 시·도경찰청장이 도로에서의 위험을 방지하고 교통의 안전과 원활한 소통을 확보하기 위하여 필요하다고 인정하여 안전표지로 지정한 곳은 일시정지해야 할 장소이다.

376
가변형 속도 제한 구간에 대한 설명으로 **옳지 않은** 것은?

① 상황에 따라 규정 속도를 변화시키는 능동적인 시스템이다.
② 규정 속도 숫자를 바꿔서 표현할 수 있는 전광 표지판을 사용한다.
③ 가변형 속도 제한 표지로 최고 속도를 정한 경우에는 이에 따라야 한다.
④ 가변형 속도 제한 표지로 정한 최고 속도와 안전표지 최고 속도가 다를 때는 안전표지 최고 속도를 따라야 한다.

해설 도로교통법 시행규칙 제19조 제2항
가변형 속도 제한 표지로 최고 속도를 정한 경우에는 이에 따라야 하며 가변형 속도 제한 표지로 정한 최고 속도와 그 밖의 안전표지로 정한 최고 속도가 다를 때에는 가변형 속도 제한 표지에 따라야 한다.

377

도로교통법상 ( )의 운전자는 철길 건널목을 통과하려는 경우 건널목 앞에서 ( )하여 안전한지 확인한 후에 통과하여야 한다. ( ) 안에 맞는 것은?

① 모든 차, 서행
② 모든 자동차 등 또는 건설 기계, 서행
③ 모든 차 또는 모든 전차, 일시정지
④ 모든 차 또는 노면 전차, 일시정지

해설 도로교통법 제24조(철길 건널목의 통과)
모든 차 또는 노면 전차의 운전자는 철길 건널목을 통과하려는 경우 건널목 앞에서 일시정지하여 안전을 확인한 후 통과하여야 한다.

378

다음 중 고속도로 나들목에서 가장 안전한 운전 방법은?

① 나들목에서는 차량이 정체되므로 사고 예방을 위해서 뒤차가 접근하지 못하도록 급제동한다.
② 나들목에서는 속도에 대한 감각이 둔해지므로 일시정지한 후 출발한다.
③ 진출하고자 하는 나들목을 지나친 경우 다음 나들목을 이용한다.
④ 급가속하여 나들목으로 진출한다.

해설 급제동은 뒤차와의 사고 위험을 증가시킨다. 나들목 부근에서 급감속하여 일반 도로로 나오게 되면 속도의 감각이 둔해짐에 따라 미리 서행하여 일반 도로 규정 속도에 맞춰 주행해야 한다. 진출해야 하는 나들목을 지나친 경우 다음 나들목을 이용하여 빠져 나와야 한다.

379

도로교통법령상 앞차의 운전자가 왼팔을 수평으로 펴서 차체의 좌측 밖으로 내밀었을 때 취해야 할 조치로 가장 올바른 것은?

① 앞차가 우회전할 것이 예상되므로 서행한다.
② 앞차가 횡단할 것이 예상되므로 상위 차로로 진로 변경한다.
③ 앞차가 유턴할 것이 예상되므로 앞지르기한다.
④ 앞차의 차로 변경이 예상되므로 서행한다.

해설 도로교통법 시행령 별표2
좌회전, 횡단, 유턴 또는 같은 방향으로 진행하면서 진로를 왼쪽으로 바꾸려는 때 그 행위를 하고자 하는 지점(좌회전할 경우에는 그 교차로의 가장자리)에 이르기 전 30미터(고속도로에서는 100미터) 이상의 지점에 이르렀을 때 왼팔을 수평으로 펴서 차체의 왼쪽 밖으로 내밀거나 오른팔을 차체의 오른쪽 밖으로 내어 팔꿈치를 굽혀 수직으로 올리거나 왼쪽의 방향지시기 또는 등화를 조작한다.

380

도로교통법령상 운전자가 우회전하고자 할 때 사용하는 수신호는?

① 왼팔을 좌측 밖으로 내어 팔꿈치를 굽혀 수직으로 올린다.
② 왼팔은 수평으로 펴서 차체의 좌측 밖으로 내민다.
③ 오른팔을 차체의 우측 밖으로 수평으로 펴서 손을 앞뒤로 흔든다.
④ 왼팔을 차체 밖으로 내어 45도 밑으로 편다.

해설 운전자가 우회전하고자 할 때 왼팔을 차체의 왼쪽 밖으로 내어 팔꿈치를 굽혀 수직으로 올린다.

381

신호기의 신호에 따라 교차로에 진입하려는데, 경찰 공무원이 정지하라는 수신호를 보냈다. 다음 중 가장 안전한 운전 방법은?

① 정지선 직전에 일시정지한다.
② 급감속하여 서행한다.
③ 신호기의 신호에 따라 진행한다.
④ 교차로에 서서히 진입한다.

> 해설 교통안전 시설이 표시하는 신호 또는 지시와 교통정리를 위한 경찰 공무원 등의 신호 또는 지시가 다른 경우에는 경찰 공무원 등의 신호 또는 지시에 따라야 한다.

382

중앙선이 황색 점선과 황색 실선으로 구성된 복선으로 설치된 때의 앞지르기에 대한 설명으로 맞는 것은?

① 황색 실선과 황색 점선 어느 쪽에서도 중앙선을 넘어 앞지르기할 수 없다.
② 황색 점선이 있는 측에서는 중앙선을 넘어 앞지르기할 수 있다.
③ 안전이 확인되면 황색 실선과 황색 점선에 상관없이 앞지르기할 수 있다.
④ 황색 실선이 있는 측에서는 중앙선을 넘어 앞지르기할 수 있다.

> 해설 황색 점선이 있는 측에서는 중앙선을 넘어 앞지르기할 수 있으나 황색 실선이 있는 측에서는 중앙선을 넘어 앞지르기할 수 없다.

383

운전 중 철길 건널목에서 가장 바람직한 통행 방법은?

① 기차가 오지 않으면 그냥 통과한다.
② 일시정지하여 안전을 확인하고 통과한다.
③ 제한 속도 이상으로 통과한다.
④ 차단기가 내려지려고 하는 경우는 빨리 통과한다.

> 해설 도로교통법 제24조(철길 건널목의 통과)
> ① 모든 차 또는 노면 전차의 운전자는 철길 건널목(이하 "건널목"이라 한다)을 통과하려는 경우에는 건널목 앞에서 일시정지하여 안전한지 확인한 후에 통과하여야 한다. 다만, 신호기 등이 표시하는 신호에 따르는 경우에는 정지하지 아니하고 통과할 수 있다.
> ② 모든 차 또는 노면 전차의 운전자는 건널목의 차단기가 내려져 있거나 내려지려고 하는 경우 또는 건널목의 경보기가 울리고 있는 동안에는 그 건널목으로 들어가서는 아니 된다.

384

도로교통법령상 차로를 왼쪽으로 바꾸고자 할 때의 방법으로 맞는 것은?

① 그 행위를 하고자 하는 지점에 이르기 전 30미터(고속도로에서는 100미터) 이상의 지점에 이르렀을 때 좌측 방향지시기를 조작한다.
② 그 행위를 하고자 하는 지점에 이르기 전 10미터(고속도로에서는 100미터) 이상의 지점에 이르렀을 때 좌측 방향지시기를 조작한다.
③ 그 행위를 하고자 하는 지점에 이르기 전 20미터(고속도로에서는 80미터) 이상의 지점에 이르렀을 때 좌측 방향지시기를 조작한다.
④ 그 행위를 하고자 하는 지점에서 좌측 방향지시기를 조작한다.

> 해설 도로교통법 시행령 별표2(신호의 시기 및 방법)
> 진로를 변경하고자 하는 경우는 그 지점에 이르기 전 30미터 이상의 지점에 이르렀을 때 방향지시기를 조작한다.

385

도로교통법령상 자동차 등의 속도와 관련하여 옳지 않은 것은?

① 일반 도로, 자동차전용도로, 고속도로와 총 차로 수에 따라 별도로 법정 속도를 규정하고 있다.
② 일반 도로에는 최저 속도 제한이 없다.
③ 이상 기후 시에는 감속 운행을 하여야 한다.
④ 가변형 속도 제한 표지로 정한 최고 속도와 그 밖의 안전표지로 정한 최고 속도가 다를 경우 그 밖의 안전표지에 따라야 한다.

해설 가변형 속도 제한 표지를 따라야 한다.

386

도로교통법령상 자동차 등의 속도와 관련하여 옳지 않은 것은?

① 자동차 등의 속도가 높아질수록 교통사고의 위험성이 커짐에 따라 차량의 과속을 억제하려는 것이다.
② 자동차전용도로 및 고속도로에서 도로의 효율성을 제고하기 위해 최저 속도를 제한하고 있다.
③ 경찰청장 또는 시·도경찰청장은 교통의 안전과 원활한 소통을 위해 별도로 속도를 제한할 수 있다.
④ 고속도로는 시·도경찰청장이, 고속도로를 제외한 도로는 경찰청장이 속도 규제권자이다.

해설 고속도로는 경찰청장, 고속도로를 제외한 도로는 시·도경찰청장이 속도 규제권자이다.

387

도로교통법령상 신호 위반이 되는 경우 2가지는?

① 적색 신호 시 정지선을 초과하여 정지
② 교차로 이르기 전 황색 신호 시 교차로에 진입
③ 황색 점멸 시 다른 교통 또는 안전표지의 표시에 주의하면서 진행
④ 적색 점멸 시 정지선 직전에 일시정지한 후 다른 교통에 주의하면서 진행

해설 적색 신호 시 정지선 직전에 정지하고, 교차로 이르기 전 황색 신호 시에도 정지선 직전에 정지해야 한다.

388

편도 3차로인 도로의 교차로에서 우회전할 때 올바른 통행 방법 2가지는?

① 우회전할 때에는 교차로 직전에서 방향지시등을 켜서 진행 방향을 알려주어야 한다.
② 우측 도로의 횡단보도 보행 신호등이 녹색이라도 보행자가 없으면 통과할 수 있다.
③ 우회전 삼색등이 적색일 경우에는 보행자가 없어도 통과할 수 없다.
④ 편도 3차로인 도로에서는 2차로에서 우회전하는 것이 안전하다.

해설 교차로에서 우회전 시 우측 도로 횡단보도 보행 신호등이 녹색이라도 보행자의 통행에 방해를 주지 아니하는 범위 내에서 통과할 수 있다. 다만, 보행 신호등 측면에 차량 보조 신호등이 설치되어 있는 경우, 보조 신호등이 적색일 때 통과하면 신호 위반에 해당될 수 있으므로 통과할 수 없고, 보행자가 횡단보도 상에 존재하면 진행하는 차와 보행자가 멀리 떨어져 있다 하더라도 보행자 통행에 방해를 주는 것이므로 통과할 수 없다.

389

다음은 자동차관리법상 승합차의 기준과 승합차를 따라 좌회전하고자 할 때 주의해야 할 운전 방법으로 올바른 것 2가지는?

① 대형승합차는 36인승 이상을 의미하며, 대형승합차로 인해 신호등이 안 보일 수 있으므로 안전거리를 유지하면서 서행한다.

② 중형승합차는 16인 이상 35인승 이하를 의미하며, 승합차가 방향지시기를 켜는 경우 다른 차가 끼어들 수 있으므로 차간거리를 좁혀 서행한다.
③ 소형승합차는 15인승 이하를 의미하며, 승용차에 비해 무게 중심이 높아 전도될 수 있으므로 안전거리를 유지하며 진행한다.
④ 경형승합차는 배기량이 1200시시 미만을 의미하며, 승용차와 무게 중심이 동일하지만 충분한 안전거리를 유지하고 뒤따른다.

> **해설** 신호는 그 행위를 하고자 하는 지점(좌회전할 경우에는 그 교차로의 가장자리)에 이르기 전 30미터(고속도로에서는 100미터) 이상의 지점에 이르렀을 때 해야 하고, 미리 속도를 줄인 후 1차로 또는 좌회전 차로로 서행하며 진입해야 한다.[자동차관리법 시행규칙 제2조(자동차의 종별 구분), 별표1(자동차의 종류)

390
차로를 변경할 때 안전한 **운전 방법 2가지는?**
① 변경하고자 하는 차로의 뒤따르는 차와 거리가 있을 때 속도를 유지한 채 차로를 변경한다.
② 변경하고자 하는 차로의 뒤따르는 차와 거리가 있을 때 감속하면서 차로를 변경한다.
③ 변경하고자 하는 차로의 뒤따르는 차가 접근하고 있을 때 속도를 늦추어 뒤차를 먼저 통과시킨다.
④ 변경하고자 하는 차로의 뒤따르는 차가 접근하고 있을 때 급하게 차로를 변경한다.

> **해설** 뒤따르는 차와 거리가 있을 때 속도를 유지한 채 차로를 변경하고, 접근하고 있을 때는 속도를 늦추어 뒤차를 먼저 통과시킨다.

391
차로를 구분하는 차선에 대한 설명으로 맞는 것 **2가지는?**
① 차로가 실선과 점선이 병행하는 경우 실선에서 점선 방향으로 차로 변경이 불가능하다.
② 차로가 실선과 점선이 병행하는 경우 실선에서 점선 방향으로 차로 변경이 가능하다.
③ 차로가 실선과 점선이 병행하는 경우 점선에서 실선 방향으로 차로 변경이 불가능하다.
④ 차로가 실선과 점선이 병행하는 경우 점선에서 실선 방향으로 차로 변경이 가능하다.

> **해설** ① 차로의 구분을 짓는 차선 중 실선은 차로를 변경할 수 없는 선이다.
> ② 점선은 차로를 변경할 수 있는 선이다.
> ③ 선과 점선이 병행하는 경우 실선 쪽에서 점선 방향으로는 차로 변경이 불가능하다.
> ④ 실선과 점선이 병행하는 경우 점선 쪽에서 실선 방향으로는 차로 변경이 가능하다.

392
도로교통법상 적색 등화 점멸일 때 의미는?
① 차마는 다른 교통에 주의하면서 서행하여야 한다.
② 차마는 다른 교통에 주의하면서 진행할 수 있다.
③ 차마는 안전표지에 주의하면서 후진할 수 있다.
④ 차마는 정지선 직전에 일시정지한 후 다른 교통에 주의하면서 진행할 수 있다.

> **해설** 적색 등화의 점멸일 때 차마는 정지선이나 횡단보도가 있을 때에는 그 직전이나 교차로의 직전에 일시정지한 후 다른 교통에 주의하면서 진행할 수 있다.

393
비보호 좌회전 표지가 있는 교차로에 대한 설명이다. 맞는 것은?
① 신호와 관계없이 다른 교통에 주의하면서 좌회전할 수 있다.
② 적색 신호에 다른 교통에 주의하면서 좌회전할 수 있다.
③ 녹색 신호에 다른 교통에 주의하면서 좌회전할 수 있다.
④ 황색 신호에 다른 교통에 주의하면서 좌회전할 수 있다.

해설 비보호 좌회전 표지가 있는 곳에서는 녹색 신호가 켜진 상태에서 다른 교통에 주의하면서 좌회전할 수 있다. 녹색 신호에서 좌회전하다가 맞은편의 직진 차량과 충돌한 경우 좌회전 차량이 경과실 일반 사고 가해자가 된다.

394

도로교통법령상 **자동차의 속도**와 관련하여 맞는 것은?

① 고속도로의 최저 속도는 매시 50킬로미터로 규정되어 있다.
② 자동차전용도로에서는 최고 속도는 제한하지만 최저 속도는 제한하지 않는다.
③ 일반 도로에서는 최저 속도와 최고 속도를 제한하고 있다.
④ 편도 2차로 이상 고속도로의 최고 속도는 차종에 관계없이 동일하게 규정되어 있다.

해설 고속도로의 최저 속도는 모든 고속도로에서 동일하게 시속 50킬로미터로 규정되어 있으며, 자동차전용도로에서는 최고 속도와 최저 속도 둘 다 제한이 있다. 일반 도로에서는 최저 속도 제한이 없고, 편도 2차로 이상 고속도로의 최고 속도는 차종에 따라 다르게 규정되어 있다.

395

도로교통법령상 **앞지르기**에 대한 설명으로 맞는 것은?

① 앞차가 다른 차를 앞지르고 있는 경우에는 앞지르기할 수 있다.
② 터널 안에서 앞지르고자 할 경우에는 반드시 우측으로 해야 한다.
③ 편도 1차로 도로에서 앞지르기는 황색 실선 구간에서만 가능하다.
④ 교차로 내에서는 앞지르기가 금지되어 있다.

해설 황색 실선은 앞지르기가 금지되며 터널 안이나 다리 위는 앞지르기 금지장소이고 앞차가 다른 차를 앞지르고 있는 경우에는 앞지르기를 할 수 없게 규정되어 있다.

396

도로교통법령상 **도로의 중앙선**과 관련된 설명이다. 맞는 것은?

① 황색 실선이 단선인 경우는 앞지르기가 가능하다.
② 가변차로에서는 신호기가 지시하는 진행 방향의 가장 왼쪽에 있는 황색 점선을 말한다.
③ 편도 1차로의 지방도에서 버스가 승하차를 위해 정차한 경우에는 황색 실선의 중앙선을 넘어 앞지르기할 수 있다.
④ 중앙선은 도로의 폭이 최소 4.75미터 이상일 때부터 설치가 가능하다.

해설 도로교통법 제2조 제5호 및 제13조, 도로교통법 시행규칙 별표6 일련번호 501번
복선이든 단선이든 넘을 수 없고 버스가 승하차를 위해 정차한 경우에는 앞지르기를 할 수 없다. 또한 중앙선은 차도 폭이 6미터 이상인 곳에 설치한다.

397

도로교통법령상 **편도 3차로 고속도로에서 2차로를 이용하여 주행할 수 있는 자동차는?**

① 화물자동차 ② 특수자동차
③ 건설기계   ④ 소·중형 승합자동차

해설 편도 3차로 고속도로에서 2차로는 왼쪽 차로에 해당하므로 통행할 수 있는 차종은 승용자동차 및 경형·소형·중형 승합자동차이다(도로교통법 시행규칙 별표9).

398

도로교통법령상 **편도 3차로 고속도로에서 1차로가 차량 통행량 증가 등으로 인하여 부득이하게 시속 (   )킬로미터 미만으로 통행할 수밖에 없는 경우에는 앞지르기를 하는 경우가 아니더라도 통행할 수 있다. (   ) 안에 기준으로 맞는 것은?**

① 80   ② 90
③ 100   ④ 110

해설 도로교통법 시행규칙 별표9(차로에 따른 통행차의 기준)
편도 2차로 고속도로에서 앞지르기를 하려는 모든 자동차. 다만, 차량 통행량 증가 등 도로 상황으로 인하여 부득이하게 시속 80킬로미터 미만으로 통행할 수밖에 없는 경우에는 앞지르기를 하는 경우가 아니라도 통행할 수 있다.

399
도로교통법령상 고속도로 갓길 이용에 대한 설명으로 맞는 것은?

① 졸음운전 방지를 위해 갓길에 정차 후 휴식한다.
② 해돋이 풍경 감상을 위해 갓길에 주차한다.
③ 고속도로 주행 차로에 정체가 있는 때에는 갓길로 통행한다.
④ 부득이한 사유 없이 갓길로 통행한 승용자동차 운전자의 범칙금액은 6만원이다.

해설 도로교통법 제60조(갓길 통행금지 등)
도로교통법 제64조(고속도로 등에서의 정차 및 주차의 금지)
도로교통법 시행령 별표8. 19호. 승용자동차 등 6만원

400
도로교통법령상 편도 5차로 고속도로에서 차로에 따른 통행차의 기준에 따르면 몇 차로까지 왼쪽 차로인가?(단, 소통은 원활하며 전용차로와 가·감속 차로 없음)

① 1~2차로　　② 2~3차로
③ 1~3차로　　④ 2차로만

해설 1차로를 제외한 차로를 반으로 나누어 그중 1차로에 가까운 부분의 차로. 다만, 1차로를 제외한 차로의 수가 홀수인 경우 가운데 차로는 제외한다.

401
도로교통법령상 고속도로 지정차로에 대한 설명으로 잘못된 것은?(소통이 원활하며, 버스전용차로 없음)

① 편도 3차로에서 1차로는 앞지르기하려는 승용자동차, 경형·소형·중형 승합자동차가 통행할 수 있다.
② 앞지르기를 할 때에는 지정된 차로의 왼쪽 바로 옆 차로로 통행할 수 있다.
③ 모든 차는 지정된 차로보다 왼쪽에 있는 차로로 통행할 수 있다.
④ 고속도로 지정차로 통행 위반 승용자동차 운전자의 벌점은 10점이다.

해설 도로교통법 시행규칙 별표9
모든 차는 지정된 차로보다 오른쪽에 있는 차로로 통행할 수 있다.
도로교통법 시행령 별표8. 제39호. 승용자동차 등 4만 원
도로교통법 시행규칙 별표28. 3. 제21호. 벌점 10점

402
도로교통법령상 소통이 원활한 편도 3차로 고속도로에서 승용자동차의 앞지르기 방법에 대한 설명으로 잘못된 것은?(버스전용차로 없음)

① 승용자동차가 앞지르기하려고 1차로로 차로를 변경한 후 계속해서 1차로로 주행한다.
② 3차로로 주행 중인 대형 승합자동차가 2차로로 앞지르기한다.
③ 소형 승합자동차는 1차로를 이용하여 앞지르기한다.
④ 5톤 화물차는 2차로를 이용하여 앞지르기 한다.

해설 고속도로에서 승용자동차가 앞지르기할 때에는 1차로를 이용하고, 앞지르기를 마친 후에는 지정된 주행 차로에서 주행하여야 한다(도로교통법 시행규칙 별표9).

403

도로교통법령상 차로에 따른 통행차의 기준에 대한 설명이다. 잘못된 것은?

① 모든 차는 지정된 차로의 오른쪽 차로로 통행할 수 있다.
② 승용자동차가 앞지르기를 할 때에는 통행 기준에 지정된 차로의 바로 옆 오른쪽 차로로 통행해야 한다.
③ 편도 4차로 일반 도로에서 승용자동차의 주행 차로는 모든 차로이다.
④ 편도 4차로 고속도로에서 대형화물자동차의 주행 차로는 오른쪽 차로이다.

해설 앞지르기를 할 때에는 통행 기준에 지정된 차로의 바로 옆 왼쪽 차로로 통행할 수 있다(도로교통법 시행규칙 별표9).

404

도로교통법령상 일반 도로의 버스전용차로로 통행할 수 있는 경우로 맞는 것은?

① 12인승 승합자동차가 6인의 동승자를 싣고 가는 경우
② 내국인 관광객 수송용 승합자동차가 25명의 관광객을 싣고 가는 경우
③ 노선을 운행하는 12인승 통근용 승합자동차가 직원들을 싣고 가는 경우
④ 택시가 승객을 태우거나 내려주기 위하여 일시 통행하는 경우

해설 전용차로 통행차의 통행에 장해를 주지 아니하는 범위에서 택시가 승객을 태우거나 내려주기 위하여 일시 통행하는 경우. 이 경우 택시 운전자는 승객이 타거나 내린 즉시 전용차로를 벗어나야 한다(도로교통법 시행령 제10조 제2호 동 시행령 별표1).

405

도로교통법령상 고속도로 버스전용차로를 통행할 수 있는 9인승 승용자동차는 (　　)명 이상 승차한 경우로 한정한다. (　　) 안에 기준으로 맞는 것은?

① 3　　　　② 4
③ 5　　　　④ 6

해설 도로교통법 시행령 별표1

406

편도 3차로 고속도로에서 통행차의 기준으로 맞는 것은?(소통이 원활하며, 버스전용차로 없음)

① 승용자동차의 주행 차로는 1차로이므로 1차로로 주행하여야 한다.
② 주행 차로가 2차로인 소형 승합자동차가 앞지르기할 때에는 1차로를 이용하여야 한다.
③ 대형 승합자동차는 1차로로 주행하여야 한다.
④ 적재 중량 1.5톤 이하인 화물자동차는 1차로로 주행하여야 한다.

해설 도로교통법 시행규칙 별표9
편도 3차로 고속도로에서 승용자동차 및 경형·소형·중형 승합자동차의 주행 차로는 왼쪽인 2차로이며, 2차로에서 앞지르기할 때는 1차로를 이용하여 앞지르기를 해야 한다.

407

도로교통법령상 편도 3차로 고속도로에서 승용자동차가 2차로로 주행 중이다. 앞지르기할 수 있는 차로로 맞는 것은?(소통이 원활하며, 버스전용차로 없음)

① 1차로　　　② 2차로
③ 3차로　　　④ 1, 2, 3차로 모두

해설 1차로를 이용하여 앞지르기할 수 있다.

408

도로교통법령상 앞지르기하는 방법에 대한 설명으로 가장 잘못된 것은?

① 다른 차를 앞지르려면 앞차의 왼쪽 차로를 통행해야 한다.
② 중앙선이 황색 점선인 경우 반대 방향에 차량이 없을 때는 앞지르기가 가능하다.
③ 가변차로의 경우 신호기가 지시하는 진행 방향의 가장 왼쪽 황색 점선에서는 앞지르기를 할 수 없다.
④ 편도 4차로 고속도로에서 오른쪽 차로로 주행하는 차는 1차로까지 진입이 가능하다.

해설 ① 도로교통법 제21조(앞지르기 방법 등) 제1항 모든 차의 운전자는 다른 차를 앞지르려면 앞차의 좌측으로 통행해야 한다.
② 도로교통법 시행규칙 별표6 중앙선 표시(노면 표시 501번)
③ 도로교통법 제2조(정의) 제5호 가변차로가 설치된 경우에는 신호기가 지시하는 진행 방향의 가장 왼쪽에 있는 황색 점선은 중앙선으로 한다.
④ 도로교통법 시행규칙 제16조 제1항 및 제39조 제1항 별표9에 의거 앞지르기를 할 때에는 차로에 따른 통행차의 기준에 따라 왼쪽 바로 옆 차로로 통행할 수 있으므로 편도 3차로 이상의 고속도로에서 오른쪽 차로로 주행하는 차량은 1차로까지 진입이 불가능하고 바로 옆차로를 이용하여 앞지르기를 할 수 있다.

409

도로교통법령상 차로에 따른 통행차의 기준에 대한 설명이다. 잘못된 것은?(고속도로의 경우 소통이 원활하며, 버스전용차로 없음)

① 느린 속도로 진행할 때에는 그 통행하던 차로의 오른쪽 차로로 통행할 수 있다.
② 편도 2차로 고속도로의 1차로는 앞지르기를 하려는 모든 자동차가 통행할 수 있다.
③ 일방통행 도로에서는 도로의 오른쪽부터 1차로로 한다.
④ 편도 3차로 고속도로의 오른쪽 차로는 화물자동차가 통행할 수 있는 차로이다.

해설 도로교통법 시행규칙 제16조
차로의 순위는 도로의 중앙선 쪽에 있는 차로부터 1차로로 한다. 다만, 일방통행 도로에서는 도로의 왼쪽부터 1차로로 한다.

410

도로교통법령상 편도 3차로 고속도로에서 통행차의 기준에 대한 설명으로 맞는 것은?(소통이 원활하며, 버스전용차로 없음)

① 1차로는 2차로가 주행 차로인 승용자동차의 앞지르기 차로이다.
② 1차로는 승합자동차의 주행 차로이다.
③ 갓길은 긴급자동차 및 견인자동차의 주행 차로이다.
④ 버스전용차로가 운용되고 있는 경우, 1차로가 화물자동차의 주행 차로이다.

해설 도로교통법 시행규칙 별표9
편도 3차로 이상 고속도로에서 1차로는 앞지르기를 하려는 승용자동차 및 앞지르기를 하려는 경형·소형·중형 승합자동차(다만, 차량 통행량 증가 등 도로 상황으로 인하여 부득이하게 시속 80킬로미터 미만으로 통행할 수밖에 없는 경우에는 앞지르기를 하는 경우가 아니라도 통행할 수 있다), 왼쪽 차로는 승용자동차 및 경형·소형·중형 승합자동차, 오른쪽 차로는 대형승합자동차, 화물자동차, 특수자동차 및 법 제2조 제18호나목에 따른 건설 기계가 통행할 수 있다.

411

도로교통법령상 전용차로의 종류가 아닌 것은?

① 버스전용차로
② 다인승전용차로
③ 자동차전용차로
④ 자전거전용차로

해설 도로교통법 시행령 별표1(전용차로의 종류와 전용차로로 통행할 수 있는 차)
전용차로의 종류는 버스전용차로, 다인승전용차로, 자전거전용차로 3가지로 구분된다.

412

수막현상에 대한 설명으로 가장 적절한 것은?

① 수막현상을 줄이기 위해 기본 타이어보다 폭이 넓은 타이어로 교환한다.
② 빗길보다 눈길에서 수막현상이 더 발생하므로 감속운행을 해야 한다.
③ 트레드가 마모되면 접지력이 높아져 수막현상의 가능성이 줄어든다.
④ 타이어의 공기압이 낮아질수록 고속 주행 시 수막현상이 증가된다.

해설 광폭 타이어와 공기압이 낮고 트레드가 마모되면 수막현상이 발생할 가능성이 높고 새 타이어는 수막현상 발생이 줄어든다.

413

빙판길에서 차가 미끄러질 때 안전 운전 방법 중 옳은 것은?

① 핸들을 미끄러지는 방향으로 조작한다.
② 수동 변속기 차량의 경우 기어를 고단으로 변속한다.
③ 핸들을 미끄러지는 반대 방향으로 조작한다.
④ 주차 브레이크를 이용하여 정차한다.

해설 빙판길에서 차가 미끄러질 때는 핸들을 미끄러지는 방향으로 조작하는 것이 안전하다.

414

안개 낀 도로에서 자동차를 운행할 때 가장 안전한 **운전 방법**은?

① 커브길이나 교차로 등에서는 경음기를 울려서 다른 차를 비키도록 하고 빨리 운행한다.
② 안개가 심한 경우에는 시야 확보를 위해 전조등을 상향으로 한다.
③ 안개가 낀 도로에서는 안개등만 켜는 것이 안전 운전에 도움이 된다.
④ 어느 정도 시야가 확보되는 경우에는 가드레일, 중앙선, 차선 등 자동차의 위치를 파악할 수 있는 지형지물을 이용하여 서행한다.

해설 안개 낀 도로에서 자동차를 운행 시 어느 정도 시야가 확보되는 경우에는 가드레일, 중앙선, 차선 등 자동차의 위치를 파악할 수 있는 지형지물을 이용하여 서행한다.

415

눈길이나 빙판길 주행 중에 **정지**하려고 할 때 가장 안전한 **제동 방법**은?

① 브레이크 페달을 힘껏 밟는다.
② 풋 브레이크와 주차 브레이크를 동시에 작동하여 신속하게 차량을 정지시킨다.
③ 차가 완전히 정지할 때까지 엔진 브레이크로만 감속한다.
④ 엔진 브레이크로 감속한 후 브레이크 페달을 가볍게 여러 번 나누어 밟는다.

해설 눈길이나 빙판길은 미끄럽기 때문에 정지할 때에는 엔진 브레이크로 감속 후 풋 브레이크로 여러 번 나누어 밟는 것이 안전하다.

416

폭우가 내리는 도로의 지하 차도를 주행하는 운전자의 마음가짐으로 가장 바람직한 것은?

① 모든 도로의 지하 차도는 배수 시설이 잘 되어 있어 위험 요소는 발생하지 않는다.
② 재난 방송, 안내판 등 재난 정보를 청취하면서 위험 요소에 대응한다.
③ 폭우가 지나갈 때까지 지하 차도 갓길에 정차하여 휴식을 취한다.
④ 신속히 지나가야 하기 때문에 지정 속도보다 빠르게 주행한다.

해설 지하 차도는 위험 요소가 많아 재난 정보를 확인하는 것이 안전 운전에 도움이 된다.

417

겨울철 빙판길에 대한 설명이다. 가장 바르게 설명한 것은?

① 터널 안에서 주로 발생하며, 안개입자가 얼면서 노면이 빙판길이 된다.
②(O) 다리 위, 터널 출입구, 그늘진 도로에서는 블랙 아이스 현상이 자주 나타난다.
③ 블랙 아이스 현상은 차량의 매연으로 오염된 눈이 노면에 쌓이면서 발생한다.
④ 빙판길을 통과할 경우에는 핸들을 고정하고 급제동하여 최대한 속도를 줄인다.

해설 블랙 아이스는 눈에 잘 보이지 않는 얇은 얼음막이 생기는 현상으로, 다리 위, 터널 출입구, 그늘진 도로에서 자주 발생하는 현상이다.

해설 행정안전부 국민재난안전포털 국민행동요령
1. 타이어 2/3가 잠기기 전, 차량을 안전한 곳으로 이동하고 침수된 경우 운전석 목받침 철재봉을 이용해 유리창을 깨고 대피
2. 유리창을 깨지 못한 경우 차량 내·외부 수위 차이가 30cm 이하가 될 때까지 기다렸다가 차량문이 열리는 순간 신속 대피
3. 시간당 100mm의 비가 내리면 100미터 이상 거리 표지판 식별 불가능, 차량을 안전한 곳으로 이동하고 비가 약해질 때까지 잠시 대기
4. 지하 차도 내 물이 고이기 시작하면 절대 진입하지 않으며, 진입 시 차량을 두고 신속히 대피
5. 교량에 물이 월류하면 절대 진입 금지하고 우회하거나, 안전한 곳에서 대기
6. 차량 고립 시 급류 반대쪽 문을 열거나 창문을 깨고 탈출
※ 차량의 유리창은 일정한 탄력을 가지고 있어 깨기 위해서 가운데 부분을 타격하면 큰 힘이 들기 때문에 모서리 부분을 타격하여야 한다(한국교통안전공단 공식 블로그 카드 뉴스).
※ 차량 침수 시 신속히 탈출 후 물보다 높은 곳으로 대피하거나, 차량 지붕 위로 올라가 구조를 기다린다(소방청 공식 블로그 카드 뉴스).

418

집중 호우로 차량 침수 시 대처 방법으로 가장 올바르지 **않은** 것은?

① 급류가 밀려오는 반대쪽 문을 열고 탈출을 시도한다.
② 차량 문이 열리지 않는다면 뾰족한 물체(목받침대, 안전벨트 잠금장치 등)로 창문 유리의 가장자리를 강하게 내리쳐 창문을 깨고 탈출을 시도한다.
③ 차량 창문을 깰 수 없다면 당황하지 말고, 119 신고 후 차량 내·외부 수위가 비슷해지는 시점에 (30센티미터 이하) 신속하게 문을 열어 탈출한다.
④(O) 탈출하였다면 최대한 저지대 혹은 차량의 아래로 대피하도록 한다.

419

내리막길 주행 중 브레이크가 제동되지 않을 때 가장 적절한 **조치 방법**은?

① 즉시 시동을 끈다.
② 저단 기어로 변속한 후 차에서 뛰어내린다.
③ 핸들을 지그재그로 조작하며 속도를 줄인다.
④(O) 저단 기어로 변속하여 감속한 후 차체를 가드레일이나 벽에 부딪친다.

해설 브레이크가 파열되어 제동되지 않을 때에는 추돌 사고나 반대편 차량과의 충돌로 대형 사고가 발생할 가능성이 높다. 브레이크가 파열되었을 때는 당황하지 말고 저단 기어로 변속하여 감속을 한 후 차체를 가드레일이나 벽 등에 부딪치며 정지하는 것이 2차 사고를 예방하는 길이다.

420

터널 안 주행 중 자동차 사고로 인한 화재 목격 시 가장 바람직한 **대응 방법**은?

① 차량 통행이 가능하더라도 차를 세우는 것이 안전하다.
② 차량 통행이 불가능할 경우 차를 세운 후 자동차 안에서 화재 진압을 기다린다.
③ 차량 통행이 불가능할 경우 차를 세운 후 자동차 열쇠를 챙겨 대피한다.
④ 하차 후 연기가 많이 나면 최대한 몸을 낮춰 연기가 나는 반대 방향으로 유도 표시등을 따라 이동한다.

해설 터널 안을 통행하다 자동차 사고 등으로 인한 화재 목격 시 올바른 대응 방법
① 차량 소통이 가능하면 신속하게 터널 밖으로 빠져 나온다.
② 화재 발생에도 시야가 확보되고 소통이 가능하면 그대로 밖으로 차량을 이동시킨다.
③ 시야가 확보되지 않고 차량이 정체되거나 통행이 불가능할 시 비상 주차대나 갓길에 차를 정차한다. 엔진 시동은 끄고, 열쇠는 그대로 꽂아둔 채 차에서 내린다. 휴대전화나 터널 안 긴급 전화로 119 등에 신고하고 부상자가 있으면 살핀다. 연기가 많이 나면 최대한 몸을 낮춰 연기 나는 반대 방향으로 터널 내 유도 표시등을 따라 이동한다.

421

커브 길을 주행 중일 때의 설명으로 올바른 것은?

① 커브 길 진입 이전의 속도 그대로 정속주행하여 통과한다.
② 커브 길 진입 후에는 변속 기어비를 높여서 원심력을 줄이는 것이 좋다.
③ 커브 길에서 후륜 구동 차량은 언더스티어(understeer) 현상이 발생할 수 있다.
④ 커브 길에서 오버스티어(oversteer) 현상을 줄이기 위해 조향 방향의 반대로 핸들을 조금씩 돌려야 한다.

해설 ① 커브 길 진입 이전의 속도 그대로 정속 주행하면 도로 이탈 위험이 있다.
② 커브 길 진입 후에는 변속 기어비를 낮추어야 원심력을 줄인다.
③ 커브 길에서 전륜 구동 차량은 언더스티어(understeer) 현상이 발생할 수 있다.
④ 커브 길에서 오버스티어 현상을 줄이기 위해서는 조향 하는 방향의 반대 방향으로 꺾어서 차량의 균형을 잡아주는 카운터 스티어 기술을 써야 한다.

422

풋 브레이크 과다 사용으로 인한 마찰열 때문에 브레이크액에 기포가 생겨 제동이 되지 않는 현상을 무엇이라 하는가?

① 스탠딩 웨이브(standing wave)
② 베이퍼 록(vapor lock)
③ 로드 홀딩(road holding)
④ 언더 스티어링(under steering)

해설 풋 브레이크 과다 사용으로 인한 마찰열 때문에 브레이크액에 기포가 생겨 제동이 되지 않는 현상을 베이퍼 록(vapor lock)이라 한다.

423

안개 낀 도로를 주행할 때 안전한 운전 방법으로 바르지 않은 것은?

① 커브길이나 언덕길 등에서는 경음기를 사용한다.
② 전방 시야 확보가 70미터 내외인 경우 규정 속도의 절반 이하로 줄인다.
③ 평소보다 전방 시야 확보가 어려우므로 안개등과 상향등을 함께 켜서 충분한 시야를 확보한다.
④ 차의 고장이나 가벼운 접촉 사고일지라도 도로의 가장자리로 신속히 대피한다.

해설 상향등을 켜면 안개 속 미세한 물 입자가 불빛을 굴절, 분산시켜 상대 운전자의 시야를 방해할 수 있으므로 안개등과 하향등을 유지하는 것이 더 좋은 방법이다.

424

겨울철 블랙 아이스(black ice)에 대해 바르게 설명하지 못한 것은?

① 도로 표면에 코팅한 것처럼 얇은 얼음막이 생기는 현상이다.
② 아스팔트 표면의 눈과 습기가 공기 중의 오염물질과 뒤섞여 스며든 뒤 검게 얼어붙은 현상이다.
③ 추운 겨울에 다리 위, 터널 출입구, 그늘진 도로, 산모퉁이 음지 등 온도가 낮은 곳에서 주로 발생한다.
④ 햇볕이 잘 드는 도로에 눈이 녹아 스며들어 도로의 검은색이 햇빛에 반사되어 반짝이는 현상을 말한다.

해설 노면 결빙 현상의 하나로, 블랙 아이스(black ice) 또는 클리어 아이스(clear ice)로 표현되며 도로 표면에 코팅한 것처럼 얇은 얼음막이 생기는 현상을 말한다. 아스팔트의 틈 사이로 눈과 습기가 공기 중의 매연, 먼지와 뒤엉켜 스며든 뒤 검게 얼어붙은 현상을 포함한다. 추운 겨울에 다리 위, 터널의 출입구, 그늘진 도로, 산모퉁이 음지 등 그늘지고 온도가 낮은 도로에서 주로 발생한다. 육안으로 쉽게 식별되지 않아 사고의 위험이 매우 높다.

425

다음 중 겨울철 도로 결빙 상황과 관련한 설명으로 잘못된 것은?

① 아스팔트보다 콘크리트로 포장된 도로가 결빙이 더 많이 발생한다.
② 콘크리트보다 아스팔트 포장된 도로가 결빙이 더 늦게 녹는다.
③ 아스팔트포장도로의 마찰 계수는 건조한 노면일 때 1.6으로 커진다.
④ 동일한 조건의 결빙 상태에서 콘크리트와 아스팔트 포장된 도로의 노면마찰계수는 같다.

해설 ① 아스팔트보다 콘크리트로 포장된 도로가 결빙이 더 많이 발생한다.
② 콘크리트보다 아스팔트 포장된 도로가 결빙이 더 늦게 녹는다.
③, ④ 동일한 조건의 결빙 상태에서 콘크리트와 아스팔트 포장된 도로의 노면 마찰 계수는 0.3으로 건조한 노면의 마찰 계수보다 절반 이하로 작아진다.

426

다음 중 지진 발생 시 운전자의 조치로 가장 바람직하지 못한 것은?

① 운전 중이던 차의 속도를 높여 신속히 그 지역을 통과한다.
② 차를 이용해 이동이 불가능할 경우 차는 가장자리에 주차한 후 대피한다.
③ 주차된 차는 이동될 경우를 대비하여 자동차 열쇠는 꽂아둔 채 대피한다.
④ 라디오를 켜서 재난방송에 집중한다.

해설 지진이 발생하면 가장 먼저 라디오를 켜서 재난 방송에 집중하고 구급차, 경찰차가 먼저 도로를 이용할 수 있도록 도로 중앙을 비워주기 위해 운전 중이던 차를 도로 우측 가장자리에 붙여 주차하고 주차된 차를 이동할 경우를 대비하여 자동차 열쇠는 꽂아둔 채 최소한의 짐만 챙겨 차는 가장자리에 주차한 후 대피한다(행정안전부 지진 대피요령).

427

다음 중 강풍이나 돌풍 상황에서 가장 올바른 운전 방법 2가지는?

① 핸들을 양손으로 꽉 잡고 차로를 유지한다.
② 바람에 관계없이 속도를 높인다.
③ 표지판이나 신호등, 가로수 부근에 주차한다.
④ 산악 지대나 다리 위, 터널 출입구에서는 강풍의 위험이 많으므로 주의한다.

해설 강풍이나 돌풍은 산악 지대나 높은 곳, 다리 위, 터널 출입구 등에서 발생하기 쉬우므로 그러한 지역을 지날 때에는 주의한다. 이러한 상황에서는 핸들을 양손으로 꽉 잡아 차로를 유지하며 속도를 줄여야 안전하다. 또한 강풍이나 돌풍에 표지판이나 신호등, 가로수들이 넘어질 수 있으므로 근처에 주차하지 않도록 한다.

해설 ① 급제동 시에는 타이어와 노면의 마찰로 차량의 앞숙임 현상이 발생한다.
② 빗길에서는 타이어와 노면의 마찰력이 낮아지므로 제동거리가 길어진다.
③ 수막현상과 편(偏)제동 현상이 발생하여 조향 방향이 틀어지며 차로를 이탈할 수 있다.
④ 자동차의 타이어가 마모될수록 제동거리가 길어진다.

428
자갈길 운전에 대한 설명이다. 가장 적절한 2가지는?

① 운전대는 최대한 느슨하게 잡아 팔에 전달되는 충격을 최소화한다.
② 바퀴가 최대한 노면에 접촉되도록 속도를 높여서 운전한다.
③ 보행자 또는 다른 차마에게 자갈이 튀지 않도록 서행한다.
④ 타이어의 적정 공기압보다 약간 낮은 것이 높은 것보다 운전에 유리하다.

해설 자갈길은 노면이 고르지 않고, 자갈로 인해서 타이어 손상이나 핸들 움직임이 커질 수 있다. 최대한 핸들 조작을 작게 하면서 속도를 줄이고, 저단 기어를 사용하여 일정 속도를 유지하며 타이어의 적정 공기압이 약간 낮을수록 접지력이 좋고 충격을 최소화하여 운전에 유리하다.

430
언덕길의 오르막 정상 부근으로 접근 중이다. 안전한 운전 행동 2가지는?

① 연료 소모를 줄이기 위해 엔진의 RPM(분당 회전수)을 높인다.
② 오르막의 정상에서는 반드시 일시정지한 후 출발한다.
③ 앞 차량과의 안전거리를 유지하며 운행한다.
④ 고단 기어보다 저단 기어로 주행한다.

해설 ① RPM이 높으면 연료 소모가 크다.
② 오르막의 정상에서는 서행하도록 하며 반드시 일시정지해야 하는 것은 아니다.
③ 앞 차량과의 거리를 넓히고 안전거리를 유지하는 것이 좋다.
④ 엔진의 힘이 적은 고단 기어보다 엔진의 힘이 큰 저단 기어로 주행하는 것이 좋다.

429
빗길 주행 중 앞차가 정지하는 것을 보고 제동했을 때 발생하는 현상으로 바르지 않은 2가지는?

① 급제동 시에는 타이어와 노면의 마찰로 차량의 앞숙임 현상이 발생한다.
② 노면의 마찰력이 작아지기 때문에 빗길에서는 공주거리가 길어진다.
③ 수막현상과 편(偏)제동 현상이 발생하여 차로를 이탈할 수 있다.
④ 자동차 타이어의 마모율이 커질수록 제동거리가 짧아진다.

431
내리막길 주행 시 가장 안전한 운전 방법 2가지는?

① 기어 변속과는 아무런 관계가 없으므로 풋 브레이크만을 사용하여 내려간다.
② 위급한 상황이 발생하면 바로 주차 브레이크를 사용한다.
③ 올라갈 때와 동일한 변속 기어를 사용하여 내려가는 것이 좋다.
④ 풋 브레이크와 엔진 브레이크를 적절히 함께 사용하면서 내려간다.

> **해설** 내리막길은 차체의 하중과 관성의 힘으로 인해 풋 브레이크에 지나친 압력이 가해질 수 있기 때문에 반드시 저단 기어(엔진 브레이크)를 사용하여 풋 브레이크의 압력을 줄여 주면서 운행을 하여야 한다.

> **해설** 포트 홀은 빗물에 의해 지반이 약해지고 균열이 발생한 상태로 차량의 잦은 이동으로 아스팔트의 표면이 떨어져나가 도로에 구멍이 파이는 현상을 말한다.

432
겨울철 도로 결빙 시 안전한 차량 운행에 대한 설명으로 가장 적절하지 **않은** 것은?

① 겨울철 도로 주행 시 사전에 기상 정보, 교통 상황을 확인한 후 운행하여야 한다.
② 결빙에 취약한 터널, 교량 구간은 더욱 주의하여 주행하여야 한다.
③ 터널, 교량 부근의 강설 전후로 제설제가 살포되었다면 평상시 제한속도로 정상 운행이 가능하다.
④ 일부 시·도경찰청은 고시에 의해 눈길, 빙판길 운행 시 월동 장구를 사용 운행하도록 명문화하고 있다.

> **해설** ① 기상 정보, 교통 상황에 대한 도로 결빙 정보를 통해 안전 운전이 필요하다.
> ③ 제설제 살포 후 녹은 눈이 강설, 염수 등과 함께 재 결빙될 우려가 있어 감속 운행을 하여야 한다.

434
집중 호우 시 안전한 운전 방법과 가장 거리가 먼 것은?

① 차량의 전조등과 미등을 켜고 운전한다.
② 히터를 내부 공기 순환 모드 상태로 작동한다.
③ 수막현상을 예방하기 위해 타이어의 마모 정도를 확인한다.
④ 빗길에서는 안전거리를 2배 이상 길게 확보한다.

> **해설** 히터 또는 에어컨은 내부 공기 순환 모드로 작동할 경우 차량 내부 유리창에 김서림이 심해질 수 있으므로 외부 공기 유입 모드( )로 작동한다.

433
포트 홀(도로의 움푹 패인 곳)에 대한 설명으로 맞는 것은?

① 포트 홀은 여름철 집중 호우 등으로 인해 만들어지기 쉽다.
② 포트 홀로 인한 피해를 예방하기 위해 주행 속도를 높인다.
③ 도로 표면 온도가 상승한 상태에서 횡단보도 부근에 대형 트럭 등이 급제동하여 발생한다.
④ 도로가 마른 상태에서는 포트홀 확인이 쉬우므로 그 위를 그냥 통과해도 무방하다.

435
강풍 및 폭우를 등반한 태풍이 발생한 도로를 주행 중일 때 운전자의 조치 방법으로 적절하지 **못한** 것은?

① 브레이크 성능이 현저히 감소하므로 앞차와의 거리를 평소보다 2배 이상 둔다.
② 침수 지역을 지나갈 때는 중간에 멈추지 말고 그대로 통과하는 것이 좋다.
③ 주차할 때는 침수 위험이 높은 강변이나 하천 등의 장소를 피한다.
④ 담벼락 옆이나 대형 간판 아래 주차하는 것이 안전하다.

> **해설** 자동차 브레이크의 성능이 현저히 감소하므로 앞 자동차와 거리를 평소보다 2배 이상 유지해 접촉 사고를 예방한다. 침수 지역을 지나갈 때는 중간에 멈추게 되면 머플러에 빗물이 유입돼 시동이 꺼질 가능성이 있으니 되도록 멈추지 않고 통과하는 것이 바람직하다. 자동차를 주차할 때는 침수의 위험이 높은 강변, 하천 근처 등의 장소는 피해 가급적 고지대에 하는 것이 좋다. 붕괴 우려가 있는 담벼락 옆이나 대형 간판 아래 주차하는 것도 위험할 수 있으니 피한다. 침수가 예상되는 건물의 지하 공간에 주차된 자동차는 안전한 곳으로 이동시키도록 한다.

> **해설**
> ① 상황에 따라 빗길에서는 제한 속도보다 20퍼센트, 폭우 등으로 가시거리가 100미터 이내인 경우 50퍼센트 이상 감속 운전한다.
> ② 길 가는 행인에게 물을 튀지 않게 하기 위하여 1미터 이상 간격을 두고 주행한다.
> ③ 비가 내리는 초기에 노면의 먼지나 불순물 등이 빗물에 엉키면서 발생하는 미끄럼을 방지하기 위해 가속페달과 브레이크 페달을 밟지 않는 상태에서 바퀴가 굴러가는 크리프 상태로 운전하는 것이 좋다.
> ④ 낮에 운전하는 경우에도 미등과 전조등을 켜고 운전하는 것이 좋다.

436

눈길 운전에 대한 설명으로 틀린 것은?

① 운전자의 시야 확보를 위해 앞 유리창에 있는 눈만 치우고 주행하면 안전하다.
② 풋 브레이크와 엔진 브레이크를 같이 사용하여야 한다.
③ 스노 체인을 한 상태라면 매시 30킬로미터 이하로 주행하는 것이 안전하다.
④ 평상시보다 안전거리를 충분히 확보하고 주행한다.

> **해설** 차량 모든 부분에 쌓인 눈을 치우고 주행하여야 안전하다.

438

다음 중 안개 낀 도로를 주행할 때 바람직한 운전 방법과 거리가 먼 것은?

① 뒤차에게 나의 위치를 알려주기 위해 차폭등, 미등, 전조등을 켠다.
② 앞차에게 나의 위치를 알려주기 위해 반드시 상향등을 켠다.
③ 안전거리를 확보하고 속도를 줄인다.
④ 습기가 맺혀 있을 경우 와이퍼를 작동해 시야를 확보한다.

> **해설** 상향등은 안개 속 물 입자들로 인해 산란하기 때문에 켜지 않고 하향등 또는 안개등을 켜도록 한다.

437

다음 중 우천 시에 안전한 운전 방법이 아닌 것은?

① 상황에 따라 제한 속도에서 50퍼센트 정도 감속 운전한다.
② 길 가는 행인에게 물을 튀지 않도록 적절한 간격을 두고 주행한다.
③ 비가 내리는 초기에 가속 페달과 브레이크 페달을 밟지 않는 상태에서 바퀴가 굴러가는 크리프(Creep) 상태로 운전하는 것은 좋지 않다.
④ 낮에 운전하는 경우에도 미등과 전조등을 켜고 운전하는 것이 좋다.

439

도로교통법령상 편도 2차로 자동차전용도로에 비가 내려 노면이 젖어 있는 경우 감속 운행 속도로 맞는 것은?

① 매시 80킬로미터
② 매시 90킬로미터
③ 매시 72킬로미터
④ 매시 100킬로미터

해설 도로교통법 시행규칙 제19조(자동차 등의 속도) 제2항
비·안개·눈 등으로 인한 악천후 시에는 제1항에 불구하고 다음 각 호의 기준에 의하여 감속 운행하여야 한다.
1. 최고 속도의 100분의 20을 줄인 속도로 운행하여야 하는 경우
   가. 비가 내려 노면이 젖어 있는 경우
   나. 눈이 20밀리미터 미만 쌓인 경우

440
주행 중 벼락이 칠 때 안전한 운전 방법 2가지는?

① 자동차는 큰 나무 아래에 잠시 세운다.
② 차의 창문을 닫고 자동차 안에 그대로 있다.
③ 건물 옆은 젖은 벽면을 타고 전기가 흘러오기 때문에 피해야 한다.
④ 벼락이 자동차에 친다면 매우 위험한 상황이니 차 밖으로 피신한다.

해설 큰 나무는 벼락을 맞을 가능성이 높고, 그렇게 되면 나무가 넘어지면서 사고가 발생할 가능성이 높아 피하는 것이 좋으며, 설령 자동차에 벼락이 치더라도 자동차 내부가 외부보다 더 안전하다.

441
다음 중 교통사고 발생 시 가장 적절한 행동은?

① 비상등을 켜고 트렁크를 열어 비상 상황임을 알릴 필요가 없다.
② 사고 지점 도로 내에서 사고 상황에 대한 사진을 촬영하고 차량 안에 대기한다.
③ 사고 지점에서 빠져나올 필요 없이 차량 안에 대기한다.
④ 주변 가로등, 교통 신호등에 부착된 기초 번호판을 보고 사고 발생 지역을 보다 구체적으로 119, 112에 신고한다.

해설 ④ 도로명주소법 제9조(도로명판과 기초 번호판의 설치) 제1항
특별자치시장, 특별자치도지사 및 시장·군수·구청장은 도로명주소를 안내하거나 구조·구급 활동을 지원하기 위하여 필요한 장소에 도로명판 및 기초 번호판을 설치하여야 한다.

442
야간에 마주 오는 차의 전조등 불빛으로 인한 눈부심을 피하는 방법으로 올바른 것은?

① 전조등 불빛을 정면으로 보지 말고 자기 차로의 바로 아래쪽을 본다.
② 전조등 불빛을 정면으로 보지 말고 도로 우측의 가장자리 쪽을 본다.
③ 눈을 가늘게 뜨고 자기 차로 바로 아래쪽을 본다.
④ 눈을 가늘게 뜨고 좌측의 가장자리 쪽을 본다.

해설 대향 차량의 전조등에 의해 눈이 부실 경우에는 전조등의 불빛을 정면으로 보지 말고, 도로 우측의 가장자리 쪽을 보면서 운전하는 것이 바람직하다.

443
도로교통법령상 밤에 고속도로 등에서 고장으로 자동차를 운행할 수 없는 경우, 운전자가 조치해야 할 사항으로 적절치 않은 것은?

① 사방 500미터에서 식별할 수 있는 적색의 섬광 신호·전기제등 또는 불꽃 신호를 설치해야 한다.
② 표지를 설치할 경우 후방에서 접근하는 자동차의 운전자가 확인할 수 있는 위치에 설치하여야 한다.
③ 고속도로 등이 아닌 다른 곳으로 옮겨 놓는 등 필요한 조치를 하여야 한다.
④ 안전 삼각대는 고장차가 서있는 지점으로부터 200미터 후방에 반드시 설치해야 한다.

해설 도로교통법 제66조, 도로교통법 시행규칙 제40조(고장 자동차의 표시)

444

도로교통법령상 비사업용 승용차 운전자가 전조등, 차폭등, 미등, 번호등을 모두 켜야 하는 경우로 맞는 것은?

① 밤에 도로에서 정차하는 경우
② 안개가 가득 낀 도로에서 정차하는 경우
③ 주차 위반으로 견인되는 자동차의 경우
④ 터널 안 도로에서 운행하는 경우

> **해설** 도로교통법 제37조(차와 노면 전차의 등화)
> ① 모든 차의 운전자는 다음 각 호의 어느 하나에 해당하는 경우에는 대통령령으로 정하는 바에 따라 전조등, 차폭등, 미등과 그 밖의 등화를 켜야 한다.
>   1. 밤에 도로에서 차를 운행하거나 고장이나 그 밖의 부득이한 사유로 도로에서 차를 정차 또는 주차하는 경우
>   2. 안개가 끼거나 비 또는 눈이 올 때에 도로에서 차를 운행하거나 고장이나 그 밖의 부득이한 사유로 도로에서 차를 정차 또는 주차하는 경우
>   3. 터널 안을 운행하거나 고장 또는 그 밖의 부득이한 사유로 터널 안 도로에서 차를 정차 또는 주차하는 경우
> 도로교통법 시행령 제19조(밤에 도로에서 차를 운행하는 경우 등의 등화)
> ① 차의 운전자가 법 제37조 제1항 각 호에 따라 도로에서 차를 운행할 때 켜야 하는 등화의 종류는 다음 각 호의 구분에 따른다.
>   1. 자동차: 전조등, 차폭등, 미등, 번호등과 실내조명등
>   3. 견인되는 차: 미등·차폭등 및 번호등
> ② 차의 운전자가 법 제37조 제1항 각 호에 따라 도로에서 정차하거나 주차할 때 켜야 하는 등화의 종류는 다음 각 호의 구분에 따른다.
>   1. 자동차(이륜자동차는 제외한다): 미등 및 차폭등

445

도로교통법령상 고속도로에서 자동차 고장 시 적절한 조치 요령은?

① 신속히 비상점멸등을 작동하고 차를 도로 위에 멈춘 후 보험사에 알린다.
② 트렁크를 열어 놓고 고장 난 곳을 신속히 확인한 후 구난차를 부른다.
③ 이동이 불가능한 경우 고장 차량의 앞쪽 500미터 지점에 안전 삼각대를 설치한다.
④ 이동이 가능한 경우 신속히 비상점멸등을 켜고 갓길에 정지시킨다.

> **해설** 도로교통법 제66조(고장 등의 조치), 제67조(운전자의 고속도로 등에서의 준수 사항), 도로교통법 시행규칙 제40조(고장 자동차의 표지)
> 고장 자동차의 이동이 가능하면 갓길로 옮겨 놓고 안전한 장소에서 도움을 요청한다.

446

주행 중 타이어 펑크 예방 방법 및 조치 요령으로 바르지 않은 것은?

① 도로와 접지되는 타이어의 바닥면에 나사못 등이 박혀있는지 수시로 점검한다.
② 정기적으로 타이어의 적정 공기압을 유지하고 트레드 마모 한계를 넘어섰는지 살펴본다.
③ 핸들이 한쪽으로 쏠리는 경우 뒤 타이어의 펑크일 가능성이 높다.
④ 핸들은 정면으로 고정시킨 채 주행하는 기어상태로 엔진 브레이크를 이용하여 감속을 유도한다.

> **해설** 핸들이 한쪽으로 쏠리는 경우 앞 타이어의 펑크일 가능성이 높기 때문에 풋브레이크를 밟으면 경로를 이탈할 가능성이 높다.

447

도로교통법령상 밤에 고속도로에서 자동차 고장으로 운행할 수 없게 되었을 때 안전 삼각대와 함께 추가로 (   )에서 식별할 수 있는 불꽃 신호 등을 설치해야 한다. (   )에 맞는 것은?

① 사방 200미터 지점
② 사방 300미터 지점
③ 사방 400미터 지점
④ 사방 500미터 지점

[해설] 도로교통법 시행규칙 제40조(고장 자동차의 표지)에 따라 밤에 고속도로에서는 안전 삼각대와 함께 사방 500미터 지점에서 식별할 수 있는 적색의 섬광 신호, 전기제등 또는 불꽃 신호를 추가로 설치하여야 한다.

448

자동차 주행 중 타이어가 펑크 났을 때 가장 올바른 조치는?

① 한 쪽으로 급격하게 쏠리면 사고를 예방하기 위해 급제동을 한다.
② 핸들을 꽉 잡고 직진하면서 급제동을 삼가고 엔진 브레이크를 이용하여 안전한 곳에 정지한다.
③ 차량이 쏠리는 방향으로 핸들을 꺾는다.
④ 브레이크 페달이 작동하지 않기 때문에 주차 브레이크를 이용하여 정지한다.

[해설] 타이어가 터지면 급제동을 삼가며, 차량이 직진 주행을 하도록 하고, 엔진 브레이크를 이용하여 안전한 곳에 정지하도록 한다.

449

고속도로에서 교통사고가 발생한 경우, 2차 사고를 방지하기 위한 조치 요령으로 가장 올바른 것은?

① 보험 처리를 위해 우선적으로 증거 등에 대해 사진 촬영을 한다.
② 상대 운전자에게 과실이 있음을 명확히 하고 보험 적용을 요청한다.
③ 자동차를 도로의 우측 가장자리에 정지시키고 행정안전부령으로 정하는 바에 따라 그 표지를 설치하여야 한다.
④ 비상점멸등을 작동하고 자동차 안에서 관계 기관에 신고한다.

[해설] 도로교통법 제67조(운전자의 고속도로 등에서의 준수 사항)
② 고속도로 등을 운행하는 자동차의 운전자는 교통의 안전과 원활한 소통을 확보하기 위하여 제66조에 따른 고장 자동차의 표지를 항상 비치하며, 고장이나 그 밖의 부득이한 사유로 자동차를 운행할 수 없게 되었을 때에는 자동차를 도로의 우측 가장자리에 정지시키고 행정안전부령으로 정하는 바에 따라 그 표지를 설치하여야 한다.

450

다음 중 고속도로 공사 구간에 관한 설명으로 틀린 것은?

① 차로를 차단하는 공사의 경우 정체가 발생할 수 있어 주의해야 한다.
② 화물차의 경우 순간 졸음, 전방 주시 태만은 대형 사고로 이어질 수 있다.
③ 이동 공사, 고정 공사 등 다양한 유형의 공사가 진행된다.
④ 제한 속도는 시속 80킬로미터로만 제한되어 있다.

[해설] 공사 구간의 경우 구간별로 시속 80킬로미터와 시속 60킬로미터로 제한되어 있어 속도 제한 표지를 인지하고 충분히 감속하여 운행하여야 한다(국토부 도로공사장 교통관리지침, 교통고속도로 공사장 교통관리기준).

451

다음 중 하이패스 단말기 고장으로 하이패스가 인식되지 않은 경우, 올바른 조치 방법 2가지는?

① 비상점멸등을 작동하고 일시정지한 후 일반차로의 통행권을 발권한다.
② 목적지 요금소에서 정산 담당자에게 진입한 장소를 설명하고 정산한다.
③ 목적지 요금소의 하이패스차로를 통과하면 자동 정산된다.
④ 목적지 요금소에서 하이패스 단말기의 카드를 분리한 후 정산 담당자에게 그 카드로 요금을 정산할 수 있다.

해설 목적지 요금소에서 정산 담당자에게 진입한 장소를 설명하고 정산한다.

452
다음 중 터널 안 화재가 발생했을 때 운전자의 행동으로 가장 올바른 것은?

① 도난 방지를 위해 자동차 문을 잠그고 터널 밖으로 대피한다.
② 화재로 인해 터널 안은 연기로 가득차기 때문에 차 안에 대기한다.
③ 차량 엔진 시동을 끄고 차량 이동을 위해 열쇠는 꽂아둔 채 신속하게 내려 대피한다.
④ 유턴해서 출구 반대 방향으로 되돌아간다.

해설 터널 안 화재는 대피가 최우선이므로 위험을 과소평가하여 차량 안에 머무르는 것은 위험한 행동이며, 엔진을 끈 후 키를 꽂아둔 채 신속하게 하차하고 대피해야 한다.

453
다음 중 터널을 통과할 때 운전자의 안전 수칙으로 잘못된 것은?

① 터널 진입 전, 명순응에 대비하여 색안경을 벗고 밤에 준하는 등화를 켠다.
② 터널 안 차선이 백색 실선인 경우, 차로를 변경하지 않고 터널을 통과한다.
③ 앞차와의 안전거리를 유지하면서 급제동에 대비한다.
④ 터널 진입 전, 입구에 설치된 도로 안내 정보를 확인한다.

해설 암순응(밝은 곳에서 어두운 곳으로 들어갈 때 처음에는 보이지 않던 것이 시간이 지나 보이기 시작하는 현상) 및 명순응(어두운 곳에서 밝은 곳으로 나왔을 때 점차 밝은 빛에 적응하는 현상)으로 인한 사고 예방을 위해 터널을 통행할 시에는 평소보다 10~20퍼센트 감속하고 전조등, 차폭등, 미등 등의 등화를 반드시 켜야 한다. 또, 결빙과 2차 사고 등을 예방하기 위해 일반 도로보다 더 안전거리를 확보하고 급제동에 대한 대비도 필요하다.

454
다음은 자동차 주행 중 긴급 상황에서 제동과 관련한 설명이다. 맞는 것은?

① 수막현상이 발생할 때는 브레이크의 제동력이 평소보다 높아진다.
② 비상 시 충격 흡수 방호벽을 활용하는 것은 대형 사고를 예방하는 방법 중 하나이다.
③ 노면에 습기가 있을 때 급브레이크를 밟으면 항상 직진 방향으로 미끄러진다.
④ ABS를 장착한 차량은 제동거리가 절반 이상 줄어든다.

해설 ① 제동력이 떨어진다.
③ 편제동으로 인해 옆으로 미끄러질 수 있다.
④ ABS는 빗길 원심력 감소, 일정 속도에서 제동거리가 어느 정도 감소되나 절반 이상 줄어들지는 않는다.

455
지진이 발생할 경우 안전한 대처 요령 2가지는?

① 지진이 발생하면 신속하게 주행하여 지진 지역을 벗어난다.
② 차간거리를 충분히 확보한 후 도로의 우측에 정차한다.
③ 차를 두고 대피할 필요가 있을 때는 차의 시동을 끈다.
④ 지진 발생과 관계없이 계속 주행한다.

해설 지진이 발생할 경우 차를 운전하는 것이 불가능하다. 충분히 주의를 하면서 교차로를 피해서 도로 우측에 정차시키고, 라디오의 정보를 잘 듣고 부근에 경찰관이 있으면 지시에 따라서 행동한다. 차를 두고 대피할 경우 차의 시동은 끄고 열쇠를 꽂은 채 대피한다.

456

고속도로 공사 구간을 주행할 때 운전자의 올바른 운전 요령이 아닌 2가지는?

① 전방 공사 구간 상황에 주의하며 운전한다.
② 공사 구간 제한 속도 표지에서 지시하는 속도보다 빠르게 주행한다.
③ 무리한 끼어들기 및 앞지르기를 하지 않는다.
④ 원활한 교통 흐름을 위하여 공사 구간 접근 전 속도를 일관되게 유지하여 주행한다.

> **해설** 공사 구간에서는 도로의 제한 속도보다 속도를 더 낮추어 운영하므로 공사장에 설치되어 있는 제한 속도 표지에 표시된 속도에 맞게 감속하여 주행하여야 한다.

457

자동차 운전 중 터널 내에서 화재가 났을 경우 조치해야 할 행동으로 맞는 2가지는?

① 차에서 내려 이동할 경우 자동차의 시동을 끄고 하차한다.
② 소화기로 불을 끌 경우 바람을 등지고 서야 한다.
③ 터널 밖으로 이동이 어려운 경우 차량은 최대한 중앙선 쪽으로 정차시킨다.
④ 차를 두고 대피할 경우는 자동차 열쇠를 뽑아 가지고 이동한다.

> **해설** ① 폭발 등의 위험에 대비해 시동을 꺼야 한다.
> ③ 측벽 쪽으로 정차시켜야 응급 차량 등이 소통할 수 있다.
> ④ 자동차 열쇠를 꽂아 두어야만 다른 상황 발생 시 조치 가능하다.

458

자동차가 미끄러지는 현상에 관한 설명으로 맞는 2가지는?

① 고속 주행 중 급제동 시에 주로 발생하기 때문에 과속이 주된 원인이다.
② 빗길에서는 저속 운행 시에 주로 발생한다.
③ 미끄러지는 현상에 의한 노면 흔적은 사고 원인 추정에 별 도움이 되질 않는다.
④ ABS 장착 차량도 미끄러지는 현상이 발생할 수 있다.

> **해설** ② 고속 운행 시에 주로 발생한다.
> ③ 미끄러짐 현상에 의한 노면 흔적은 사고 처리에 중요한 자료가 된다.

459

자동차가 차로를 이탈할 가능성이 가장 큰 경우 2가지는?

① 오르막길에서 주행할 때
② 커브 길에서 급히 핸들을 조작할 때
③ 내리막길에서 주행할 때
④ 노면이 미끄러울 때

> **해설** 자동차가 차로를 이탈하는 경우는 커브 길에서 급히 핸들을 조작할 때에 주로 발생한다. 또한 타이어 트레드가 닳았거나 타이어 공기압이 너무 높거나 노면이 미끄러우면 노면과 타이어의 마찰력이 떨어져 차가 도로를 이탈하거나 중앙선을 침범할 수 있다.

460

고속도로 주행 중 엔진 룸(보닛)에서 연기가 나고 화재가 발생하였을 때 가장 바람직한 조치 방법 2가지는?

① 발견 즉시 그 자리에 정차한다.
② 갓길로 이동한 후 시동을 끄고 재빨리 차에서 내려 대피한다.
③ 초기 진화가 가능한 경우에는 차량에 비치된 소화기를 사용하여 불을 끈다.
④ 초기 진화에 실패했을 때에는 119 등에 신고한 후 차량 바로 옆에서 기다린다.

해설 고속도로 주행 중 차량에 화재가 발생할 때 조치 요령
1. 차량을 갓길로 이동한다.
2. 시동을 끄고 차량에서 재빨리 내린다.
3. 초기 화재 진화가 가능하면 차량에 비치된 소화기를 사용하여 불을 끈다.
4. 초기 화재 진화에 실패했을 때는 차량이 폭발할 수 있으므로 멀리 대피한다.
5. 119 등에 차량 화재 신고를 한다.

461

도로 공사장의 안전한 통행을 위해 차선 변경이 필요한 구간으로 차로 감소가 시작되는 지점은?

① 주의 구간 시작점
② 완화 구간 시작점
③ 작업 구간 시작점
④ 종결 구간 시작점

해설 도로 공사장은 주의-완화-작업-종결 구간으로 구성되어 있다.

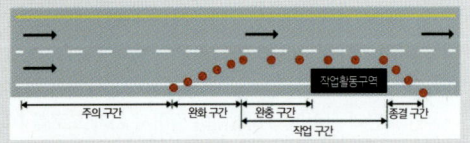

그중 완화 구간은 차로수가 감소하는 구간으로 차선 변경이 필요한 구간이다. 안전한 통행을 위해서는 사전 차선 변경 및 서행이 필수적이다.

462

야간 운전과 관련된 내용으로 가장 올바른 것은?

① 전면 유리에 틴팅(일명 썬팅)을 하면 야간에 넓은 시야를 확보할 수 있다.
② 맑은 날은 야간보다 주간 운전 시 제동거리가 길어진다.
③ 야간에는 전조등보다 안개등을 켜고 주행하면 전방의 시야 확보에 유리하다.
④ 반대편 차량의 불빛을 정면으로 쳐다보면 증발 현상이 발생한다.

해설 증발 현상을 막기 위해서는 반대편 차량의 불빛을 정면으로 쳐다보지 않는다.

463

야간 운전 중 나타나는 증발 현상에 대한 설명 중 옳은 것은?

① 증발 현상이 나타날 때 즉시 차량의 전조등을 끄면 증발 현상이 사라진다.
② 증발 현상은 마주 오는 두 차량이 모두 상향 전조등일 때 발생하는 경우가 많다.
③ 야간에 혼잡한 시내도로를 주행할 때 발생하는 경우가 많다.
④ 야간에 터널을 진입하게 되면 밝은 불빛으로 잠시 안 보이는 현상을 말한다.

해설 증발 현상은 마주 오는 두 차량 모두 상향 전조등일 때 발생한다.

464

야간 운전 시 운전자의 '각성 저하 주행'에 대한 설명으로 옳은 것은?

① 평소보다 인지 능력이 향상된다.
② 안구 동작이 상대적으로 활발해진다.
③ 시내 혼잡한 도로를 주행할 때 발생하는 경우가 많다.
④ 단조로운 시계에 익숙해져 일종의 감각 마비 상태에 빠지는 것을 말한다.

해설 야간 운전과 각성 저하
야간 운전 시계는 전조등 불빛이 비치는 범위 내에 한정되어 그 시계는 주간에 비해 노면과 앞차의 후미등 불빛만이 보이게 되므로 매우 단조로운 시계가 된다. 그래서 무의식 중에 단조로운 시계에 익숙해져 운전자는 일종의 감각 마비 상태에 빠져 들어가게 된다. 그렇게 되면 필연적으로 안구 동작이 활발치 못해 자극에 대한 반응도 둔해지게 된다. 이러한 현상이 고조되면 근육이나 뇌파의 반응도 저하되어 차차 졸음이 오는 상태에 이르게 된다. 이

와 같이 각성도가 저하된 상태에서 주행하는 것을 이른바 '각성 저하 주행'이라고 한다.

465
해가 지기 시작하면서 어두워질 때 운전자의 **조치**로 거리가 **먼** 것은?

① 차폭등, 미등을 켠다.
② 주간 주행 속도보다 감속 운행한다.
③ 석양이 지면 눈이 어둠에 적응하는 시간이 부족해 주의하여야 한다.
④ 주간보다 시야 확보가 용이하여 운전하기 편하다.

해설 주간보다 시야 확보가 어려워지기 때문에 주의할 필요가 있다.

466
다음 중 **전기자동차의 충전 케이블의 커플러에** 관한 설명이 **잘못**된 것은?

① 다른 배선 기구와 대체 불가능한 구조로서 극성이 구분되고 접지극이 있는 것일 것
② 접지극은 투입 시 제일 나중에 접속되고, 차단 시 제일 먼저 분리되는 구조일 것
③ 의도하지 않은 부하의 차단을 방지하기 위해 잠금 또는 탈부착을 위한 기계적 장치가 있는 것일 것
④ 전기자동차 커넥터가 전기자동차 접속구로부터 분리될 때 충전 케이블의 전원 공급을 중단시키는 인터록 기능이 있는 것일 것

해설 한국전기설비규정(KEC) 241.17 전기자동차 전원설비
접지극은 투입 시 제일 먼저 접속되고, 차단 시 제일 나중에 분리되는 구조일 것

467
자동차 화재를 예방하기 위한 방법으로 가장 올바른 것은?

① 차량 내부에 앰프 설치를 위해 배선 장치를 임의로 조작한다.
② 겨울철 주유 시 정전기가 발생하지 않도록 주의한다.
③ LPG차량은 비상시를 대비하여 일회용 부탄가스를 차량에 싣고 다닌다.
④ 일회용 라이터는 여름철 차 안에 두어도 괜찮다.

해설 배선은 임의로 조작하면 안 되며, 차량 안에 일회용 부탄가스를 두는 것은 위험하다. 일회용 라이터에는 폭발 방지 장치가 없어 여름철 차 안에 두면 위험하다.

468
앞 차량의 급제동으로 인해 추돌할 위험이 있는 경우, 그 대처 **방법**으로 가장 올바른 것은?

① 충돌 직전까지 포기하지 말고, 브레이크 페달을 밟아 감속한다.
② 앞차와의 추돌을 피하기 위해 핸들을 급하게 좌측으로 꺾어 중앙선을 넘어간다.
③ 피해를 최소화하기 위해 눈을 감는다.
④ 와이퍼와 상향등을 함께 조작한다.

해설 앞차와의 추돌을 예방하기 위해 안전거리를 충분히 확보하고, 위험에 대비하여 언제든지 제동할 수 있도록 준비한다. 부득이하게 추돌하게 되는 경우에 대비하여 브레이크 페달을 힘껏 밟아 감속하여 피해를 최소화한다. 핸들은 급하게 좌측으로 꺾어 중앙선을 넘어가면 반대편에서 주행하는 차량과의 사고가 발생할 수 있다. 또한 눈을 감는 것과 와이퍼, 상향등을 조작하는 것은 추돌의 피해를 감소시키는 것과 상관없다.

469
다음 중 고속으로 주행하는 차량의 타이어 이상으로 발생하는 현상 2가지는?

① 베이퍼 록 현상
② 스탠딩 웨이브 현상
③ 페이드 현상
④ 하이드로플레이닝 현상

해설 고속으로 주행하는 차량의 타이어 공기압이 부족하면 스탠딩 웨이브 현상이 발생하며, 고속으로 주행하는 차량의 타이어가 마모된 상태에서 물 고인 곳을 지나가면 하이드로플레이닝 현상이 발생한다. 페이드 현상은 제동기 페달을 과도하게 사용했을 때, 패드 및 라이닝의 마찰계수가 낮아져 제동력이 악화되면서 미끄러지는 현상을 말한다. 베이퍼 록 현상과 페이드 현상은 제동 장치의 이상으로 나타나는 현상이다.

470
도로교통법령상 좌석안전띠 착용에 대한 내용으로 올바른 것은?

① 좌석안전띠는 허리 위로 고정시켜 교통사고 충격에 대비한다.
② 화재 진압을 위해 출동하는 소방관은 좌석안전띠를 착용하지 않아도 된다.
③ 어린이는 앞좌석에 앉혀 좌석안전띠를 매도록 하는 것이 가장 안전하다.
④ 13세 미만의 자녀에게 좌석안전띠를 매도록 하지 않으면 과태료가 3만원이다.

해설 도로교통법 시행령 별표6
동승자가 13세 미만인 경우 과태료 6만원
동 법 시행규칙 제31조(좌석안전띠 미착용 사유) 제4호
긴급자동차가 그 본래의 용도로 운행되고 있는 때

471
교통사고 시 머리와 목 부상을 최소화하기 위해 출발 전에 조절해야 하는 것은?

① 좌석의 전후 조절
② 등받이 각도 조절
③ 머리 받침대 높이 조절
④ 좌석의 높낮이 조절

해설 운전자들의 경우 좌석 조정에 있어 머리 받침대에 대해서는 조절하는 경우가 많지 않다. 따라서 교통사고로 충격 시 머리를 고정시켜줄 수 있는 머리 받침대도 자신의 머리에 맞도록 조절이 필요하다.

472
터널에서 안전 운전과 관련된 내용으로 맞는 것은?

① 앞지르기는 왼쪽 방향지시등을 켜고 좌측으로 한다.
② 터널 안에서는 앞차와의 거리감이 저하된다.
③ 터널 진입 시 명순응 현상을 주의해야 한다.
④ 터널 출구에서는 암순응 현상이 발생한다.

해설 교차로, 다리 위, 터널 안 등은 앞지르기가 금지된 장소이며, 터널 진입 시는 암순응 현상이 발생하고 백색 점선의 노면 표시의 경우 차로 변경이 가능하다.

473
다음은 진로를 변경할 때 켜야 하는 신호에 대한 설명이다. 가장 알맞은 것은?

① 신호를 하지 않고 진로를 변경해도 다른 교통에 방해되지 않았다면 교통 법규 위반으로 볼 수 없다.
② 진로 변경이 끝난 후 상당 기간 신호를 계속하여야 한다.
③ 진로 변경 시 신호를 하지 않으면 승용차 등과 승합차 등은 3만원의 범칙금 대상이 된다.

④ 고속도로에서 진로 변경을 하고자 할 때에는 30미터 지점부터 진로 변경이 완료될 때까지 신호를 한다.

> **해설** ① 신호를 하지 않고 진로를 변경 시 다른 교통에 방해되지 않았다고 하더라도 신호 불이행의 교통 법규 위반 대상이 된다.
> ② 진로 변경이 끝난 후에는 바로 신호를 중지해야 한다.
> ③ 진로 변경 시 신호를 하지 않으면 승용차와 승합차 등은 3만원의 범칙금 대상이 된다.
> ④ 고속도로에서 진로 변경 시 100미터 이전 지점부터 진로 변경이 완료될 때까지 신호를 한다.

474

앞지르기를 할 수 있는 경우로 맞는 것은?

① 앞차가 다른 차를 앞지르고 있을 경우
② 앞차가 위험 방지를 위하여 정지 또는 서행하고 있는 경우
③ 앞차의 좌측에 다른 차가 앞차와 나란히 진행하고 있는 경우
④ 앞차가 저속으로 진행하면서 다른 차와 안전거리를 확보하고 있을 경우

> **해설** 모든 차의 운전자는 앞차의 좌측에 다른 차가 앞차와 나란히 가고 있는 경우, 앞차가 다른 차를 앞지르고 있거나 앞지르고자 하는 경우에는 앞차를 앞지르지 못한다(도로교통법 제21조, 제22조).

475

다음은 다른 차를 앞지르기하려는 자동차의 속도에 대한 설명이다. 맞는 것은?

① 다른 차를 앞지르기하는 경우에는 속도의 제한이 없다.
② 해당 도로의 법정 최고 속도의 100분의 50을 더한 속도까지는 가능하다.
③ 운전자의 운전 능력에 따라 제한 없이 가능하다.
④ 해당 도로의 최고 속도 이내에서만 앞지르기가 가능하다.

> **해설** 다른 차를 앞지르기하려는 자동차의 속도는 해당 도로의 최고 속도 이내에서만 앞지르기가 가능하다.

476

고속도로에서 사고 예방을 위해 정차 및 주차를 금지하고 있다. 이에 대한 설명으로 바르지 않은 것은?

① 소방차가 생활 안전 활동을 수행하기 위하여 정차 또는 주차할 수 있다.
② 경찰 공무원의 지시에 따르거나 위험을 방지하기 위하여 정차 또는 주차할 수 있다.
③ 일반자동차가 통행료를 지불하기 위해 통행료를 받는 장소에서 정차할 수 있다.
④ 터널 안 비상 주차대는 소방차와 경찰용 긴급자동차만 정차 또는 주차할 수 있다.

> **해설** 비상 주차대는 경찰용 긴급자동차와 소방차 외의 일반자동차도 정차 또는 주차할 수 있다.

477

다음 중 자동차 운전자가 위험을 느끼고 브레이크 페달을 밟아 실제로 정지할 때까지의 '정지거리'가 가장 길어질 수 있는 경우 2가지는?

① 차량의 중량이 상대적으로 가벼울 때
② 차량의 속도가 상대적으로 빠를 때
③ 타이어를 새로 구입하여 장착한 직후
④ 과로 및 음주운전 시

> **해설** 운전자가 위험을 느끼고, 브레이크 페달을 밟아서 실제로 자동차가 멈추게 되는 소위 자동차의 정지거리는 과로 및 음주운전 시, 차량의 중량이 무겁거나 속도가 빠를수록, 타이어의 마모 상태가 심할수록 길어진다.

478
자동차 승차 인원에 관한 설명으로 맞는 2가지는?

① 고속도로에서는 자동차의 승차정원을 넘어서 운행할 수 없다.
② 자동차 등록증에 명시된 승차정원은 운전자를 제외한 인원이다.
③ 출발지를 관할하는 경찰서장의 허가를 받은 때에는 승차정원을 초과하여 운행할 수 있다.
④ 승차정원 초과 시 도착지 관할 경찰서장의 허가를 받아야 한다.

> 해설 도로교통법 제39조 제1항
> 모든 차의 운전자는 승차 인원, 적재 중량 및 적재 용량에 관하여 운행상의 안전 기준을 넘어서 승차시키거나 적재하고 운전하여서는 아니 된다. 다만, 출발지를 관할하는 경찰서장의 허가를 받은 때에는 그러하지 아니하다.

479
전방에 교통사고로 앞차가 급정지했을 때 추돌사고를 방지하기 위한 가장 안전한 운전 방법 2가지는?

① 앞차와 정지거리 이상을 유지하며 운전한다.
② 비상점멸등을 켜고 긴급자동차를 따라서 주행한다.
③ 앞차와 추돌하지 않을 정도로 충분히 감속하며 안전거리를 확보한다.
④ 위험이 발견되면 풋 브레이크와 주차 브레이크를 동시에 사용하여 제동거리를 줄인다.

> 해설 앞차와 정지거리 이상을 유지하고 앞차와 추돌하지 않을 정도로 충분히 감속하며 안전거리를 확보한다(도로교통법 제19조).

480
좌석안전띠에 대한 설명으로 맞는 2가지는?

① 운전자가 안전띠를 착용하지 않은 경우 과태료 3만원이 부과된다.
② 일반적으로 경부에 대한 편타 손상은 2점식에서 더 많이 발생한다.
③ 13세 미만의 어린이가 안전띠를 착용하지 않으면 범칙금 6만원이 부과된다.
④ 안전띠는 2점식, 3점식, 4점식으로 구분된다.

> 해설 ① 운전자가 안전띠를 착용하지 않은 경우 범칙금 3만원이 부과된다.
> ② 일반적으로 경부에 대한 편타 손상은 2점식에서 더 많이 발생한다.
> ③ 13세 미만의 어린이가 안전띠를 착용하지 않으면 과태료 6만원이 부과된다.
> ④ 안전띠는 착용 방식에 따라 2점식, 3점식, 4점식으로 구분된다.

481
좌석안전띠 착용에 대한 설명으로 맞는 2가지는?

① 가까운 거리를 운행할 경우에는 큰 효과가 없으므로 착용하지 않아도 된다.
② 자동차의 승차자는 안전을 위하여 좌석안전띠를 착용하여야 한다.
③ 어린이는 부모의 도움을 받을 수 있는 운전석 옆 좌석에 태우고, 좌석안전띠를 착용시키는 것이 안전하다.
④ 긴급한 용무로 출동하는 경우 이외에는 긴급자동차의 운전자도 좌석안전띠를 반드시 착용하여야 한다.

> 해설 자동차의 승차자는 안전을 위하여 좌석안전띠를 착용하여야 하고 긴급한 용무로 출동하는 경우 이외에는 긴급자동차의 운전자도 좌석안전띠를 반드시 착용하여야 한다(도로교통법 제50조).

482

교통사고로 심각한 척추 골절 부상이 예상되는 경우에 가장 적절한 조치 방법은?

① 의식이 있는지 확인하고 즉시 심폐 소생술을 실시한다.
② 부상자를 부축하여 안전한 곳으로 이동하고 119에 신고한다.
③ 상기도 폐색이 발생될 수 있으므로 하임리히법을 시행한다.
④ **긴급한 경우가 아니면 이송을 해서는 안 되며, 부득이한 경우에는 이송해야 한다면 부목을 이용해서 척추 부분을 고정한 후 안전한 곳으로 우선 대피해야 한다.**

> **해설** 교통사고로 척추 골절이 예상되는 환자가 있는 경우 긴급한 경우가 아니면 이송을 해서는 안 된다. 이송 전에 적절한 처치가 이루어지지 않으면 돌이킬 수 없는 신경학적 손상을 악화시킬 우려가 크기 때문이다. 따라서 2차 사고 위험 등을 방지하기 위해 부득이 이송해야 한다면 부목을 이용해서 척추 부분을 고정한 후 안전한 곳으로 우선 대피해야 한다.

483

교통사고 발생 시 부상자의 의식 상태를 확인하는 방법으로 가장 먼저 해야 할 것은?

① 부상자의 맥박 유무를 확인한다.
② **말을 걸어보거나 어깨를 가볍게 두드려 본다.**
③ 어느 부위에 출혈이 심한지 살펴본다.
④ 입안을 살펴서 기도에 이물질이 있는지 확인한다.

> **해설** 의식 상태를 확인하기 위해서는 부상자에게 말을 걸어보거나, 어깨를 가볍게 두드려 보거나, 팔을 꼬집어서 확인하는 방법이 있다.

484

도로교통법령상 교통사고 발생 시 긴급을 요하는 경우 동승자에게 조치를 하도록 하고 운전을 계속할 수 있는 차량 2가지는?

① **병원으로 부상자를 운반 중인 승용자동차**
② 화재 진압 후 소방서로 돌아오는 소방자동차
③ 교통사고 현장으로 출동하는 견인자동차
④ **택배 화물을 싣고 가던 중인 우편물자동차**

> **해설** 도로교통법 제54조(사고 발생 시의 조치) 제5항 긴급자동차, 부상자를 운반 중인 차, 우편물자동차 및 노면 전차 등의 운전자는 긴급한 경우에는 동승자 등으로 하여금 사고 조치나 경찰에 신고를 하게 하고 운전을 계속할 수 있다.

485

도로교통법령상 교통사고 발생 시 계속 운전할 수 있는 경우로 옳은 2가지는?

① **긴급한 환자를 수송 중인 구급차 운전자는 동승자로 하여금 필요한 조치 등을 하게 하고 계속 운전하였다.**
② 긴급한 회의에 참석하기 위해 이동 중인 운전자는 동승자로 하여금 필요한 조치 등을 하게 하고 계속 운전하였다.
③ **긴급 우편물을 수송하는 차량 운전자는 동승자로 하여금 필요한 조치 등을 하게 하고 계속 운전하였다.**
④ 긴급한 약품을 수송 중인 구급차 운전자는 동승자로 하여금 필요한 조치 등을 하게 하고 계속 운전하였다.

> **해설** 긴급자동차 또는 부상자를 후송 중인 차 및 우편물 수송자동차 등의 운전자는 긴급한 경우에 동승자로 하여금 필요한 조치나 신고를 하게 하고 운전을 계속할 수 있다(도로교통법 제54조 제5항).

486

야간에 도로에서 로드킬(roadkill)을 예방하기 위한 운전 방법으로 바람직하지 않은 것은?

① 사람이나 차량의 왕래가 적은 국도나 산길을 주행할 때는 감속 운행을 해야 한다.
② 야생 동물 발견 시에는 서행으로 접근하고 한적한 갓길에 세워 동물과의 충돌을 방지한다.
③ 야생 동물 발견 시에는 전조등을 끈 채 경음기를 가볍게 울려 도망가도록 유도한다.
④ 출현하는 동물의 발견을 용이하게 하기 위해 가급적 갓길에 가까운 도로를 주행한다.

해설 로드킬의 사고 위험은 동물이 갑자기 나타나서 대처하지 못하는 경우이므로 출현할 가능성이 높은 도로에서는 감속 운행하는 것이 좋다.

487

고속도로에서 고장 등으로 긴급 상황 발생 시 일정 거리를 무료로 견인 서비스를 제공해 주는 기관은?

① 한국도로교통공단
② 한국도로공사
③ 경찰청
④ 한국교통안전공단

해설 한국도로공사(콜센터 1588-2504)의 긴급 견인 서비스는 사고 또는 고장으로 고속도로에 정차하여 2차 사고가 우려되는 차량을 가까운 휴게소나 영업소, 졸음 쉼터 등 안전지대까지 무료로 견인해 주는 제도이다.

488

도로에서 로드킬(roadkill)이 발생하였을 때 조치 요령으로 바르지 않은 것은?

① 감염병 위험이 있을 수 있으므로 동물 사체 등을 함부로 만지지 않는다.
② 로드킬 사고가 발생하면 야생 동물 구조 센터나 지자체 콜센터 '지역 번호+120번' 등에 신고한다.
③ 2차 사고 방지를 위해 사고 당한 동물을 자기 차에 싣고 주행한다.
④ 2차 사고 방지와 원활한 소통을 위한 조치를 한 경우에는 신고하지 않아도 된다.

해설 질병관리청에 의하면 동물의 사체는 감염의 우려가 있으므로 직접 건드려서는 아니 되며, 사고가 발생하게 되면 지자체 또는 도로관리청 및 지역번호+120번 콜센터(생활안내 상담서비스)에 신고하여 도움을 받고, 사고를 당한 동물은 현행법상 물건에 해당하므로 2차 사고 방지를 위한 위험 방지와 원활한 소통을 한 경우에는 신고하지 아니 해도 된다.

489

보복 운전 또는 교통사고 발생을 방지하기 위한 분노 조절 기법에 대한 설명으로 맞는 것은?

① 감정이 끓어오르는 상황에서 잠시 빠져나와 시간적 여유를 갖고 마음의 안정을 찾는 분노 조절 방법을 스톱 버튼 기법이라 한다.
② 분노를 유발하는 부정적인 사고를 중지하고 평소 생각해 둔 행복한 장면을 1~2분간 떠올려 집중하는 분노 조절 방법을 타임 아웃 기법이라 한다.
③ 분노를 유발하는 종합적 신념 체계와 과거의 왜곡된 사고에 대한 수동적 인식 경험을 자신에게 질문하는 방법을 경험 회상 질문 기법이라 한다.
④ 양팔, 다리, 아랫배, 가슴, 어깨 등 몸의 각 부분을 최대한 긴장시켰다가 이완시켜 편안한 상태를 반복하는 방법을 긴장 이완 훈련 기법이라 한다.

해설 교통안전수칙 2021년 개정2판
분노를 조절하기 위한 행동 기법에는 타임 아웃 기법, 스톱 버튼 기법, 긴장 이완 훈련 기법이 있다.
① 감정이 끓어오르는 상황에서 잠시 빠져나와 시간적 여유를 갖고 마음의 안정을 찾는 분노 조절 방법을 타임 아웃 기법이라 한다.
② 분노를 유발하는 부정적인 사고를 중지하고 평소 생각해 둔 행복한 장면을 1~2분간 떠올려 집중하는 분노 조절 방법을 스톱 버튼 기법이라 한다.
③ 경험 회상 질문 기법은 분노 조절 방법에 해당하지 않는다.
④ 양팔, 다리, 아랫배, 가슴, 어깨 등 몸의 각 부분을 최대한 긴장시켰다가 이완시켜 편안한 상태를 반복하는 방법을 긴장 이완 훈련 기법이라 한다.

490
폭우로 인하여 지하 차도가 물에 잠겨 있는 상황이다. 다음 중 가장 안전한 **운전 방법**은?

① 물에 바퀴가 다 잠길 때까지는 무사히 통과할 수 있으니 서행으로 지나간다.
② 최대한 빠른 속도로 빠져 나간다.
③ 우회 도로를 확인한 후에 돌아간다.
④ 통과하다가 시동이 꺼지면 바로 다시 시동을 걸고 빠져 나온다.

> **해설** 폭우로 인하여 지하 차도가 물에 잠겨 차량의 범퍼까지 또는 차량 바퀴의 절반 이상이 물에 잠긴다면 차량이 지나갈 수 없다. 또한 위와 같은 지역을 통과할 때 빠른 속도로 지나가면 차가 물을 밀어내면서 앞쪽 수위가 높아져 엔진에 물이 들어올 수도 있다. 침수된 지역에서 시동이 꺼지면 다시 시동을 걸면 엔진이 망가진다.

491
교통사고 등 응급 상황 발생 시 조치 요령과 거리가 **먼** 것은?

① 위험 여부 확인
② 환자의 반응 확인
③ 기도 확보 및 호흡 확인
④ 환자의 목적지와 신상 확인

> **해설** 응급 상황 발생 시 위험 여부 확인 및 환자의 반응을 살피고 주변에 도움을 요청하며 필요에 따라 환자가 호흡을 할 수 있도록 기도 확보가 필요하며 구조 요청을 하여야 한다.

492
주행 중 자동차 돌발 상황에 대한 올바른 **대처 방법**과 거리가 **먼** 것은?

① 주행 중 핸들이 심하게 떨리면 핸들을 꽉 잡고 계속 주행한다.
② 자동차에서 연기가 나면 즉시 안전한 곳으로 이동 후 시동을 끈다.
③ 타이어 펑크가 나면 핸들을 꽉 잡고 감속하며 안전한 곳에 정차한다.
④ 철길 건널목 통과 중 시동이 꺼져서 다시 걸리지 않는다면 신속히 대피 후 신고한다.

> **해설** 핸들이 심하게 떨리면 타이어 펑크나 휠이 빠질 수 있기 때문에 반드시 안전한 곳에 정차하고 점검한다.

493
교통사고 현장에서 증거 확보를 위한 사진 촬영 방법으로 맞는 **2가지**는?

① 블랙박스 영상이 촬영되는 경우 추가하여 사진 촬영할 필요가 없다.
② 도로에 엔진 오일, 냉각수 등의 흔적은 오랫동안 지속되므로 촬영하지 않아도 된다.
③ 파편물, 자동차와 도로의 파손 부위 등 동일한 대상에 대해 근접 촬영과 원거리 촬영을 같이 한다.
④ 차량 바퀴의 진행 방향을 스프레이 등으로 표시하거나 촬영을 해 둔다.

> **해설** 파손 부위 근접 촬영 및 원거리 촬영을 하여야 하고 차량의 바퀴가 돌아가 있는 것까지도 촬영해야 나중에 사고를 규명하는 데 도움이 된다.

494
다음 중 **장거리 운행 전**에 반드시 **점검**해야 할 **우선순위 2가지**는?

① 차량 청결 상태 점검
② DMB(영상 표시 장치) 작동 여부 점검
③ 각종 오일류 점검
④ 타이어 상태 점검

> **해설** 장거리 운전 전 타이어 마모상태, 공기압, 각종 오일류, 와이퍼와 워셔액, 램프류 등을 점검하여야 한다.

495

도로교통법령상 운전면허 취소 사유에 해당하는 것은?

① 정기 적성검사 기간 만료 다음 날부터 적성검사를 받지 아니하고 6개월을 초과한 경우
② 운전자가 단속 공무원(경찰 공무원, 시·군·구 공무원)을 폭행하여 불구속 형사 입건된 경우
③ 자동차 등록 후 자동차 등록 번호판을 부착하지 않고 운전한 경우
④ 제2종 보통면허를 갱신하지 않고 2년을 초과한 경우

> 해설 ① 1년
> ② 형사 입건된 경우에는 취소 사유이다.
> ③ 자동차관리법에 따라 등록되지 아니하거나 임시 운행 허가를 받지 아니한 자동차를 운전한 경우에 운전면허가 취소되며, 등록을 하였으나 등록 번호판을 부착하지 않고 운전한 것은 면허 취소 사유가 아니다(도로교통법 제93조).

496

도로교통법령상 범칙금 납부 통고서를 받은 사람이 1차 납부 기간 경과 시 20일 이내 납부해야 할 금액으로 맞는 것은?

① 통고 받은 범칙금에 100분의 10을 더한 금액
② 통고 받은 범칙금에 100분의 20을 더한 금액
③ 통고 받은 범칙금에 100분의 30을 더한 금액
④ 통고 받은 범칙금에 100분의 40을 더한 금액

> 해설 도로교통법 제164조 제2항
> 납부 기간 이내에 범칙금을 납부하지 아니한 사람은 납부 기간이 만료되는 날의 다음 날부터 20일 이내에 통고 받은 범칙금에 100분의 20을 더한 금액을 납부하여야 한다.

497

도로교통법령상 누산 점수 초과로 인한 운전면허 취소 기준으로 옳은 것은?

① 1년간 100점 이상
② 2년간 191점 이상
③ 3년간 271점 이상
④ 5년간 301점 이상

> 해설 1년간 121점 이상, 2년간 201점 이상, 3년간 271점 이상이면 면허를 취소한다(도로교통법 시행규칙 별표 28).

498

도로교통법령상 교통사고 결과에 따른 벌점 기준으로 맞는 것은?

① 행정 처분을 받을 운전자 본인의 인적 피해에 대해서도 인적 피해 교통사고 구분에 따라 벌점을 부과한다.
② 자동차 등 대 사람 교통사고의 경우 쌍방 과실인 때에는 벌점을 부과하지 않는다.
③ 교통사고 발생 원인이 불가항력이거나 피해자의 명백한 과실인 때에는 벌점을 2분의 1로 감경한다.
④ 자동차 등 대 자동차 등 교통사고의 경우에는 그 사고 원인 중 중한 위반 행위를 한 운전자에게만 벌점을 부과한다.

> 해설 ①의 경우 행정 처분을 받을 운전자 본인의 피해에 대해서는 벌점을 산정하지 아니한다.
> ②의 경우 2분의 1로 감경한다.
> ③의 경우 벌점을 부과하지 않는다(도로교통법 시행규칙 별표28).

499
도로교통법령상 영상 기록 매체에 의해 입증되는 주차 위반에 대한 과태료의 설명으로 알맞은 것은?

① 승용차의 소유자는 3만원의 과태료를 내야 한다.
② 승합차의 소유자는 7만원의 과태료를 내야 한다.
③ 기간 내에 과태료를 내지 않아도 불이익은 없다.
④ 같은 장소에서 2시간 이상 주차 위반을 하는 경우 과태료가 가중된다.

해설 도로교통법 제33조, 도로교통법 시행령 별표6
주차 금지 위반 시 승용차는 4만원, 승합차는 5만원의 과태료가 부과되며, 2시간 이상 주차 위반의 경우 1만원이 추가되고, 미납 시 가산금 및 중가산금이 부과된다.

500
다음 중 교통사고를 일으킨 운전자가 종합 보험이나 공제 조합에 가입되어 있어 교통사고처리 특례법의 특례가 적용되는 경우로 맞는 것은?

① 안전 운전 의무 위반으로 자동차를 손괴하고 경상의 교통사고를 낸 경우
② 교통사고로 사람을 사망에 이르게 한 경우
③ 교통사고를 야기한 후 부상자 구호를 하지 않은 채 도주한 경우
④ 신호 위반으로 경상의 교통사고를 일으킨 경우

해설 교통사고처리 특례법 제4조

501
도로교통법령상 도로에서 동호인 7명이 4대의 차량에 나누어 타고 공동으로 다른 사람에게 위해를 끼쳐 형사 입건되었다. 처벌 기준으로 틀린 것은?(개인형 이동장치는 제외)

① 2년 이하의 징역이나 500만원 이하의 벌금
② 적발 즉시 면허 정지
③ 구속된 경우 면허 취소
④ 형사 입건된 경우 벌점 40점

해설 도로교통법 제46조(공동 위험 행위의 금지) 제1항 자동차 등의 운전자는 도로에서 2명 이상이 공동으로 2대 이상의 자동차 등을 정당한 사유 없이 앞뒤로 또는 좌우로 줄지어 통행하면서 다른 사람에게 위해를 끼치거나 교통상의 위험을 발생하게 하여서는 아니 된다.
도로교통법 제150조(벌칙) 제1호
2년 이하의 징역이나 500만원 이하의 벌금
도로교통법 시행규칙 별표28
구속 시 운전면허 취소, 형사 입건 시 벌점 40점

502
도로교통법령상 자동차 운전자가 난폭 운전으로 형사 입건되었다. 운전면허 행정 처분은?

① 면허 취소
② 면허 정지 100일
③ 면허 정지 60일
④ 면허 정지 40일

해설 도로교통법 시행규칙 별표28

503
도로교통법령상 술에 취한 상태에서 자전거를 운전한 경우 어떻게 되는가?

① 처벌하지 않는다.
② 범칙금 3만원의 통고 처분한다.
③ 과태료 4만원을 부과한다.
④ 10만원 이하의 벌금 또는 구류에 처한다.

해설 도로교통법 시행령 별표8 64의2
술에 취한 상태에서 자전거를 운전한 경우 범칙금 3만원

504

도로교통법령상 술에 취한 상태에 있다고 인정할 만한 상당한 이유가 있는 자전거 운전자가 경찰 공무원의 정당한 음주 측정 요구에 불응한 경우 처벌은?

① 처벌하지 않는다.
② 과태료 7만원을 부과한다.
③ 범칙금 10만원의 통고 처분한다.
④ 10만원 이하의 벌금 또는 구류에 처한다.

해설 도로교통법 시행령 별표8
술에 취한 상태에 있다고 인정할 만한 상당한 이유가 있는 자전거 운전자가 경찰 공무원의 호흡 조사 측정에 불응한 경우 범칙금 10만원이다.

505

교통사고처리 특례법상 형사 처벌되는 경우로 맞는 2가지는?

① 종합 보험에 가입하지 않은 차가 물적 피해가 있는 교통사고를 일으키고 피해자와 합의한 때
② 택시공제조합에 가입한 택시가 중앙선을 침범하여 인적 피해가 있는 교통사고를 일으킨 때
③ 종합 보험에 가입한 차가 신호를 위반하여 인적 피해가 있는 교통사고를 일으킨 때
④ 화물공제조합에 가입한 화물차가 안전 운전 불이행으로 물적 피해가 있는 교통사고를 일으킨 때

해설 중앙선을 침범하거나 신호를 위반하여 인적 피해가 있는 교통사고를 일으킨 때는 종합 보험 또는 공제 조합에 가입되어 있어도 처벌된다(교통사고처리 특례법 제3조, 제4조).

506

도로교통법령상 범칙금 납부 통고서를 받은 사람이 2차 납부 기간을 경과한 경우에 대한 설명으로 맞는 2가지는?

① 지체 없이 즉결 심판을 청구하여야 한다.
② 즉결 심판을 받지 아니한 때 운전면허를 40일 정지한다.
③ 과태료를 부과한다.
④ 범칙금액에 100분의 30을 더한 금액을 납부하면 즉결 심판을 청구하지 않는다.

해설 범칙금 납부 통고서를 받은 사람이 2차 납부 기간을 경과한 경우 지체 없이 즉결 심판을 청구하여야 한다. 즉결 심판을 받지 아니한 때 운전면허를 40일 정지한다. 범칙금액에 100분의 50을 더한 금액을 납부하면 즉결 심판을 청구하지 않는다(도로교통법 제165조).

507

도로교통법령상 승용자동차 운전자가 주정차된 차만 손괴하는 교통사고를 일으키고 피해자에게 인적 사항을 제공하지 아니한 경우 어떻게 되는가?

① 처벌하지 않는다.
② 과태료 10만원을 부과한다.
③ 범칙금 12만원의 통고 처분한다.
④ 30만원 이하의 벌금 또는 구류에 처한다.

해설 주정차된 차만 손괴하는 교통사고를 일으키고 피해자에게 인적 사항을 제공하지 아니한 사람은 도로교통법 제156조(벌칙)에 의한 처벌 기준은 20만원 이하의 벌금이나 구류 또는 과료이다. 실제는 도로교통법 시행령 별표8에 의해 승용자동차 등은 범칙금 12만원으로 통고 처분된다.

508

도로교통법령상 혈중 알코올 농도 0.03퍼센트 이상 0.08퍼센트 미만의 술에 취한 상태로 승용차를 운전한 사람에 대한 처벌 기준으로 맞는 것은?(1회 위반한 경우)

① 1년 이하의 징역이나 500만원 이하의 벌금
② 2년 이하의 징역이나 1천만원 이하의 벌금
③ 3년 이하의 징역이나 1천500만원 이하의 벌금
④ 2년 이상 5년 이하의 징역이나 1천만원 이상 2천만원 이하의 벌금

해설 도로교통법 제148조의2(벌칙)
③ 제44조 제1항을 위반하여 술에 취한 상태에서 자동차 등 또는 노면 전차를 운전한 사람은 다음 각 호의 구분에 따라 처벌한다.
1. 혈중 알코올 농도가 0.2퍼센트 이상인 사람은 2년 이상 5년 이하의 징역이나 1천만원 이상 2천만원 이하의 벌금
2. 혈중 알코올 농도가 0.08퍼센트 이상 0.2퍼센트 미만인 사람은 1년 이상 2년 이하의 징역이나 500만원 이상 1천만원 이하의 벌금
3. 혈중 알코올 농도가 0.03퍼센트 이상 0.08퍼센트 미만인 사람은 1년 이하의 징역이나 500만원 이하의 벌금

509

도로교통법령상 운전면허 행정 처분에 대한 이의 신청을 하여 인용된 경우, 취소 처분에 대한 감경 기준으로 맞는 것은?

① 처분 벌점 90점으로 한다.
② 처분 벌점 100점으로 한다.
③ 처분 벌점 110점으로 한다.
④ 처분 벌점 120점으로 한다.

해설 도로교통법 제94조, 도로교통법 시행규칙 별표28
1. 일반기준 바. 처분 기준의 감경
위반 행위에 대한 처분 기준이 운전면허의 취소 처분에 해당하는 경우에는 해당 위반 행위에 대한 처분 벌점을 110점으로 하고, 운전면허의 정지 처분에 해당하는 경우에는 처분 집행일 수의 2분의 1로 감경한다. 다만, 다목(1)에 따른 벌점·누산 점수 초과로 인한 면허 취소에 해당하는 경우에는 면허가 취소되기 전의 누산 점수 및 처분 벌점을 모두 합산하여 처분 벌점을 110점으로 한다.

510

도로교통법령상 연습운전면허 소지자가 혈중 알코올 농도 (   )퍼센트 이상을 넘어서 운전한 때 연습운전면허를 취소한다. (   ) 안에 기준으로 맞는 것은?

① 0.03
② 0.05
③ 0.08
④ 0.10

해설 도로교통법 시행규칙 별표29
연습운전면허 소지자가 혈중 알코올 농도 0.03퍼센트 이상을 넘어서 운전한 때 연습운전면허를 취소한다.

511

도로교통법령상 운전자가 단속 경찰 공무원 등에 대한 폭행을 하여 형사 입건된 때 처분으로 맞는 것은?

① 벌점 40점을 부과한다.
② 벌점 100점을 부과한다.
③ 운전면허를 취소 처분한다.
④ 즉결 심판을 청구한다.

해설 단속하는 경찰 공무원 등 및 시·군·구 공무원을 폭행하여 형사 입건된 때 운전면허를 취소 처분한다(도로교통법 시행규칙 별표28 2. 취소 처분 개별 기준 16).

512

도로교통법령상 인적 피해 있는 교통사고를 야기하고 도주한 차량의 운전자를 검거하거나 신고하여 검거하게 한 운전자(교통사고의 피해자가 아닌 경우)에게 검거 또는 신고할 때마다 ( )의 특혜 점수를 부여한다. ( )에 맞는 것은?

① 10점 ② 20점
③ 30점 ④ 40점 ✓

> **해설** 도로교통법 시행규칙 별표28 1. 일반 기준
> 인적 피해 있는 교통사고를 야기하고 도주한 차량의 운전자를 검거하거나 신고하여 검거하게 한 운전자(교통사고의 피해자가 아닌 경우로 한정한다)에게는 검거 또는 신고할 때마다 40점의 특혜 점수를 부여하여 기간에 관계없이 그 운전자가 정지 또는 취소 처분을 받게 될 경우 누산 점수에서 이를 공제한다. 이 경우 공제되는 점수는 40점 단위로 한다.

513

도로교통법령상 승용자동차 운전자에 대한 위반 행위별 범칙금이 틀린 것은?

① 속도위반(매시 60킬로미터 초과)의 경우 12만원
② 신호 위반의 경우 6만원
③ 중앙선 침범의 경우 6만원
④ 앞지르기 금지 시기·장소 위반의 경우 5만원 ✓

> **해설** 도로교통법 시행령 별표8
> 승용자동차의 앞지르기 금지 시기·장소 위반은 범칙금 6만원이 부과된다.

514

도로교통법령상 화재 진압용 연결 송수관 설비의 송수구로부터 5미터 이내 승용자동차를 정차한 경우 범칙금은?(안전표지 미설치)

① 4만원 ✓ ② 3만원
③ 2만원 ④ 처벌되지 않는다.

> **해설** 도로교통법 시행령 별표8 3의3(안전표지 설치)
> 승용자동차 8만원
> 29(안전표지 미설치) 승용자동차 4만원

515

도로교통법상 벌점 부과 기준이 다른 위반 행위 하나는?

① 승객의 차내 소란 행위 방치 운전 ✓
② 철길 건널목 통과 방법 위반
③ 고속도로 갓길 통행 위반
④ 운전면허증 등의 제시 의무 위반

> **해설** 도로교통법 시행규칙 별표 28
> 승객의 차내 소란 행위 방치 운전은 40점, 철길 건널목 통과 방법 위반·고속도로 갓길 통행·운전면허증 등의 제시 의무 위반은 벌점 30점이 부과된다.

516

도로교통법령상 즉결 심판이 청구된 운전자가 즉결 심판의 선고 전까지 통고받은 범칙금액에 ( )을 더한 금액을 내고 납부를 증명하는 서류를 제출하면 경찰서장은 운전자에 대한 즉결 심판 청구를 취소하여야 한다. ( ) 안에 맞는 것은?

① 100분의 20 ② 100분의 30
③ 100분의 50 ✓ ④ 100분의 70

> **해설** 도로교통법 제165조(통고처분 불이행 등의 처리)
> 즉결 심판이 청구된 피고인이 즉결 심판의 선고 전까지 통고받은 범칙금액에 100분의 50을 더한 금액을 내고 납부를 증명하는 서류를 제출하면 경찰서장 또는 제주특별자치도지사는 피고인에 대한 즉결 심판 청구를 취소하여야 한다.

517

도로교통법령상 술에 취한 상태에 있다고 인정할 만한 상당한 이유가 있는 자동차 운전자가 경찰 공무원의 정당한 음주 측정 요구에 불응한 경우 처벌 기준으로 맞는 것은?(1회 위반한 경우)

① 1년 이상 2년 이하의 징역이나 500만원 이하의 벌금
② 1년 이상 3년 이하의 징역이나 1천만원 이하의 벌금
③ 1년 이상 4년 이하의 징역이나 500만원 이상 1천만원 이하의 벌금
④ 1년 이상 5년 이하의 징역이나 500만원 이상 2천만원 이하의 벌금

> 해설 도로교통법 제148조의2(벌칙)
> ② 술에 취한 상태에 있다고 인정할 만한 상당한 이유가 있는 사람으로서 제44조 제2항에 따른 경찰 공무원의 측정에 응하지 아니하는 사람(자동차 등 또는 노면 전차를 운전하는 사람으로 한정한다)은 1년 이상 5년 이하의 징역이나 500만원 이상 2천만원 이하의 벌금에 처한다.

518

자동차 번호판을 가리고 자동차를 운행한 경우의 벌칙으로 맞는 것은?

① 1년 이하의 징역 또는 1천만원 이하의 벌금
② 1년 이하의 징역 또는 2천만원 이하의 벌금
③ 2년 이하의 징역 또는 1천만원 이하의 벌금
④ 2년 이하의 징역 또는 2천만원 이하의 벌금

> 해설 자동차관리법 제10조 제5항 및 제81조(벌칙)
> 누구든지 등록 번호판을 가리거나 알아보기 곤란하게 하여서는 아니되며, 그러한 자동차를 운행하여서도 아니 된다.

519

도로교통법령상 자동차 운전자가 고속도로에서 자동차 내에 고장 자동차의 표지를 비치하지 않고 운행하였다. 어떻게 되는가?

① 2만원의 과태료가 부과된다.
② 3만원의 범칙금으로 통고 처분된다.
③ 30만원 이하의 벌금으로 처벌된다.
④ 아무런 처벌이나 처분되지 않는다.

> 해설 도로교통법 시행령 별표6
> 12호 법 제67조 제2항에 따른 고속도로 등에서의 준수 사항을 위반한 운전자는 승용 및 승합자동차 등은 과태료 2만원

520

도로교통법령상 고속도로에서 승용자동차 운전자의 과속 행위에 대한 범칙금 기준으로 맞는 것은?

① 제한 속도 기준 시속 60킬로미터 초과 80킬로미터 이하 – 범칙금 12만원
② 제한 속도 기준 시속 40킬로미터 초과 60킬로미터 이하 – 범칙금 8만원
③ 제한 속도 기준 시속 20킬로미터 초과 40킬로미터 이하 – 범칙금 5만원
④ 제한 속도 기준 시속 20킬로미터 이하 – 범칙금 2만원

> 해설 도로교통법 시행령 별표8

521
도로교통법령상 교통사고를 일으킨 자동차 운전자에 대한 벌점 기준으로 맞는 것은?

① 신호 위반으로 사망(72시간 이내) 1명의 교통사고가 발생하면 벌점은 105점이다.
② 피해 차량의 탑승자와 가해 차량 운전자의 피해에 대해서도 벌점을 산정한다.
③ 교통사고의 원인 점수와 인명 피해 점수, 물적 피해 점수를 합산한다.
④ 자동차 대 자동차 교통사고의 경우 사고 원인이 두 차량에 있으면 둘 다 벌점을 산정하지 않는다.

> **해설** 도로교통법 시행규칙 별표28의3 정지 처분 개별 기준

522
도로교통법령상 적성검사 기준을 갖추었는지를 판정하는 건강검진 결과 통보서는 운전면허시험 신청일부터 (   ) 이내에 발급된 서류이어야 한다. (   ) 안에 기준으로 맞는 것은?

① 1년   ② 2년
③ 3년   ④ 4년

> **해설** 도로교통법 시행령 제45조(자동차 등의 운전에 필요한 적성의 기준) 제2항
> 한국도로교통공단은 제1항 각 호의 적성검사 기준을 갖추었는지를 다음 각 호의 서류로 판정할 수 있다.
> 1. 운전면허시험 신청일부터 2년 이내에 발급된 다음 각 목의 어느 하나에 해당하는 서류
>   가. 의원, 병원 및 종합 병원에서 발행한 신체 검사서
>   나. 「국민건강보험법」 제52조에 따른 건강검진 결과 통보서
>   다. 의사가 발급한 진단서
>   라. 병역 판정 신체검사(현역병 지원 신체 검사를 포함한다) 결과 통보서

523
도로교통법령상 운전면허 취소 처분에 대한 이의가 있는 경우, 운전면허 행정 처분 이의 심의 위원회에 신청할 수 있는 기간은?

① 그 처분을 받은 날로부터 90일 이내
② 그 처분을 안 날로부터 90일 이내
③ 그 처분을 받은 날로부터 60일 이내
④ 그 처분을 안 날로부터 60일 이내

> **해설** 도로교통법 제94조
> 운전면허의 취소 처분 또는 정지 처분, 연습운전면허 취소 처분에 대하여 이의가 있는 사람은 그 처분을 받은 날부터 60일 이내에 시·도경찰청장에게 이의를 신청할 수 있다.

524
도로교통법령상 연습운전면허 소지자가 도로에서 주행 연습을 할 때 연습하고자 하는 자동차를 운전할 수 있는 운전면허를 받은 날부터 2년이 경과된 사람(운전면허 정지 기간 중인 사람 제외)과 함께 승차하지 아니하고 단독으로 운행한 경우 처분은?

① 통고 처분
② 과태료 부과
③ 연습운전면허 정지
④ 연습운전면허 취소

> **해설** 도로교통법 시행규칙 제55조(연습운전면허를 받은 사람의 준수 사항), 별표29
> 연습운전면허 준수 사항을 위반한 때(연습하고자 하는 자동차를 운전할 수 있는 운전면허를 받은 날부터 2년이 경과된 사람과 함께 승차하여 그 사람의 지도를 받아야 한다) 연습운전면허를 취소한다.

525

도로교통법령상 원동기장치자전거를 운전할 수 있는 **운전면허를 받지 아니하고 개인형 이동장치를 운전한 경우 처벌 기준**은?

① 20만원 이하 벌금이나 구류 또는 과료
② 30만원 이하 벌금이나 구류
③ 50만원 이하 벌금이나 구류
④ 6개월 이하 징역 또는 200만원 이하 벌금

> **해설** 개인형 이동장치를 무면허 운전한 경우에는 도로교통법 제156조(벌칙)에 의해 **처벌 기준은 20만원 이하 벌금이나 구류 또는 과료**이다. 실제 처벌은 도로교통법 시행령 별표8에 의해 범칙금 10만원으로 통고 처분된다.

526

도로교통법령상 **승용자동차의 고용주 등에게 부과되는 위반 행위별 과태료 금액이 틀린 것**은?(어린이보호구역 및 노인·장애인보호구역 제외)

① 중앙선 침범의 경우, 과태료 9만원
② 신호 위반의 경우, 과태료 7만원
③ 보도를 침범한 경우, 과태료 7만원
④ 속도위반(매시 20킬로미터 이하)의 경우, 과태료 5만원

> **해설** 도로교통법 시행령 별표6
> 제한 속도(매시 20킬로미터 이하)를 위반한 차의 고용주 등에게 과태료 4만원 부과

527

도로교통법령상 **벌점이 부과되는 운전자의 행위**는?

① 주행 중 차 밖으로 물건을 던지는 경우
② 차로 변경 시 신호 불이행한 경우
③ 불법 부착 장치 차를 운전한 경우
④ 서행 의무를 위반한 경우

> **해설** 도로를 통행하고 있는 차에서 밖으로 물건을 던지는 경우 벌점 10점이 부과된다(도로교통법 시행규칙 별표 28).

528

도로교통법령상 **무사고·무위반 서약에 의한 벌점 감경(착한운전 마일리지 제도)에 대한 설명으로 맞는 것**은?

① 40점의 특혜 점수를 부여한다.
② 2년간 교통사고 및 법규 위반이 없어야 특혜 점수를 부여한다.
③ 운전자가 정지 처분을 받게 될 경우 누산 점수에서 특혜 점수를 공제한다.
④ 운전면허시험장에 직접 방문하여 서약서를 제출해야만 한다.

> **해설** 1년간 교통사고 및 법규 위반이 없어야 10점의 특혜 점수를 부여한다. 경찰관서 방문뿐만 아니라 인터넷(www.efine.go.kr)으로도 서약서를 제출할 수 있다(도로교통법 시행규칙 별표28 1항 일반기준 나. 벌점의 종합관리).

529

도로교통법령상 **연습운전면허 취소 사유로 규정된 2가지**는?

① 단속하는 경찰 공무원 등 및 시·군·구 공무원을 폭행한 때
② 도로에서 자동차의 운행으로 물적 피해만 발생한 교통사고를 일으킨 때
③ 다른 사람에게 연습운전면허증을 대여하여 운전하게 한 때
④ 신호 위반을 2회한 때

> **해설** 도로교통법 시행규칙 별표29
> 도로에서 자동차 등의 운행으로 인한 교통사고를 일으킨 때 연습운전면허를 취소한다. 다만, 물적 피해만 발생한 경우를 제외한다.

530
도로교통법령상 **특별교통안전 의무교육을 받아야 하는 사람은?**

① 처음으로 운전면허를 받으려는 사람
② 처분 벌점이 30점인 사람
③ 교통 참여 교육을 받은 사람
④ 난폭 운전으로 면허가 정지된 사람

> **해설** 도로교통법 제73조(교통안전교육)
> 처음으로 운전면허를 받으려는 사람은 교통안전교육을 받아야 한다. 처분 벌점이 40점 미만인 사람은 교통 법규 교육을 받을 수 있다.

531
도로교통법령상 **교차로·횡단보도·건널목이나 보도와 차도가 구분된 도로의 보도에 2시간 이상 주차한 승용자동차의 소유자에게 부과되는 과태료 금액**으로 맞는 것은?(어린이보호구역 및 노인·장애인보호구역 제외)

① 4만원 ② 5만원
③ 6만원 ④ 7만원

> **해설** 도로교통법 시행령 별표6
> 교차로·횡단보도·건널목이나 보도와 차도가 구분된 도로의 보도에 2시간 이상 주차한 승용자동차의 고용주 등에게 과태료 5만원을 부과한다.

532
도로교통법령상 **운전면허 취소 사유가 아닌 것**은?

① 정기 적성검사 기간을 1년 초과한 경우
② 보복 운전으로 구속된 경우
③ 제한 속도를 시속 100킬로미터 초과하여 2회 운전한 경우
④ 자동차 등을 이용하여 다른 사람을 약취 유인 또는 감금한 경우

> **해설** 도로교통법 제93조(운전면허의 취소·정지)
> 제한 속도를 최고 속도보다 시속 100킬로미터를 초과한 속도로 3회 이상 자동차 등을 운전한 경우

533
2회 이상 경찰 공무원의 음주 측정을 거부한 승용차운전자의 처벌 기준은?(벌금 이상의 형이 확정된 날부터 10년 내)

① 1년 이상 6년 이하의 징역이나 500만원 이상 3천만원 이하의 벌금
② 2년 이상 6년 이하의 징역이나 500만원 이상 2천만원 이하의 벌금
③ 3년 이상 5년 이하의 징역이나 1천만원 이상 3천만원 이하의 벌금
④ 1년 이상 5년 이하의 징역이나 500만원 이상 2천만원 이하의 벌금

> **해설** 도로교통법 제148조의2(벌칙)
> ① 제44조 제1항 또는 제2항을 위반(자동차 등 또는 노면전차를 운전한 사람으로 한정한다. 다만, 개인형 이동형장치를 운전하는 경우는 제외한다)하여 벌금 이상의 형을 선고받고 그 형이 확정된 날부터 10년 내에 다시 같은 조 제1항 또는 제2항을 위반한 사람(형이 실효된 사람도 포함)은 다음 각 호의 구분에 따라 처벌한다.
> 1. 제44조 제2항을 위반한 사람은 1년 이상 6년 이하의 징역이나 500만원 이상 3천만원 이하의 벌금
> 2. 제44조 제1항을 위반한 사람 중 혈중 알코올 농도가 0.2퍼센트 이상인 사람은 2년 이상 6년 이하의 징역이나 1천만원 이상 3천만원 이하의 벌금
> 3. 제44조 제1항을 위반한 사람 중 혈중 알코올 농도가 0.03퍼센트 이상 0.2퍼센트 미만인 사람은 1년 이상 5년 이하의 징역이나 500만원 이상 2천만원 이하의 벌금

534

도로교통법령상 혈중 알코올 농도 0.08퍼센트 이상 0.2퍼센트 미만의 술에 취한 상태로 자동차를 운전한 사람에 대한 처벌 기준으로 맞는 것은?(1회 위반한 경우, 개인형 이동장치 제외)

① 2년 이하의 징역이나 500만원 이하의 벌금
② 3년 이하의 징역이나 500만원 이상 1천만원 이하의 벌금
③ **1년 이상 2년 이하의 징역이나 500만원 이상 1천만원 이하의 벌금**
④ 2년 이상 5년 이하의 징역이나 1천만원 이상 2천만원 이하의 벌금

> **해설** 도로교통법 제148조의2(벌칙)
> ③ 제44조 제1항을 위반하여 술에 취한 상태에서 자동차 등 또는 노면 전차를 운전한 사람은 다음 각 호의 구분에 따라 처벌한다.
> 1. 혈중 알코올 농도가 0.2퍼센트 이상인 사람은 2년 이상 5년 이하의 징역이나 1천만원 이상 2천만원 이하의 벌금
> 2. 혈중 알코올 농도가 0.08퍼센트 이상 0.2퍼센트 미만인 사람은 1년 이상 2년 이하의 징역이나 500만원 이상 1천만원 이하의 벌금
> 3. 혈중 알코올 농도가 0.03퍼센트 이상 0.08퍼센트 미만인 사람은 1년 이하의 징역이나 500만원 이하의 벌금

535

도로교통법령상 도로에서 자동차 운전자가 물적 피해 교통사고를 일으킨 후 조치 등 불이행에 따른 벌점 기준은?

① **15점**   ② 20점
③ 30점   ④ 40점

> **해설** 도로교통법 시행규칙 별표28
> 조치 등 불이행에 따른 벌점 기준에 따라 물적 피해가 발생한 교통사고를 일으킨 후 도주한 때 벌점 15점을 부과한다.

536

도로교통법령상 4.5톤 화물자동차의 적재물 추락 방지 조치를 하지 않은 경우 범칙금액은?

① **5만원**   ② 4만원
③ 3만원   ④ 2만원

> **해설** 도로교통법 제39조 제4항, 시행령 별표8
> 4톤 초과 화물자동차의 적재물 추락 방지 위반 행위는 범칙금 5만원이다.

537

도로교통법령상 전용차로 통행에 대한 설명으로 맞는 것은?

① 승용차에 2인이 승차한 경우 다인승전용차로를 통행할 수 있다.
② **승차정원 9인승 이상 승용차는 6인이 승차하면 고속도로 버스전용차로를 통행할 수 있다.**
③ 승차정원 12인승 이하인 승합차는 5인이 승차해도 고속도로 버스전용차로를 통행할 수 있다.
④ 승차정원 16인승 자가용 승합차는 고속도로 외의 도로에 설치된 버스전용차로를 통행할 수 있다.

> **해설** 도로교통법 시행령 별표1
> ① 3인 이상 승차하여야 한다.
> ③ 승차자가 6인 이상이어야 한다.
> ④ 사업용 승합차이거나, 통학 또는 통근용으로 시·도경찰청장의 지정을 받는 등의 조건을 충족하여야 통행이 가능하다. 36인승 이상의 대형승합차와 36인승 미만의 사업용 승합차 그리고 신고필증을 교부 받은 어린이통학버스는 고속도로 외의 도로에서 버스전용차로의 통행이 가능하다.

538
도로교통법령상 75세 이상인 사람이 받아야 하는 교통안전교육에 대한 설명으로 틀린 것은?

① 75세 이상인 사람에 대한 교통안전교육은 한국도로교통공단에서 실시한다.
② 운전면허증 갱신일에 75세 이상인 사람은 갱신기간 이내에 교육을 받아야 한다.
③ 75세 이상인 사람이 운전면허를 처음 받으려는 경우 교육 시간은 1시간이다.
④ 교육은 강의 · 시청각 · 인지 능력 자가 진단 등의 방법으로 2시간 실시한다.

해설 도로교통법 시행규칙 별표16 일련번호 4
75세 이상인 사람에 대한 교통안전교육 교육 시간은 2시간이다.

539
도로교통법령상 자동차 운전자가 중앙선 침범으로 피해자에게 중상 1명, 경상 1명의 교통사고를 일으킨 경우 벌점은?

① 30점　　② 40점
③ 50점　　④ 60점

해설 도로교통법 시행규칙 별표28
운전면허 취소 · 정지 처분 기준에 따라 중앙선 침범 벌점 30점, 중상 1명당 벌점 15점, 경상 1명당 벌점 5점이다.

540
도로교통법령상 "도로에서 어린이에게 개인형 이동장치를 운전하게 한 보호자의 과태료"와 "술에 취한 상태로 개인형 이동장치를 운전한 사람의 범칙금(측정 거부 제외)"을 합산한 것으로 맞는 것은?

① 10만원　　② 20만원
③ 30만원　　④ 40만원

해설 도로교통법 시행령 별표6
도로에서 어린이가 개인형 이동장치를 운전하게 한 어린이의 보호자는 과태료 10만원
도로교통법 시행령 별표8
술에 취한 상태에서의 자전거 등을 운전한 사람 중 개인형 이동장치는 범칙금 10만원, 자전거는 범칙금 3만원

541
도로교통법령상 고속도로 버스전용차로를 이용할 수 있는 자동차의 기준으로 맞는 것은?

① 11인승 승합자동차는 승차 인원에 관계없이 통행이 가능하다.
② 9인승 승용자동차는 6인 이상 승차한 경우에 통행이 가능하다.
③ 15인승 이상 승합자동차만 통행이 가능하다.
④ 45인승 이상 승합자동차만 통행이 가능하다.

해설 도로교통법 시행령 별표1
고속도로 버스전용차로를 통행할 수 있는 자동차는 9인승 이상 승용자동차 및 승합자동차이다. 다만, 9인승 이상 12인승 이하의 승용자동차 및 승합자동차는 6인 이상 승차한 경우에 한하여 통행이 가능하다.

542
다음 보기에서 설명하는 교차로를 운행하는 경우 일시정지해야 하는 곳이 아닌 것은?

① 신호기의 신호가 황색 점멸 중인 교차로
② 신호기의 신호가 적색 점멸 중인 교차로
③ 교통정리를 하고 있지 아니하고 좌우를 확인할 수 없는 교차로
④ 교통정리를 하고 있지 아니하고 교통이 빈번한 교차로

해설 도로교통법 시행규칙 별표2
황색 등화의 점멸 시 차마는 다른 교통 또는 안전표지의 표시에 주의하면서 진행할 수 있다.

543

유료도로법령상 **통행료를 미납하고 고속도로를 통과한 차량에 대한 부가 통행료 부과 기준**으로 맞는 것은?

① 통행료의 5배에 해당하는 금액을 부과할 수 있다.
② 통행료의 10배에 해당하는 금액을 부과할 수 있다.
③ 통행료의 20배에 해당하는 금액을 부과할 수 있다.
④ 통행료의 30배에 해당하는 금액을 부과할 수 있다.

해설 통행료를 납부하지 아니하고 유료도로를 통행하는 행위 시 통행료의 10배에 해당하는 금액을 부과할 수 있다(유료도로법 제20조 및 유료도로법 시행령 제14조).

544

도로교통법령상 **전용차로 통행차 외에 전용차로로 통행할 수 있는 경우**가 **아닌** 것은?

① 긴급자동차가 그 본래의 긴급한 용도로 운행되고 있는 경우
② 도로의 파손 등으로 전용차로가 아니면 통행할 수 없는 경우
③ 전용차로 통행차의 통행에 장해를 주지 아니하는 범위에서 택시가 승객을 태우기 위하여 일시 통행하는 경우
④ 택배차가 물건을 내리기 위해 일시 통행하는 경우

해설 도로교통법 시행령 제10조(전용차로 통행차 외에 전용차로로 통행할 수 있는 경우)

545

도로교통법령상 **자동차전용도로에서 자동차의 최고 속도와 최저 속도**는?

① 매시 110킬로미터, 매시 50킬로미터
② 매시 100킬로미터, 매시 40킬로미터
③ 매시 90킬로미터, 매시 30킬로미터
④ 매시 80킬로미터, 매시 20킬로미터

해설 도로교통법 시행규칙 제19조(자동차 등과 노면 전차의 속도)
자동차전용도로에서 자동차의 최고 속도는 매시 90킬로미터, 최저 속도는 매시 30킬로미터이다.

546

고속도로 통행료 미납 시 강제 징수의 방법으로 맞지 **않는** 것은?

① 예금 압류
② 가상 자산 압류
③ 공매
④ 번호판 영치

해설 고속도로 통행료 납부 기한 경과 시 국세 체납 처분의 예에 따라 전자 예금 압류 시스템을 활용하여 체납자의 예금 및 가상 자산을 압류(추심)하여 미납 통행료를 강제 징수할 수 있으며, 압류된 차량에 대하여 강제 인도 후 공매를 진행할 수 있다(유료도로법 제21조, 국세징수법 제31조, 국세징수법 제45조 제5항, 국세징수법 제64조 제1항).

547

도로교통법령상 **개인형 이동장치 운전자**(13세 이상)의 **법규 위반에 대한 범칙금액**이 **다른** 것은?

① 운전면허를 받지 아니하고 운전
② 경찰 공무원의 호흡 조사 측정에 불응한 경우
③ 술에 취한 상태에서 운전
④ 약물의 영향으로 정상적으로 운전하지 못할 우려가 있는 상태에서 운전

해설 도로교통법 시행령 별표8
①, ③, ④는 범칙금 10만원, ②는 범칙금 13만원

548

도로교통법령상 음주운전 방지 장치 부착 조건부 운전면허 취득 대상에 해당하지 않는 것은?

① 음주운전 위반한 사람이 5년 이내 술에 취한 상태에서 원동기장치자전거를 운전하여 면허 취소 처분을 받은 경우
② 음주운전 위반한 사람이 3년 이내 술에 취한 상태에서 개인형 이동장치를 운전하여 면허 취소 처분을 받은 경우
③ 음주운전 위반한 사람이 5년 이내 술에 취한 상태에서 경찰 공무원의 음주 측정에 응하지 아니하여 면허 취소 처분을 받은 경우
④ 음주운전 위반한 사람이 3년 이내 술에 취한 상태에서 음주 측정 방해 행위로 면허 취소 처분을 받은 경우

해설 도로교통법 제80조의2(음주운전 방지 장치 부착 조건부 운전면허)제1항
제44조 제1항, 제2항 또는 제5항을 위반(자동차 등 또는 노면 전차를 운전한 경우로 한정한다. 다만, 개인형 이동장치를 운전한 경우는 제외한다. 이하 같다)한 날부터 5년 이내에 다시 같은 조 제1항, 제2항 또는 제5항을 위반하여 운전면허 취소 처분을 받은 사람이 자동차 등을 운전하려는 경우에는 시·도경찰청장으로부터 음주운전 방지 장치 부착 조건부 운전면허(이하 "조건부 운전면허"라 한다. 이하 같다)를 받아야 한다.

549

도로교통법령상 정비 불량 차량 발견 시 ( )일의 범위 내에서 그 사용을 정지시킬 수 있다. ( ) 안에 기준으로 맞는 것은?

① 5
② 7
③ 10
④ 14

해설 도로교통법 제41조 제3항
시·도경찰청장은 제2항에도 불구하고 정비 상태가 매우 불량하여 위험 발생의 우려가 있는 경우에는 그 차의 자동차 등록증을 보관하고 운전의 일시정지를 명할 수 있다. 이 경우 필요하면 10일의 범위에서 정비 기간을 정하여 그 차의 사용을 정지시킬 수 있다.

550

도로교통법령상 신호에 대한 설명으로 맞는 2가지는?

① 황색 등화의 점멸 – 차마는 다른 교통 또는 안전표지에 주의하면서 진행할 수 있다.
② 적색의 등화 – 보행자는 횡단보도를 주의하면서 횡단할 수 있다.
③ 녹색 화살 표시의 등화 – 차마는 화살표 방향으로 진행할 수 있다.
④ 황색의 등화 – 차마가 이미 교차로에 진입하고 있는 경우에는 교차로 내에 정지해야 한다.

해설 도로교통법 시행규칙 별표2
– 보행 신호등 적색의 등화: 보행자는 횡단보도를 횡단하여서는 아니 된다.
– 차량 신호등 황색의 등화: 차마는 정지선이 있거나 횡단보도가 있을 때에는 그 직전이나 교차로의 직전에 정지하여야 하며, 이미 교차로에 차마의 일부라도 진입한 경우에는 신속히 교차로 밖으로 진행하여야 한다.

551

도로교통법령상 '자동차'에 해당하는 2가지는?

① 천공기(트럭 적재식)
② 노상안정기
③ 자전거
④ 유모차(폭 1미터 이내)

해설 도로교통법 제2조 및 건설기계관리법 제26조 제1항 단서에 따라 건설기계 중 덤프트럭, 아스팔트살포기, 노상안정기, 콘크리트 믹서트럭, 콘크리트 펌프, 천공기(트럭 적재식)는 자동차에 포함된다.

552

도로교통법상 **자동차 등**(개인형 이동장치 제외)**을 운전한 사람에 대한 처벌 기준**에 대한 내용이다. **잘못 연결된 2가지는?**

① 혈중 알코올 농도 0.2퍼센트 이상으로 음주운전한 사람 – 1년 이상 2년 이하의 징역이나 1천만원 이하의 벌금
② 공동 위험 행위를 한 사람 – 2년 이하의 징역이나 500만원 이하의 벌금
③ 난폭 운전한 사람 – 1년 이하의 징역이나 500만원 이하의 벌금
④ 원동기장치자전거 무면허 운전 – 50만원 이하의 벌금이나 구류

> **해설** ① 혈중 알코올 농도 0.2퍼센트 이상으로 음주운전(1회 위반한 경우) – 2년 이상 5년 이하의 징역이나 1천만원 이상 2천만원 이하의 벌금
> ② 공동 위험 행위 – 2년 이하의 징역이나 500만원 이하의 벌금
> ③ 난폭 운전 – 1년 이하의 징역이나 500만원 이하의 벌금
> ④ 원동기장치자전거 무면허 운전 – 30만원 이하의 벌금이나 구류

553

도로교통법령상 **음주 측정 방해 행위**에 해당하는 설명으로 가장 **적절하지 않은 2가지는?**

① 술에 취한 상태에 있다고 인정할 만한 상당한 이유가 있는 사람이 경찰 공무원의 측정을 곤란하게 할 목적으로 추가로 술을 마시는 경우가 이에 해당한다.
② 자동차 등을 운전한 후 음주 측정 방해 행위를 위반할 경우 1년 이하의 징역이나 500만원 이하의 벌금에 처한다.
③ 술에 취한 상태에 있다고 인정할 만한 상당한 이유가 있는 사람이 혈중 알코올 농도에 영향을 줄 수 있는 의약품 등 행정안전부령으로 정하는 물품을 사용하는 행위가 이에 해당한다.
④ 술에 취한 상태에 있다고 인정할 만한 상당한 이유가 있는 사람이 자전거를 운전한 후 음주 측정 방해 행위를 하는 경우는 이에 해당하지 않는다.

> **해설** 제44조(술에 취한 상태에서의 운전 금지) 제5항 술에 취한 상태에 있다고 인정할 만한 상당한 이유가 있는 사람은 자동차 등, 노면 전차 또는 자전거를 운전한 후 제2항 또는 제3항에 따른 측정을 곤란하게 할 목적으로 추가로 술을 마시거나 혈중 알코올 농도에 영향을 줄 수 있는 의약품 등 행정안전부령으로 정하는 물품을 사용하는 행위(이하 "음주 측정 방해 행위"라 한다. 이하 같다)를 하여서는 아니 된다.
> 제148조의2(벌칙) 제2항
> 다음 각 호의 어느 하나에 해당하는 사람은 1년 이상 5년 이하의 징역이나 500만원 이상 2천만원 이하의 벌금에 처한다.
> 2. 술에 취한 상태에 있다고 인정할 만한 상당한 이유가 있는 사람으로서 제44조 제5항을 위반하여 자동차 등 또는 노면 전차를 운전한 후 음주 측정 방해 행위를 한 사람
> 제156조(벌칙)
> 다음 각 호의 어느 하나에 해당하는 사람은 20만원 이하의 벌금이나 구류 또는 과료(科料)에 처한다.
> 12의2. 술에 취한 상태에 있다고 인정할 만한 상당한 이유가 있는 사람으로서 제44조제5항을 위반하여 자전거 등을 운전한 후 음주 측정 방해 행위를 한 사람

554

도로교통법령상 **승용차가 해당 도로에서 법정 속도를 위반하여 운전하고 있는 경우 2가지는?**

① 편도 2차로인 일반 도로를 매시 85킬로미터로 주행 중이다.
② 서해안 고속도로를 매시 90킬로미터로 주행 중이다.
③ 자동차전용도로를 매시 95킬로미터로 주행 중이다.
④ 편도 1차로인 고속도로를 매시 75킬로미터로 주행 중이다.

해설 편도 2차로의 일반 도로는 매시 80킬로미터, 자동차전용도로는 매시 90킬로미터가 제한 최고 속도이고, 서해안 고속도로는 매시 110킬로미터, 편도 1차로 고속도로는 매시 80킬로미터가 제한 최고 속도이다(도로교통법 시행규칙 제19조).

555

도로교통법령상 **길가장자리구역**에 대한 설명으로 맞는 **2가지**는?

① 경계 표시는 하지 않는다.
② 보행자의 안전 확보를 위하여 설치한다.
③ 보도와 차도가 구분되지 아니한 도로에 설치한다.
④ 도로가 아니다.

해설 도로교통법 제2조 제11호
길가장자리구역이란 보도와 차도가 구분되지 아니한 도로에서 보행자의 안전을 위하여 안전표지 등으로 경계를 표시한 도로의 가장자리 부분을 말한다.

556

교통사고처리 특례법상 **처벌의 특례**에 대한 설명으로 맞는 것은?

① 차의 교통으로 중과실 치상죄를 범한 운전자에 대해 자동차 종합 보험에 가입되어 있는 경우 무조건 공소를 제기할 수 없다.
② 차의 교통으로 업무상 과실 치상죄를 범한 운전자에 대해 피해자의 명시적인 의사에 반하여 항상 공소를 제기할 수 있다.
③ 차의 운전자가 교통사고로 인하여 형사 처벌을 받게 되는 경우 5년 이하의 금고 또는 2천만원 이하의 벌금형을 받는다.
④ 규정 속도보다 매시 20킬로미터를 초과한 운행으로 인명 피해 사고 발생 시 종합 보험에 가입되어 있으면 공소를 제기할 수 없다.

해설 교통사고처리 특례법 제3조

557

도로교통법령상 **보행 보조용 의자차**(식품의약품안전처장이 정하는 의료 기기의 규격)로 볼 수 **없는** 것은?

① 수동휠체어
② 전동휠체어
③ 의료용 스쿠터
④ 전기자전거

해설 도로교통법 시행규칙 제2조(차마에서 제외하는 기구·장치)
①「도로교통법」(이하 "법"이라 한다) 제2조 제10호 및 제17호 가목5)에서 "유모차, 보행 보조용 의자차, 노약자용 보행기 등 행정안전부령이 정하는 기구·장치"란 너비 1미터 이하인 것으로서 다음 각 호의 기구·장치를 말한다.
1. 유모차
2. 보행 보조용 의자차(「의료기기법」제19조에 따라 식품의약품안전처장이 정하는 의료기기의 기준 규격에 따른 수동휠체어, 전동휠체어 및 의료용 스쿠터를 말한다)
3. 노약자용 보행기
4. 법 제11조 제3항에 따른 놀이기구(어린이가 이용하는 것에 한정한다)
5. 동력이 없는 손수레
6. 이륜자동차, 원동기장치자전거 또는 자전거로서 운전자가 내려서 끌거나 들고 통행하는 것
7. 도로의 보수·유지, 도로상의 공사 등 작업에 사용되는 기구·장치(사람이 타거나 화물을 운송하지 않는 것에 한정한다)
(2022. 4. 20. 시행 법령 기준이며, 정답에는 변동 없음)

558

도로교통법령상 **초보 운전자**에 대한 설명으로 맞는 것은?

① 원동기장치자전거 면허를 받은 날로부터 1년이 지나지 않은 경우를 말한다.
② 연습운전면허를 받은 날로부터 1년이 지나지 않은 경우를 말한다.
③ 처음 운전면허를 받은 날로부터 2년이 지나기 전에 취소되었다가 다시 면허를 받는 경우 취소되기 전의 기간을 초보 운전자 경력에 포함한다.
④ 처음 제1종 보통면허를 받은 날부터 2년이 지나지 않은 사람은 초보 운전자에 해당한다.

해설 도로교통법 제2조 제27호
"초보 운전자"란 처음 운전면허를 받은 날(처음 운전면허를 받은 날부터 2년이 지나기 전에 운전면허의 취소 처분을 받은 경우에는 그 후 다시 운전면허를 받은 날을 말한다)부터 2년이 지나지 아니한 사람을 말한다. 이 경우 원동기장치자전거면허만 받은 사람이 원동기장치자전거면허 외의 운전면허를 받은 경우에는 처음 운전면허를 받은 것으로 본다.

559
도로교통법령상 원동기장치자전거에 대한 설명으로 옳은 것은?

① 모든 이륜자동차를 말한다.
② 자동차관리법에 의한 250시시 이하의 이륜자동차를 말한다.
③ 배기량 150시시 이상의 원동기를 단 차를 말한다.
④ 전기를 동력으로 사용하는 경우는 최고정격출력 11킬로와트 이하의 원동기를 단 차(전기자전거 제외)를 말한다.

해설 도로교통법 제2조 제19호
"원동기장치자전거"란 다음 각 목의 어느 하나에 해당하는 차를 말한다.
가. 자동차관리법 제3조에 따른 이륜자동차 가운데 배기량 125시시 이하(전기를 동력으로 하는 경우에는 최고정격출력 11킬로와트 이하)의 이륜자동차
나. 그 밖에 배기량 125시시 이하(전기를 동력으로 하는 경우에는 최고정격출력 11킬로와트 이하)의 원동기를 단 차(전기자전거 제외)

560
교통사고처리 특례법상 교통사고에 해당하지 않는 것은?

① 4.5톤 화물차와 승용자동차가 충돌하여 운전자가 다친 경우
② 철길 건널목에서 보행자가 기차에 부딪혀 다친 경우
③ 보행자가 횡단보도를 횡단하다가 신호 위반한 자동차와 부딪혀 보행자가 다친 경우
④ 보도에서 자전거를 타고 가다가 보행자를 충격하여 보행자가 다친 경우

해설 교통사고처리 특례법 제2조 제2호

561
도로교통법령상 도로의 구간 또는 장소에 설치되는 노면 표시의 색채에 대한 설명으로 맞는 것은?

① 중앙선 표시, 안전지대는 흰색이다.
② 버스전용차로 표시, 안전지대 표시는 노란색이다.
③ 소방 시설 주변 정차·주차 금지 표시는 빨간색이다.
④ 주차 금지 표시, 정차·주차 금지 표시 및 안전지대는 빨간색이다.

해설 도로교통법 시행규칙 별표6
① 중앙선은 노란색, 안전지대는 노란색이나 흰색이다.
② 버스전용차로 표시는 파란색이다.
④ 주차 금지 표시 및 정차·주차 금지 표시는 노란색이다.

562
도로교통법령상 앞지르기에 대한 설명으로 맞는 것은?

① 앞차의 우측에 다른 차가 앞차와 나란히 가고 있는 경우 앞지르기를 해서는 안 된다.
② 최근에 개설한 터널, 다리 위, 교차로에서는 앞지르기가 가능하다.
③ 차의 운전자가 앞서가는 다른 차의 좌측 옆을 지나서 그 차의 앞으로 나가는 것을 말한다.
④ 고속도로에서 승용차는 버스전용차로를 이용하여 앞지르기 할 수 있다.

해설 도로교통법 제2조(정의) 제29호, 제21조

563

도로교통법령상 자동차가 아닌 것은?

① 승용자동차 ② 원동기장치자전거
③ 특수자동차 ④ 승합자동차

해설 도로교통법 제2조 제18호

564

교통사고처리 특례법상 피해자의 명시된 의사에 반하여 공소를 제기할 수 있는 속도위반 교통사고는?

① 최고 속도가 100킬로미터인 고속도로에서 매시 110킬로미터로 주행하다가 발생한 교통사고
② 최고 속도가 80킬로미터인 편도 3차로 일반 도로에서 매시 95킬로미터로 주행하다가 발생한 교통사고
③ 최고 속도가 90킬로미터인 자동차전용도로에서 매시 100킬로미터로 주행하다가 발생한 교통사고
④ 최고 속도가 60킬로미터인 편도 1차로 일반 도로에서 매시 82킬로미터로 주행하다가 발생한 교통사고

해설 교통사고처리 특례법 제3조(처벌의 특례)
② 차의 교통으로 제1항의 죄 중 업무상 과실 치상죄 또는 중과실 치상죄와 도로교통법 제151조의 죄를 범한 운전자에 대하여는 피해자의 명시적인 의사에 반하여 공소를 제기할 수 없다. 다만, 다음 각 호의 어느 하나에 해당하는 행위로 인하여 같은 죄를 범한 경우에는 그러하지 아니하다.
  1. 도로교통법 제5조에 따른 신호기가 표시하는 신호 또는 지시를 위반하여 운전한 경우
  2. 도로교통법 제13조 제3항을 위반하여 중앙선을 침범하거나 같은 법 제62조를 위반하여 횡단, 유턴 또는 후진한 경우
  3. 도로교통법 제17조 제1항 또는 제2항에 따른 제한속도를 시속 20킬로미터 초과하여 운전한 경우

565

도로교통법령상 4색 등화의 가로형 신호등 배열 순서로 맞는 것은?

① 우로부터 적색 → 녹색 화살표 → 황색 → 녹색
② 좌로부터 적색 → 황색 → 녹색 화살표 → 녹색
③ 좌로부터 황색 → 적색 → 녹색 화살표 → 녹색
④ 우로부터 녹색 화살표 → 황색 → 적색 → 녹색

해설 도로교통법 시행규칙 제7조 별표4

566

도로교통법령상 적성검사 기준을 갖추었는지를 판정하는 서류가 아닌 것은?

① 국민건강보험법에 따른 건강검진 결과 통보서
② 의료법에 따라 의사가 발급한 진단서
③ 병역법에 따른 징병 신체 검사 결과 통보서
④ 대한안경사협회장이 발급한 시력 검사서

해설 도로교통법 시행령 제45조(자동차 등의 운전에 필요한 적성의 기준)
② 도로교통공단은 제1항 각 호의 적성검사 기준을 갖추었는지를 다음 각 호의 서류로 판정할 수 있다.
  1. 운전면허시험 신청일부터 2년 이내에 발급된 다음 각 목의 어느 하나에 해당하는 서류
  가. 의원, 병원 및 종합 병원에서 발행한 신체 검사서
  나. 건강검진 결과 통보서
  다. 의사가 발급한 진단서
  라. 병역 판정 신체 검사(현역병지원 신체 검사를 포함한다) 결과 통보서

567

다음 중 사용하는 사람 또는 기관 등의 신청에 의하여 시·도경찰청장이 지정할 수 있는 긴급자동차로 맞는 것은?

① 혈액 공급 차량
② 경찰용 자동차 중 범죄수사, 교통단속, 그 밖의 긴급한 경찰 업무 수행에 사용되는 자동차
③ **전파 감시 업무에 사용되는 자동차**
④ 수사 기관의 자동차 중 범죄 수사를 위하여 사용되는 자동차

> **해설** 도로교통법 시행령 제2조
> ① 도로교통법이 정하는 긴급자동차
> ②, ④ 대통령령이 지정하는 자동차
> ③ 시·도경찰청장이 지정하는 자동차

568

도로교통법령상 긴급자동차의 준수 사항으로 옳은 것 2가지는?

① 속도에 관한 규정을 위반하는 자동차 등을 단속하는 긴급자동차는 자동차의 안전 운행에 필요한 기준에서 정한 긴급자동차의 구조를 갖추어야 한다.
② **국내외 요인에 대한 경호 업무 수행에 공무로 사용되는 긴급자동차는 사이렌을 울리거나 경광등을 켜지 않아도 된다.**
③ 일반자동차는 전조등 또는 비상 표시등을 켜서 긴급한 목적으로 운행되고 있음을 표시하여도 긴급자동차로 볼 수 없다.
④ **긴급자동차는 원칙적으로 사이렌을 울리거나 경광등을 켜야만 우선통행 및 법에서 정한 특례를 적용받을 수 있다.**

> **해설** 도로교통법 시행령 제3조(긴급자동차의 준수 사항)

569

다음은 도로교통법에서 정의하고 있는 용어이다. 알맞은 내용 2가지는?

① "차로"란 연석선, 안전표지 또는 그와 비슷한 인공 구조물을 이용하여 경계(境界)를 표시하여 모든 차가 통행할 수 있도록 설치된 도로의 부분을 말한다.
② **"차선"이란 차로와 차로를 구분하기 위하여 그 경계지점을 안전표지로 표시한 선을 말한다.**
③ "차도"란 차마가 한 줄로 도로의 정하여진 부분을 통행하도록 차선으로 구분한 도로의 부분을 말한다.
④ **"보도"란 연석선 등으로 경계를 표시하여 보행자가 통행할 수 있도록 한 도로의 부분을 말한다.**

> **해설** 도로교통법 제2조

570

도로교통법령상 자전거의 통행 방법에 대한 설명으로 틀린 것은?

① 보도 및 차도로 구분된 도로에서는 차도로 통행하여야 한다.
② 교차로에서 우회전하고자 할 경우 미리 도로의 우측 가장자리를 서행하면서 우회전해야 한다.
③ **교차로에서 좌회전하고자 할 때는 서행으로 도로의 중앙 또는 좌측 가장자리에 붙어서 좌회전해야 한다.**
④ 자전거 도로가 따로 설치된 곳에서는 그 자전거 도로로 통행하여야 한다.

> **해설** 법제처 민원인 질의회시(도로교통법 제25조 제3항 관련, 자전거 운전자가 교차로에서 좌회전하는 방법 질의에 대한 경찰청 답변)
> 자전거 운전자가 교차로에서 좌회전 신호에 따라 곧바로 좌회전을 할 수 없고 진행 방향의 직진 신호에 따라 미리 도로의 우측 가장자리로 붙어서 2단계로 직진-직진하는 방법으로 좌회전해야 한다는 훅턴(hook-turn)을 의미하는 것이다.

571

도로교통법령상 **용어의 정의**에 대한 설명으로 맞는 것은?

① "자동차전용도로"란 자동차만이 다닐 수 있도록 설치된 도로를 말한다.
② "자전거도로"란 안전표지, 위험 방지용 울타리나 그와 비슷한 인공 구조물로 경계를 표시하여 자전거만 통행할 수 있도록 설치된 도로를 말한다.
③ "자동차 등"이란 자동차와 우마를 말한다.
④ "자전거 등"이란 자전거와 전기자전거를 말한다.

> 해설 도로교통법 제2조(제2호는 정답 ①번 근거)
> 8. "자전거도로"란 자전거 및 개인용 이동장치가 통행할 수 있도록 설치된 도로를 말한다.
> 21. "자동차 등"이란 자동차와 원동기장치자전거를 말한다.
> 21의 2. "자전거 등"이란 자전거와 개인형 이동장치를 말한다.

572

도로교통법령상 **개인형 이동장치 운전자 준수 사항**으로 맞지 **않는** 것은?

① 개인형 이동장치는 운전면허를 받지 않아도 운전할 수 있다.
② 승차정원을 초과하여 동승자를 태우고 운전하여서는 아니 된다.
③ 운전자는 인명 보호 장구를 착용하고 운행하여야 한다.
④ 자전거도로가 따로 있는 곳에서는 그 자전거도로로 통행하여야 한다.

> 해설 개인형 이동장치는 원동기장치자전거의 일부에 해당하므로 운전하려는 자는 원동기장치자전거면허 이상을 받아야 한다(도로교통법 제2조 제19의2호, 제80조).

573

다음 중 도로교통법상 **자전거를 타고 보도 통행**을 할 수 **없는** 사람은?

① 「장애인복지법」에 따라 신체 장애인으로 등록된 사람
② 어린이
③ 신체의 부상으로 석고 붕대를 하고 있는 사람
④ 「국가유공자 등 예우 및 지원에 관한 법률」에 따른 국가 유공자로서 상이등급 제1급부터 제7급까지에 해당하는 사람

> 해설 도로교통법 제13조의2(자전거의 통행 방법의 특례) 제4항, 도로교통법 시행규칙 제14조의4(자전거를 타고 보도 통행이 가능한 신체 장애인)

574

전방에 자전거를 끌고 차도를 횡단하는 사람이 있을 때 가장 안전한 **운전 방법**은?

① 횡단하는 자전거의 좌우측 공간을 이용하여 신속하게 통행한다.
② 차량의 접근 정도를 알려주기 위해 전조등과 경음기를 사용한다.
③ 자전거 횡단 지점과 일정한 거리를 두고 일시정지한다.
④ 자동차 운전자가 우선권이 있으므로 횡단하는 사람을 정지하게 한다.

> 해설 전방에 자전거를 끌고 도로를 횡단하는 사람이 있을 때 가장 안전한 운전 방법은 안전거리를 두고 일시정지하여 안전하게 횡단할 수 있도록 한다.

575
도로교통법령상 어린이보호구역 내의 차로가 설치되지 않은 좁은 도로에서 자전거를 주행하여 보행자 옆을 지나갈 때 안전한 거리를 두지 않고 서행하지 않은 경우 범칙금액은?

① 10만원　　② 8만원
③ 4만원　　④ 2만원

> **해설** 도로교통법 제27조 제4항
> 모든 차의 운전자는 도로에 설치된 안전지대에 보행자가 있는 경우와 차로가 설치되지 아니한 좁은 도로에서 보행자의 옆을 지나는 경우에는 안전한 거리를 두고 서행하여야 한다. 도로교통법 시행령 별표10 범칙금 4만원

576
도로교통법령상 어린이가 도로에서 타는 경우 인명 보호 장구를 착용하여야 하는 행정안전부령으로 정하는 위험성이 큰 놀이 기구에 해당하지 않는 것은?

① 킥보드
② 전동이륜평행차
③ 롤러스케이트
④ 스케이트보드

> **해설** 도로교통법 시행규칙 제13조
> 행정안전부령이 정하는 위험성이 큰 놀이 기구는 킥보드, 롤러스케이트, 인라인스케이트, 스케이트보드 및 이와 비슷한 놀이 기구를 말하며, 전동이륜평행차와 같은 개인형 이동장치는 도로교통법 제11조 제4항에서 어린이의 보호자로 하여금 어린이의 운전을 금지하고 있다.

577
도로교통법령상 자전거 통행 방법에 대한 설명으로 맞는 2가지는?

① 자전거 운전자는 안전표지로 통행이 허용된 경우를 제외하고는 2대 이상이 나란히 차도를 통행하여서는 아니 된다.
② 자전거 운전자가 횡단보도를 이용하여 도로를 횡단할 때에는 자전거를 끌고 통행하여야 한다.
③ 자전거 운전자는 도로의 파손, 도로 공사나 그 밖의 장애 등으로 도로를 통행할 수 없는 경우에도 보도를 통행할 수 없다.
④ 자전거 운전자는 자전거도로가 설치되지 아니한 곳에서는 도로 중앙으로 붙어서 통행하여야 한다.

> **해설** 자전거도로가 따로 있는 곳에서는 그 자전거도로로 통행하여야 하고, 자전거도로가 설치되지 아니한 곳에서는 도로 우측 가장자리에 붙어서 통행하여야 하며, 길 가장자리구역(안전표지로 자전거의 통행을 금지한 구간은 제외)을 통행하는 경우 보행자의 통행에 방해가 될 때에는 서행하거나 일시정지하여야 한다.

578
자전거 이용 활성화에 관한 법률상 (　　)세 미만인 어린이의 보호자는 어린이가 전기자전거를 운행하게 하여서는 아니 된다. (　　) 안에 기준으로 알맞은 것은?

① 10　　② 13
③ 15　　④ 18

> **해설** 자전거 이용 활성화에 관한 법률 제22조의2(전기자전거 운행 제한)
> 13세 미만인 어린이의 보호자는 어린이가 전기자전거를 운행하게 하여서는 아니 된다.

579
도로교통법령상 자전거 등의 통행 방법으로 적절한 행위가 아닌 것은?

① 진행 방향 가장 좌측 차로에서 좌회전하였다.
② 도로 파손 복구공사가 있어서 보도로 통행하였다.
③ 횡단보도 이용 시 내려서 끌고 횡단하였다.
④ 보행자 사고를 방지하기 위해 서행을 하였다.

해설 도로교통법 제13조의2(자전거 등의 통행 방법의 특례)
자전거도 우측통행을 해야 하며 자전거도로가 설치되지 아니한 곳에서는 도로 우측 가장자리에 붙어서 통행하여야 한다.
도로교통법 제25조(교차로 통행 방법) 제3항
제2항에도 불구하고 자전거 등의 운전자는 교차로에서 좌회전하려는 경우에는 미리 도로의 우측 가장자리로 붙어 서행하면서 교차로의 가장자리 부분을 이용하여 좌회전하여야 한다.

580
도로교통법령상 **자전거 운전자가 지켜야 할 내용**으로 맞는 것은?

① **보행자의 통행에 방해가 될 때는 서행 및 일시정지해야 한다.**
② 어린이가 자전거를 운전하는 경우에 보도로 통행할 수 없다.
③ 자전거의 통행이 금지된 구간에서는 자전거를 끌고 갈 수도 없다.
④ 길가장자리구역에서는 2대까지 자전거가 나란히 통행할 수 있다.

해설 도로교통법 제13조의2(자전거 등의 통행 방법의 특례)

581
도로교통법령상 자전거(전기자전거 제외) **운전자의 도로 통행 방법**으로 가장 바람직하지 **않은** 것은?

① 어린이가 자전거를 타고 보도를 통행하였다.
② 안전표지로 자전거 통행이 허용된 보도를 통행하였다.
③ 도로의 파손으로 부득이하게 보도를 통행하였다.
④ **통행 차량이 없어 도로 중앙으로 통행하였다.**

해설 ①, ②, ③의 경우 보도를 통행할 수 있다(도로교통법 제13조의2 제4항).

582
도로교통법령상 **개인형 이동장치 운전자**에 대한 설명으로 바르지 **않은** 것은?

① 횡단보도를 이용하여 도로를 횡단할 때에는 개인형 이동장치에서 내려서 끌거나 들고 보행하여야 한다.
② 자전거도로가 설치되지 아니한 곳에서는 도로 우측 가장자리에 붙어서 통행하여야 한다.
③ **전동이륜평행차는 승차정원 1명을 초과하여 동승자를 태우고 운전할 수 있다.**
④ 밤에 도로를 통행하는 때에는 전조등과 미등을 켜거나 야광띠 등 발광장치를 착용하여야 한다.

해설 도로교통법 제50조 제10항
개인형 이동장치의 운전자는 행정안전부령으로 정하는 승차 정원을 초과하여 동승자를 태우고 개인형 이동장치를 운전하여서는 아니 된다.
도로교통법 시행규칙 제33조의3(개인형 이동장치의 승차정원)
1. 전동이륜평행차의 경우: 1명

583
도로교통법령상 **자전거 운전자의 교차로 좌회전 통행 방법**에 대한 설명이다. 맞는 것은?

① **도로의 우측 가장자리로 붙어 서행하면서 교차로의 가장자리 부분을 이용하여 좌회전하여야 한다.**
② 도로의 좌측 가장자리로 붙어 서행하면서 교차로의 가장자리 부분을 이용하여 좌회전하여야 한다.
③ 도로의 1차로 중앙으로 서행하면서 교차로의 중앙을 이용하여 좌회전하여야 한다.
④ 도로의 가장 하위차로를 이용하여 서행하면서 교차로의 중심 안쪽으로 좌회전하여야 한다.

해설 자전거 운전자는 교차로에서 좌회전하려는 경우에 미리 도로의 우측 가장자리로 붙어 서행하면서 교차로의 가장자리 부분을 이용하여 좌회전하여야 한다[도로교통법 제25조 교차로 통행 방법].

584
도로교통법령상 승용차가 자전거전용차로를 통행하다 단속되는 경우 도로교통법상 처벌은?

① 1년 이하 징역에 처한다.
② 300만원 이하 벌금에 처한다.
③ 범칙금 4만원의 통고 처분에 처한다.
④ 처벌할 수 없다.

해설 전용차로의 종류(도로교통법 시행령 별표1: 전용차로의 종류와 전용차로로 통행할 수 있는 차), 전용차로의 설치(도로교통법 제15조 제2항 및 제3항)에 따라 범칙금 4만원에 부과된다.

585
도로교통법령상 자전거도로를 주행할 수 있는 전기자전거의 기준으로 옳지 않은 것은?

① 부착된 장치의 무게를 포함한 자전거 전체 중량이 30킬로그램 미만인 것
② 시속 25킬로미터 이상으로 움직일 경우 전동기가 작동하지 아니할 것
③ 전동기만으로는 움직이지 아니할 것
④ 최고정격출력 11킬로와트를 초과하는 전기자전거

해설 자전거 이용 활성화에 관한 법률 제2조(정의) 제1호의2
전기자전거란 자전거로서 사람의 힘을 보충하기 위하여 전동기를 장착하고 다음 각 목의 요건을 모두 충족하는 것을 말한다.
가. 페달(손 페달을 포함한다)과 전동기의 동시 동력으로 움직이며, 전동기만으로는 움직이지 아니할 것
나. 시속 25킬로미터 이상으로 움직일 경우 전동기가 작동하지 아니할 것
다. 부착된 장치의 무게를 포함한 자전거의 전체 중량이 30킬로그램 미만일 것

586
도로교통법령상 자전거 운전자가 밤에 도로를 통행할 때 올바른 주행 방법으로 가장 거리가 먼 것은?

① 경음기를 자주 사용하면서 주행한다.
② 전조등과 미등을 켜고 주행한다.
③ 반사 조끼 등을 착용하고 주행한다.
④ 야광띠 등 발광 장치를 착용하고 주행한다.

해설 도로교통법 제50조(특정운전자의 준수사항) 제9항 자전거 등의 운전자는 밤에 도로를 통행하는 때에는 전조등과 미등을 켜거나 야광띠 등 발광 장치를 착용하여야 한다.

587
도로교통법령상 자전거 운전자가 법규를 위반한 경우 범칙금 대상이 아닌 것은?

① 신호 위반
② 중앙선 침범
③ 횡단보도 보행자 횡단 방해
④ 제한 속도 위반

해설 도로교통법 시행령 별표8
신호 위반 3만원, 중앙선 침범 3만원, 횡단보도 보행자 횡단 방해 3만원의 범칙금에 처하고 속도위반 규정은 도로교통법 제17조(자동차 등과 노면 전차의 속도) ① 자동차 등(개인형 이동장치는 제외한다)과 노면 전차의 도로 통행 속도는 행정안전부령으로 정한다.

588

도로교통법령상 자전거도로의 이용과 관련한 내용으로 적절치 않은 2가지는?

① 노인이 자전거를 타는 경우 보도로 통행할 수 있다.
② 자전거전용도로에는 원동기장치자전거가 통행할 수 없다.
③ 자전거도로는 개인형 이동장치가 통행할 수 없다.
④ 자전거전용도로는 도로교통법상 도로에 포함되지 않는다.

> 해설 도로교통법 제2조(정의)
> 자전거도로의 통행은 자전거 및 개인형 이동장치(자전거 등) 모두 가능하며, 자전거전용도로도 도로에 포함됨

589

도로교통법령상 자전거가 통행할 수 있는 도로의 명칭에 해당하지 않는 2가지는?

① 자전거전용도로
② 자전거우선차로
③ 자전거·원동기장치자전거 겸용도로
④ 자전거우선도로

> 해설 자전거가 통행할 수 있는 도로에는 자전거전용도로, 자전거전용차로, 자전거우선도로, 자전거·보행자 겸용도로가 있다.

590

연료의 소비 효율이 가장 높은 운전 방법은?

① 최고 속도로 주행한다.
② 최저 속도로 주행한다.
③ 경제속도로 주행한다.
④ 안전 속도로 주행한다.

> 해설 경제속도로 주행하는 것이 가장 연료의 소비 효율을 높이는 운전 방법이다.

591

친환경 경제운전 방법으로 가장 적절한 것은?

① 가능한 한 빨리 가속한다.
② 내리막길에서는 시동을 끄고 내려온다.
③ 타이어 공기압을 낮춘다.
④ 급감속은 되도록 피한다.

> 해설 급가감속은 연비를 낮추는 원인이 되고, 타이어 공기압을 지나치게 낮추면 타이어의 직경이 줄어들어 연비가 낮아지며, 내리막길에서 시동을 끄게 되면 브레이크 배력 장치가 작동되지 않아 제동이 되지 않으므로 올바르지 못한 운전 방법이다.

592

자동차 에어컨 사용 방법 및 점검에 관한 설명으로 가장 타당한 것은?

① 에어컨은 처음 켤 때 고단으로 시작하여 저단으로 전환한다.
② 에어컨 냉매는 6개월마다 교환한다.
③ 에어컨의 설정 온도는 섭씨 16도가 가장 적절하다.
④ 에어컨 사용 시 가능하면 외부 공기 유입 모드로 작동하면 효과적이다.

> 해설 에어컨 사용은 연료 소비 효율과 관계가 있고, 에어컨 냉매는 오존층을 파괴하는 환경 오염 물질로서 가급적 사용을 줄이거나 효율적으로 사용함이 바람직하다.

593

다음 중 자동차 연비 향상 방법으로 가장 바람직한 것은?

① 주유할 때 항상 연료를 가득 주유한다.
② 엔진 오일 교환 시 오일 필터와 에어 필터를 함께 교환해 준다.
③ 정지할 때에는 한 번에 강한 힘으로 브레이크 페달을 밟아 제동한다.
④ 가속 페달과 브레이크 페달을 자주 사용한다.

[해설] 엔진 오일은 엔진 내부의 윤활 및 냉각, 밀봉, 청정 작용 등을 통한 엔진 성능의 향상과 수명을 연장시키는 기능을 하고 있다. 혹시라도 엔진 오일이 부족한 상태에서 자동차를 계속 주행하게 되면 엔진 내부의 운동 부분이 고착되어 엔진 고장의 원인이 되고, 교환 주기를 넘어설 경우 엔진 오일의 점도가 증가해 연비에도 나쁜 영향을 주고 있어 장기간 운전을 하기 전에는 주행거리나 사용기간을 고려해 점검 및 교환을 해주고, 오일 필터 및 에어 필터도 함께 교환해주는 것이 좋다.

596
다음 중 운전 습관 개선을 통한 친환경 경제운전이 아닌 것은?

① 자동차 연료를 가득 유지한다.
② 출발은 부드럽게 한다.
③ 정속 주행을 유지한다.
④ 경제속도를 준수한다.

[해설] 운전 습관 개선을 통해 실현할 수 있는 경제운전은 공회전 최소화, 출발을 부드럽게, 정속 주행을 유지, 경제속도 준수, 관성 주행 활용, 에어컨 사용 자제 등이 있다 (국토교통부와 교통안전공단이 제시하는 경제운전).

594
주행 중에 가속 페달에서 발을 떼거나 저단으로 기어를 변속하여 차량의 속도를 줄이는 운전 방법은?

① 기어 중립 ② 풋 브레이크
③ 주차 브레이크 ④ 엔진 브레이크

[해설] 엔진 브레이크 사용에 대한 설명이다.

595
다음 중 자동차 연비를 향상시키는 운전 방법으로 가장 바람직한 것은?

① 자동차 고장에 대비하여 각종 공구 및 부품을 싣고 운행한다.
② 법정 속도에 따른 정속 주행한다.
③ 급출발, 급가속, 급제동 등을 수시로 한다.
④ 연비 향상을 위해 타이어 공기압을 30퍼센트로 줄여서 운행한다.

[해설] 법정 속도에 따라 정속 주행하는 것이 연비 향상에 도움을 준다.

597
다음 중 자동차의 친환경 경제운전 방법은?

① 타이어 공기압을 낮게 한다.
② 에어컨 작동은 저단으로 시작한다.
③ 엔진 오일을 교환할 때 오일 필터와 에어 클리너는 교환하지 않고 계속 사용한다.
④ 자동차 연료는 절반 정도만 채운다.

[해설] 타이어 공기압은 적정 상태를 유지하고, 에어컨 작동은 고단에서 시작하여 저단으로 유지, 에어 클리너 등 소모품 관리를 철저히 한다. 그리고 자동차의 무게를 줄이기 위해 불필요한 짐을 빼 트렁크를 비우고 자동차 연료는 절반 정도만 채운다.

598
수소자동차 관련 설명 중 적절하지 **않은** 것은?

① 차량 화재가 발생했을 시 차량에서 떨어진 안전한 곳으로 대피하였다.
② 수소 누출 경고등이 표시되었을 때 즉시 안전한 곳에 정차 후 시동을 끈다.
③ 수소승용차 운전자는 별도의 안전교육을 이수하지 않아도 된다.
④ 수소자동차 충전소에서 운전자가 임의로 충전소 설비를 조작하였다.

> **해설** 수소 대형 승합자동차(승차정원 36인승 이상)에 종사하려는 운전자만 안전 교육(특별교육)을 이수하여야 한다.
> 수소자동차 충전소 설비는 운전자가 임의로 조작하여서는 아니 된다.

599
다음 중 **경제운전**에 대한 운전자의 올바른 **운전 습관**으로 가장 바람직하지 **않은** 것은?

① 내리막길 운전 시 가속페달 밟지 않기
② 경제적 절약을 위해 유사 연료 사용하기
③ 출발은 천천히, 급정지하지 않기
④ 주기적 타이어 공기압 점검하기

> **해설** 유사 연료 사용은 차량의 고장, 환경 오염의 원인이 될 수 있다.

600
환경친화적 자동차의 개발 및 보급 촉진에 관한 법률상 **환경친화적 자동차 전용 주차 구역에 주차해서는 안 되는** 자동차는?

① 전기자동차   ② 태양광자동차
③ 하이브리드자동차   ④ 수소전기자동차

> **해설** 환경친화적 자동차의 개발 및 보급 촉진에 관한 법률 제11조의2 제8항
> 전기자동차, 하이브리드자동차, 수소전기자동차에 해당하지 아니하는 자동차를 환경친화적 자동차의 전용 주차 구역에 주차하여서는 아니 된다.

601
다음 중 **수소자동차**에 대한 설명으로 옳은 것은?

① 수소는 가연성 가스이므로 모든 수소자동차 운전자는 고압가스 안전관리법령에 따라 운전자 특별교육을 이수하여야 한다.
② 수소자동차는 수소를 연소시키기 때문에 환경 오염이 유발된다.
③ 수소자동차에는 화재 등 긴급 상황 발생 시 폭발 방지를 위한 별도의 안전장치가 없다.
④ 수소자동차 운전자는 해당 차량이 안전 운행에 지장이 없는지 점검하고 안전하게 운전하여야 한다.

> **해설** ① 고압가스 안전관리법 시행규칙 별표31에 따라 수소 대형 승합자동차(승차정원 36인승 이상)를 신규로 운전하려는 운전자는 특별교육을 이수하여야 하나 그 외 운전자는 교육 대상에서 제외된다.
> ② 수소자동차는 용기에 저장된 수소와 산소의 화학 반응으로 생성된 전기로 모터를 구동하여 자동차를 움직이는 방식으로 수소를 연소시키지 않는다.
> ③ 수소자동차에는 화재 등의 이유로 온도가 상승할 경우 용기 등의 폭발 방지를 위한 안전 밸브가 되어 있어 긴급상황 발생 시 안전 밸브가 개방되어 수소가 외부로 방출되어 폭발을 방지한다.
> ④ 교통안전법 제7조에 따라 차량을 운전하는 자 등은 법령에서 정하는 바에 따라 해당 차량이 안전 운행에 지장이 없는지를 점검하고 안전하게 운전하여야 한다.

602
다음 중 **자동차 배기가스의 미세 먼지를 줄이기 위한** 가장 적절한 **운전 방법**은?

① 출발할 때는 가속 페달을 힘껏 밟고 출발한다.
② 급가속을 하지 않고 부드럽게 출발한다.
③ 주행할 때는 수시로 가속과 정지를 반복한다.
④ 정차 및 주차할 때는 시동을 끄지 않고 공회전한다.

해설 친환경운전은 급출발, 급제동, 급가속을 삼가야 하고, 주행할 때에는 정속주행을 하되 수시로 가속과 정지를 반복하는 것은 바람직하지 못하다. 또한 정차 및 주차할 때에는 계속 공회전하지 않아야 한다.

603
다음 중 **수소자동차의 주요 구성품**이 **아닌 것**은?

① 연료 전지 시스템(스택)
② 수소 저장 용기
③ 내연기관에 의해 구동되는 발전기
④ 구동용 모터

해설 수소자동차는 용기에 저장된 수소를 연료 전지 시스템(스택)에서 산소와 화학 반응으로 생성된 전기로 모터를 구동하여 자동차를 움직이는 방식임

604
다음 중 **친환경 운전과 관련된 내용으로 맞는 것 2가지**는?

① 온실가스 감축 목표치를 규정한 교토 의정서와 관련이 있다.
② 대기 오염을 일으키는 물질에는 탄화수소, 일산화탄소, 이산화탄소, 질소산화물 등이 있다.
③ 자동차 실내 온도를 높이기 위해 엔진 시동 후 장시간 공회전을 한다.
④ 수시로 자동차 검사를 하고, 주행거리 2,000킬로미터마다 엔진 오일을 무조건 교환해야 한다.

해설 공회전을 하지 말아야 하며 수시로 자동차 점검을 하고 엔진 오일의 오염 정도(약 1만킬로미터 주행)에 따라 교환하는 것이 경제적이다. 교토 의정서는 선진국의 온실가스 감축 목표치를 규정한 국제 협약으로 2005년 2월 16일 공식 발효되었다.

605
다음 중 **유해한 배기가스를 가장 많이 배출**하는 자동차는?

① 전기자동차
② 수소자동차
③ LPG자동차
④ 노후된 디젤자동차

해설 경유를 연료로 사용하는 **노후된 디젤자동차가 가장 많은 유해 배기가스를 배출하는 자동차**이다.

606
친환경 경제운전 중 **관성 주행**(fuel cut) **방법**이 **아닌 것**은?

① 교차로 진입 전 미리 가속 페달에서 발을 떼고 엔진브레이크를 활용한다.
② 평지에서는 속도를 줄이지 않고 계속해서 가속 페달을 밟는다.
③ 내리막길에서는 엔진 브레이크를 적절히 활용한다.
④ 오르막길 진입 전에는 가속하여 관성을 이용한다.

해설 연료 공급 차단 기능(fuel cut)을 적극 활용하는 관성 운전(일정한 속도 유지 때 가속 페달을 밟지 않는 것을 말한다)을 생활화한다.

607

다음 중 자동차 배기가스 재순환장치(Exhaust Gas Recirculation, EGR)가 주로 억제하는 물질은?

① 질소산화물(NOx)
② 탄화수소(HC)
③ 일산화탄소(CO)
④ 이산화탄소(CO_2)

> **해설** 배기가스 재순환장치(Exhaust Gas Recirculation, EGR)는 불활성인 배기가스의 일부를 흡입 계통으로 재순환시키고, 엔진에 흡입되는 혼합 가스에 혼합되어서 연소 시의 최고 온도를 내려 유해한 오염 물질인 NOx(질소산화물)을 주로 억제하는 장치이다.

608

다음 중 수소자동차 점검에 대한 설명으로 틀린 것은?

① 수소는 가연성 가스이므로 수소자동차의 주기적인 점검이 필수적이다.
② 수소자동차 점검은 환기가 잘 되는 장소에서 실시해야 한다.
③ 수소자동차 점검 시 가스 배관 라인, 충전구 등의 수소 누출 여부를 확인해야 한다.
④ 수소자동차를 운전하는 자는 해당 차량이 안전 운행에 지장이 없는지 점검해야 할 의무가 없다.

> **해설** 교통안전법 제7조(차량 운전자 등의 의무)에 의하면 차량을 운전하는 자 등은 법령이 정하는 바에 따라 해당 차량이 안전 운행에 지장이 없는지를 점검하고 보행자와 자전거 이용자에게 위험과 피해를 주지 아니하도록 안전하게 운전하여야 한다.

609

수소자동차 운전자의 충전소 이용 시 주의사항으로 올바르지 않은 것은?

① 수소자동차 충전소 주변에서 흡연을 하여서는 아니 된다.
② 수소자동차 연료 충전 중에 자동차를 이동할 수 있다.
③ 수소자동차 연료 충전 중에는 시동을 끈다.
④ 충전소 직원이 자리를 비웠을 때 임의로 충전기를 조작하지 않는다.

> **해설** ① 수소자동차 충전소 주변에서는 흡연이 금지되어 있다.
> ② 수소자동차 연료 충전 완료 상태를 확인한 후 이동한다.
> ③ 수소자동차 연료 충전 이전에 시동을 반드시 끈다.
> ④ 수소자동차 충전소 설비는 충전소 직원만이 작동할 수 있다.

610

다음 중 수소자동차 연료를 충전할 때 운전자의 행동으로 적절치 않은 것은?

① 수소자동차에 연료를 충전하기 전에 시동을 끈다.
② 수소자동차 충전소 충전기 주변에서 흡연을 하였다.
③ 수소자동차 충전소 내의 설비 등을 임의로 조작하지 않았다.
④ 연료 충전이 완료된 이후 시동을 걸었다.

> **해설** 수소자동차 충전소 내 시설에서는 지정된 장소를 제외하고 흡연을 하여서는 안 된다.
> 「고압가스 안전관리법」 시행규칙 별표5, KGS Code FP216/FP217 2.1.2
> 화기와의 거리에 따라 가스 설비의 외면으로부터 화기 취급 장소까지 8m 이상의 우회 거리를 두어야 한다.

611~680은 제1종 대형・특수 면허 응시자만 해당

611
화물을 적재한 덤프트럭이 내리막길을 내려오는 경우 다음 중 가장 안전한 **운전 방법**은?

① 기어를 중립에 놓고 주행하여 연료를 절약한다.
② 브레이크 페달을 나누어 밟으면 제동의 효과가 없어 한 번에 밟는다.
③ **앞차의 급정지를 대비하여 충분한 차간거리를 유지한다.**
④ 경음기를 크게 울리고 속도를 높이면서 신속하게 주행한다.

해설 짐을 실은 덤프트럭은 적재물의 무게로 인해 브레이크 장치가 파열될 우려가 있으므로 저단으로 기어를 유지하여 엔진브레이크를 사용하며 브레이크 페달을 자주 나누어 밟아 브레이크 장치에 무리를 최소화하도록 하고 **안전거리를 충분히 유지하여야** 한다.

612
다음 중 **화물의 적재 불량 등으로 인한 교통사고를 줄이기 위한 운전자의 조치 사항**으로 가장 알맞은 것은?

① **화물을 싣고 이동할 때는 반드시 덮개를 씌운다.**
② 예비 타이어 등 고정된 부착물은 점검할 필요가 없다.
③ 화물의 신속한 운반을 위해 화물은 느슨하게 묶는다.
④ 가까운 거리를 이동하는 경우에는 화물을 고정할 필요가 없다.

해설 화물을 싣고 이동할 때는 반드시 가까운 거리라도 화물을 튼튼히 고정하고 덮개를 씌워 유동이 없도록 하고 출발 전에 예비 타이어 등 부착물의 이상 유무를 점검・확인하고 시정 후 출발하여야 한다.

613
화물자동차의 화물 적재에 대한 설명 중 가장 옳지 **않은** 것은?

① 화물을 적재할 때는 적재함 가운데부터 좌우로 적재한다.
② **화물자동차는 무게 중심이 앞쪽에 있기 때문에 적재함의 뒤쪽부터 적재한다.**
③ 적재함 아래쪽에 상대적으로 무거운 화물을 적재한다.
④ 화물을 모두 적재한 후에는 화물이 차량 밖으로 낙하하지 않도록 고정한다.

해설 화물운송사 자격시험 교재 중 화물취급요령 화물 적재함에 화물 적재 시 앞쪽이나 뒤쪽으로 무게가 치우치지 않도록 균형되게 적재한다.

614
대형 및 특수 자동차의 제동 특성에 대한 설명이다. **잘못**된 것은?

① 하중의 변화에 따라 달라진다.
② 타이어의 공기압과 트레드가 고르지 못하면 제동거리가 달라진다.
③ 차량 중량에 따라 달라진다.
④ **차량의 적재량이 커질수록 실제 제동거리는 짧아진다.**

해설 차량의 중량(적재량)이 커질수록 실제 제동거리는 길어지므로, 안전거리의 유지와 브레이크 페달 조작에 주의하여야 한다.

615
다음 중 **저상 버스의 특성**에 대한 설명이다. 가장 거리가 **먼** 것은?

① 노약자나 장애인이 쉽게 탈 수 있다.
② 차체 바닥의 높이가 일반 버스보다 낮다.
③ 출입구에 계단 대신 경사판이 설치되어 있다.
④ 일반 버스에 비해 차체의 높이가 1/2이다.

> **해설** 바닥이 낮고 출입구에 계단이 없는 버스이다. 기존 버스의 계단을 오르내리기 힘든 교통약자들, 특히 장애인들의 이동권을 보장하기 위해 도입되었다.

616
운행 기록계를 설치하지 않은 견인형 특수자동차(화물자동차 운수사업법에 따른 자동차에 한함)를 **운전한 경우 운전자 처벌 규정**은?

① 과태료 10만원
② 범칙금 10만원
③ 과태료 7만원
④ 범칙금 7만원

> **해설** 도로교통법 제50조 제5항, 도로교통법 시행령 별표8 16호
> 운행 기록계가 설치되지 아니한 승합자동차 등을 운전한 경우에는 범칙금 7만원
> 교통안전법 제55조 제1항, 교통안전법 시행령 별표9
> 운행 기록 장치를 부착하지 아니한 경우에는 과태료 50~150만원

617
화물자동차의 적재물 추락 방지를 위한 설명으로 가장 옳지 **않은** 것은?

① 구르기 쉬운 화물은 고정목이나 화물 받침대를 사용한다.
② 건설 기계 등을 적재하였을 때는 와이어, 로프 등을 사용한다.
③ 적재함 전후좌우에 공간이 있을 때는 멈춤목 등을 사용한다.
④ 적재물 추락 방지 위반의 경우에 범칙금은 5만원에 벌점은 10점이다.

> **해설** 도로교통법 시행령 별표8
> 적재물 추락 방지 위반: 4톤 초과 화물자동차 범칙금 5만원, 4톤 이하 화물자동차 범칙금 4만원
> 도로교통법 시행규칙 별표28
> 적재물 추락 방지 위반 벌점 15점

618
유상 운송을 목적으로 등록된 사업용 화물자동차 운전자가 반드시 갖추어야 하는 것은?

① 차량정비기술 자격증
② 화물운송종사 자격증
③ 택시운전자 자격증
④ 제1종 특수면허

> **해설** 사업용(영업용) 화물자동차(용달·개별·일반) 운전자는 반드시 화물운송종사자격을 취득 후 운전하여야 한다.

619
다음은 **대형화물자동차의 특성**에 대한 설명이다. 가장 알맞은 것은?

① 화물의 종류에 따라 선회 반경과 안정성이 크게 변할 수 있다.
② 긴 축간거리 때문에 안정도가 현저히 낮다.
③ 승용차에 비해 핸들복원력이 원활하다.
④ 차체의 무게는 가벼우나 크기는 승용차보다 크다.

> **해설** 대형화물차는 승용차에 비해 핸들 복원력이 원활하지 못하고 차체가 무겁고 긴 축거 때문에 상대적으로 안정도가 높으며, 화물의 종류에 따라 선회 반경과 안정성이 크게 변할 수 있다.

620

다음 중 운송사업용 자동차 등 도로교통법상 **운행 기록계를 설치하여야 하는 자동차 운전자의** 바람직한 **운전행위**는?

① 운행 기록계가 설치되어 있지 아니한 자동차 운전행위
② 고장 등으로 사용할 수 없는 운행 기록계가 설치된 자동차 운전행위
③ 운행 기록계를 원래의 목적대로 사용하지 아니하고 자동차를 운전하는 행위
④ **주기적인 운행 기록계 관리로 고장 등을 사전에 예방하는 행위**

해설 도로교통법 제50조(특정 운전자의 준수사항) 제5항 각 호
운행 기록계가 설치되어 있지 아니하거나 고장 등으로 사용할 수 없는 운행 기록계가 설치된 자동차를 운전하거나 운행 기록계를 원래의 목적대로 사용하지 아니하고 자동차를 운전하는 행위를 해서는 아니 된다.

621

제1종 대형면허의 취득에 필요한 청력 기준은? (단, 보청기 사용자 제외)

① 25데시벨
② 35데시벨
③ 45데시벨
④ **55데시벨**

해설 도로교통법 시행령 제45조 제1항에 의하여 대형면허 또는 특수면허를 취득하려는 경우의 운전에 필요한 적성 기준은 55데시벨(보청기를 사용하는 사람은 40데시벨)의 소리를 들을 수 있어야 한다.

622

다음 중 **대형화물자동차의 특징**에 대한 설명으로 가장 알맞은 것은?

① **적재 화물의 위치나 높이에 따라 차량의 중심 위치는 달라진다.**
② 중심은 상·하(上下)의 방향으로는 거의 변화가 없다.
③ 중심 높이는 진동 특성에 거의 영향을 미치지 않는다.
④ 진동 특성이 없어 대형화물자동차의 진동각은 승용차에 비해 매우 작다.

해설 대형화물차는 진동 특성이 있고 진동각은 승용차에 비해 매우 크며, 중심높이는 진동 특성에 영향을 미치며 중심은 상·하 방향으로도 미친다.

623

다음 중 **대형화물자동차의 운전 특성**에 대한 설명으로 가장 알맞은 것은?

① 무거운 중량과 긴 축거 때문에 안정도는 낮다.
② **고속 주행 시에 차체가 흔들리기 때문에 순간적으로 직진안정성이 나빠지는 경우가 있다.**
③ 운전대를 조작할 때 소형승용차와는 달리 핸들 복원이 원활하다.
④ 운전석이 높아서 이상 기후일 때에는 시야가 더욱 좋아진다.

해설 대형화물차가 운전석이 높다고 이상 기후 시 시야가 좋아지는 것은 아니며, 소형승용차에 비해 핸들 복원력이 원활치 못하고 무거운 중량과 긴 축거 때문에 안정도는 승용차에 비해 높다.

624

다음 중 **대형화물자동차의 사각지대와 제동 시 하중 변화**에 대한 설명으로 가장 알맞은 것은?

① 사각지대는 보닛이 있는 차와 없는 차가 별로 차이가 없다.
② 앞, 뒷바퀴의 제동력은 하중의 변화와는 관계 없다.
③ 운전석 우측보다는 좌측 사각지대가 훨씬 넓다.
④ **화물 하중의 변화에 따라 제동력에 차이가 발생한다.**

해설 대형화물차의 사각지대는 보닛 유무 여부에 따라 큰 차이가 있다, 하중의 변화에 따라 앞·뒷바퀴의 제동력에 영향을 미치며 운전석 좌측보다는 우측 사각지대가 훨씬 넓다.

625

도로교통법령상 화물자동차의 적재 용량 안전 기준에 위반한 차량은?

① 자동차 길이의 10분의 2를 더한 길이
② 후사경으로 뒤쪽을 확인할 수 있는 범위의 너비
③ 지상으로부터 3.9미터 높이
④ 구조 및 성능에 따르는 적재 중량의 105퍼센트

해설 도로교통법 시행령 제22조(운행상의 안전기준)
법 제39조 제1항 본문에서 "대통령령으로 정하는 운행상의 안전 기준"이란 다음 각 호를 말한다.
3. 화물자동차의 적재 중량은 구조 및 성능에 따르는 적재 중량의 110퍼센트 이내일 것
4. 자동차(화물자동차, 이륜자동차 및 소형 3륜자동차만 해당한다)의 적재용량은 다음 각 목의 구분에 따른 기준을 넘지 아니할 것
  가. 길이: 자동차 길이에 그 길이의 10분의 1을 더한 길이. 다만, 이륜자동차는 그 승차장치의 길이 또는 적재 장치의 길이에 30센티미터를 더한 길이를 말한다.
  나. 너비: 자동차의 후사경(後寫鏡)으로 뒤쪽을 확인할 수 있는 범위(후사경의 높이보다 화물을 낮게 적재한 경우에는 그 화물을, 후사경의 높이보다 화물을 높게 적재한 경우에는 뒤쪽을 확인할 수 있는 범위를 말한다)의 너비
  다. 높이: 화물자동차는 지상으로부터 4미터(도로구조의 보전과 통행의 안전에 지장이 없다고 인정하여 고시한 도로노선의 경우에는 4미터 20센티미터), 소형 3륜자동차는 지상으로부터 2미터 50센티미터, 이륜자동차는 지상으로부터 2미터의 높이

626

제1종 특수면허에 대한 설명 중 옳은 것은?

① 소형견인차면허는 적재 중량 3.5톤의 견인형 특수자동차를 운전할 수 있다.
② 소형견인차면허는 적재 중량 4톤의 화물자동차를 운전할 수 있다.
③ 구난차면허는 승차정원 12명인 승합자동차를 운전할 수 있다.
④ 대형견인차면허는 적재 중량 10톤의 화물자동차를 운전할 수 있다.

해설 도로교통법 시행규칙 별표18
① 소형견인차면허는 총중량 3.5톤의 견인형 특수자동차를 운전할 수 있다.
② 소형견인차면허는 적재 중량 4톤의 화물자동차를 운전할 수 있다.
③ 구난차면허는 승차정원 10명 이하의 승합자동차를 운전할 수 있다.
④ 대형견인차면허는 적재 중량 4톤의 화물자동차를 운전할 수 있다.

627

대형차의 운전 특성에 대한 설명으로 잘못된 것은?

① 무거운 중량과 긴 축거 때문에 안정도는 높으나, 핸들을 조작할 때 소형차와 달리 핸들 복원이 둔하다.
② 소형차에 비해 운전석이 높아 차의 바로 앞만 보고 운전하게 되므로 직진 안정성이 좋아진다.
③ 화물의 종류와 적재 위치에 따라 선회 특성이 크게 변화한다.
④ 화물의 종류와 적재 위치에 따라 안정성이 크게 변화한다.

해설 대형차는 고속 주행 시에 차체가 흔들리기 때문에 순간적으로 직진 안정성이 나빠지는 경우가 있으며, 더욱이 운전석이 높기 때문에 밤이나 폭우, 안개 등 기상이 나쁠 때에는 차의 바로 앞만 보고 운전하게 되므로 더욱 직진 안정성이 나빠진다. 직진 안정성을 높이기 위해서는 가급적 주시점을 멀리 두고 핸들 조작에 신중을 기해야 한다.

628

자동차 및 자동차부품의 성능과 기준에 관한 규칙에 따라 자동차(연결자동차 제외)의 길이는 ( )미터를 초과하여서는 아니 된다. ( )에 기준으로 맞는 것은?

① 10   ② 11
③ 12   ④ 13

해설 자동차 및 자동차부품의 성능과 기준에 관한 규칙 제4조(길이 · 너비 및 높이)
① 자동차의 길이 · 너비 및 높이는 다음의 기준을 초과하여서는 아니 된다.
1. 길이: 13미터(연결자동차의 경우에는 16.7미터를 말한다)
2. 너비: 2.5미터(간접 시계 장치 · 환기 장치 또는 밖으로 열리는 창의 경우 이들 장치의 너비는 승용자동차에 있어서는 25센티미터, 기타의 자동차에 있어서는 30센티미터. 다만, 피견인자동차의 너비가 견인자동차의 너비보다 넓은 경우 그 견인자동차의 간접 시계 장치에 한하여 피견인자동차의 가장 바깥쪽으로 10센티미터를 초과할 수 없다)
3. 높이: 4미터

629

대형 승합자동차 운행 중 차내에서 승객이 춤추는 행위를 방치하였을 경우 운전자의 처벌은?

① 범칙금 9만원, 벌점 30점
② 범칙금 10만원, 벌점 40점
③ 범칙금 11만원, 벌점 50점
④ 범칙금 12만원, 벌점 60점

해설 차내 소란행위 방치운전의 경우 범칙금 10만원에 벌점 40점이 부과된다. 도로교통법 제49조 모든 운전자의 준수 사항 등, 도로교통법 시행령 별표8 범칙 행위 및 범칙금액(운전자), 도로교통법 시행규칙 별표28 운전면허 취소 · 정지처분 기준

630

4.5톤 화물자동차의 화물 적재함에 사람을 태우고 운행한 경우 범칙금액은?

① 5만원   ② 4만원
③ 3만원   ④ 2만원

해설 도로교통법 제49조 제1항 제12호, 시행령 별표8
4톤 초과 화물자동차의 화물 적재함에 승객이 탑승하면 범칙금 5만원이다.

631

고속버스가 밤에 도로를 통행할 때 켜야 할 등화에 대한 설명으로 맞는 것은?

① 전조등, 차폭등, 미등, 번호등, 실내조명등
② 전조등, 미등
③ 미등, 차폭등, 번호등
④ 미등, 차폭등

해설 고속버스가 밤에 통행할 때 켜야 할 등화는 전조등, 차폭등, 미등, 번호등, 실내조명등이다.

632

도로교통법상 차의 승차 또는 적재 방법에 관한 설명으로 틀린 것은?

① 운전자는 승차 인원에 관하여 대통령령으로 정하는 운행상의 안전 기준을 넘어서 승차시킨 상태로 운전해서는 아니 된다.
② 운전자는 운전 중 타고 있는 사람이 떨어지지 아니하도록 문을 정확히 여닫는 등 필요한 조치를 하여야 한다.
③ 운전자는 운전 중 실은 화물이 떨어지지 아니하도록 덮개를 씌우거나 묶는 등 확실하게 고정해야 한다.
④ 운전자는 영유아나 동물의 안전을 위하여 안고 운전하여야 한다.

해설 도로교통법 제39조(승차 또는 적재의 방법과 제한)
모든 차의 운전자는 영유아나 동물을 안고 운전 장치를 조작하거나 운전석 주위에 물건을 싣는 등 안전에 지장을 줄 우려가 있는 상태로 운전하여서는 아니 된다.

633

화물자동차의 적재 화물 이탈 방지에 대한 설명으로 올바르지 **않은** 것은?

① 화물자동차에 폐쇄형 적재함을 설치하여 운송한다.
② 효율적인 운송을 위해 적재 중량의 120퍼센트 이내로 적재한다.
③ 화물을 적재하는 경우 급정지, 회전 등 차량의 주행에 의해 실은 화물이 떨어지거나 날리지 않도록 덮개나 포장을 해야 한다.
④ 7톤 이상의 코일을 적재하는 경우에는 레버 블록으로 2줄 이상 고정하되 줄당 고정점을 2개 이상 사용하여 고정해야 한다.

해설 도로교통법 시행령 제22조(운행상의 안전기준)
3. 화물자동차의 적재 중량은 구조 및 성능에 따르는 적재 중량의 110퍼센트 이내일 것
화물자동차 운수사업법 시행규칙 별표1의3.

634

제1종 대형면허와 제1종 보통면허의 운전 범위를 구별하는 **화물자동차의 적재 중량 기준**은?

① 12톤 미만
② 10톤 미만
③ 4톤 이하
④ 2톤 이하

해설 적재 중량 12톤 미만의 화물자동차는 제1종 보통면허로 운전이 가능하고 적재 중량 12톤 이상의 화물자동차는 제1종 대형면허를 취득하여야 운전이 가능하다.

635

제1종 보통면허 소지자가 총중량 750킬로그램 초과 3톤 이하의 피견인자동차를 견인하기 위해 추가로 소지하여야 하는 면허는?

① 제1종 소형견인차면허
② 제2종 보통면허
③ 제1종 대형면허
④ 제1종 구난차면허

해설 도로교통법 시행규칙 별표18 비고3
총중량 750킬로그램 초과 3톤 이하의 피견인자동차를 견인하기 위해서는 견인하는 자동차를 운전할 수 있는 면허와 소형견인차면허 또는 대형견인차면허를 가지고 있어야 한다.

636

다음 중 **총중량 750킬로그램 이하의 피견인자동차를 견인할 수 없는** 운전면허는?

① 제1종 보통면허
② 제1종 보통연습면허
③ 제1종 대형면허
④ 제2종 보통면허

해설 연습면허로는 피견인자동차를 견인할 수 없다.

637

고속도로가 아닌 곳에서 **총중량이 1천5백킬로그램인 자동차를 총중량 5천킬로그램인 승합자동차로 견인할 때 최고 속도**는?

① 매시 50킬로미터
② 매시 40킬로미터
③ 매시 30킬로미터
④ 매시 20킬로미터

해설 도로교통법 시행규칙 제20조
총중량 2천킬로그램 미만인 자동차를 총중량이 그의 3배 이상인 자동차로 견인하는 경우에는 매시 30킬로미터 이내이다.

638

자동차를 견인하는 경우에 대한 설명으로 바르지 못한 것은?

① 3톤을 초과하는 자동차를 견인하기 위해서는 견인하는 자동차를 운전할 수 있는 면허와 제1종 대형견인차면허를 가지고 있어야 한다.
② 편도 2차로 이상의 고속도로에서 견인자동차로 다른 차량을 견인할 때에는 최고 속도의 100분의 50을 줄인 속도로 운행하여야 한다.
③ 일반 도로에서 견인차가 아닌 차량으로 다른 차량을 견인할 때에는 도로의 제한 속도로 진행할 수 있다.
④ 견인자동차가 아닌 일반자동차로 다른 차량을 견인하려는 경우에는 해당 차종을 운전할 수 있는 면허를 가지고 있어야 한다.

해설 도로교통법 시행규칙 제19조
편도 2차로 이상 고속도로에서의 최고 속도는 매시 100킬로미터[화물자동차(적재 중량 1.5톤을 초과하는 경우에 한한다. 이하 이 호에서 같다)·특수자동차·위험물운반자동차(별표9 주6에 따른 위험물 등을 운반하는 자동차를 말한다. 이하 이 호에서 같다) 및 건설기계의 최고 속도는 매시 80킬로미터], 최저 속도는 매시 50킬로미터
도로교통법 시행규칙 제20조
견인자동차가 아닌 자동차로 다른 자동차를 견인하여 도로(고속도로를 제외한다)를 통행하는 때의 속도는 제19조에 불구하고 다음 각 호에서 정하는 바에 의한다.
1. 총중량 2천킬로그램 미만인 자동차를 총중량이 그의 3배 이상인 자동차로 견인하는 경우에는 매시 30킬로미터 이내
2. 제1호 외의 경우 및 이륜자동차가 견인하는 경우에는 매시 25킬로미터 이내
도로교통법 시행규칙 별표 18
피견인자동차는 제1종 대형면허, 제1종 보통면허 또는 제2종 보통면허를 가지고 있는 사람이 그 면허로 운전할 수 있는 자동차(「자동차관리법」 제3조에 따른 이륜자동차는 제외한다)로 견인할 수 있다. 이 경우, 총중량 750킬로그램을 초과하는 3톤 이하의 피견인자동차를 견인하기 위해서는 견인하는 자동차를 운전할 수 있는 면허와 소형견인차면허 또는 대형견인차면허를 가지고 있어야 하고, 3톤을 초과하는 피견인자동차를 견인하기 위해서는 견인하는 자동차를 운전할 수 있는 면허와 대형견인차면허를 가지고 있어야 한다.

639

다음 중 특수한 작업을 수행하기 위해 제작된 총중량 3.5톤 이하의 특수자동차(구난차 등은 제외)를 운전할 수 있는 면허는?

① 제1종 보통연습면허
② 제2종 보통연습면허
③ 제2종 보통면허
④ 제1종 소형면허

해설 도로교통법 시행규칙 별표18
총중량 3.5톤 이하의 특수자동차는 제2종 보통면허로 운전이 가능하다.

640

다음 중 도로교통법상 소형견인차 운전자가 지켜야 할 사항으로 맞는 것은?

① 소형견인차 운전자는 긴급한 업무를 수행하므로 안전띠를 착용하지 않아도 무방하다.
② 소형견인차 운전자는 주행 중 일상 업무를 위한 휴대폰 사용이 가능하다.
③ 소형견인차 운전자는 운행 시 제1종 특수(소형견인차)면허를 취득하고 소지하여야 한다.
④ 소형견인차 운전자는 사고현장 출동 시에는 규정된 속도를 초과하여 운행할 수 있다.

해설 소형견인차의 운전자도 도로교통법상 모든 운전자의 준수 사항을 지켜야 하며, 운행 시 소형견인차면허를 취득하고 소지하여야 한다.

641

다음 중 편도 3차로 고속도로에서 견인차의 주행 차로는?(버스전용차로 없음)

① 1차로
② 2차로
③ 3차로
④ 모두 가능

해설 도로교통법 시행규칙 별표9 참조

642

급감속·급제동 시 피견인차가 앞쪽 견인차를 직선 운동으로 밀고 나아가면서 연결 부위가 'ㄱ'자처럼 접히는 현상을 말하는 용어는?

① 스윙-아웃(swing-out)
② 잭 나이프(jack knife)
③ 하이드로플래닝(hydroplaning)
④ 베이퍼 록(vapor lock)

> **해설** 'jack knife'는 젖은 노면 등의 도로 환경에서 트랙터의 제동력이 트레일러의 제동력보다 클 때 발생할 수 있는 현상으로 트레일러의 관성 운동으로 트랙터를 밀고 나아가면서 트랙터와 트레일러의 연결부가 기역자처럼 접히는 현상을 말한다.
> 'swing-out'은 불상의 이유로 트레일러의 바퀴만 제동되는 경우 트레일러가 시계추처럼 좌우로 흔들리는 운동을 뜻한다.
> 'hydroplaning'은 물에 젖은 노면을 고속으로 달릴 때 타이어가 노면과 접촉하지 않아 조종 능력이 상실되거나 또는 불가능한 상태를 말한다.
> 'vapor lock'은 브레이크액에 기포가 발생하여 브레이크가 제대로 작동하지 않게 되는 현상을 뜻한다.

643

다음 중 도로교통법상 자동차를 견인하는 경우에 대한 설명으로 바르지 못한 것은?

① 제1종 대형면허로 대형견인차를 운전하여 이륜자동차를 견인하였다.
② 소형견인차면허로 총중량 3.5톤 이하의 견인형 특수자동차를 운전하였다.
③ 제1종 보통면허로 10톤의 화물자동차를 운전하여 고장 난 승용자동차를 견인하였다.
④ 총중량 1천5백킬로그램 자동차를 총중량이 5천 킬로그램인 자동차로 견인하여 매시 30킬로미터로 주행하였다.

> **해설** 도로교통법 시행규칙 별표18
> 1. 제1종 대형면허로 대형견인차, 소형견인차, 구난차는 운전할 수 없다.
> 2. 대형견인차: 견인형 특수자동차, 제2종 보통면허로 운전할 수 있는 차량
> 3. 소형견인차: 총중량 3.5톤이하 견인형 특수자동차, 제2종 보통면허로 운전할 수 있는 차량
> 4. 피견인자동차는 제1종 대형면허, 제1종 보통면허 또는 제2종 보통면허를 가지고 있는 사람이 그 면허로 운전할 수 있는 자동차(「자동차관리법」제3조에 따른 이륜자동차는 제외한다)로 견인할 수 있다. 이 경우, 총중량 750킬로그램을 초과하는 3톤 이하의 피견인자동차를 견인하기 위해서는 견인하는 자동차를 운전할 수 있는 면허와 소형견인차면허 또는 대형견인차면허를 가지고 있어야 하고, 3톤을 초과하는 피견인자동차를 견인하기 위해서는 견인하는 자동차를 운전할 수 있는 면허와 대형견인차면허를 가지고 있어야 한다.

644

다음 중 트레일러 차량의 특성에 대한 설명으로 가장 적정한 것은?

① 좌회전 시 승용차와 비슷한 회전각을 유지한다.
② 내리막길에서는 미끄럼 방지를 위해 기어를 중립에 둔다.
③ 승용차에 비해 내륜차(內輪差)가 크다.
④ 승용차에 비해 축간 거리가 짧다.

> **해설** 트레일러는 좌회전 시 승용차와 비슷한 회전각을 유지하게 되면 뒷바퀴에 의한 좌회전 대기 차량을 충격하게 되므로 승용차보다 넓게 회전하여야 하며 내리막길에서 기어를 중립에 두는 경우 대형 사고의 원인이 된다.

645

화물을 적재한 트레일러자동차가 시속 50킬로미터로 편도 1차로 도로의 우로 굽은 도로를 진행할 때 가장 안전한 운전 방법은?

① 주행하던 속도를 줄이면 전복의 위험이 있어 속도를 높여 진입한다.
② 회전 반경을 줄이기 위해 반대 차로를 이용하여 진입한다.

③ 원활한 교통 흐름을 위해 현재 속도를 유지하면서 신속하게 진입한다.
④ 원심력에 의해 전복의 위험성이 있어 속도를 줄이면서 진입한다.

해설 커브 길에서는 원심력에 의한 차량 전복의 위험성이 있어 속도를 줄이면서 안전하게 진입한다.

646
자동차관리법상 **유형별로 구분한 특수자동차에** 해당되지 **않는** 것은?

① 견인형
② 구난형
③ 일반형
④ 특수용도형

해설 자동차관리법상 특수자동차의 유형별 구분에는 견인형, 구난형, 특수용도형으로 구분된다.

647
다음 중 **트레일러**의 종류에 해당되지 **않는** 것은?

① 풀 트레일러 ② 저상 트레일러
③ 세미 트레일러 ④ 고가 트레일러

해설 트레일러는 풀 트레일러, 저상 트레일러, 세미 트레일러, 센터 차축 트레일러, 모듈 트레일러가 있다.

648
자동차 및 자동차부품의 성능과 기준에 관한 규칙상 **트레일러의 차량 중량**이란?

① 공차 상태의 자동차의 중량을 말한다.
② 적차 상태의 자동차의 중량을 말한다.
③ 공차 상태의 자동차의 축중을 말한다.
④ 적차 상태의 자동차의 축중을 말한다.

해설 차량 중량이란 공차 상태의 자동차의 중량을 말한다. 차량 총중량이란 적차 상태의 자동차의 중량을 말한다.

649
도로에서 **캠핑 트레일러 피견인 차량 운행 시 횡풍 등 물리적 요인에 의해 피견인 차량이 물고기 꼬리처럼 흔들리는 현상은?**

① 잭 나이프(jack knife) 현상
② 스웨이(sway) 현상
③ 수막(hydroplaning) 현상
④ 휠 얼라인먼트(wheel alignment) 현상

해설 캐러밴 운행 시 대형 사고의 대부분이 스웨이 현상으로 캐러밴이 물고기 꼬리처럼 흔들리는 현상으로 피쉬테일 현상이라고도 한다.

650
자동차 및 자동차부품의 성능과 기준에 관한 규칙상 **견인형 특수자동차의 뒷면 또는 우측면에 표시하여야** 하는 것은?

① 차량 총중량·최대 적재량
② 차량 중량에 승차정원의 중량을 합한 중량
③ 차량 총중량에 승차정원의 중량을 합한 중량
④ 차량 총중량·최대 적재량·최대 적재 용적·적재물품명

해설 자동차 및 자동차부품의 성능과 기준에 관한 규칙 제19조 화물자동차의 뒷면에는 정하여진 차량 총중량 및 최대 적재량(탱크로리에 있어서는 차량 총중량·최대 적재량·최대 적재 용적 및 적재물 품명)을 표시하고, 견인형 특수자동차의 뒷면 또는 우측면에는 차량 중량에 승차정원의 중량을 합한 중량을 표시하여야 하며, 기타의 자동차 뒷면에는 정하여진 최대 적재량을 표시하여야 한다. 다만, 차량 총중량이 15톤 미만인 경우에는 차량 총중량을 표시하지 아니할 수 있다.

651
다음 중 견인차의 트랙터와 트레일러를 연결하는 장치로 맞는 것은?

① 커플러
② 킹핀
③ 아웃트리거
④ 붐

> 해설 커플러(coupler, 연결기): 트랙터(견인차)와 트레일러(피견인차)를 연결하는 장치로 트랙터 후면은 상단 부위가 반원형인데 중심 부위로 갈수록 좁아지며, 약 20센티미터의 홈이 파여 있고 커플러 우측은 커플러 작동 핸들 및 스프링 로크로 구성되어 있다.

652
자동차 및 자동차부품의 성능과 기준에 관한 규칙상 연결자동차가 초과해서는 안 되는 자동차 길이의 기준은?

① 13.5미터
② 16.7미터
③ 18.9미터
④ 19.3미터

> 해설 자동차 및 자동차부품의 성능과 기준에 관한 규칙 제19조 제2항
> 자동차 및 자동차부품의 성능과 기준에 관한 규칙 제4조 제1항의 내용에 따라 자동차의 길이는 13미터를 초과하여서는 안 되며, 연결자동차의 경우는 16.7미터를 초과하여서는 안 된다.

653
초대형 중량물의 운송을 위하여 단독으로 또는 2대 이상을 조합하여 운행할 수 있도록 되어 있는 구조로서 하중을 골고루 분산하기 위한 장치를 갖춘 피견인자동차는?

① 세미 트레일러
② 저상 트레일러
③ 모듈 트레일러
④ 센터 차축 트레일러

> 해설 ① 세미 트레일러: 그 일부가 견인자동차의 상부에 실리고, 해당 자동차 및 적재물 중량의 상당 부분을 견인자동차에 분담시키는 구조의 피견인자동차
> ② 저상 트레일러: 중량물의 운송에 적합하고 세미 트레일러의 구조를 갖춘 것으로서, 대부분의 상면지상고가 1,100밀리미터 이하이며 견인자동차의 커플러 상부 높이보다 낮게 제작된 피견인자동차
> ④ 센터 차축 트레일러: 균등하게 적재한 상태에서의 무게중심이 차량축 중심의 앞쪽에 있고, 견인자동차와의 연결 장치가 수직 방향으로 굴절되지 아니하며, 차량 총중량의 10퍼센트 또는 1천킬로그램보다 작은 하중을 견인자동차에 분담시키는 구조로서 1개 이상의 축을 가진 피견인자동차

654
차체 일부가 견인자동차의 상부에 실리고, 해당 자동차 및 적재물 중량의 상당 부분을 견인자동차에 분담시키는 구조의 피견인자동차는?

① 풀 트레일러
② 세미 트레일러
③ 저상 트레일러
④ 센터 차축 트레일러

> 해설 ① 풀 트레일러: 자동차 및 적재물 중량의 대부분을 해당 자동차의 차축으로 지지하는 구조의 피견인자동차
> ② 세미 트레일러: 그 일부가 견인자동차의 상부에 실리고, 해당 자동차 및 적재물 중량의 상당 부분을 견인자동차에 분담시키는 구조의 피견인자동차
> ③ 저상 트레일러: 중량물의 운송에 적합하고 세미트레일러의 구조를 갖춘 것으로서, 대부분의 상면지상고가 1,100밀리미터 이하이며 견인자동차의 커플러 상부높이보다 낮게 제작된 피견인자동차
> ④ 센터 차축 트레일러: 균등하게 적재한 상태에서의 무게중심이 차량축 중심의 앞쪽에 있고, 견인자동차와의 연결장치가 수직방향으로 굴절되지 아니하며, 차량 총중량의 10퍼센트 또는 1천킬로그램보다 작은 하중을 견인자동차에 분담시키는 구조로서 1개 이상의 축을 가진 피견인자동차

655

트레일러의 특성에 대한 설명이다. 가장 알맞은 것은?

① 차체가 무거워서 제동거리가 일반승용차보다 짧다.
② 급 차로 변경을 할 때 전도나 전복의 위험성이 높다.
③ 운전석이 높아서 앞 차량이 실제보다 가까워 보인다.
④ 차체가 크기 때문에 내륜차(內輪差)는 크게 관계가 없다.

> **해설** ① 차체가 무거우면 제동거리가 길어진다.
> ② 차체가 길기 때문에 전도나 전복의 위험성이 높고 급 차로 변경 시 잭나이프 현상이 발생할 수 있다.
> ※ 잭나이프 현상: 트레일러 앞부분이 급 차로 변경을 해도 뒤에 연결된 컨테이너가 차로 변경한 방향으로 가지 않고 진행하던 방향 그대로 튀어나가는 현상
> ③ 트레일러는 운전석이 높아서 앞 차량이 실제 차간거리보다 멀어 보여 안전거리를 확보하지 않는 경향(운전자는 안전거리가 확보되었다고 착각함)이 있다.
> ④ 차체가 길고 크므로 내륜차가 크게 발생한다.

656

다음 중 **대형화물자동차의 선회 특성과 진동 특성**에 대한 설명으로 가장 알맞은 것은?

① 진동각은 차의 원심력에 크게 영향을 미치지 않는다.
② 진동각은 차의 중심높이에 크게 영향을 받지 않는다.
③ 화물의 종류와 적재 위치에 따라 선회 반경과 안정성이 크게 변할 수 있다.
④ 진동 각도가 승용차보다 작아 추돌 사고를 유발하기 쉽다.

> **해설** 대형화물차는 화물의 종류와 적재 위치에 따라 선회반경과 안정성이 크게 변할 수 있고 진동각은 차의 원심력과 중심 높이에 크게 영향을 미치며, 진동 각도가 승용차보다 크다.

657

트레일러 운전자의 준수사항에 대한 설명으로 가장 알맞은 것은?

① 운행을 마친 후에만 차량 일상 점검 및 확인을 해야 한다.
② 정당한 이유 없이 화물의 운송을 거부해서는 아니 된다.
③ 차량의 청결 상태는 운임 요금이 고가일 때만 양호하게 유지한다.
④ 적재 화물의 이탈 방지를 위한 덮개·포장 등은 목적지에 도착해서 확인한다.

> **해설** 운전자는 운행 전 적재 화물의 이탈 방지를 위한 덮개, 포장을 튼튼히 하고 항상 청결을 유지하며 차량의 일상점검 및 확인은 운행 전은 물론 운행 후에도 꾸준히 하여야 한다.

658

다음 중 **편도 3차로 고속도로에서 구난차의 주행 차로**는?(버스전용차로 없음)

① 1차로   ② 왼쪽 차로
③ 오른쪽 차로   ④ 모든 차로

> **해설** 도로교통법 시행규칙 별표9 참조

659

다음 중 **구난차로 상시 4륜구동 자동차를 견인하는 경우** 가장 적절한 방법은?

① 자동차의 뒤를 들어서 견인한다.
② 상시 4륜구동 자동차는 전체를 들어서 견인한다.
③ 구동 방식과 견인하는 방법은 무관하다.
④ 견인되는 모든 자동차의 주차 브레이크는 반드시 제동 상태로 한다.

> **해설** 구난차로 상시 4륜구동 자동차를 견인하는 경우 차량 전체를 들어서 화물칸에 싣고 이동하여야 한다.

660

자동차관리법상 구난형 특수자동차의 세부 기준은?

① 피견인차의 견인을 전용으로 하는 구조인 것
② 견인·구난할 수 있는 구조인 것
③ 고장·사고 등으로 운행이 곤란한 자동차를 구난·견인할 수 있는 구조인 것
④ 위 어느 형에도 속하지 아니하는 특수 작업용인 것

해설 자동차관리법 시행규칙 별표1
특수자동차 중에서 구난형의 유형별 세부 기준은 고장, 사고 등으로 운행이 곤란한 자동차를 구난·견인할 수 있는 구조인 것을 말한다.

661

자동차 및 자동차부품의 성능과 기준에 관한 규칙에 따른 자동차의 길이 기준은?(연결자동차 아님)

① 13미터　② 14미터
③ 15미터　④ 16미터

해설 자동차 및 자동차부품의 성능과 기준에 관한 규칙 제4조(길이·너비 및 높이)
① 자동차의 길이·너비 및 높이는 다음의 기준을 초과하여서는 아니 된다.
1. 길이: 13미터(연결자동차의 경우에는 16.7미터를 말한다)
2. 너비: 2.5미터(간접시계장치·환기장치 또는 밖으로 열리는 창의 경우 이들 장치의 너비는 승용자동차에 있어서는 25센티미터, 기타의 자동차에 있어서는 30센티미터. 다만, 피견인자동차의 너비가 견인자동차의 너비보다 넓은 경우 그 견인자동차의 간접시계장치에 한하여 피견인자동차의 가장 바깥쪽으로 10센티미터를 초과할 수 없다)
3. 높이: 4미터

662

교통사고 발생 현장에 도착한 구난차 운전자의 가장 바람직한 행동은?

① 사고 차량 운전자의 운전면허증을 회수한다.
② 도착 즉시 사고 차량을 견인하여 정비소로 이동시킨다.
③ 운전자와 사고 차량의 수리 비용을 흥정한다.
④ 운전자의 부상 정도를 확인하고 2차 사고에 대비하여 안전 조치를 한다.

해설 구난차(레커) 운전자는 사고 처리 행정 업무를 수행할 권한이 없어 사고현장을 보존해야 한다. 다만, 부상자의 구호 및 2차 사고에 대비하여 주변 상황에 맞는 안전조치를 취할 수 있다.

663

구난차 운전자의 행동으로 가장 바람직한 것은?

① 고장 차량 발생 시 신속하게 출동하여 무조건 견인한다.
② 피견인 차량을 견인 시 법규를 준수하고 안전하게 견인한다.
③ 견인차의 이동거리별 요금이 고가일 때만 안전하게 운행한다.
④ 사고 차량 발생 시 사고현장까지 신호는 무시하고 가도 된다.

해설 구난차 운전자는 신속하게 출동하되 준법 운전을 하고 차주의 의견을 무시하거나 사고 현장을 훼손하는 경우가 있어서는 안 된다.

664

구난차가 갓길에서 고장 차량을 견인하여 주행 차로로 진입할 때 가장 주의해야 할 사항으로 맞는 것은?

① 고속도로 전방에서 정속 주행하는 차량에 주의

② 피견인자동차 트렁크에 적재되어 있는 화물에 주의
③ 주행 차로 뒤쪽에서 빠르게 주행해오는 차량에 주의
④ 견인자동차는 눈에 확 띄므로 크게 신경 쓸 필요가 없다.

해설 구난차가 갓길에서 고장차량을 견인하여 주행 차로로 진입하는 경우에는 주행 차로를 진행하는 후속 차량의 통행에 방해가 되지 않도록 주의하면서 진입하여야 한다.

해설
① 크레인의 붐(boom): 크레인 본체에 달려 있는 크레인의 팔 부분
② 견인삼각대: 구조물을 견인할 때 구난차와 연결하는 장치.
PTO스위치: 크레인 및 구난 원치에 소요되는 동력은 차량의 PTO(동력 인출 장치)로부터 나오게 된다.
③ 아웃트리거: 작업 시 안정성을 확보하기 위하여 전방과 후방 측면에 부착된 구조물
④ 후크(hook): 크레인에 장착되어 있으며 갈고리 모양으로 와이어 로프에 달려서 중량물을 거는 장치

665
부상자가 발생한 사고 현장에서 구난차 운전자가 취한 행동으로 가장 적절하지 않은 것은?

① 부상자의 의식 상태를 확인하였다.
② 부상자의 호흡 상태를 확인하였다.
③ 부상자의 출혈 상태를 확인하였다.
④ 바로 견인준비를 하며 합의를 종용하였다.

해설 사고 현장에서 사고 차량 당사자에게 사고 처리를 하지 않도록 유도하거나 사고에 대한 합의를 종용해서는 안 된다.

667
구난차 운전자가 FF방식(Front engine Front wheel drive)의 고장난 차를 구난하는 방법으로 가장 적절한 것은?

① 차체의 앞부분을 들어 올려 견인한다.
② 차체의 뒷부분을 들어 올려 견인한다.
③ 앞과 뒷부분 어느 쪽이든 관계없다.
④ 반드시 차체 전체를 들어 올려 견인한다.

해설 FF방식(Front engine Front wheel drive)의 앞바퀴 굴림 방식의 차량은 엔진이 앞에 있고, 앞바퀴 굴림 방식이기 때문에 손상을 방지하기 위하여 차체의 앞부분을 들어 올려 견인한다.

666
다음 중 구난차의 각종 장치에 대한 설명으로 맞는 것은?

① 크레인 본체에 달려 있는 크레인의 팔 부분을 후크(hook)라 한다.
② 구조물을 견인할 때 구난차와 연결하는 장치를 PTO스위치라고 한다.
③ 작업 시 안정성을 확보하기 위하여 전방과 후방 측면에 부착된 구조물을 아웃트리거라고 한다.
④ 크레인에 장착되어 있으며 갈고리 모양으로 와이어 로프에 달려서 중량물을 거는 장치를 붐(boom)이라 한다.

668
구난차 운전자가 교통사고 현장에서 한 조치이다. 가장 바람직한 것은?

① 교통사고 당사자에게 민사합의를 종용했다.
② 교통사고 당사자 의사와 관계없이 바로 견인 조치했다.
③ 주간에는 잘 보이므로 별다른 안전조치 없이 견인준비를 했다.
④ 사고 당사자에게 일단 심리적 안정을 취할 수 있도록 도와줬다.

해설 교통사고 당사자에게 합의를 종용하는 등 사고처리에 관여해서는 안 되며, 주간이라도 안전 조치를 하여야 한다.

669
구난차 운전자가 교통사고 현장에서 부상자를 발견하였을 때 대처 방법으로 가장 바람직한 것은?

① 말을 걸어보거나 어깨를 두드려 부상자의 의식 상태를 확인한다.
② 부상자가 의식이 없으면 인공호흡을 실시한다.
③ 골절 부상자는 즉시 부목을 대고 구급차가 올 때까지 기다린다.
④ 심한 출혈의 경우 출혈 부위를 심장 아래쪽으로 둔다.

해설 부상자가 의식이 없으면 가슴 압박을 실시하며, 심한 출혈의 경우 출혈 부위를 심장 위쪽으로 둔다.
골절 환자는 손상된 부위를 잘 관찰하여 옷을 느슨하게 해주어 숨을 편히 쉴 수 있도록 하고 주변 관절이 움직이지 않도록 안정시켜 추가적인 손상을 막을 수 있도록 하고, 지혈 후 마지막으로 부목과 천 붕대 등을 이용하여 골절 부위를 고정시킨다.

670
교통사고 발생 현장에 도착한 구난차 운전자가 부상자에게 응급조치를 해야 하는 이유로 가장 거리가 먼 것은?

① 부상자의 빠른 호송을 위하여
② 부상자의 고통을 줄여주기 위하여
③ 부상자의 재산을 보호하기 위하여
④ 부상자의 구명률을 높이기 위하여

671
다음 중 **자동차의 주행 또는 급제동 시 자동차의 뒤쪽 차체가 좌우로 떨리는 현상을 뜻하는 용어**는?

① 피시테일링(fishtailing)
② 하이드로플래닝(hydroplaning)
③ 스탠딩 웨이브(standing wave)
④ 베이퍼록(vapor lock)

해설 'fishtailing'은 주행이나 급제동 시 뒤쪽 차체가 물고기 꼬리지느러미처럼 좌우로 흔들리는 현상이다.
'hydroplaning'은 물에 젖은 노면을 고속으로 달릴 때 타이어가 노면과 접촉하지 않아 조종능력이 상실되거나 또는 불가능한 상태를 말한다.
'standing wave'는 자동차가 고속 주행할 때 타이어 접지부에 열이 축적되어 변형이 나타나는 현상이다.
'vapor lock'은 브레이크액에 기포가 발생하여 브레이크가 제대로 작동하지 않게 되는 현상을 뜻한다.

672
다음 중 **구난차 운전자의 가장 바람직한 행동**은?

① 화재 발생 시 초기 진화를 위해 소화 장비를 차량에 비치한다.
② 사고 현장에 신속한 도착을 위해 중앙선을 넘어 주행한다.
③ 경미한 사고는 운전자 간에 합의를 종용한다.
④ 교통사고 운전자와 동승자를 사고차량에 승차시킨 후 견인한다.

해설 구난차 운전자는 사고 현장에 가장 먼저 도착할 수 있으므로 차량 화재 발생 시 초기 진압할 수 있는 소화 장비를 비치하는 것이 바람직하다.

673

제한 속도 매시 100킬로미터 고속도로에서 구난 차량이 매시 145킬로미터로 주행하다 과속으로 적발되었다. 벌점과 범칙금액은?

① 벌점 70점, 범칙금 14만원
② 벌점 60점, 범칙금 13만원
③ 벌점 30점, 범칙금 10만원
④ 벌점 15점, 범칙금 7만원

해설 구난자동차는 도로교통법 시행규칙 제19조 제1항 제3호 나목에 해당되어 매시 100킬로미터인 편도 2차로 고속도로에서 최고 속도가 매시 80킬로미터가 되며, 자동차관리법 시행규칙 별표1에 따라 특수자동차로 분류되고 특수자동차는 도로교통법 시행령 별표8과 도로교통법 시행규칙 별표28에 따라 승합자동차 등에 포함되어 ②가 옳은 답이 된다.

674

다음 중 구난차 운전자가 자동차에 도색(塗色)이나 표지를 할 수 있는 것은?

① 교통 단속용 자동차와 유사한 도색 및 표지
② 범죄 수사용 자동차와 유사한 도색 및 표지
③ 긴급자동차와 유사한 도색 및 표지
④ 응급 상황 발생 시 연락할 수 있는 운전자 전화번호

해설 도로교통법 제42조(유사 표지의 제한 및 운행 금지) 제1항, 제2항 및 같은 법 시행령 제27조(유사 표지 및 도색 등의 범위)에 따라 자동차 등(개인형 이동장치는 제외한다)에 제한되는 도색(塗色)이나 표지 등은 다음 각 호와 같다.
1. 긴급자동차로 오인할 수 있는 색칠 또는 표지
2. 욕설을 표시하거나 음란한 행위를 묘사하는 등 다른 사람에게 혐오감을 주는 그림·기호 또는 문자

675

구난차 운전자가 RR방식(Rear engine Rear wheel drive)의 고장난 차를 구난하는 방법으로 가장 적절한 것은?

① 차체의 앞부분을 들어 올려 견인한다.
② 차체의 뒷부분을 들어 올려 견인한다.
③ 앞과 뒷부분 어느 쪽이든 관계없다.
④ 반드시 차체 전체를 들어 올려 견인한다.

해설 RR방식(Rear engine Rear wheel drive)의 뒷바퀴 굴림방식의 차량은 엔진이 뒤에 있고, 뒷바퀴 굴림 방식이기 때문에 손상을 방지하기 위하여 차체의 뒷부분을 들어 올려 견인한다.

676

교통사고 현장에 출동하는 구난차 운전자의 운전 방법으로 가장 바람직한 것은?

① 신속한 도착이 최우선이므로 반대 차로로 주행한다.
② 긴급자동차에 해당되므로 최고 속도를 초과하여 주행한다.
③ 고속도로에서 차량 정체 시 경음기를 울리면서 갓길로 주행한다.
④ 신속한 도착도 중요하지만 교통사고 방지를 위해 안전 운전한다.

해설 교통사고 현장에 접근하는 경우 견인을 하기 위한 경쟁으로 심리적인 압박을 받게 되어 교통사고를 유발할 가능성이 높아지므로 안전 운전을 해야 한다.

677
다음 중 자동차관리법상 **특수자동차의 유형별 구분**에 해당하지 **않는** 것은?

① 견인형 특수자동차
② 특수용도형 특수자동차
③ 구난형 특수자동차
④ 도시가스 응급 복구용 특수자동차

> **해설** 자동차관리법 시행규칙 별표1[자동차의 종류(제2조 관련)]
> 특수자동차는 유형별로 견인형, 구난형, 특수용도형으로 구분된다.

678
제1종 특수면허 중 **소형견인차면허의 기능시험**에 대한 내용이다. 맞는 것은?

① 소형견인차면허 합격 기준은 100점 만점에 90점 이상이다.
② 소형견인차 시험은 굴절, 곡선, 방향 전환, 주행 코스를 통과하여야 한다.
③ 소형견인차 시험 코스통과 기준은 각 코스마다 5분 이내이다.
④ 소형견인차 시험 각 코스의 확인선 미접촉 시 각 5점씩 감점이다.

> **해설** 도로교통법 시행규칙 제66조, 같은 법 시행규칙 별표24(기능시험 채점기준·합격기준)
> 소형견인차면허의 기능시험은 굴절 코스, 곡선 코스, 방향 전환 코스를 통과해야 하며, 각 코스마다 3분 초과 시, 검지선 접촉 시, 방향 전환 코스의 확인선 미접촉 시 각 10점이 감점된다. 합격기준은 90점 이상이다.

679
구난차로 고장 차량을 견인할 때 견인되는 차가 켜야 하는 등화는?

① 전조등, 비상점멸등
② 전조등, 미등
③ 미등, 차폭등, 번호등
④ 좌측방향지시등

> **해설** 도로교통법 제37조, 같은 법 시행령 제19조
> 견인되는 차는 미등, 차폭등, 번호등을 켜야 한다.

680
구난차 운전자가 지켜야 할 사항으로 맞는 것은?

① 구난차 운전자의 경찰무선 도청은 일부 허용된다.
② 구난차 운전자는 도로교통법을 반드시 준수해야 한다.
③ 교통사고 발생 시 출동하는 구난차의 과속은 무방하다.
④ 구난차는 교통사고 발생 시 신호를 무시하고 진행할 수 있다.

> **해설** 구난차 운전자의 경찰 무선 도청은 불법이다. 모든 운전자는 도로교통법을 반드시 준수해야 하므로 과속, 난폭 운전, 신호 위반을 해서는 안 된다.

초고속 이미지 힌트

이미지를 보면 정답이 바로 떠오르도록!
문항의 시각 자료에 표시한 정답 힌트!

02 사진형 100제
03 일러스트형 85제
04 안전표지형 100제
05 동영상형 35제

사진형 100제

♦ 5지 2답: 3점

681
다음과 같은 상황에서 잘못된 통행 방법 2가지는?

☑ 도로 상황
- 편도 2차로의 교차로
- 신호등은 적색 등화
- 비보호 좌회전 표지
- 교차로 진입 전

③ 좌회전 화살표 등화가 없는 가로형 삼색등
④ 1차로에서 우회전 불가

① 직진하려는 경우 녹색 등화에 진행한다.
② 좌회전하려는 경우 맞은편 통행에 주의하면서 녹색 등화에 진행한다.
③ 좌회전하려는 경우 녹색 좌회전 화살표 등화에 진행한다.
④ 1차로에서 우회전하려는 경우 정지선 직전에 일시정지한 후 서행으로 진행한다.
⑤ 우회전하려면 미리 도로 우측 가장자리로 서행하면서 진행하여야 한다.

해설 사진의 신호등은 가로형 삼색등으로 적색, 황색, 녹색의 등화로 구성되어 있을 뿐 좌회전 화살표 등화는 포함되어 있지 않다. 이러한 가로형 삼색등과 비보호 좌회전 표지가 설치되어 있다면 맞은편 통행을 주의하면서 좌회전할 수 있다.
모든 차의 운전자는 교차로에서 우회전을 하려는 경우에는 미리 도로의 우측 가장자리를 서행하면서 우회전하여야 한다(도로교통법 제25조 제1항).

682
다음과 같은 상황에서 잘못된 통행 방법 2가지는?

☑ 도로 상황
- 도로 우측은 택시 정차대
- 연달아 신호등이 설치된 도로
- 30m 전방에는 +자형 교차로이고, 신호등은 녹색 등화
- 50m 전방에는 T자형 교차로이고, 신호등은 적색 등화

① 택시 정차대 인근에는 보행자 있을 가능성이 있으므로 감속 운전
② 1차로에서 우회전 불가, 우회전은 도로 우측 가장자리에서

① 신호가 바뀌기 전에 교차로를 통과하기 위해 최대한 가속한다.
② +자형 교차로에서 우회전하기 위해 계속 1차로로 통행한다.
③ 녹색 등화에는 직진 또는 우회전할 수 있다.
④ 적색 등화에는 정지선 직전에 정지해야 한다.
⑤ 적색 등화에는 정지선 직전에 일시정지한 후 우회전할 수 있다.

해설 택시 정차대 인근에서는 타고 내리는 택시 승객이나 무단 횡단하려는 보행자가 있을 가능성이 높기 때문에 주위를 살피며 속도를 감속하여 운전하는 것이 안전하다.
모든 차의 운전자는 교차로에서 우회전을 하려는 경우에는 미리 도로의 우측 가장자리를 서행하면서 우회전하여야 한다(도로교통법 제25조 제1항).

683
다음과 같은 상황에서 **잘못된 통행 방법 2가지는?**

☑ 도로 상황
- 편도 3차로 도로
- 1차로는 좌회전, 2차로는 직진, 3차로는 직진 및 우회전 노면 표시 있음
- 교차로를 통과하려는 상황
- 교차로 건너편 3, 4차로는 작업 중

① 1차로에서는 녹색 등화에 우회전할 수 있다.
② 1차로에서는 좌회전 화살표 등화에 좌회전할 수 있다.
③ 2차로에서는 녹색 등화에 직진할 수 있다.
④ 3차로에서는 적색 등화에 정지선 직전에서 일시정지한 후 우회전할 수 있다.
⑤ 3차로에서는 녹색 등화에 직진하여 교차로 내에 설치된 안전지대에 정차한다.

① 1차로에서 우회전 불가, 우회전은 도로 우측 가장자리에서
⑤ 안전지대는 진입 금지 장소

해설 모든 차의 운전자는 교차로에서 우회전을 하려는 경우에는 미리 도로의 우측 가장자리를 서행하면서 우회전하여야 한다(도로교통법 제25조 제1항).
3차로로 운전 중인데 전방에 공사 현장이 3, 4차로에 있다면, 속도를 줄이면서 방향지시기를 켜고 미리 2차로로 진로를 변경해야 한다. 모든 차는 안전지대 등 진입이 금지된 장소에 들어가서는 안 된다.

684
다음 상황을 통해 **알 수 있는 정보로 바르지 않은 것 2가지는?**

④ 노란색 보조 표지, 붉은색 도로 → 어린이보호구역! 하지만 모든 어린이보호구역의 제한 속도가 시속 30킬로미터인 것은 아님!

① 전방에 횡단보도가 있다.
② 전방 차량 신호등은 녹색 등화이다.
③ 도로 우측에는 자전거전용도로가 설치되어 있다.
④ 이 도로의 제한 속도는 시속 30킬로미터이다.
⑤ 앞선 자동차들은 브레이크 페달을 조작하고 있다.

⑤ 제동등 꺼져 있음(브레이크 페달 밟으면 제동등 켜짐)

해설 이 장소는 어린이보호구역이다. 어린이보호구역에서의 통행 속도는 시속 30킬로미터 이내로 제한할 수 있다(도로교통법 제12조 제1항). 하지만 시속 30킬로미터 기준과 다른 통행 속도로 설정된 어린이보호구역도 다수 존재한다. 브레이크 페달을 조작하면 자동차의 후면에 설치된 제동등이 켜진다. 사진의 상황에서는 최고 제한 속도를 확인할 수 있는 표시가 보이지 않으며 앞선 차량 2대 모두는 제동등이 켜지지 않았다.

685

다음 상황을 통해 알 수 있는 정보와 이에 따른 올바른 운전 방법을 연결한 것으로 바르지 않은 것 2가지는?

☑ 도로 상황
▶ 가장 우측에 있는 자동차들은 주차된 상태

③ 적색 X표 표시 등화일 때는 적색 X표 차로 진행 불가
⑤ 황색 점선은 일시적으로 넘어가기 가능!

① 횡단보도 – 좌우를 잘 살펴 보행자에 주의한다.
② 차도에 있는 사람 – 속도를 감속하는 등 안전에 유의한다.
③ 가로형 이색등 – 적색 X표가 있는 차로로 진행한다.
④ 가변차로 – 상황에 따라 진행 차로가 바뀔 수 있다.
⑤ 중앙에 설치된 황색 점선 – 앞지르기하려고 할 때도 절대 넘을 수 없는 선이다.

해설 시·도경찰청장은 시간대에 따라 양방향의 통행량이 뚜렷하게 다른 도로에는 교통량이 많은 쪽으로 차로의 수가 확대될 수 있도록 신호기에 의하여 차로의 진행 방향을 지시하는 가변차로를 설치할 수 있다(도로교통법 제14조 제1항). 가변차로로 지정된 도로 구간의 입구, 중간 및 출구에 가로형 이색등을 설치한다(도로교통법 시행규칙 별표3). 녹색 화살표의 등화(하향)일 때 차마는 지정한 차로로 진행할 수 있고, 적색X표 표시의 등화일 때는 그 차로로 진행할 수 없다(도로교통법 시행규칙 별표2).
중앙선 중에 황색 실선은 차마가 넘어갈 수 없는 것을 표시하는 것이고, 황색 점선은 반대 방향의 교통에 주의하면서 일시적으로 반대편 차로로 넘어갈 수 있으나 진행 방향 차로로 다시 돌아와야 함을 표시하는 것이다(도로교통법 시행규칙 별표6 일련번호 501).

686

다음 상황을 통해 알 수 있는 정보와 이에 따른 올바른 운전 방법을 연결한 것으로 바르지 않은 것 2가지는?

☑ 도로 상황
▶ 직전까지 눈이 내렸고, 노면이 얼어붙은 상태
▶ 바로 앞에 진행하는 차량은 제설 작업 차량으로 도로에 모래를 뿌리면서 주행 중
▶ 전방 우측 화물차는 우측 방향지시등을 켠 채 정차 중

② 황색 실선 복선 구간, 이곳에서는 정차·주차 금지, 보도에도 금지
③ 얼어 있는 노면, '최고 속도'의 100분의 50을 줄인 속도로 운행

① 횡단보도 예고 표시 – 전방에 곧 횡단보도가 나타나므로 주의하며 운전한다.
② 차로 우측에 설치된 황색 실선의 복선 구간 – 보도에 걸치는 방식의 정차는 허용된다.
③ 노면이 얼어 있는 상태 – 최고 제한 속도의 100분의 20을 줄인 속도로 운행한다.
④ 전방 제설 작업 차량 – 작업 차량과 안전거리를 충분히 유지하면서 주행한다.
⑤ 전방 우측에 정차 중인 화물차 – 사람이 차도로 갑자기 튀어나올 수 있으므로 주의하며 운전한다.

해설 황색 복선은 정차·주차 금지 표시이다(도로교통법 시행규칙 별표6 일련번호 516의2). 아울러 보도에는 정차 및 주차가 금지된다(도로교통법 제32조 제1호).
노면 상태가 얼어붙은 경우는 최고 속도의 100분의 50을 줄인 속도로 운행해야 한다(도로교통법 시행규칙 제19조 제2항 제2호 나목).
비가 내려 노면이 젖어 있는 경우나 눈이 20밀리미터 미만 쌓인 경우에는 최고 속도의 100분의 20을 줄인 속도로 운행해야 한다(도로교통법 시행규칙 제19조 제2항 제1호).

687

다음과 같은 상황에서의 운전 방법으로 **바르지 못한 것 2가지**는?

✓ 도로 상황
- 편도 5차로 도로
- 차도 우측에는 보도
- 1, 2차로는 좌회전차로

①, ② 도로 우측 가장자리, 자전거와 개인형 이동장치는 1, 2차로에서 좌회전 불가, 도로 우측 가장자리에 붙어 훅 턴(hook-turn)으로 좌회전

① 자전거 운전자가 좌회전하고자 하는 경우 1차로에서 좌회전 신호를 기다린다.
② 개인형 이동장치 운전자가 좌회전하고자 하는 경우 2차로에서 좌회전 신호를 기다린다.
③ 이륜차 운전자가 좌회전하고자 하는 경우 2차로에서 좌회전 신호를 기다린다.
④ 승용차 운전자가 우회전하고자 하는 경우 보행자에 주의하면서 우회전한다.
⑤ 화물차 운전자가 우회전하고자 하는 경우 미리 우측 가장자리 도로를 이용하여 우회전한다.

해설 자전거 등의 운전자는 교차로에서 좌회전하려는 경우에는 미리 도로의 우측 가장자리로 붙어 서행하면서 교차로의 가장자리 부분을 이용하여 좌회전하여야 한다(도로교통법 제25조 제3항).
"자전거 등"이란 자전거와 개인형 이동장치를 말한다(도로교통법 제2조 제21의2호).

688

다음과 같은 상황에서 가장 **안전한 운전 방법 2가지**는?

✓ 도로 상황
- 시내 지역 사거리 교차로
- 편도 1차로 도로
- 약 10미터 전방 좌측과 우측에 상가 지하 주차장 입구가 각각 있음

① 최고 속도 제한 표지, 시속 30킬로미터 이하 속도로 운전
② 우측 상가 지하 주차장 입구, 이곳에 진입하기 위해 일시정지 후 서행!

① 시속 30킬로미터 이내의 속도로 운전한다.
② 전방 10미터 우측 상가 지하 주차장으로 진입할 때에는 일시정지한 후에 안전한지 확인하면서 서행한다.
③ 전방 10미터 좌측 상가 지하 주차장으로 진입할 때에는 일단 정지한 후에 안전한지 확인하면서 서행한다.
④ 좌회전하고자 하는 때에는 미리 방향지시등을 켜고 서행하면서 교차로의 중심 바깥쪽을 이용하여 좌회전한다.
⑤ 시내 지역에서 개인형 이동장치를 운전할 때에는 보도로 주행한다.

> **해설** 전방 10미터 좌측 상가 지하 주차장으로 진입하려면 중앙선을 침범하면서 운전해야 한다.
> 모든 차의 운전자는 교차로에서 좌회전을 하려는 경우에는 미리 도로의 중앙선을 따라 서행하면서 교차로의 중심 안쪽을 이용하여 좌회전하여야 한다(도로교통법 제25조 제2항).
> 개인형 이동장치를 운전할 때에는 전용도로가 없는 경우 차도로 주행해야 한다.

689

다음 상황을 통해 알 수 있는 **정보와 이에 대한 해석**을 연결한 것으로 바르지 **않은 것 2가지는**?

✓ **도로 상황**
- 사거리 교차로
- 전방 신호등은 적색 등화의 점멸
- 도로 우측의 자동차는 주차된 상태

① 어린이 보호 표지 – 어린이보호구역으로서 어린이가 특별히 보호되는 구역이다.
② 최고 속도 제한 표지 – 시속 30킬로미터 이내의 속도로 운전해야 한다.
③ 횡단보도 표지 – 보행자에 주의하면서 운전해야 한다.
④ 적색 등화의 점멸 – 서행하면서 운전해야 한다.
⑤ 도로 우측에 주차된 자동차들 – 주차된 차량 사이로 보행자가 튀어나올 수 있음에 유념한다.

① 어린이통학버스 후면 부착 어린이 보호 표지 = 어린이나 영유아를 태우고 있다는 뜻
④ 적색 등화 점멸 신호는 일시정지 후 통과

> **해설** 우측에 정차된 차량은 어린이통학버스이다. 어린이통학버스 후면에 부착된 표지는 어린이 보호 표지로 어린이나 영유아를 태우고 운행 중임을 표시하는 것이다(도로교통법 제53조 제1항, 도로교통법 시행규칙 별표14).
> 어린이보호구역에 설치되는 어린이 보호 표지는 도로교통법 시행규칙 별표6 일련번호 324와 같이 설치되어야 한다. 사진에는 어린이보호구역에 설치되는 어린이 보호 표지가 없다.
> 적색 등화의 점멸의 의미는 차마는 정지선이나 횡단보도가 있을 때에는 그 직전이나 교차로의 전에 일시정지한 후 다른 교통에 주의하면서 진행할 수 있다는 것이다(도로교통법 시행규칙 별표2).

690

다음과 같은 상황에서 가장 **안전한 운전 방법 2가지는**?

✓ **도로 상황**
- 어린이보호구역
- 과속방지턱과 도로 횡단방지 울타리가 설치되어 있음

① 어린이보호구역에서도 잠깐 주차할 수 있다.
② 차량 신호등이 녹색 등화라 하더라도 도로를 횡단하는 어린이가 있는지 주의하면서 진행한다.
③ 차량 신호등이 녹색 등화인 경우 아직 횡단 중인 어린이가 있더라도 속도를 높여 진행한다.
④ 어린이의 하차를 위해서 이곳에서는 정차는 할 수 있다.
⑤ 어린이보호구역에 설정된 제한 속도보다 느린 속도로 운전한다.

② 어린이보호구역에서는 어린이 주의하며 운전
⑤ 최고 속도 제한 표지. 제한 속도보다 느리게 운전하는 것이 안전함

해설 어린이보호구역에서 주정차는 금지된다(도로교통법 제32조 제8호). 차량 신호등이 바뀐 경우라도 횡단보도에 횡단 중인 보행자가 있다면 보호할 의무가 있다(도로교통법 제48조 제1항 참조). 자동차의 운전자는 제한 속도보다 빠르게 운전해서는 아니 된다(도로교통법 제17조 제3항).

691
다음 상황에서 **적절한 운전 행태**로 옳은 것 **2가지**는?

☑ **도로 상황**
- 좌우측 아파트 진출입로
- 전방 차량 신호등 황색 점멸
- 1차로 좌회전, 2차로 직진차로

② 아파트 진출입로, 차량이 나올 수 있으므로 서행

④ 차로가 2차로에서 1차로로 줄어듦. 미리 2차선으로 진로 변경해야 줄어든 차로로 안전하게 진행 가능

① 주정차 금지 노면 표시가 없으므로 교차로 부근이나 횡단보도 부근에 주정차할 수 있다.
② 좌우측 아파트 진출입로가 있으므로 주변 차량을 잘 살피고 서행하며 진행한다.
③ 전방 교차로 내에서 다른 차량에 방해가 되지 않는다면 유턴할 수 있다.
④ 교차로를 지나 차로가 줄어들기 때문에 직진하려는 경우 미리 직진차로로 변경한다.
⑤ 횡단보도에 보행자가 없으므로 가속하여 신속히 통과한다.

해설 신호등이 황색 점멸인 경우 안전표지에 주의하며 진행할 수 있고, 좌우측 아파트 진입로가 있으므로 진출입하는 차량이 있는 경우 잘 살펴 운행하여야 하며, 교차로와 횡단보도 5미터는 주정차 금지 구간이므로 노면 표시와 관계없이 주정차하면 안 된다. 차로가 줄어드는 경우 미리 차로 안내를 잘 살펴 진로 변경하는 것이 안전하다.

692
다음 상황에서 가장 **안전한 운전 방법 2가지**는?

① 보행자가 있으므로 서행, 일시정지
② 주정차 차량 사이에서 보행자 나타날 가능성 주의

① 보행자가 있으므로 안전하게 보행할 수 있도록 서행하거나 일시정지하여 안전을 확인하고 진행한다.
② 주변 주정차 차량 사이에서 보행자가 나타날 수 있으므로 주의하며 진행한다.
③ 어린이보호구역이 아니므로 운전자는 보행자를 보호해야 할 의무가 없다.
④ 좌측 상점에 가는 경우 교차로 모퉁이에 잠시 주정차하는 것은 가능하다.
⑤ 주택가 이면도로에서는 주차된 차량과 보행자가 많아 경음기를 계속 울리며 통과한다.

해설 어린이보호구역이 아니더라도 보행자와 자전거를 타고 등교하는 학생들이 많은 주택가 이면도로이므로 정당한 사유 없이 경음기를 계속 울리는 것은 지양하고 안전하게 진행하는 것이 바람직하다. 교차로 모퉁이는 주정차 금지 장소이므로 주정차를 해서는 안 된다.

693

다음 상황에서 가장 **안전한 운전 방법 2가지는?**

✅ **도로 상황**
- 편도 4차로 도로
- 전방 차량 신호등 녹색 및 좌회전 등화
- 우회전전용차로 진행 중
- 우회전 삼색등 적색 등화

③ 우회전 삼색등 적색 등화, 일시정지하고 녹색 등화에서 우회전
⑤ 녹색 등화라 하더라도 횡단하는 보행자 있을 가능성 주의

① 우회전차로를 진행하던 중 직진하려는 경우 백색 실선 구간에서 차로를 변경할 수 있다.
② 우회전 삼색등이 적색 등화라도 횡단보도를 횡단하는 보행자가 없으면 우회전할 수 있다.
③ 우회전 삼색등이 적색 등화이므로 정지해야 하며 녹색 등화로 바뀐 후 우회전할 수 있다.
④ 직진차로 진행 중 녹색 등화인 경우라도 보행자가 있을 수 있으므로 안전을 확인하며 우회전한다.
⑤ 우회전 삼색등이 녹색 등화인 경우라도 보행자가 있을 수 있으므로 안전을 확인하며 우회전한다.

해설 우회전 삼색등 앞에서 우회전하고자 할 때는 그 신호에 따라 진행하여야 하며, 우회전 삼색등이 녹색 화살표 등화라 하더라도 뒤늦게 횡단하는 보행자가 있을 수 있으므로 그 안전도 확인하여야 한다. 우회전차로가 있는 경우 그 차로를 따라 우회전하여야 하며, 백색 실선 구간에서는 진로 변경이 제한된다.

694

다음 상황에서 **교통안전표지**에 대한 설명 중 가장 **바르게 된 것 2가지는?**

✅ **도로 상황**
- 우측 자동차전용도로 입구
- 편도 4차로 도로
- 우회전전용차로 있음
- 전방 차량 신호등 녹색 등화

① 자동차전용도로 표지, 자동차 외에 진입 금지
④ 파란색 배경에 하얀색 그림은 지시 표지

① 자동차전용도로 표지는 자동차를 이용하는 경우 외에는 진입하면 안 된다는 의미이다.
② 비보호 좌회전 표지가 있으므로 차량 신호등 등화와 관계없이 안전하게 좌회전할 수 있다.
③ 우측의 황색 복선은 잠시 주차하는 것은 가능하다는 표시이다.
④ 전방 우측의 자동차를 표현한 파란색 표지판은 교통안전표지 중 지시 표지이다.
⑤ 교차로 정지선 이전의 백색 실선은 전방에 교차로가 있다는 것을 알려주는 표시이다.

해설 우측 노란색 표지는 도로법에 의한 표지이고, 파란색 자동차로 표현된 표지는 교통안전표지 중 자동차전용도로를 나타내는 지시 표지이다. 백색 실선은 진로 변경 제한선을 나타내고 비보호 좌회전은 차량 신호가 녹색 등화인 경우에 좌회전하여야 하며, 우측 실선의 황색 복선은 주정차를 금지하는 뜻을 지니고 있다.

695

다음 상황에서 가장 안전한 운전 방법 2가지는?

☑ 도로 상황
- 편도 1차로 좌로 굽은 내리막 도로
- 우측 아파트 진출입로
- 신호기 없는 삼거리 교차로

② 좌로 굽어 아래쪽 상황 확인 불가. 미리 속도 줄이기 필수
③ 아파트 주차장에서 차 나올 가능성 주의

① 진행하는 방향의 전방에 차량이 없으므로 빠르게 진행한다.
② 좌로 굽은 내리막 도로는 전방 상황을 확인하기 어렵기 때문에 미리 속도를 줄여 교차로에 진입한다.
③ 아파트에서 도로로 나오는 차량이 있을 수 있으므로 미리 대비하며 주행한다.
④ 맞은편 차량이 좌회전하려는 경우 직진 차량이 무조건 우선이므로 경음기를 울려 경고하며 진행한다.
⑤ 아파트 진출입로의 경우 보행자의 통행이 잦은 곳이긴 하나 시야에 보이지 않으므로 경음기를 울리고 속도를 높여 신속히 주행한다.

해설 좌로 굽은 도로에서는 전방 상황 확인이 어렵기 때문에 서행으로 접근해야 안전하다. 신호기가 없는 교차로의 경우 직진 차량이 무조건 우선하는 것은 아니며, 아파트에서 도로로 나오는 차량이나 보행자가 있음을 대비하여 경음기를 울리는 것보다 서행하며 안전을 확인하는 것이 바람직하다.

696

다음 상황에서 가장 안전한 운전 방법 2가지는?

☑ 도로 상황
- 중앙선 없는 우로 굽은 오르막 도로
- 좌측 골목길

② 도로 반사경으로 시야 확보
③ 좌측 골목길 차량 미리 주의하며 서행

① 도로 우측에 보행자가 있으므로 빠른 속도로 통과한다.
② 주변을 살피기 어려운 곳은 도로 반사경을 통해 교통 상황을 확인한다.
③ 좌측 골목길에 차량이 있으므로 교차로 진입 전 잘 살피고 서행하며 교차로에 진입한다.
④ 우로 굽은 오르막 도로는 전방 상황 확인이 곤란하므로 경음기를 계속 울리며 진행한다.
⑤ 맞은편에서 내려오는 차량이 있어도 올라가는 차량이 우선권을 가지므로 속도를 줄이지 않고 진행한다.

해설 도로 반사경을 통해 좌측 골목길의 안전을 명확히 확인하고 교차로 진입 전 서행하여 신호등 없는 교차로를 통과하는 것이 안전하며, 우측에 보행자가 있으므로 경음기를 울리기보다 안전을 확보하며 서행 또는 일시정지하며 진행하는 것이 안전하다. 도로교통법 제20조에 의하여 비탈진 좁은 도로에서 서로 마주 보고 진행하는 경우 올라가는 차량이 양보해야 한다.

697

다음 상황에서 가장 **안전한 운전 방법 2가지는?**

☑ 도로 상황
- 전방 차량 신호등 적색 등화
- 좌측 어린이보호구역 해제 표지
- 1차로 유턴 및 좌회전 차로
- 3차로 직진 및 우회전 차로

① 전방 차량 신호등 적색등, 정차 필수
③ 좌회전은 1차로에서만 가능

① 전방 차량 신호등이 적색 등화이므로 정지선 전에 미리 속도를 줄이고 안전하게 정차한다.
② 전방 좌측 어린이보호구역 해제 표지가 있어 현재 진행하는 도로에서는 특별히 어린이의 안전에 주의할 필요는 없다.
③ 좌회전하려는 경우 미리 1차로로 진행하는 후행 차량을 잘 살피고 안전하게 차로를 변경한다.
④ 우회전하려는 경우 3차로에 신호 대기 중인 차량을 피해 보도를 통해 우회전한다.
⑤ 도로 우측의 황색 실선은 정차는 허용하나 주차는 금지하는 표지이므로 잠시 정차하는 것은 가능하다.

해설 전방 차량 신호등이 적색 등화인 경우 미리 서행하며 교차로 전에 안전하게 정차하며, 좌측으로 진로 변경하고자 하는 경우 후행 좌측 차로를 진행하는 차량이 있는지 확인하여 주행하여야 한다. 어린이보호구역 해제 표지가 있는 경우 그곳까지는 어린이보호구역으로 인정되고, 3차로는 직진 및 우회전 차로이므로 후방에 정차하여 우회전할 수 있는 공간이 있을 때까지 대기하는 것이 좋고, 도로 우측의 황색 실선은 주정차 금지 구역을 표시하는 것이므로 정차도 금지된다.

698

다음 상황에서 가장 **안전한 운전 방법 2가지는?**

☑ 도로 상황
- 전방 'ㅏ'형 삼거리 교차로

② 백색 실선이므로 진로 변경 불가
③ 지그재그 형태 백색 실선은 서행 의미

① 삼색 신호등이 있는 교차로에서는 유턴 표지가 없어도 다른 차마에 방해가 되지 않는다면 유턴할 수 있다.
② 지그재그 형태의 백색 실선은 진로 변경 제한선이므로 진로 변경하면 안 된다.
③ 지그재그 형태의 백색 실선은 서행의 의미를 나타내므로 속도를 줄여 서행한다.
④ 1차로 진행 중 우회전하고자 하는 경우 후행 차량이 없다면 방향지시등을 점등하고 3차로로 한 번에 진로 변경한다.
⑤ 전방 삼색 신호등이 적색 등화로 바뀔 수 있으므로 녹색 등화라 하더라도 정지선 앞에 미리 급정지하여 대기한다.

해설 삼색 신호등이 설치된 교차로에서는 유턴 표지가 없으면 차마의 방해 여부를 불문하고 유턴이 허용되지 않으며, 지그재그 형태의 백색 실선은 진로 변경 제한선과 서행의 의미를 동시에 지니고 있다. 우회전하고자 하는 경우 1개 차로씩 미리 진로를 변경하는 것이 안전하며, 불가한 경우 P턴을 이용하여 진행하는 것이 안전하다. 전방 차량 신호등이 적색 등화로 바뀔 수 있으므로 이를 예상하고 속도를 줄이며 서행하는 것은 안전한 방법이나 녹색 등화임에도 불구하고 급정지하는 것은 후행 차량과의 추돌 우려가 있어 위험하다.

699

다음 상황에서 가장 **안전한 운전 방법 2가지는?**

☑ 도로 상황
▶ 전방 차량 신호등 황색 점멸
▶ 우측 지하 차도

③ 지하 차도에서 차량 나올 가능성 주의
⑤ 횡단보도, 보행자 있을 경우 일시정지 후 진행

① 우회전하려는 경우 도로가 한산하므로 직진차로에서 바로 우회전할 수 있다.
② 전방에 농기계가 진행하고 있으므로 경음기를 계속 울리며 속도를 올려 교차로를 통과한다.
③ 우측 지하 차도에서 진입하는 차량에 대한 확인이 어려우므로 속도를 줄이고 교차로에 진입한다.
④ 교통량이 적은 도로이므로 도로 우측에 주차할 수 있다.
⑤ 횡단하려는 보행자가 있는 경우 일시정지를 하여 보행자의 안전을 확인한 후 진행한다.

해설 황색 점멸 시 차마는 다른 교통 또는 안전표지의 표시에 주의하면서 진행할 수 있다. 도로상에 농기계가 주행할 경우 속도가 느리기 때문에 안전에 유의하며 진행한다. 우측 지하 차도의 시야 확보가 안 되는 경우 교차로 진입 시 주의한다.

700

다음 상황에서 가장 **안전한 운전 방법 2가지는?**

☑ 도로 상황
▶ 신호기 없는 사거리 교차로
▶ 왕복 2차로 중앙선이 있는 도로
▶ 횡단보도 신호기 없음
▶ 전방 도로 반사경에 좌회전 대기 차량이 보임

① 맞은편 차량, 좌회전은 이 차량 통과 후에 해야 안전
② 좌우측 안 보이는 교차로, 일시정지하여 좌우측 확인 후 진입

① 좌회전하려는 경우 방향지시등을 켜고 맞은편 차량이 통과한 후 안전하게 진입한다.
② 좌우측 확인이 안 되는 교차로이므로 일시정지한 후 안전하게 교차로에 진입한다.
③ 좌회전하고자 하는 경우 맞은편에서 주행하는 차량 사이로 속도를 높여 좌회전한다.
④ 도로 반사경에 보이는 좌회전 대기 차량보다 먼저 좌회전하기 위해 재빨리 진입한다.
⑤ 뒤따르는 차량이 있는 경우 상향등과 경음기를 조작하면서 무리하더라도 좌회전을 시도한다.

> **해설** 좌우측 확인이 불가한 교차로는 진입 전 일시정지하여 안전을 확인하고 진입하여야 하고, 좌회전하는 경우 맞은편에서 진행하는 차량이 통과하고 안전하게 좌회전하는 것이 좋다. 맞은편 차량 사이에 공간이 여유가 있다고 하더라도 안전하게 진입하는 것이 좋으며, 도로 반사경에 좌회전 대기 차량이 보이므로 그 차량의 상황을 잘 살필 필요가 있다. 후행 차량이 대기하고 있더라도 무리하게 좌회전을 시도하는 것은 안전한 운전 방법이 아니다.

701

다음 상황에서 **잘못된 운전 방법 2가지는?**

✅ **도로 상황**
- 편도 2차로 도로
- 가로형 삼색 차량 신호등 적색 등화

② 유턴 허용 표시 없으므로 유턴 금지
③ 횡단보도 5m 구간은 주정차 금지

① 직진하려면 정지선의 직전에 정지한다.
② 유턴하려면 전방에 차가 없는 경우 안전하게 2차로에서 교차로를 통해 유턴한다.
③ 탑승자를 하차시키려면 횡단보도 앞에 잠시 정차한다.
④ 우회전하려면 정지선의 직전에 일시정지한 후 서행하며 우회전한다.
⑤ 횡단보도를 이용하는 경우 자전거에서 내려 끌고 간다.

> **해설** 교차로에 녹색, 황색 및 적색의 삼색 등화만이 나오는 신호기가 설치되어 있고 달리 비보호 좌회전 표시나 유턴을 허용하는 표시가 없다면 차마의 좌회전 또는 유턴은 원칙적으로 허용되지 않는다. 그러므로 위 교차로에서 적색 등화 시에 정지선에 정지하여 있지 아니하고 좌회전 또는 유턴하여 진행하였다면 이는 특별한 사정이 없는 한 도로교통법 제5조의 규정에 의한 신호기의 신호에 위반하여 운전한 경우에 해당한다고 보아야 한다(대법원 1996. 5. 31. 선고 95도3093 판결).
> 자전거 운전자는 자전거 횡단 도로로 통행하거나(도로교통법 제15조의2 제2항), 자전거에서 내려 보행자로서 보행자 신호에 따라 횡단보도로 이동할 수 있다. 횡단보도 5미터 구간은 주정차 금지 장소이다.

702

다음 상황에서 알 수 있는 정보와 이에 대한 해석을 연결한 것으로 **바르지 않은 것 2가지는?**

✅ **도로 상황**
- 도로 우측에는 주차 차량
- 현재 시각 16:00

③ 황색 실선은 정차와 주차 모두 금지
④ 어린이, 노인, 신체 장애인 제외 자전거는 보도 통행 금지

① 도로 우측에 주차된 자동차 – 주차 위반에 해당한다.
② 횡단보도 예고 표시 – 전방에 곧 횡단보도가 나타난다.
③ 차도 우측 황색 실선 – 주차는 금지되나 정차는 허용된다.
④ 보도 – 자전거 운전자는 보도로 통행해야 한다.
⑤ 과속방지턱 – 감속 운전하는 것이 바람직하다.

해설 황색 실선은 정차·주차 금지 표시이다(도로교통법 시행규칙 별표6 일련번호 516). 주정차 허용 시간을 제외하고는 주정차는 금지된다.
자전거 등의 운전자는 자전거도로가 설치되지 아니한 곳에서는 도로 우측 가장자리에 붙어서 통행하여야 한다(도로교통법 제13조의2 제2항). 다만, 어린이, 노인, 신체 장애인의 경우는 보도에서 자전거를 운전할 수 있다(도로교통법 제13조의2 제4항 제1호).

703

다음 상황에 대한 설명 중 **옳은 것 2가지**는?

☑ 도로 상황
▶ 자율주행시스템 미장착 차량

② 정차 중에는 운전자 핸드폰 사용 가능
④ 시내도로 운전자는 안전띠 매기 필수

① 서행 중에는 운전자가 휴대전화를 사용할 수 있다.
② 정차 중에는 운전자가 휴대전화를 사용할 수 있다.
③ 서행 중에는 휴대전화는 사용할 수 없지만 영상 표시 장치는 조작해도 된다.
④ 시내도로에서 운전자는 안전띠를 매어야 할 의무가 있다.
⑤ 시내도로에서 동승자는 안전띠를 매어야 할 의무가 없다.

해설 자동차가 정지하고 있는 상황에서는 휴대전화를 사용할 수 있다(도로교통법 제49조 제1항 제10호 가목).
지리 안내 영상 또는 교통 정보 안내 영상이 표시되는 영상 표시 장치(대표적으로는 내비게이션)는 운전자가 운전 중 볼 수 있는 위치에 영상이 표시되도록 하여도 된다(도로교통법 제49조 제1항 제11호 나목1).
도로의 구분과 상관없이 동승자도 안전띠를 매어야 한다(도로교통법 제50조 제1항).

704

다음 상황에서 운전자별 **잘못된 운전 방법 2가지**는?

☑ 도로 상황
▶ 정체 중인 도로
▶ 중앙버스전용차로가 설치된 도로

③ 버스전용차로 표지, 버스 외에 통행 금지

① 자전거 운전자 - 차도의 가장 우측으로 다른 차량들을 앞지르기할 수 있다.
② 전동킥보드 운전자 - 운전자와 동승자 모두 안전모를 착용하여야 운행할 수 있다.
③ 이륜차 운전자 - 정체를 피해 중앙버스전용차로로 운전할 수 있다.
④ 승용차 운전자 - 정체 상황에 따른 추돌에 주의하며 운전한다.
⑤ 버스 운전자 - 전용차로가 아닌 차로로 운전 중일 때에는 중앙 버스 신호등이 아닌 차량 신호등의 신호에 따라야 한다.

해설 전동킥보드의 승차정원은 1명이다(도로교통법 시행규칙 제33조의3).
전용차로로 통행할 수 있는 차가 아니면 전용차로 통행하여서는 아니 된다(도로교통법 제15조 제3항).

705

다음 상황에서 가장 **안전한 운전 방법 2가지는?**

☑ 도로 상황
▶ 주택가 오르막 골목길

① 차량 뒤에서 보행자 나올 가능성 주의
② 보행자 안전 위해 거리 두며 서행

① 주차된 차량 뒤편에서 보행자가 나타날 수 있다는 점을 유념하면서 운전한다.
② 우측에 있는 보행자와 거리를 두고 일시정지하거나 서행하여 지나간다.
③ 눈이 쌓여 도로가 미끄러우므로 속도를 높여 빠르게 진행한다.
④ 눈이 쌓인 도로에서는 최고 속도의 20퍼센트를 가속한다.
⑤ 보행자의 돌발 행동을 방지하기 위하여 경음기를 계속 울리며 주행한다.

해설 모든 차의 운전자는 보도와 차도가 구분되지 아니한 도로 중 중앙선이 없는 도로에서 보행자의 옆을 지나는 경우에는 안전한 거리를 두고 서행하여야 하며, 보행자의 통행에 방해가 될 때에는 서행하거나 일시정지하여 보행자가 안전하게 통행할 수 있도록 하여야 한다(도로교통법 제27조 제6항 제1호).
차마의 운전자는 도로(보도와 차도가 구분된 도로에서는 차도를 말한다)의 중앙(중앙선이 설치되어 있는 경우에는 그 중앙선을 말한다. 이하 같다) 우측 부분을 통행하여야 한다(도로교통법 제13조 제3항).
이상 기후에 대비하여 감속 규정을 적용한다.

706

다음 상황에서 가장 **안전한 운전 방법 2가지는?**

☑ 도로 상황
▶ 편도 2차로 도로
▶ 전방에 마을버스 정차 중
▶ 2차로를 진행 중

② 1차로로 변경할 때 주위 상황 확인
⑤ 1차로 뒤에 차량 있으면 1차로로 차로 변경 시 부딪칠 위험 있으므로 무리해서 차로 변경 금지

① 버스 후방에서 경음기를 계속 울려 진행을 재촉한다.
② 주위 상황을 확인 후 1차로로 차로 변경한다.
③ 비상점멸등을 켜고 속도를 높여 1차로로 차로 변경한다.
④ 1차로로 차로 변경하려는 경우 버스 앞에서 나타나는 보행자는 주의할 필요가 없다.
⑤ 1차로 후방에 차량이 있으면 무리해서 차로 변경하지 않고 버스 뒤에 대기한다.

해설 정당한 사유 없이 계속하여 경음기를 울리는 행위는 지양해야 하고, 진로 변경 시 방향지시등을 켜고 전후방 차량의 안전을 확인 후 진행해야 하며, 시야 확보가 되지 않는 경우 보행자의 안전에 유의하여야 한다.

707

다음 상황에서 가장 안전한 운전 방법 2가지는?

☑ 도로 상황
- 주택가 편도 1차로 도로
- 도로 좌우측 주차 차량

③ 주차된 차량 많음. 갑자기 출발하는 차량 주의
④ 보행자 안전 위해 거리 두고 운전

① 경음기를 계속 울리며 보행자에게 경고하고 속도를 높여 빠르게 진행한다.
② 중앙선 좌측 보행자의 돌발 행동은 대비할 필요가 없다.
③ 주차된 차량 중에서 갑자기 출발하는 차가 있을 수 있으므로 전방 및 좌우를 살피며 서행한다.
④ 우측 보행자와 거리를 두고 안전에 주의하며 천천히 주행한다.
⑤ 주택가에서는 일반적으로 중앙선 좌측을 이용하는 것이 안전하다.

해설 정당한 사유 없이 계속하여 경음기를 울리는 행위는 지양해야 하고, 보행자의 옆을 지나는 경우에는 안전한 거리를 두고 서행하여 보행자가 안전하게 통행할 수 있도록 하여야 한다.
중앙선을 넘어 좌측으로 통행하는 행위는 특별한 상황을 제외하고 금지된다.

708

다음 상황에서 가장 안전한 운전 방법 2가지는?

☑ 도로 상황
- 주택가 이면도로
- 우측 차량 출발하려는 상황

④ 우측 차와 부딪치지 않도록 안전거리 유지
⑤ 보행자가 차도로 통행할 가능성이 높은 이면도로에서는 감속

① 안전을 위해 경음기를 계속 울리며 진행한다.
② 좌측 보도를 걸어가는 보행자를 주의할 필요는 없다.
③ 비상점멸등을 켜고 속도를 높여 신속하게 진행한다.
④ 우측 출발하는 승용차와의 안전거리를 충분히 유지하며 서행한다.
⑤ 주택가 이면도로이므로 보행자가 나올 것을 대비하여 속도를 줄인다.

해설 정당한 사유 없이 계속하여 경음기를 울리는 행위는 지양해야 하고 주택가 이면도로에서는 돌발 상황을 예측하며 방어·양보 운전해야 한다.

709

다음 상황에서 가장 **안전한 운전 방법 2가지는?**

☑ 도로 상황
▶ 좌우측 주차 차량

① 도로를 횡단하는 보행자도 보호 필수
③ 우측 차량 문 갑자기 열리는 것 대비 필요

① 안전하게 서행하거나 일시정지하여 횡단하는 보행자를 보호한다.
② 도로를 횡단하는 보행자는 보호할 의무가 없으므로 신속하게 진행한다.
③ 우측 주차된 차량의 문이 열릴 수 있으므로 대비하며 진행한다.
④ 주차 공간이 부족한 경우 전방 좌측의 적색 연석 구간에 주차할 수 있다.
⑤ 주차된 차량 뒤에서 사람이 나오는 것까지 주의할 필요는 없으므로 속도를 높여 진행해도 된다.

해설 보행자가 횡단보도가 설치되어 있지 아니한 도로를 횡단하고 있을 때에는 안전거리를 두고 서행 또는 일시정지하여 보행자가 안전하게 횡단할 수 있도록 하여야 한다. 주차된 차량에서 문이 열릴 경우를 대비하여 운전하는 것이 안전하다. 소화전 앞 적색 연석 구간에서는 주정차가 모두 금지된다.

710

다음 상황에서 가장 **안전한 운전 방법 2가지는?**

☑ 도로 상황
▶ 보도가 없는 주택가 오르막 이면도로
▶ 우측에 골목길이 있는 'ㅏ'형 교차로

① 우측 골목길, 차량이나 보행자 나올 가능성 주의
⑤ 보행자의 통행에 방해가 될 경우 서행 또는 일시정지

① 우측 골목길에서 차량 또는 보행자가 진입할 수 있으므로 주의하며 진행한다.
② 중앙선이 없으므로 보행자와 최대한 가까이 우측으로 진행한다.
③ 최고 제한 속도 표지가 없으므로 속도를 높여 빠르게 진행한다.
④ 도로의 우측 부분을 주행하면서 보행자에게 계속 경음기를 울려 보행자가 길을 비켜주도록 유도한다.
⑤ 보행자의 통행에 방해가 될 때에는 서행하거나 일시정지한다.

해설 중앙선이 없는 도로에서 보행자의 옆을 지나는 경우에는 안전한 거리를 두고 서행하여야 하며, 보행자의 통행에 방해가 될 때에는 서행하거나 일시정지하여 보행자가 안전하게 통행할 수 있도록 하여야 한다. 교차로 진입 시 다른 차량이나 보행자에 유의하여 진행하여야 한다. 정당한 사유 없이 계속하여 경음기를 울리는 것은 지양한다.

711

다음 상황에서 가장 **안전한 운전 방법 2가지는?**

☑ 도로 상황
▶ 눈이 내리는 상황

③ 전방 도로 공사 중 표지

② 눈이 내리고 있는 도로, 규정 속도 준수 필수

① 도로가 한산하기 때문에 속도를 높여 진행한다.
② 기상 상황에 따라 규정된 속도 이내로 진행한다.
③ 전방 공사 중이므로 교통 상황을 잘 주시하며 진행한다.
④ 노면이 미끄러우므로 2개 차로를 걸쳐 주행한다.
⑤ 전방에 저속으로 진행하는 화물차를 뒤에서 바싹 붙어 진행한다.

해설 눈이 내려 도로가 결빙 상태이거나 미끄러운 상태, 공사 중일 때에는 전방 교통 상황을 주시하며 진행하여야 한다.

712

다음 상황에서 가장 안전한 운전 방법 2가지는?

① 횡단보도가 아닌 곳을 횡단하는 보행자도 보호 필수
③ 주차된 차량 뒤편 보행자 주의

① 전방에 보행자가 있으므로 일시정지 후 보행자의 안전을 확인 후 진행한다.
② 도로를 횡단하는 보행자는 보호할 의무가 없으므로 그대로 진행한다.
③ 우측 주차된 흰색 차량 뒤편의 보행자를 주의하며 진행한다.
④ 경음기를 크게 울려 도로를 횡단하는 보행자가 횡단하지 못하도록 한다.
⑤ 보행자 앞에서 급정지하여 보행자에게 주의를 준다.

해설 보행자가 횡단보도가 설치되어 있지 아니한 도로를 횡단하고 있을 때에는 안전거리를 두고 일시정지한다. 보행자가 안전하게 횡단할 수 있도록 하여야 한다.

713

다음 상황에서 가장 **안전한 운전 방법 2가지는?**

✅ **도로 상황**
- 전방 도로 공사 현장
- 우측 백색 길가장자리구역선
- 전방에서 저속화물차를 앞지르기하는 승용차

① 공사 중 안내표지판, 감속 운전 필수
④ 후방 차량 주의하며 감속

① 공사 중 안내 표지판이 있으므로 속도를 줄이고 진행한다.
② 전방에 중앙선을 넘은 차량에 경각심을 주기 위해 속도를 높이고 상향등을 켜서 운전한다.
③ 비상점멸등을 켜고 속도를 높여 빠르게 진행한다.
④ 사고 방지를 위해 후방에서 진행하는 차량을 주의하며 속도를 줄이고 진행한다.
⑤ 우측 길가장자리구역선은 정차가 허용되지 않는 장소이다.

해설 공사 중인 도로이므로 안전을 확인한 후 주의하면서 서행으로 진행하여야 한다. 또한 전후방의 진행하는 차량들의 안전을 확인하며 진행한다. 길가장자리구역선 중 흰색 실선은 주정차가 허용되나 공사 구간인 경우 주차는 금지되고 정차는 허용된다.

714

다음 상황에서 가장 **안전한 운전 방법 2가지는?**

✅ **도로 상황**
- 겨울철 다리 위
- 선행 화물차 1차로에서 2차로로 차로 변경 중

① 겨울철 노면 살얼음 주의
④ 다리 위에서는 앞지르기 금지

① 겨울철에는 노면 살얼음에 주의하며 운전한다.
② 도로 상황이 한적하므로 주차해도 된다.
③ 차로를 변경하여 진행할 수 있다.
④ 다리 위를 진행할 때에는 앞지르기를 할 수 없다.
⑤ 차로 변경하는 화물차에 주의를 주기 위해 화물차 뒤를 바싹 붙어 진행한다.

해설 모든 차의 운전자는 다리 위에서는 다른 차를 앞지르지 못한다(도로교통법 제22조 제3항 제3호).
모든 차의 운전자는 터널 안 및 다리 위에서 주차를 해서는 아니 된다(도로교통법 제33조 제1호).

715
다음 상황에서 가장 **안전한 운전 방법 2가지는?**

① 이륜차 도로 중앙 진입 주의
③ 이륜차와 안전거리 유지

① 앞서가는 이륜차가 갑자기 도로 중앙 쪽으로 들어올 수 있으므로 주의하며 진행한다.
② 한적한 도로이므로 속도를 높여 진행한다.
③ 이륜차와의 안전거리를 충분히 유지한다.
④ 경음기를 반복적으로 울리며 속도를 올려 앞지른다.
⑤ 중앙선을 넘지 않도록 이륜차에 바싹 붙어 진행한다.

해설 이륜차가 도로의 중앙 쪽으로 이동할 수 있으므로 안전거리를 충분히 유지하며 감속하여야 한다.

716
다음 상황에서 **통행 방법으로 잘못된 2가지는?**

① 회전교차로에서는 반시계 방향으로 통행
③ 회전 차량 우선 표지, 회전교차로에서는 진입 차량이 회전 차량에 양보

① 회전교차로에서는 시계 방향으로 통행하여야 안전하다.
② 회전교차로에 진입하려는 경우에는 진입하기에 앞서 서행하거나 일시정지하여야 한다.
③ 회전교차로 안에서 진행하고 있는 차가 회전교차로에 진입하려는 차에 진로를 양보해야 한다.
④ 회전교차로 진입을 위하여 방향지시등을 켠 차가 있으면 그 뒤차는 앞차의 진행을 방해하여서는 아니 된다.
⑤ 회전교차로 내에서는 주차나 정차를 하여서는 아니 된다.

해설 차의 운전자는 회전교차로에서는 반시계 방향으로 통행하여야 한다(도로교통법 제25조의2 제1항). 차의 운전자는 회전교차로에 진입하려는 경우에는 이미 진행하고 있는 다른 차가 있는 때에는 그 차에 진로를 양보하여야 한다(도로교통법 제25조의2 제2항).

717

다음 상황에서 가장 **안전한 운전 방법 2가지는?**

① 우측의 양보 표지는 진입하는 차량이 준수해야 하는 표지이다.
② 회전교차로 안에서 앞지르기하고자 할 때는 앞차의 좌측으로 앞지르기해야 한다.
③ 모든 차량은 제한 없이 1시 방향 출구를 이용할 수 있다.
④ 회전교차로를 통행 중인 차량보다 진입하는 차량이 우선하므로 그대로 진입하여 통과한다.
⑤ 회전교차로 안에서 밖으로 진출하려고 할 때에는 방향지시등을 켜야 한다.

① 양보 표지, 회전교차로에서는 진입하는 차가 회전하고 있는 차량에 양보
⑤ 회전교차로 진출 시 방향지시등 켜기

해설 교차로에서의 앞지르기는 금지된다(도로교통법 제22조 제3항 제1호).
차의 운전자는 회전교차로에 진입하려는 경우에는 이미 진행하고 있는 다른 차가 있는 때에는 그 차에 진로를 양보하여야 한다(도로교통법 제25조의2 제2항). 이미 회전하는 차가 진로를 양보할 의무는 없다.
교차로에서는 주차와 정차가 금지된다(도로교통법 제32조 제1호).
우회전 또는 진로를 오른쪽으로 바꾸려는 때에는 오른쪽 방향지시등을 켜도록 하고 있으며(도로교통법 시행규칙 별표2), 회전교차로에서 진출하려는 경우는 방향지시등을 켜도록 하고 있다(도로교통법 제38조 제1항).
다리를 통행할 경우 운행 제한 표지 내용을 준수하여야 한다.

718

다음 상황에서 **확인할 수 없는 교통안전표지 2가지는?**

② 좌회전 금지 표지
④ 정차·주차 금지 표지
① 횡단보도 표지

① 횡단보도 표지
② 좌회전 금지 표지
③ 회전형 교차로 표지
④ 정차·주차 금지 표지
⑤ 통행금지 표지

해설 회전형 교차로 표지(도로교통법 시행규칙 별표6 일련번호 109)는 사진에 없다.
통행금지 표지(도로교통법 시행규칙 별표6 일련번호 201)는 사진에 없다.

719

다음 상황에서 가장 안전한 운전 방법 2가지는?

① 어린이보호구역 도로 표지, 제한 속도 이내로 진행
⑤ 신호기가 없는 어린이보호구역 내의 횡단보도에서는 무조건 일시정지

① 어린이보호구역이므로 최고 제한 속도 이내로 진행하여 갑작스러운 위험에 대비한다.
② 공사 현장이더라도 작업 차량이 없으면 신속하게 진행한다.
③ 안전을 위해 비상점멸등을 켜고 속도를 높여 진행한다.
④ 한적한 도로이기에 도로 상황을 주의할 필요는 없다.
⑤ 횡단보도 앞에서는 보행자가 없더라도 반드시 일시정지 후 진행한다.

해설 공사 중인 도로이므로 안전을 확인한 후 주의하면서 서행하여야 한다. 또한 주변 상황의 안전을 확인하며 진행한다. 어린이보호구역 내 횡단보도에서는 보행자 유무와 관계없이 일시정지 후 진행해야 한다.

720

다음 상황에서 가장 안전한 운전 방법 2가지는?

✓ 도로 상황
▶ 중앙선이 없는 이면도로
▶ 보행자가 도로를 횡단하려는 상황

① 도로 횡단하려는 보행자, 일시정지
③ 비상점멸등으로 도로 횡단 보행자가 있는 위험 상황 알리기

① 전방에 보행자가 도로를 횡단하려 하므로 일시정지 후 보행자의 안전을 확인하고 진행한다.
② 이면도로이므로 보행자를 보호할 의무가 없어 속도를 올려 진행한다.
③ 뒤따르는 차량이 있다면 비상점멸등을 켜서 위험 상황을 알려준다.
④ 경음기를 반복하여 울려 보행자가 횡단하지 못하도록 한다.
⑤ 보행자 바로 앞에서 급정지하여 보행자에게 주의를 준다.

해설 보행자가 중앙선이 없는 이면도로를 보행하고 있는 경우 안전거리를 두고 서행 또는 일시정지하여 보행자가 안전하게 보행할 수 있도록 하여야 한다. 또한, 후방 차량에 위험을 알리기 위해 비상점멸등을 켜는 것이 안전하다.

721

다음 상황에서 가장 **안전한 운전 방법 2가지는?**

✓ 도로 상황
▶ 통행량이 많은 상가 앞 도로
▶ 전방에 무단 횡단하는 보행자

① 무단 횡단하는 보행자도 보호 필수
④ 비상점멸등으로 무단 횡단 보행자가 있는 위험 상황 알리기

① 보행자가 무단 횡단을 하더라도 전방의 보행자 안전을 확인하며 진행한다.
② 무단 횡단하는 보행자에 대해서는 보호할 필요가 없으므로 그대로 진행한다.
③ 경음기를 크게 울려 무단 횡단자가 도로를 횡단하지 못하도록 한다.
④ 비상점멸등을 켜서 뒤따라오는 차량들에 위험 상황을 알려준다.
⑤ 무단 횡단하는 보행자 바로 앞에서 급정지하여 보행자에게 훈계한다.

해설 무단 횡단을 하는 보행자라고 해도 안전거리를 두고 사고가 발생하지 않도록 주의해야 한다. 또한, 뒤따라오는 차량에 위험을 알리기 위해 비상점멸등을 켜는 것이 안전하다.

722

다음 상황에서 가장 **안전한 운전 방법 2가지는?**

✓ 도로 상황
▶ 다리 위 편도 2차로 도로

②, ④ 다리 위 도로, 주차와 앞지르기 금지

① 앞지르기를 하려면 좌측 차로에서 진행하는 승용차가 지나간 후 안전하게 좌측 차로로 앞지르기한다.
② 다리 위 도로에서는 주차할 수 없다.
③ 2차로에서 1차로로 차로를 변경하여 진행할 수 있다.
④ 다리 위 도로에서는 앞지르기할 수 없다.
⑤ 전방 차량이 저속으로 진행하는 경우 앞 차량의 뒤쪽에 바싹 붙어 진행한다.

해설 다리 위 백색 실선 구간에서는 다른 차량을 앞지르기하거나 진로 변경할 수 없으며, 자동차전용도로에서는 주차가 금지된다.

723

다음 상황에서 가장 **안전한 운전 방법 2가지는?**

☑ 도로 상황
- 전방에 횡단보도
- 좌측에 횡단보도를 횡단하기 위해 서있는 보행자
- 신호기 없는 'ㅏ'형 교차로

③ 우측 도로에서 진입하는 차량 주의
⑤ 횡단보도 앞 정지선에서는 일시정지

① 좌측에 서 있는 보행자에게 경음기를 계속 울려 경고하며 빠르게 진행한다.
② 위험 상황을 예측할 필요 없이 그대로 진행한다.
③ 전방 우측 도로에서 차량이 진입할 경우를 대비하여 서행한다.
④ 신호기가 없는 교차로이므로 속도를 높여 신속하게 통과한다.
⑤ 횡단보도 앞 정지선에서 일시정지한다.

해설 정당한 사유 없이 계속하여 경음기를 울리는 행위는 지양하며, 신호기가 없는 교차로 진입 시 주위 상황을 살피며 서행해야 한다. 보행자가 횡단보도를 통행하고 있거나 통행하려고 하는 때에는 보행자의 횡단을 방해하거나 위험을 주지 아니하도록 그 횡단보도 앞(정지선이 설치되어 있는 곳에서는 그 정지선을 말한다)에서 일시정지하여야 한다.

724

다음 상황에서 가장 **안전한 운전 방법 2가지는?**

☑ 도로 상황
- 공사 중인 도로
- 맞은편에서 진행해오는 차량
- 길 우측에 주차시켜 놓은 공사 차량

① 공사 중 안내 표지판, 전방 상황 주의하며 운전
③ 맞은편 차량과 부딪치지 않게 서행

① 도로 공사 중이므로 전방 상황을 잘 주시하며 운전한다.
② 노면이 고르지 않으므로 속도를 줄이지 않고 빠르게 진행하는 것이 안전하다.
③ 맞은편에서 진행하는 차량에 주의하며 서행한다.
④ 경음기를 계속 사용하며 우측의 주차되어 있는 공사 차량에 경고하고 속도를 높여 신속하게 진행한다.
⑤ 맞은편에서 진행하는 차량이 가까워질 때까지 속도를 유지하다가 급정지한다.

해설 공사 중인 이면도로에서는 돌발 상황에 대비하여 속도를 줄이고 예측 · 방어 · 양보 운전한다.

725

다음 상황에서 가장 **안전한 운전 방법 2가지는?**

✓ **도로 상황**
▶ 회전교차로

② 회전교차로 진입 시 서행 또는 일시 정지
⑤ 회전교차로 진입하는 방향지시등 켠 차, 방해 금지

① 회전교차로에서는 시계 방향으로 통행하여야 안전하다.
② 회전교차로에 진입하려는 경우에는 진입하기에 앞서 서행하거나 일시정지하여야 한다.
③ 회전교차로 안에서 진행하고 있는 차는 회전교차로에 진입하려는 차에게 진로를 양보해야 한다.
④ 회전교차로에서 나가고자 하는 경우 방향지시등을 점등하지 않고 그대로 진출한다.
⑤ 회전교차로 진입을 위하여 방향지시등을 켠 차가 있으면 그 뒤차는 앞차의 진행을 방해하여서는 아니 된다.

해설 회전교차로에서는 반시계 방향으로 통행하여야 한다. 회전교차로에 진입하려는 경우에는 서행하거나 일시정지하여야 하며, 이미 진행하고 있는 다른 차가 있을 때에는 그 차에 진로를 양보하여야 한다. 회전교차로 통행을 위하여 손이나 방향지시기 또는 등화로써 신호를 하는 차가 있는 경우 그 뒤차의 운전자는 신호를 한 앞차의 진행을 방해하여서는 안 된다. 회전교차로 진출입 시 방향지시등을 점등하여야 한다(도로교통법 제25조의2).

726

다음 상황에서 **차로 변경**에 대한 설명으로 **옳은 것 2가지는?**

✓ **도로 상황**
▶ 길 우측의 진입차로에서 본선차로로 진입하는 상황

② 백색 실선 구간에서 차로 변경 금지
④ 백색 실선과 점선 복선인 경우 실선 쪽 차량은 차로 변경 금지

① 2차로를 주행 중인 승용차는 1차로로 차로 변경을 할 수 있다.
② 1차로를 주행 중인 승용차는 2차로로 차로 변경을 할 수 없다.
③ 진입차로에서 바로 1차로로 차로 변경을 할 수 있다.
④ 2차로를 주행 중인 승용차는 진입차로로 차로 변경을 할 수 없다.
⑤ 모든 차로에서 차로 변경을 할 수 있다.

해설 차마의 운전자는 안전표지가 설치되어 특별히 진로 변경이 금지된 곳에서는 차마의 진로를 변경하여서는 아니 된다. 다만, 도로의 파손이나 도로 공사 등으로 인하여 장애물이 있는 경우에는 그러하지 아니하다(도로교통법 제14조 제5항). 백색 점선 구간에서는 차로 변경이 가능하지만 백색 실선 구간에서는 차로 변경을 하면 안 된다. 또한 점선과 실선이 복선일 때도 점선이 있는 쪽에서만 차로 변경이 가능하다.

727

다음 상황에서 가장 안전한 운전 방법 2가지는?

☑ 도로 상황
- 자동차전용도로
- 눈이 와서 노면이 미끄러운 상황
- 2차로에서 길 우측의 진출로로 차로 변경하려는 상황

④ 눈이와서 도로가 미끄러우므로 감속하기

② 백색 점선과 실선의 복선 구간에서 점선에서 실선 쪽으로 차로 변경 가능

① 갓길에 일시정지한 후 진출한다.
② 백색 점선과 실선의 복선 구간에서 진출한다.
③ 진출로를 지나치면 차량을 후진해서라도 원래 가려던 곳으로 진출을 시도한다.
④ 노면이 미끄러우므로 충분히 감속하여 차로를 변경한다.
⑤ 진출 시 정체되면 끼어들기를 해서라도 빠르게 진출을 시도한다.

해설 차마의 운전자는 안전표지가 설치되어 특별히 진로 변경이 금지된 곳에서는 차마의 진로를 변경하여서는 아니 된다. 다만, 도로의 파손이나 도로 공사 등으로 인하여 장애물이 있는 경우에는 그러하지 아니하다(도로교통법 제14조 제5항). 백색 점선 구간에서는 차로 변경이 가능하지만 백색 실선 구간에서는 차로 변경을 하면 안 된다. 또한 점선과 실선이 복선일 때도 점선이 있는 쪽에서만 차로 변경이 가능하다.

728

다음 상황에서 가장 안전한 운전 방법 2가지는?

☑ 도로 상황
- 앞서 진행하는 화물차에서 눈이 흩날리는 상황
- 눈이 내리고 있어 도로가 미끄러운 상태

① 눈이 내리고 있으므로 감속
⑤ 눈이 올 때는 결빙 상태, 상황 확인하며 운전

① 속도를 줄이며 전방 상황의 안전을 확인하며 진행한다.
② 2차로 진행 중 우측에 있는 차로로 차로 변경한 후 화물차를 앞지르기하여 진행한다.
③ 눈이 오는 상황이므로 최고 제한 속도의 10퍼센트를 감속하여 진행한다.
④ 백색 점선 구간이기에 차로 변경을 할 수 없다.
⑤ 도로의 결빙 상태를 확인하고 후방의 상황도 살피면서 진행한다.

해설 차마의 운전자는 안전표지가 설치되어 특별히 진로 변경이 금지된 곳에서는 차마의 진로를 변경하여서는 아니 된다. 다만, 도로의 파손이나 도로 공사 등으로 인하여 장애물이 있는 경우에는 그러하지 아니하다(도로교통법 제14조 제5항). 백색 점선 구간에서는 차로 변경이 가능하지만 백색 실선 구간에서는 차로 변경을 하면 안 된다. 또한 점선과 실선이 복선일 때도 점선이 있는 쪽에서만 차로 변경이 가능하다. 또한 전후방의 진행하는 차량들의 안전을 확인하며 진행한다. 눈이 내려 20밀리미터 이하로 쌓였을 경우에는 도로 최고 제한 속도의 20퍼센트를 감속하여 운전한다.

729

다음 상황에서 가장 **안전한 운전 방법 2가지는?**

☑ 도로 상황
- 눈이 내리고 있어 도로가 미끄러운 상태
- 자동차전용도로
- 우측의 진출차로로 진행하는 상황

② 진출로로 차로 변경할 때는 전후방 진행하는 차량을 방해하지 않도록 교통 상황 살피기

⑤ 눈이 내리는 도로, 미끄러질 수 있으므로 앞차와 거리 넓히기

① 좌측 방향지시등을 켜고 안전거리를 확보하며 상황에 맞게 우측으로 진출한다.
② 전후방 교통 상황을 살피면서 진출로로 나간다.
③ 진출로를 지나친 경우 후진을 하여 돌아온 후에 원래 가려고 했던 길로 간다.
④ 진출로에 주행하는 차량이 보이지 않으면 굳이 방향지시등을 켤 필요가 없다.
⑤ 미끄러짐 방지를 위해 평소보다 앞차와의 거리를 넓혀 진행한다.

해설 모든 차의 운전자는 차의 진로를 변경하려는 경우에 그 변경하려는 방향으로 오고 있는 다른 차의 정상적인 통행에 장애를 줄 우려가 있을 때에는 진로를 변경하여서는 아니 된다(도로교통법 제19조 제3항).
운전자는 진로를 바꾸려고 하는 경우에는 방향지시등으로써 그 행위가 끝날 때까지 신호를 하여야 한다(도로교통법 제38조 제1항).
급 차로 변경을 해서는 아니 되며, 충분한 안전거리를 확보하고 진출하고자 하는 방향의 방향지시등을 미리 켜고 진행한다.

730

다음 상황에서 가장 **안전한 운전 방법 2가지는?**

☑ 도로 상황
- 눈이 내리고 있어 도로가 미끄러운 상태
- 같은 차로 앞서 진행 중인 화물차가 저속으로 진행 중
- 2차로 선행 화물자동차를 앞지르려고 하는 상황

④ 터널에서 앞지르기 금지
⑤ 좌측 차량 2대, 안전거리 확보 어려우므로 앞지르기는 위험

① 3차로에 진행하는 차량이 없으므로 3차로로 차로 변경하여 신속하게 앞지르기한다.
② 전방 화물차에 상향등을 연속적으로 사용하여 화물차가 양보하게 한다.
③ 전방의 저속 주행하는 화물차 뒤를 바싹 붙어서 따라간다.
④ 터널 안에서는 앞지르기를 할 수 없다.
⑤ 좌측 차로에 차량이 많으므로 무리하게 앞지르기를 시도하지 않는다.

해설 모든 차의 운전자는 다른 차를 앞지르려면 앞차의 좌측으로 통행하여야 한다(도로교통법 제21조 제1항).
차의 진로를 변경하려는 경우에 그 변경하려는 방향으로 오고 있는 다른 차의 정상적인 통행에 장애를 줄 우려가 있을 때에는 진로를 변경하여서는 아니 된다(도로교통법 제19조).
좌측 방향지시등을 미리 켜고 안전거리를 확보 후 좌측 차로로 진입한 후 앞지르기를 시도해야 한다. 교차로, 터널 안, 다리 위 등은 앞지르기 금지 장소이다(도로교통법 제22조 제3항).

731

다음 상황에서 가장 **안전한 운전 방법** 2가지는?

☑ **도로 상황**
▶ 터널 밖은 눈이 내리고 있어 도로가 미끄러운 상태

④ 터널 밖은 눈이 내리고 도로가 미끄러운 상태 → 감속 주행
⑤ 터널에서 나갈 때 눈이 부셔 앞이 안 보이는 명순응 현상 주의

① 도로가 미끄러우므로 터널을 나가기 전에 3차로로 차로 변경 후 감속하며 주행한다.
② 터널 밖의 상황을 알 수 없으므로 터널을 빠져 나오면서 가속하며 주행한다.
③ 터널 안에서는 차로 변경이 가능한 구간이기에 1차로로 차로 변경 후 가속하며 신속하게 주행한다.
④ 터널 밖의 도로는 미끄러울 수 있으니 감속하며 주행한다.
⑤ 터널에서 진출 시 명순응 현상이 나타날 수 있으니 주의한다.

해설 모든 차의 운전자는 교차로에서 우회전을 하려는 경우에는 미리 도로의 우측 가장자리를 서행하면서 우회전하여야 한다. 이 경우 우회전하는 차의 운전자는 신호에 따라 정지하거나 진행하는 보행자 또는 자전거 등에 주의하여야 한다(도로교통법 제25조 제1항).
우회전하려는 경우 교차로에 이르기 전 30미터부터 방향지시등을 조작한다(도로교통법 시행령 별표2).
위험을 방지하기 위하여 정지하거나 서행하고 있는 차 앞으로 끼어드는 행위는 끼어들기 위반에 해당한다(도로교통법 제23조, 제22조 제2항 제3호).
어두운 곳에서 밝은 곳으로 갑자기 나오면 눈이 밝은 빛에 적응하는 데 시간이 걸리는 명순응 현상이 나타날 수 있으므로, 감속하여 돌발 상황을 대비하는 안전 운전의 자세가 필요하다.

732

사진에 나타난 **교통안전 시설**과 이에 따른 해석으로 **잘못된 것** 2가지는?

☑ **도로 상황**
▶ 사거리 교차로 및 자동차전용도로 입구
▶ 차량 신호등은 적색 등화의 점멸

① 차 높이 제한 표지
④ 신호등 적색 등화 점멸 시 일시정지

① 차폭 제한 표지 – 표지판에 표시한 폭이 초과된 차(적재한 화물의 폭을 포함)의 통행을 제한
② 이륜자동차 및 원동기장치자전거 통행금지 표지 – 이륜자동차 및 원동기장치자전거의 통행을 금지
③ 자동차전용도로 표지 – 자동차전용도로 또는 전용구역임을 지시하는 것
④ 차량 신호등(적색 등화의 점멸) – 다른 교통 또는 안전표지의 표시에 주의하면서 서행할 수 있다.
⑤ 중앙선 – 설치된 곳의 우측으로 통행할 것을 나타내는 선

해설 차 높이 제한 표지: 표지판에 표시한 높이를 초과하는 차(적재한 화물의 높이를 포함)의 통행을 제한(도로교통법 시행규칙 별표6 일련번호 221)
차량 신호등 중 적색 등화의 점멸의 뜻은, 차마는 정지선이나 횡단보도가 있을 때에는 그 직전이나 교차로의 직전에 일시정지한 후 다른 교통에 주의하면서 진행할 수 있다(도로교통법 시행규칙 별표2).

733

다음 상황에서 가장 **안전한 운전 방법 2가지는?**

✓ 도로 상황
▶ 자동차전용도로
▶ 우측의 진입로에서 본선 차로로 진입하는 상황

④ 1차로와 2차로 사이는 백색 점선 구간이므로 2차로에서 1차로로 차로 변경 가능

② 1차로 승용차, 백색 점선 구간 안에 있으므로 2차로로 차로 변경 가능

① 차로 변경이 가능한 차로에서는 방향지시등을 켜지 않고 차로 변경해도 된다.
② 1차로에서 주행 중인 승용차는 2차로로 차로 변경할 수 있다.
③ 진입차로에서 바로 1차로로 차로 변경할 수 있다.
④ 2차로에서 주행 중인 승용차는 1차로로 차로 변경할 수 있다.
⑤ 2차로에서 진입차로로 차로 변경할 수 있다.

해설 안전표지가 설치되어 특별히 진로 변경이 금지된 곳에서는 차량의 진로를 변경하여서는 안 된다. 백색 점선 구간에서는 진로 변경이 가능하지만 백색 실선 구간에서는 진로 변경을 하면 안 된다. 백색 실선과 점선의 복선 구간에서는 점선이 있는 쪽에서만 진로 변경이 가능하다. 진로 변경 시 반드시 방향지시등을 켜야 하고, 1개 차로씩 안전에 유의하며 진행하는 것이 안전하다.

734

다음 상황에서 가장 **안전한 운전 방법 2가지는?**

✓ 도로 상황
▶ 자동차전용도로
▶ 좌측 진출로로 나가는 상황

① 백색 실선과 점선의 복선 구간, 점선 쪽에서 차로 변경 가능
④ 좌측 차로로 진출 시 후방 차량과 부딪치지 않게 주의

① 백색 실선과 점선의 복선 구간이므로 점선이 있는 쪽에서 차로 변경하여 진출한다.
② 좌측 갓길에 일시정지한 후 진출한다.
③ 진출로를 지나치면 차량을 후진해서라도 원래의 진출로에서 진출을 시도한다.
④ 후방 교통 상황을 감안하여 좌측 진출로로 주행한다.
⑤ 진출로에 들어선 후 다시 우측 차로로 차로 변경할 수 있다.

해설 안전표지가 설치되어 특별히 진로 변경이 금지된 곳에서는 차량의 진로를 변경하여서는 안 된다. 백색 점선 구간에서는 진로 변경이 가능하지만 백색 실선 구간에서는 진로 변경을 하면 안 된다. 백색 실선과 점선의 복선 구간에서는 점선이 있는 쪽에서만 진로 변경이 가능하다.

735

다음 상황에서 가장 **안전한 운전 방법 2가지는?**

☑ **도로 상황**
- 자동차전용도로
- 2차로에서 우측 진출로로 진로를 변경하려는 상황

③ 백색 실선과 점선 복선 구간, 점선이 있는 쪽에서 차로 변경 가능
⑤ 우측으로 진로 변경 시 우측 방향지시등만 켜기

① 진출로에 차량이 정체되면 안전지대를 통과하여 빠르게 진출한다.
② 진출로로 진로를 변경한 후에는 다른 차가 앞으로 끼어들지 못하도록 앞 차량에 바싹 붙어 진행한다.
③ 백색 실선과 점선의 복선 구간이므로 점선이 있는 쪽에서 진로 변경하여 진출한다.
④ 우측의 진출로로 진로 변경 후에 길을 잘못 들었다고 판단되면 다시 좌측의 본선 차로로 진로 변경하여 주행한다.
⑤ 진출로로 진로 변경 시에 우측 방향지시등을 작동한다.

해설 안전표지가 설치되어 특별히 진로 변경이 금지된 곳에서는 차량의 진로를 변경하여서는 안 된다. 백색 점선 구간에서는 진로 변경이 가능하지만 백색 실선 구간에서는 진로 변경을 하면 안 된다. 백색 실선과 점선의 복선 구간에서는 점선이 있는 쪽에서만 진로 변경이 가능하다. 진로 변경 시 방향지시등을 켜고 전후방의 진행하는 차량들의 안전을 확인하며 진행해야 하며, 안전지대 진입은 금지된다.

736

다음 상황에서 가장 **안전한 운전 방법 2가지는?**

☑ **도로 상황**
- 자동차전용도로
- 지하 차도 입구

② 지하 차도 안에서는 낮에도 전조등 켜기
④ 지하 차도 안은 어두우므로 앞차와 안전거리 유지하는 것이 안전함

① 지하 차도 진입 전 백색 실선 구간에서 2차로로 차로 변경할 수 있다.
② 지하 차도 안에서는 전조등을 켜고 전방 상황을 주의하며 안전한 속도로 진행한다.
③ 지하 차도 안에서는 백색 실선 구간이더라도 속도가 느린 다른 차를 앞지르기할 수 있다.
④ 지하 차도 안에서는 앞차와 안전거리를 유지한다.
⑤ 자동차전용도로에 잘못 진입한 경우 안전하게 후진하여 진행한다.

해설 안전표지가 설치되어 특별히 진로 변경이 금지된 곳에서는 차량의 진로를 변경하여서는 안 된다. 백색 점선 구간에서는 진로 변경이 가능하지만 백색 실선 구간에서는 진로 변경을 하면 안 된다. 지하 차도는 주간이라도 등화를 켜는 것이 안전하고, 앞차와의 안전거리를 유지하며 진행한다. 자동차전용도로에서의 후진은 금지된다.

737

다음 상황에서 가장 **안전한 운전 방법 2가지는?**

☑ **도로 상황**
- 자동차전용도로
- 저속으로 진행하던 1차로의 화물차가 2차로로 차로 변경 중
- 2차로에서 진행 중

① 경음기나 상향등을 연속적으로 사용하여 화물차의 차로 변경을 방해한다.
② 화물차가 안전하게 차로 변경할 수 있도록 양보한다.
③ 속도를 높여 화물차의 뒤쪽에 바싹 붙어 진행한다.
④ 3차로를 진행하는 후행 차량에 관계없이 3차로로 급 차로 변경하여 빠르게 화물차 주변을 벗어난다.
⑤ 실내외 후사경 등을 통해 후방의 상황을 확인하고 주의하며 속도를 줄여 주행한다.

② 화물차 진로 변경 중, 양보하는 것이 안전
⑤ 진로 양보를 할 때 후사경(룸미러, 사이드 미러)을 통해 후방 상황 주시하며 감속

해설 진로를 변경하고자 하는 차량이 있다면 속도를 서서히 줄여 안전하게 진로 변경할 수 있도록 양보하고, 이때 실내외 후사경 등을 통해 뒤따라오는 차량의 상황도 살피는 것이 중요하다.

738

다음 상황에서 가장 **안전한 운전 방법 2가지는?**

☑ **도로 상황**
- 자동차전용도로
- 전방 화물차가 저속으로 진행
- 3차로에서 진행 중

① 전방 화물차를 앞지르기하려면 경음기나 상향등을 연속적으로 사용하여 화물차가 양보하게 한다.
② 4차로를 이용하여 신속하게 앞지르기한다.
③ 전방 화물차에 최대한 가깝게 진행한 후 앞지르기한다.
④ 좌측 방향지시등을 미리 켜고 안전거리를 확보 후 2차로를 이용하여 앞지르기한다.
⑤ 차로 변경 시 좌측 차로에서 진행하는 차량을 살피고 무리하게 앞지르기를 시도하지 않는다.

④, ⑤ 전방 3차로 화물차, 앞지르기는 앞차의 좌측으로 통행해야 하므로 전방 화물차 앞지르기 시 2차로 이용 필수

해설 다른 차를 앞지르려면 앞차의 좌측으로 통행하여야 하며 이때 방향지시등을 미리 켜고 안전거리를 확보 후 앞지르기를 시도해야 한다. 차의 진로를 변경하려는 경우에 그 변경하려는 방향으로 오고 있는 다른 차의 정상적인 통행에 장애를 줄 우려가 있을 때에는 진로를 변경하여서는 안 된다.

739

다음 상황에서 가장 안전한 운전 방법 2가지는?

☑ 도로 상황
▶ 자동차전용도로
▶ 2차로에서 3차로로 차로 변경하려는 상황

①, ④ 2차로에서 3차로로 진로 변경 시, 변경 전 미리 방향지시등 켜기 & 먼저 진행하고 있는 차량 살피고 변경

① 3차로에서 주행하는 차량의 위치나 속도를 확인 후 안전이 확인되면 차로 변경한다.
② 3차로에 진입할 때에는 무조건 속도를 최대한 줄인다.
③ 3차로에 충분한 거리가 확보되지 않더라도 신속하게 급 차로 변경을 한다.
④ 차로를 변경하기 전 미리 방향지시등을 켜고 안전을 확인 후 주행한다.
⑤ 방향지시등을 미리 켜면 양보해주지 않으므로 차로 변경을 시작함과 동시에 방향지시등을 작동시키면서 진입한다.

해설 차의 진로를 변경하려는 경우에 그 변경하려는 방향으로 오고 있는 다른 차의 정상적인 통행에 장애를 줄 우려가 있을 때에는 진로를 변경하여서는 아니 된다. 고속도로와 자동차전용도로에서는 진로 변경 전 100미터 전방에서 방향지시등을 미리 켜고 안전거리를 확보 후 진로 변경해야 한다.

740

다음 상황에서 가장 안전한 운전 방법 2가지는?

☑ 도로 상황
▶ 자동차전용도로
▶ 전방 2차로에서 3차로로 차로 변경하는 화물차
▶ 2차로 진행 중

② 차로 변경이 금지된 백색 실선 구간에서 차로 변경하는 화물차, 추돌 방지 위해 감속 주행
④ 어두운 터널, 터널 진입 시 전조등 켜기

① 차로 변경하려는 화물차를 피하여 1차로로 차로 변경한다.
② 화물차와의 추돌을 피하기 위해 후방 교통 상황을 확인하고 감속하여 주행한다.
③ 터널이 짧아 전방의 터널 밖 상황을 확인할 수 있으므로 터널을 빠져나올 때 가속하며 주행한다.
④ 터널에 진입하면 전조등을 점등한다.
⑤ 화물차가 3차로로 차로 변경하여 앞 승용차와의 거리가 멀어지면 최대한 앞 승용차의 뒤를 바싹 뒤따라간다.

해설 안전표지가 설치되어 특별히 진로 변경이 금지된 곳에서는 차량의 진로를 변경하여서는 안 된다. 백색 점선 구간에서는 진로 변경이 가능하지만 백색 실선 구간에서는 진로 변경을 하면 안 된다. 터널 내에서는 앞차와의 안전거리를 유지하여 사고를 방지할 필요가 있다.

741

다음과 같은 상황에서 잘못된 운전 방법 2가지는?

② 하이패스차로, 제한 속도에 맞춰 전방 차량 주의하며 운전
④ 오진입 시 그대로 통과 후 요금 추후 납부

① 하이패스 이용자는 미리 하이패스전용차로로 차로를 변경한다.
② 하이패스차로에서는 정차하지 않으므로 전방 진행 차량의 상황에 주의를 기울이며 운전하지 않아도 된다.
③ 현금이나 카드로 요금을 계산하려면 미리 해당 차로로 진로를 변경한다.
④ 현금으로 요금을 계산하려 했으나 다른 차로로 진입하게 된 때에는 후진하여 차로를 찾아간다.
⑤ 톨게이트를 통행할 때에는 시속 30킬로미터 이내의 속도로 통과한다.

해설 자동차의 운전자는 그 차를 운전하여 고속도로 등을 횡단하거나 유턴 또는 후진하여서는 아니 된다(도로교통법 제62조).

742

다음과 같은 상황에서 알 수 있는 정보와 이에 따른 안전한 운전 방법을 연결한 것으로 바르지 않은 것 2가지는?

도로 상황
▶ 평일 오후 경부 고속도로 청주 휴게소 인근
▶ 편도 3차로 고속도로
▶ 사진상의 모든 자동차는 90~100km/h의 속도로 진행 중

③ 노면 색깔 유도선은 방향을 안내하는 기능
⑤ 앞지르기하는 3차로 화물차, 앞지르기는 앞차의 좌측으로 통행해야 하므로 2차로로 진행

① 도로상 낙하물 – 비상점멸등을 켜 후행 차량에 위험 상황을 알린다.
② 1차로 – 평일에는 승용차 운전자가 앞지르기를 위해 진행할 수 있다.
③ 3차로의 노면 색깔 유도선 – 평일에는 버스전용으로 운용되는 차로이다.
④ 휴게소 표지 – 전방 우측에 곧 휴게소가 있음을 알리는 표지이다.
⑤ 편도 3차로 도로 – 화물자동차 운전자는 앞지르기를 위해 1차로로 진행할 수 있다.

해설 3차로에 설치된 녹색선은 차선이 아니고 노면 색깔 유도선이다. 노면 색깔 유도선은 자동차의 주행 방향을 안내하기 위하여 차로 한가운데에 이어 그린 선이다.
고속도로 편도 3차로 도로에서 오른쪽 차로(사진에서는 3차로)로 통행해야 하고 앞지르기를 할 때에는 왼쪽 바로 옆 차로로 통행할 수 있다(도로교통법 시행규칙 별표9).

743

다음과 같은 상황에서 가장 **잘못된 운전 방식 2가지는?**

☑ 도로 상황
- 편도 3차로 고속도로
- 평일 오후 경부 고속도로 서울 방면 청주 옥산IC 인근
- 도로의 가장 우측은 가변 차로
- 사진상의 모든 자동차는 90~100km/h의 속도로 진행 중

① 버스전용차로는 버스만 통행할 수 있다.
② 승용차는 앞선 화물차를 앞지르기 위해서 1차로로 통행할 수 있다.
③ 전방 화물차와 안전거리를 유지하며 낙하물에 주의한다.
④ 가변차로로 통행하던 차량은 3차로로 진로를 변경해야 한다.
⑤ 5t 화물차는 옥산IC로 진출할 수 없다.

① 경부 고속도로 옥산IC 인근, 평일에는 버스전용차로 운영 구간 ×
② 앞선 화물차, 다리 위에서는 앞지르기 금지

해설 평일 경부 고속도로의 버스전용차로는 오산IC부터 한남대교 남단까지만 운영된다(*2024년 6월 이전 기준이며, 현재는 안성IC까지 연장 운영 중. 이 문제의 정답에는 변동 없음). 평일에 이 구간 외의 경부 고속도로 1차로는 버스전용차로가 아니고 고속도로의 1차로가 된다. 고속도로의 1차로는 앞지르기를 하려는 승용자동차 및 앞지르기를 하려는 경형·소형·중형 승합자동차가 1차로로 통행할 수 있다(도로교통법 시행규칙 별표9). 다리 위에서의 앞지르기는 금지되어 있다(도로교통법 제22조 제3항 제3호).

744

다음과 같은 상황에서 **잘못된 운전 방법 2가지는?**

☑ 도로 상황
- 감속차로 제외 편도 3개 차로가 설치된 도로
- 고속도로 휴게소 진입로로 완전히 들어선 상황

① 서서히 감속한다.
② 전방 공사 안내 차량을 주시한다.
③ 앞선 차량과 안전거리를 유지한다.
④ 휴대전화 사용을 위해 공사 안내 차량 뒤편에 잠시 정차한다.
⑤ 휴게소에 들르지 않기로 했다면 좌측 후사경을 주시하면서 방향지시등을 켠 채 3차로로 즉시 차로를 변경한다.

④ 백색 실선 구간에서는 차로 변경 불가
⑤ 백색 점선, 실선 복선 구간에서 실선 쪽은 차로 변경 불가

해설 고속도로에서 급제동이나 급감속을 하게 되면 사고의 우려가 크다. 가급적 서서히 속도를 줄여 제한 속도를 준수해야 한다. 백색 실선은 진로 변경을 제한하는 의미를 가진다(도로교통법 시행규칙 별표6 일련번호 503).

745

다음과 같은 상황에서 안전한 운행 방법이 아닌 것 2가지는?

☑ 도로 상황
▶ 가변차로 포함 편도 4개 차로가 설치된 고속도로

① 가변차로로 통행할 수 없다.
② 1킬로미터 앞에 안개가 잦은 지역이므로 주의하며 운전한다.
③ 곧 구간 단속 시점이므로 단속 카메라를 피해 갓길로 주행한다.
④ 화물차가 앞지르기하려면 2차로로 통행할 수 있다.
⑤ 고속도로에서 화물차 동승자는 안전띠를 매어야 할 의무가 없다.

③ 구간 단속 안내 표지, 단속 피해 갓길 주행은 위험
⑤ 고속도로 주행 화물차, 동승자도 안전띠 매야 함

해설 고속도로에서 급제동이나 급감속을 하게 되면 사고의 우려가 크다.
자동차(이륜자동차는 제외한다)의 운전자는 자동차를 운전할 때에는 좌석안전띠를 매어야 하며, 모든 좌석의 동승자에게도 좌석안전띠(영유아인 경우에는 유아보호용 장구를 장착한 후의 좌석안전띠를 말한다. 이하 이 조 및 제160조 제2항 제2호에서 같다)를 매도록 하여야 한다(도로교통법 제50조 제1항).

746

다음과 같은 상황에서 가장 안전한 운전 방법 2가지는?

☑ 도로 상황
▶ 고속도로 통과 중
▶ 하이패스차로에서 진행 중

① 하이패스차로 진입 후 다른 차로로 진행하려면 후진하여 해당 차로를 찾아간다.
② 하이패스 단말기를 장착하지 않으면 하이패스차로에서 반드시 정차하여 결제 후 통과해야 한다.
③ 현금이나 카드로 요금을 계산하려면 미리 해당 차로로 진로를 변경한다.
④ 하이패스차로에서는 정차하지 않으므로 전방 진행 차량의 상황에 주의를 기울이며 운전하지 않아도 된다.
⑤ 하이패스차로를 통행할 때에는 시속 30킬로미터 이내의 속도로 통과하는 것이 안전하다.

③ 하이패스 이용 차량이 아닌 경우, 요금소 진입 전 일반 차로로 진입
⑤ 최고 속도 제한 표지, 30킬로미터 이내로 통과

해설 고속도로에서는 횡단하거나 유턴 또는 후진하여서는 안 된다. 하이패스 단말기를 장착하지 않아도 하이패스차로에서 무정차 통과 후 사후 정산이 가능하다. 하이패스차로에서는 정차하지 않으나 전방 진행 차량이 급감속할 수 있으므로 전방 상황에 주의를 기울이며 운전해야 한다. 하이패스차로를 통행할 때에는 시속 30킬로미터 이내의 속도로 통과하는 것이 안전하다.

747

다음과 같은 상황에서 가장 **안전한 운전 방법 2가지는?**

☑ **도로 상황**
- 편도 3차로 고속도로
- 1차로에 공사 안내 차량 정차 중
- 2차로로 주행 중

① 1차로에 공사 안내 차량이 있으므로 속도를 높여 빠르게 진행한다.
② 서서히 속도를 줄이고 전방 상황에 주의하며 진행한다.
③ 비상점멸등을 점등하여 뒤따라오는 차량에 위험 상황을 알린다.
④ 공사 안내 차량을 피하여 3차로로 급 차로 변경한다.
⑤ 공사 안내 차량보다는 고속도로를 통행하는 차가 우선권이 있으므로 계속 경음기를 울려 주의를 주고 그대로 통과한다.

② 고속도로에서도 공사 안내 차량 있을 시 감속
③ 비상점멸등을 켜서 공사 안내 차량이 있다는 위험을 뒤차에 알리기

해설 고속도로에서는 자동차가 고속으로 주행하므로 도로상에 작업 차량이나 공사 안내 차량이 있으면 미리 속도를 줄이고 안전하게 주행하여야 하고, 옆 차로로 급 차로 변경하거나 급가감속은 지양해야 한다.

748

다음과 같은 상황에서 가장 **안전한 운전 방법 2가지는?**

☑ **도로 상황**
- 편도 3차로 고속도로
- 3차로에 화물차 진행 중
- 2차로 진행 중 3차로로 차로 변경하려는 상황

① 화물차는 저속으로 주행하므로 차간거리에 상관없이 차로를 변경하면 된다.
② 화물차의 정상적인 통행에 장애를 줄 수 있으므로 안전거리를 유지하며 차로를 변경한다.
③ 차로 변경 시에는 무조건 속도를 최대한 높여 주행한다.
④ 화물차의 위치나 속도를 확인 후에 주의하여 차로를 변경한다.
⑤ 충분한 안전거리가 확보되면 방향지시등은 안 켜도 된다.

②, ④ 3차로 진행 중인 화물차, 3차로로 차로 변경 시 화물차와 부딪치지 않게 안전거리 유지

해설 차의 진로를 변경하려는 경우에 그 변경하려는 방향으로 오고 있는 다른 차의 정상적인 통행에 장애를 줄 우려가 있을 때에는 차로를 변경하여서는 안 된다. 차로 변경 시 방향지시등을 점등해야 한다.

749

다음과 같은 상황에서 가장 **안전한 운전 방법 2가지는?**

☑ **도로 상황**
▶ 편도 3차로 고속도로
▶ 터널 입구

① 터널 내부 주차 금지, 단 일정한 장소에 비상 정차 가능
⑤ 터널 주변에서 바람이 불 수 있으므로 감속

① 터널 안에서는 주차는 금지되나 일정한 장소에 비상 정차는 가능하다.
② 터널 내부가 어둡더라도 선글라스를 착용한 채로 그대로 진행한다.
③ 터널 내 백색 실선 구간이더라도 좌우 차로의 소통이 원활하면 차로 변경할 수 있다.
④ 터널 내에서는 최고 제한 속도가 적용되지 않아 속도를 높여 빠르게 통과한다.
⑤ 터널 주변에서는 바람이 불 수 있으니 주의하며 속도를 줄인다.

해설 터널 내부는 주차는 금지되어 있으나, 일정한 장소에서 정차가 가능하다. 터널 내부가 어두우면 선글라스는 착용하지 않는 것이 바람직하며, 터널 내에서도 최고 제한 속도를 지키며 백색 실선 구간에서는 진로 변경이 제한된다. 터널 주변에서는 바람이 불 수 있으니 주의하여 진입하여야 한다.

750

다음과 같은 상황에서 가장 **안전한 운전 방법 2가지는?**

☑ **도로 상황**
▶ 고속도로 진출입로 부근

②, ⑤ 최고 속도 제한 표지, 50킬로미터 이내로 주행, 미리 속도 줄이기

① 전방에 무인 과속 단속 중이므로 급제동하여 감속한다.
② 미리 속도를 줄이고 안전하게 진행한다.
③ 차로를 착각하였다면 안전지대를 이용하여 진로를 변경할 수 있다.
④ 무인 단속 장비를 피하여 우측 차로로 급 차로 변경한다.
⑤ 주행 속도를 시속 50킬로미터 이내로 유지한다.

해설 급제동이나 급감속, 급 진로 변경을 하게 되면 사고의 우려가 크므로 미리 감속하여 안전하게 운행한다.

751

가속 페달이 운전석 매트에 끼여 되돌아오지 않아 가속될 경우, 운전자가 안전하게 정차 또는 감속할 수 있는 방법 2가지는?

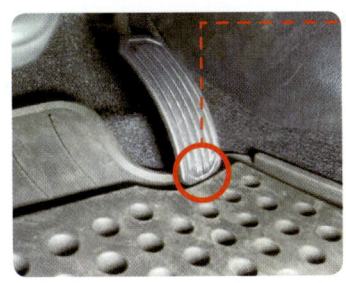

→ 가속 페달 끼임 → 비정상 가속 발생
① 제동 페달(브레이크) 세게 밟아 정지
④ 전자식 주차 브레이크 지속 조작

① 제동 페달을 힘껏 세게 밟는다.
② 비상 점멸 표시등 버튼을 지속 조작한다.
③ 경음기를 강하게 누르며 주행한다.
④ 전자식 주차 브레이크(EPB)를 지속 조작한다.
⑤ 조향 핸들을 강하게 좌우로 조작한다.

해설 가속 페달이 물체(매트, 이물질 등)에 끼어 지속적으로 조작되더라도 제동 페달을 조작할 경우 브레이크 오버라이드(Brake Override System, BOS) 기능이 작동하여 제동 신호를 우선하여 감속 및 정차 가능하며, 전자식 주차 브레이크(EPB)는 비상 제동 기능이 포함되어 있으므로 지속 조작할 경우 감속 또는 조작 가능하다.
의도하지 않은 가속 상황에서도 동일한 방법으로 정차 또는 감속 가능
※ 의도하지 않은 가속 상황이란?
1. 기계적 결함으로 인한 가속 페달 고착 2. 가속 페달 바닥 매트 걸림 3. 외부 물체(물병, 신발, 물티슈 등) 끼임 등으로 가속 페달이 복귀되지 않는 경우

752

다음과 같은 구간에 대한 설명으로 가장 옳은 것 2가지는?

☑ 도로 상황
▶ 어린이보호구역

③ 어린이보호구역 표지, 교통사고 위험에서 어린이 보호
④ 눈이 쌓인 도로에서는 통행 속도 준수

① 어린이보호구역에서는 주정차를 할 수 있다.
② 어린이보호구역에 설치된 울타리가 있다면 어린이가 차도에 진입할 수 없으므로 주의하지 않아도 된다.
③ 교통사고의 위험으로부터 어린이를 보호하기 위해 어린이보호구역을 지정할 수 있다.
④ 눈이 쌓인 상황을 고려하여 통행 속도를 준수하고 어린이의 안전에 주의하면서 운행하여야 한다.
⑤ 어린이보호구역에서는 어린이들이 주의하기 때문에 사고가 발생할 우려가 없다.

해설 어린이보호구역 내이므로 최고 제한 속도를 준수하고, 어린이의 움직임에 주의하면서 전방을 잘 살펴야 한다. 어린이보호구역 내 사고는 안전 운전 불이행, 보행자 보호 의무 위반, 불법 주정차, 신호 위반 등 법규를 지키지 않는 것이 원인이다. 그리고 보행자가 횡단할 때에는 반드시 일시정지한 후 보행자의 횡단이 끝나면 안전을 확인하고 통과하여야 한다.

753

다음 중 장애인·노인·임산부 등의 편의증진 보장에 관한 법령상 '**장애인전용주차구역 주차 방해 행위**'로 바르지 **않은** 2가지는?

장애인전용주차구역 위반 행위로, 과태료 부과 대상에 해당

① 장애인전용주차구역 내에 물건 등을 쌓아 주차를 방해하는 행위
② 장애인전용주차구역 앞이나 뒤, 양 측면에 물건 등을 쌓거나 주차하는 행위
③ 장애인전용주차구역 주차 표지가 붙어 있지 아니한 자동차를 장애인전용주차구역에 주차하는 행위
④ 장애인전용주차구역 선과 장애인 전용 표시 등을 지우거나 훼손하여 주차를 방해하는 행위
⑤ 장애인전용주차구역 주차 표지가 붙어 있지만 보행에 장애가 있는 사람이 타지 아니한 자동차를 장애인전용주차구역에 주차하는 행위

해설 장애인·노인·임산부 등의 편의증진 보장에 관한 법률 제17조(장애인전용주차구역 등)
④ 누구든지 제2항에 따른 장애인 전용 주차 구역 주차 표지가 붙어 있지 아니한 자동차를 장애인 전용 주차 구역에 주차하여서는 아니 된다. 장애인 전용 주차 구역 주차 표지가 붙어 있는 자동차에 보행에 장애가 있는 사람이 타지 아니한 경우에도 같다.
⑤ 누구든지 장애인 전용 주차 구역에 물건을 쌓거나 그 통행로를 가로막는 등 주차를 방해하는 행위를 하여서는 아니 된다.
장애인·노인·임산부 등의 편의증진 보장에 관한 법률 시행령 제9조(장애인전용주차구역 주차 방해 행위)
법 제17조 제5항에 따른 주차 방해 행위는 다음 각 호의 행위로 한다.
1. 장애인전용주차구역 내에 물건 등을 쌓아 주차를 방해하는 행위
2. 장애인전용주차구역 앞이나 뒤, 양 측면에 물건 등을 쌓거나 주차하는 행위
3. 장애인전용주차구역 진입로에 물건 등을 쌓거나 주차하는 행위
4. 장애인전용주차구역 선과 장애인 전용 표시 등을 지우거나 훼손하여 주차를 방해하는 행위
5. 그 밖에 장애인전용주차구역에 주차를 방해하는 행위

754

다음과 같은 상황에서 가장 **안전한 운전 방법 2가지는?**

✓ **도로 상황**
▶ 어린이보호구역

③ 최고 속도 제한 표지, 시속 30킬로미터 이내로 진행
④ 어린이보호구역에서는 어린이가 갑자기 나타날 수 있으므로 주의하며 서행

① 진행 방향에 차량이 없으므로 도로 우측에 정차할 수 있다.
② 어린이보호구역이라도 어린이가 없을 경우에는 최고 제한 속도를 준수하지 않아도 된다.
③ 안전표지가 표시하는 최고 제한 속도를 준수하며 진행한다.
④ 어린이가 갑자기 나올 수 있으므로 주위를 잘 살피며 진행한다.
⑤ 어린이보호구역으로 지정된 구간은 최대한 속도를 내어 신속하게 통과한다.

해설 어린이보호구역 내이므로 최고 속도는 시속 30킬로미터 이내를 준수하고, 어린이를 발견할 때에는 어린이의 움직임에 주의하면서 전방을 잘 살펴야 한다. 어린이보호구역 내 사고는 안전 운전 불이행, 보행자 보호 의무 위반, 불법 주정차, 신호 위반 등 법규를 지키지 않는 것이 원인이다. 그리고 보행자가 횡단할 때에는 반드시 일시정지한 후 보행자의 횡단이 끝나면 안전을 확인하고 통과하여야 한다.

755
다음과 같은 상황에서 가장 **안전한 운전 방법 2가지는?**

☑ 도로 상황
▶ 노인보호구역

② ③ 노인보호구역, 감속/서행

① 경음기를 계속 울리며 빠르게 주행한다.
② 미리 충분히 감속하여 안전에 주의한다.
③ 보행하는 노인이 보이지 않더라도 서행으로 주행한다.
④ 가급적 앞차의 후미를 바싹 따라 주행한다.
⑤ 전방에 횡단보도가 있으므로 속도를 높여 신속히 노인보호구역을 벗어난다.

해설 노인보호구역은 노인이 없어 보이더라도 서행으로 통과한다.

756
다음과 같은 상황에서 가장 **안전한 운전 방법 2가지는?**

☑ 도로 상황
▶ 어린이보호구역 내 주행 중

① 최고 속도 제한 해제 표지, 해제 표지가 나오기 전까지는 시속 30킬로미터로 진행
⑤ 무단 횡단 방지 울타리, 울타리가 있더라도 어린이를 주의하며 운전

① 시속 30킬로미터 이내로 서행한다.
② 전방에 진행하는 앞차가 없으므로 빠르게 주행한다.
③ 주차는 할 수 없으나 정차는 할 수 있다.
④ 횡단보도를 통행할 때에는 어린이 유무와 상관없이 경음기를 사용하며 빠르게 주행한다.
⑤ 무단 횡단 방지 울타리가 설치되어 있다 하더라도 갑자기 나타날 수 있는 어린이에 주의하며 운전한다.

해설 어린이보호구역 내이므로 최고 속도는 시속 30킬로미터 이내를 준수하고, 어린이의 움직임에 주의하면서 전방을 잘 살펴야 한다. 어린이보호구역 내 사고는 안전 운전 불이행, 보행자 보호 의무 위반, 불법 주정차, 신호 위반 등 법규를 지키지 않는 것이 원인이다. 그리고 보행자가 횡단할 때에는 반드시 일시정지한 후 보행자의 횡단이 끝나면 안전을 확인하고 통과하여야 한다.

757

다음과 같은 상황에서 운전자나 동승자가 범칙금 또는 과태료 부과 처분을 받지 않는 행위 2가지는?

✅ 도로 상황
▶ 도로 좌측은 보도
▶ 모범 운전자가 지시 중

① 승용차는 미리 시속 30킬로미터 이내로 감속한다.
② 시동을 끈 이륜차를 끌고 보도로 통행하였다.
③ 개인형 이동장치 운전자가 모범 운전자의 지시에 따르지 아니하였다.
④ 승용차 운전자가 어린이보호구역에 주차하였다.
⑤ 보호자가 지켜보는 가운데 안전모를 쓰지 않은 어린이가 자전거를 타고 보도를 통행하였다.

① 최고 속도 제한 표지, 시속 30킬로미터 이내로 진행
② 이륜차 끌고 보도 통행 = 보행자로 간주

해설 이륜자동차, 원동기장치자전거 또는 자전거로서 운전자가 내려서 끌거나 들고 통행하는 경우는 보행자로 간주하므로 보도로 통행할 수 있다(도로교통법 시행규칙 제2조 제1항 제6호).

758

다음과 같은 상황에서 교통안전표지에 대한 설명으로 맞는 것 2가지는?

✅ 도로 상황
▶ 어린이보호구역

① 노면에 표시된 30은 도로의 최고 제한 속도가 시속 30킬로미터임을 의미한다.
② 횡단보도는 백색으로만 표시해야 하므로 황색 횡단보도 표시는 잘못된 시설물이다.
③ 지그재그 형태의 백색 실선은 서행을 뜻하며 그 구간에서 진로 변경이 가능하다.
④ 차량 신호기에 부착된 지시 표지는 횡단보도가 있다는 의미이다.
⑤ 적색으로 포장된 아스팔트는 어린이보호구역에만 쓰인다.

① 최고 속도 30킬로미터 제한 노면 표시
④ 횡단보도 표지

해설 노면의 30은 최고 제한 속도를 의미하며, 횡단보도는 어린이보호구역에서 황색으로 표시할 수 있고, 지그재그 형태의 백색 실선 표시는 진로 변경 제한과 서행의 뜻을 동시에 지니며, 차량 신호기에 표시된 횡단보도 표지는 전방에 횡단보도가 있다는 것이고, 적색 아스팔트는 어린이보호구역뿐만 아니라 노인보호구역, 장애인보호구역에도 사용되고 있다.

759

다음과 같은 상황에서 가장 **안전한 운전 방법 2가지**는?

☑ **도로 상황**
▶ 어린이보호구역
▶ 좌로 굽은 오르막 도로
▶ 왕복 2차로 도로

① 도로 반사경으로 전방 상황 확인
④ 어린이보호구역 내 신호기 없는 횡단보도 앞에서 일시정지

① 좌로 굽은 도로이므로 우측에 설치된 도로 반사경을 이용해서 전방 상황을 확인하며 진행하는 것이 안전하다.
② 오르막 도로이므로 최고 제한 속도를 조금 넘더라도 속도를 올려 진행하는 것이 좋다.
③ 우측 길가장자리에 황색 실선이 표시되어 있으므로 주차는 불가하나 정차는 가능하다.
④ 신호기가 없는 횡단보도에서는 보행자가 없더라도 횡단보도 앞에서 반드시 일시정지 후 진행한다.
⑤ 좌로 굽은 도로에서는 중앙선을 넘더라도 좌측으로 붙어 진행하는 것이 안전하다.

해설 어린이보호구역은 시속 30킬로미터 이내로 속도를 규정할 수 있고, 어린이보호구역 내의 신호기가 없는 횡단보도에서는 보행자 보호를 위해 보행자 유무와 관계없이 반드시 일시정지 후 진행하여야 한다. 좌로 굽은 도로에서는 도로 좌측으로 진행할 우려가 있어 차로를 준수하여 운행하며, 황색 실선 구간에서는 주정차 모두 금지된다.

760

다음과 같은 상황에서 가장 **안전한 운전 방법 2가지**는?

☑ **도로 상황**
▶ 어린이보호구역
▶ 중앙선이 없는 이면도로

② 중앙선 없는 이면도로, 보행자 안전에 특히 주의
③ 어린이보호구역 해제 지시 표지가 있는 횡단보도, 보행자 주의하며 운전

① 어린이보호구역 해제 지점 전부터 미리 속도를 높여 진행한다.
② 중앙선이 없는 이면도로에서는 보행자의 안전에 특히 주의하며 운전한다.
③ 어린이보호구역이 해제된 구역의 횡단보도라도 보행자가 있는지 확인하며 서행한다.
④ 일몰 상황이므로 전방의 안전을 살피기 위해 상향등을 켜고, 경음기를 계속 울리며 운전한다.
⑤ 도로 우측의 황색 점선은 주차는 허용하나 정차는 불가하다는 뜻이므로 주차는 가능하다.

해설 어린이보호구역이 해제되더라도 이면도로에서 속도를 높여 주행하는 것은 지양해야 하며, 신호기 없는 횡단보도에서는 보행자의 안전을 확인하며 서행해야 한다. 일몰 상황이긴 하나 상향등을 계속 켜고 운전하는 것은 맞은편 차량과 보행자에게 눈부심이 발생할 수 있어 지양하고, 황색 점선은 정차는 허용하나 주차는 금지하는 뜻이다.

761

다음 상황에서 가장 **안전한 운전 방법 2가지는?**

✅ **도로 상황**
- 어린이보호구역
- 좌우측 주거 지역
- 진입로가 많은 오르막 도로
- 편도 1차로 도로

② 중앙선을 넘어 진행하는 차량, 부딪치지 않게 감속
④ 맞은편 버스로 시야 제한, 서행하며 보행자 주의

① 어린이보호구역이므로 보행자가 없더라도 경음기를 계속 울리며 진행한다.
② 중앙선을 넘어 진행하는 차량이 있으므로 속도를 낮춰 사고의 위험을 줄인다.
③ 좌측 건물 주차장으로 들어가는 진입로가 있으므로 중앙선을 넘어 진입하는 것이 가능하다.
④ 맞은편에서 진행 중인 버스로 인해 시야 확보가 어려워 교행 전 속도를 더욱 줄여 보행자가 있는지 살핀다.
⑤ 어린이보호구역 내 과속방지턱에서는 주차는 금지되지만 정차는 가능하다.

해설 정당한 사유 없이 계속 경음기를 울리며 진행하면 안 되며, 좌측 진입로로 진행하고자 하더라도 중앙선이 있으므로 넘어가서 진행하면 안 된다. 어린이보호구역 내 과속방지턱은 횡단보도의 역할을 하는 것이 아니다. 중앙선을 넘어 진행하는 차량이 있는 경우 속도를 낮춰 사고의 위험을 피하는 것이 안전하며, 좌측 버스로 인하여 시야 확보가 곤란하므로 보행자의 안전에 특히 유의하며 진행한다. 어린이보호구역에서는 허용된 구간을 제외하고는 주정차가 금지된다.

762

다음 상황에서 가장 **안전한 운전 방법 2가지는?**

✅ **도로 상황**
- 어린이보호구역
- 전방 차량 삼색 신호등 적색 등화
- 우측 횡단보도 보행 신호
- T자형 교차로(삼거리)

② 우측 횡단보도에 녹색 등화와 보행자가 있을 경우, 우회전 전 일시정지
⑤ 뒤늦게 횡단하는 보행자가 있을 수 있으므로 감속하며 주의 운전

① 전방 차량 신호등 적색 등화에서 우회전하려는 경우 일시정지 없이 전방 횡단보도를 통과할 수 있다.
② 우측 보행 신호가 녹색 등화이고 보행자가 있으므로 우회전하려는 경우 횡단보도 전에 일시정지한다.
③ 보행 신호가 적색 등화로 바뀐 후에도 보행자가 횡단보도를 보행 중인 경우 경음기를 울려 보행을 재촉한다.
④ 우측 보행 신호가 녹색 등화이므로 차량 신호등 등화와 관계없이 좌회전할 수 있다.
⑤ 뒤늦게 횡단하는 보행자가 있을 수 있으므로 안전에 더욱 주의하며 운전한다.

해설 어린이보호구역 내 횡단보도가 설치된 곳은 보행자의 안전을 위해 더욱 주의하며 운전해야 하며, 삼색 신호등 적색 등화에서 우회전하려면 전방 횡단보도 진입 전에 일시정지 후 우회전이 가능하다. 우회전하면 나타나는 횡단보도 보행 신호에 보행자가 있는 경우 그 안전을 위해 일시정지하고 대기하며 경음기를 울려 보행을 재촉해서는 안 된다. 차량 신호등이 적색 등화일 때 좌회전하는 경우 신호 위반이 성립한다.

763

다음 상황에서 가장 **안전한 운전 방법 2가지는?**

☑ 도로 상황
- 어린이보호구역
- 신호기 없는 횡단보도
- 우측 골목으로 이어지는 교차로
- 고임목을 괴고 주차 중인 소방차
- 좌로 굽은 오르막 편도 1차로 도로

② 소방차 뒤의 상황을 알기 어려우므로 속도 낮추고 전방 상황 살피기
④ 골목길, 차량이나 보행자 갑자기 나타나는 것 주의

① 우측 골목길에서 나타나는 차량이 있을 수 있으므로 빠르게 교차로를 통과한다.
② 전방 좌측에 주차된 소방차로 인하여 시야 확보가 곤란한 상황이므로 속도를 낮추고 전방 상황을 잘 살핀다.
③ 어린이보호구역 내에서는 횡단보도에 보행자가 있는 경우에만 일시정지 후 진행한다.
④ 우회전하려는 경우 우측 골목길에서 나오는 차량이나 보행자를 잘 살피며 진행한다.
⑤ 어린이보호구역은 모두 최고 제한 속도가 시속 30킬로미터이므로 최고 제한 속도 이내로 주행하면 된다.

해설 어린이보호구역 내 신호가 없는 횡단보도에서는 보행자 유무에 관계없이 반드시 일시정지하여야 하며, 전방에 주차된 소방차를 넘어 진행하는 차량에 대비하여 운전할 필요가 있다. 시야가 확보되지 아니한 도로에서 속도를 높여 주행하는 것은 위험하며, 우회전하려는 경우 보행자나 다른 차량을 잘 살피고 운전해야 안전하다.

764

다음 상황에서 가장 **안전한 운전 방법 2가지는?**

☑ 도로 상황
- 비 오는 날 등굣길
- 중앙선이 없는 이면도로
- 교통안전 활동 중인 봉사자
- 신호기 없는 교차로
- 우측 학교 정문

① 우산을 쓴 보행자는 시야가 좁아 차량을 피하기 어려우므로 더욱 주의
③ 학교 정문 등 학교 주변은 보행자 안전에 특히 주의하며 서행

① 우산을 쓴 보행자 안전에 더욱 주의하며 운전한다.
② 주위에 보행자가 많으므로 속도를 높여 빠르게 통과한다.
③ 어린이보호구역이 아닌 곳이라 하더라도 학교 앞이므로 보행자의 안전에 주의하며 진행한다.
④ 신호기 없는 교차로가 전방에 있고 좌우측 시야 확보가 불가한 상황이므로 서행하며 진행한다.
⑤ 주차된 차량 사이로 보행자가 나타날 수 있으므로 경음기를 계속 울리고 경고하며 진행한다.

해설 어린이보호구역이 아니더라도 보행자가 많은 도로와 특히 비 오는 날은 우산으로 인해 보행자의 시야가 제한되므로 운전자가 보행자의 안전에 더욱 주의해야 하며, 신호기가 없는 교차로에서 주위에 주차 차량으로 시야 확보가 안 되는 경우 서행이 아니라 일시정지 후 진입하고, 정당한 사유 없이 경음기를 계속 울리며 주행하는 것은 지양해야 한다.

765

다음 상황에서 가장 **안전한 운전 방법 2가지는?**

✅ **도로 상황**
- 어린이보호구역
- 좌측 도로 진입로 및 우측 골목길
- 전방 신호기 없는 횡단보도

① 보행자가 없더라도 경음기를 계속 울리며 진행한다.
② 우측 주차된 화물 차량 뒤로 골목길이 있어 보행자나 차량의 상황을 잘 살피기 위해 일시정지 후 교차로에 진입한다.
③ 횡단보도에 신호기가 없으므로 보행자가 없는 경우 서행하며 그대로 진행한다.
④ 전방에 중앙선을 넘어 진행하는 차량이 있으므로 속도를 낮춰 사고의 위험을 줄인다.
⑤ 우회전하려는 경우 우측 "정지" 표지가 있으나 차량 신호기가 없으므로 일시정지하지 않고 그대로 우회전한다.

② 화물 차량 뒤 시야 확보 어려움, 일시정지하고 상황 살피기
④ 중앙선을 넘는 진행 차량, 부딪치지 않게 감속

해설 좌우 확인이 불가한 신호 없는 교차로는 일시정지 후 진입하여야 하고, 어린이보호구역 내 신호 없는 횡단보도는 보행자 유무와 관계없이 일시정지하여야 한다. 전방에 중앙선을 넘는 차량이 있으므로 사고가 발생하지 않도록 속도를 줄이고, 정당한 사유 없이 경음기를 계속 울리며 진행하는 것은 지양해야 한다. "정지" 표지가 있는 경우 우회전하려면 반드시 일시정지 후 진입해야 한다.

766

다음 중 소방기본법령상 **소방자동차 전용 구역**에 대한 설명으로 옳지 **않은 2가지는?**

✅ **도로 상황**
- 출입구 차단막이 있는 공동 주택

① 소방 활동의 원활한 수행을 위하여 공동 주택에 설치한다.
② 누구든지 전용 구역에 차를 주차하거나 전용 구역에의 진입을 가로막는 등 방해 행위를 하여서는 아니 된다.
③ 공동주택의 건축주는 예외 없이 각 동별로 1개소 이상 설치해야 한다.
④ 사진과 같이 주차하였을 경우 과태료 부과 대상이다.
⑤ 전용 구역 표지를 지우거나 훼손하는 행위는 전용구역 방해 행위에 해당되지 않는다.

③ 소방자동차 전용 구역, 100세대 미만 공동주택, 3층 미만 기숙사라면 설치하지 않아도 됨
⑤ 전용 구역 표지는 훼손 불가

해설 ①, ② 소방기본법 제21조의2(소방자동차 전용 구역 등)
③ 소방기본법 시행령 제7조의13(소방자동차 전용 구역의 설치 기준·방법)
④ 소방기본법 시행령 제19조(과태료 부과 기준) 별표3
⑤ 소방기본법 시행령 제7조의14(전용 구역 방해 행위의 기준)

767

소방자동차 긴급 출동 중 통행 방해 차량의 강제 처분에 관한 설명으로 틀린 2가지는?

☑ 도로 상황
- 주택가 이면도로
- 화재 진압을 위해 출동 중인 소방차
- 불법 주차된 차량들

① 소방 활동에 방해가 되는 불법 주차된 차량을 이동할 수 있다.
② 소방 활동에 방해가 되는 주차 구획선 내에 주차한 차량을 제거할 수 있다.
③ 소방자동차의 통행에 방해가 되는 물건을 제거하거나 이동시킬 수 있다.
④ 강제 처분된 불법 주차한 차량 운전자는 손실 보상을 청구할 수 있다.
⑤ 강제 처분된 주차 구획선 내에 주차한 차량 운전자는 손해 배상을 청구할 수 있다.

④ 불법 주차 차량, 손실 보상 청구 불가
⑤ 허가받지 않은 차량이 주차 구획선 내에 불법 주차했다면 손해 배상 청구 불가

해설 소방기본법 제25조(강제 처분 등)
② 소방본부장, 소방서장 또는 소방대장은 사람을 구출하거나 불이 번지는 것을 막기 위하여 긴급하다고 인정할 때에는 제1항에 따른 소방 대상물 또는 토지 외의 소방 대상물과 토지에 대하여 제1항에 따른 처분을 할 수 있다.
③ 소방본부장, 소방서장 또는 소방대장은 소방 활동을 위하여 긴급하게 출동할 때에는 소방자동차의 통행과 소방 활동에 방해가 되는 주차 또는 정차된 차량 및 물건 등을 제거하거나 이동시킬 수 있다.
④ 소방본부장, 소방서장 또는 소방대장은 제3항에 따른 소방활동에 방해가 되는 주차 또는 정차된 차량의 제거나 이동을 위하여 관할 지방자치단체 등 관련 기관에 견인 차량과 인력 등에 대한 지원을 요청할 수 있고, 요청을 받은 관련 기관의 장은 정당한 사유가 없으면 이에 협조하여야 한다.
⑤ 시·도지사는 제4항에 따라 견인 차량과 인력 등을 지원한 자에게 시·도의 조례로 정하는 바에 따라 비용을 지급할 수 있다.
제49조의2(손실 보상) 제1항 제3호
제25조 제2항 또는 제3항에 따른 처분으로 인하여 손실을 입은 자. 다만, 같은 조 제3항에 해당하는 경우로서 법령을 위반하여 소방자동차의 통행과 소방 활동에 방해가 된 경우는 제외한다.

768

다음 상황에서 법령을 위반한 운전 방법 2가지는?

☑ 도로 상황
- A - 촬영차, B - 소방차
- 뒤차 A의 앞 유리를 통해 소방차 B를 촬영
- 빗방울이 떨어지며 노면이 젖음
- 전방 300미터에 사거리 교차로 및 신호기
- 1차로로 소방차가 경광등과 사이렌을 켠 채 진행

① B운전자 - 시속 100킬로미터로 주행한다.
② A운전자 - 시속 70킬로미터로 주행한다.
③ B운전자 - 교차로에서 앞지르기한다.
④ A운전자 - 교차로에서 앞지르기한다.
⑤ B운전자 - 앞차와 안전거리를 확보하지 않는다.

② 노면이 젖어 있는 경우, 제한 속도의 20% 줄인 56km이내로 주행
④ 교차로에서는 앞지르기 금지

[해설] 도로교통법 제30조(긴급자동차에 대한 특례)
긴급자동차에 대하여는 다음 각 호의 사항을 적용하지 아니한다. 다만, 제4호부터 제12호까지의 사항은 긴급자동차 중 제2조 제22호 가목부터 다목까지의 자동차와 대통령령으로 정하는 경찰용 자동차에 대해서만 적용하지 아니한다.
1. 제17조에 따른 자동차 등의 속도 제한. 다만, 제17조에 따라 긴급자동차에 대하여 속도를 제한한 경우에는 같은 조의 규정을 적용한다.
2. 제22조에 따른 앞지르기의 금지
3. 제23조에 따른 끼어들기의 금지
4. 제5조에 따른 신호 위반
5. 제13조 제1항에 따른 보도 침범
6. 제13조 제3항에 따른 중앙선 침범
7. 제18조에 따른 횡단 등의 금지
8. 제19조에 따른 안전거리 확보 등
9. 제21조 제1항에 따른 앞지르기 방법 등
10. 제32조에 따른 정차 및 주차의 금지
11. 제33조에 따른 주차 금지
12. 제66조에 따른 고장 등의 조치
비가 내려 노면이 젖어 있는 경우 최고 속도의 100분의 20을 줄인 속도로 운행하여야 한다(도로교통법 시행규칙 제19조 제2항 제1호).

769

다음 상황에서 가장 **안전한 운전 방법 2가지는?**

✓ 도로 상황
▶ 편도 2차로 도로
▶ 우천으로 노면이 젖어 있음
▶ 2차로 소방 차량 출동 중

①, ④ 긴급자동차 접근 시 진로 양보, 복귀 중일 경우에는 피양 의무 없음

① 긴급자동차가 접근하는 경우 일반 차량은 도로 좌우측으로 피양하여 진로를 양보해야 한다.
② 긴급자동차의 뒤를 따라 진행하면 더욱 빨리 운행할 수 있으므로 뒤따라 진행한다.
③ 우측의 긴급자동차가 진로 변경할 수 없도록 속도를 더욱 높여 진행한다.
④ 긴급자동차가 긴급한 용무를 마치고 돌아가는 경우 경광등이나 사이렌을 작동하지 않으므로 피양할 필요는 없다.
⑤ 긴급자동차가 후행하여 따라오는 것을 발견하면 앞지르기할 수 없도록 속도를 높여 진행한다.

[해설] 출동하는 긴급자동차를 발견한 경우 교차로에서는 교차로를 피해서 정차하고, 이 외 구역은 긴급자동차가 우선 통행할 수 있도록 진로를 양보하며, 긴급자동차를 뒤따르거나 추월당하지 않도록 속도를 높여 진행하는 것은 안전하지 않은 운전 방법이다.

770

다음 상황에서 가장 안전한 운전 방법 2가지는?

☑ 도로 상황
▶ 편도 2차로 도로
▶ 우측 사이드 미러로 2차로에 출동 중인 긴급자동차 발견
▶ 차량 통행량이 많아 정체 상황

②, ④ 후방 긴급자동차 발견 시, 좌우로 양보하고 교차로는 피해 양보

① 진로 양보는 2차로만 가능하므로 1차로에서 진행 중인 경우는 후방의 긴급자동차를 주의할 필요는 없다.
② 전방에 교차로가 있는 경우 교차로를 피해 진로를 양보한다.
③ 2차로로 빠르게 차로 변경하여 비상등을 켜고 긴급자동차보다 앞서서 주행한다.
④ 긴급자동차의 앞에 진행하는 경우라면 도로 좌우측으로 피양하여 진로를 양보한다.
⑤ 긴급자동차의 뒤를 따라 진행하면 더욱 빨리 운행할 수 있으므로 긴급자동차가 지나간 뒤 2차로로 차로 변경하여 바싹 뒤따른다.

해설 출동 중인 긴급자동차를 발견하면 도로 좌우측으로 피양하거나 교차로인 경우 교차로를 피해 진로를 양보한다. 긴급자동차의 진로로 계속 주행하거나 후행하여 진행하는 것은 위험하며, 반드시 2차로 우측으로 피양하여 양보할 필요는 없다.

771

다음 상황에서 교통안전 시설과 이에 따른 행동으로 가장 올바른 2가지는?

☑ 도로 상황
▶ 사거리 교차로 인근
▶ 자전거 신호등은 설치되지 않음
▶ 횡단보도에서 자전거를 타고 진행하고 있는 상황

② 자전거 횡단도가 있는 경우 자전거를 타고 횡단 가능
④ 자전거 신호등이 없을 때에는 보행 신호등에 따라 이동

① 횡단보도 – 자전거를 타고 이용할 수 있다.
② 자전거 횡단도 – 자전거 횡단도가 있는 도로를 횡단할 때에는 자전거를 타고 자전거 횡단도를 이용한다.
③ 보행 신호등 – 녹색 등화의 점멸 상태라면 보행자는 횡단을 빠르게 시작하여야 한다.
④ 보행 신호등 – 자전거 신호등이 설치되지 않은 경우 자전거는 보행 신호등의 지시에 따른다.
⑤ 차량 신호등 – 자전거 신호등이 설치되지 않은 경우 자전거는 차량 신호등의 지시에 따른다.

해설 보행 신호등 중 녹색 등화의 점멸일 때에는 보행자는 횡단을 시작하여서는 아니 되고, 횡단하고 있는 보행자는 신속하게 횡단을 완료하거나 그 횡단을 중지하고 보도로 되돌아와야 한다(도로교통법 시행규칙 별표2).
자전거 등을 주행하는 경우 자전거 주행 신호등이 설치되지 않은 장소에서는 차량 신호등의 지시에 따른다. 자전거 횡단도에 자전거 횡단 신호등이 설치되지 않은 경우 자전거 등은 보행 신호등의 지시에 따른다(도로교통법 시행규칙 별표2).

772

다음 상황에서 가장 **잘못된 운전 방법 2가지는?**

✓ 도로 상황
- 사거리 교차로
- 편도 3차로 도로
- 보도에서 개인형 이동장치를 타는 사람

④ 소화전 앞에는 주정차 금지
⑤ 야간에는 도로 밝기와 상관없이 전조등 필수

① 우회전하려면 정지선의 직전에 일시정지한 후 우회전한다.
② 우회전할 때에는 미리 도로의 우측 가장자리를 서행하면서 우회전하여야 한다.
③ 우회전하는 차의 운전자는 신호에 따라 정지하거나 진행하는 보행자 또는 자전거 등에 주의하여야 한다.
④ 동승자가 하차할 때에는 잠시 정차하는 것이므로 소화전 앞에 정차할 수 있다.
⑤ 시내도로에서는 야간이라도 주변이 밝기 때문에 전조등을 켤 필요는 없다.

해설 모든 차의 운전자는 교차로에서 우회전을 하려는 경우에는 미리 도로의 우측 가장자리를 서행하면서 우회전하여야 한다. 이 경우 우회전하는 차의 운전자는 신호에 따라 정지하거나 진행하는 보행자 또는 자전거 등에 주의하여야 한다(도로교통법 제25조 제1항).
서행(徐行)이란 운전자가 차 또는 노면 전차를 즉시 정지시킬 수 있는 정도의 느린 속도로 진행하는 것을 말한다(도로교통법 제2조 제28호).
해가 진 후부터 해가 뜨기 전까지 모든 차 또는 노면 전차의 운전자는 대통령령으로 정하는 바에 따라 전조등(前照燈), 차폭등(車幅燈), 미등(尾燈)과 그 밖의 등화를 켜야 한다(도로교통법 제37조 제1항 제1호).

773

다음 상황에서 가장 **잘못된 운전 방법 2가지는?**

✓ 도로 상황
- 자전거 운전자
- 주차 중인 어린이통학버스

⑤ 어린이통학버스라도 도로 우측에 주정차해야 함
① 자전거 횡단도가 없는 경우 자전거에서 내려 끌고 횡단보도를 통행해야 함

① 자전거 운전자는 횡단보도를 통행할 수 있다.
② 자전거 운전자가 어린이라면 보도를 통행할 수 있다.
③ 자전거 운전자는 안전모를 착용해야 한다.
④ 자전거 운전자는 밤에 도로를 통행하는 때에는 전조등과 미등을 켜거나 야광띠 등 발광 장치를 착용하여야 한다.
⑤ 어린이통학버스는 어린이의 승하차 편의를 위해 도로의 좌측에 주차하거나 정차할 수 있다.

해설 자전거 등의 운전자는 자전거도로(제15조 제1항에 따라 자전거만 통행할 수 있도록 설치된 전용차로를 포함한다. 이하 이 조에서 같다)가 따로 있는 곳에서는 그 자전거도로로 통행하여야 한다(도로교통법 제13조의2 제1항).

자전거 등의 운전자는 자전거도로가 설치되지 아니한 곳에서는 도로 우측 가장자리에 붙어서 통행하여야 한다(도로교통법 제13조의2 제2항).

자전거 등의 운전자는 제1항 및 제13조 제1항에도 불구하고 어린이, 노인, 신체 장애인에 해당하는 경우에는 보도를 통행할 수 있다. 이 경우 자전거 등의 운전자는 보도 중앙으로부터 차도 쪽 또는 안전표지로 지정된 곳으로 서행하여야 하며, 보행자의 통행에 방해가 될 때에는 일시정지하여야 한다(도로교통법 제13조의2 제4항 제1호).

자전거 등의 운전자는 자전거도로 및 「도로법」에 따른 도로를 운전할 때에는 행정안전부령으로 정하는 인명 보호 장구를 착용하여야 하며, 동승자에게도 이를 착용하도록 하여야 한다(도로교통법 제50조 제4항).

자전거 등의 운전자는 밤에 도로를 통행하는 때에는 전조등과 미등을 켜거나 야광띠 등 발광 장치를 착용하여야 한다(도로교통법 제50조 제9항).

모든 차의 운전자는 도로에서 정차할 때에는 차도의 오른쪽 가장자리에 정차할 것(도로교통법 시행령 제11조 제1항 제1호)

774
다음 상황에서 가장 안전한 운전 방법 2가지는?

▶ 농어촌도로

③ 모래나 먼지가 많은 노면 상태에 주의하며 서행
④ 농기계와의 충돌을 피하기 위해 충분한 안전거리 확보

① 농기계가 주행 중이 아니라면 운전자는 특별히 주의할 것은 없다.
② 농어촌도로는 제한 속도 규정이 없으므로 가속하여 운전한다.
③ 노면에 모래와 먼지가 많으므로 이를 주의하면서 운전한다.
④ 농기계에 이르기 전부터 일시정지하거나 감속하는 등 농기계와 안전거리를 확보한다.
⑤ 농기계 운전자에게 방해가 되지 않도록 경음기는 절대 작동하지 않는다.

해설 농어촌도로도 도로교통법상 도로에 해당한다(도로교통법 제2조 제1호 다목).
제한 속도 표지가 없더라도 일반 도로의 최고 속도는 시속 60킬로미터이다(도로교통법 시행규칙 제19조 제1항 제1호 나목).

775

다음 상황에서 가장 **안전한 운전 방법 2가지는?**

✓ **도로 상황**
- 농어촌도로
- 흰색 자동차 주행 중

② 경운기에 탑승하는 사람과 부딪치지 않게 주의
③ 농기계와의 충돌을 피하기 위해 충분한 안전거리 확보

① 농어촌도로는 제한 속도 규정이 없으므로 가속하여 진행한다.
② 승용차와 농기계 사이에 진행 공간이 있다 하더라도 경운기에 탑승하는 사람의 안전을 위해 일시정지한다.
③ 농기계에 이르기 전부터 일시정지하거나 감속하는 등 농기계와 안전거리를 확보한다.
④ 농기계 운전자에게 방해가 되지 않도록 경음기는 절대 작동하지 않는다.
⑤ 도로 좌우측 길가장자리구역은 정차는 금지되나 주차는 허용되므로 주차할 수 있다.

해설 농어촌도로도 도로교통법상 도로에 해당한다(도로교통법 제2조 제1호 다목). 제한 속도 표지가 없더라도 일반 도로의 최고 속도는 시속 60킬로미터이다(도로교통법 시행규칙 제19조 제1항 제1호 나목). 농기계 운전 중에는 농기계 소음이 크므로 필요한 경우에는 경음기를 사용하여 농기계 운전자의 주의를 환기시킬 수 있다.

776

다음 상황에서 가장 **안전한 운전 방법 2가지는?**

✓ **도로 상황**
- 편도 3차로 도로
- 신호기가 작동하지 않는 교차로
- 전방에서 진행하는 경운기

① 불이 들어오지 않는 신호기는 신호 기능을 하지 않으므로 도로 상황을 살피며 운전 필요
④ 3차로에 있는 경운기는 진행 속도가 느리기 때문에 주의를 기울여 충돌하지 않도록 운전

① 신호기가 작동하지 않기 때문에 교차로 진입 시 교차로 상황을 잘 살피고 진입한다.
② 우회전하려는 경우 경운기 좌측으로 경음기를 울리며 경운기를 앞지르기한다.
③ 경운기는 운행 속도가 느리기 때문에 속도를 올려 먼저 우회전한다.
④ 3차로에서 직진하려는 경우 경운기의 진행 상태를 정확히 확인하고 진행한다.
⑤ 경운기가 직진할 수 있으므로 미리 예상하고 2차로로 급히 차로 변경하여 직진한다.

해설 전방에 속도가 느린 경운기와 같은 농기계가 있는 경우 속도가 자동차에 비해 느리므로 경운기의 상태를 잘 살펴 운전하여야 한다. 미리 예상하고 급 차로 변경하여 운전하거나 앞지르기하려는 것은 위험하다.

777

다음 상황에서 가장 **안전한 운전 방법 2가지는?**

✓ 도로 상황
- 편도 2차로 도로
- 2차로 주차 중인 차량
- 맞은편 진행하는 차량 없음

③ 전방 1차로 진행 경운기, 경운기는 앞지르기 금지
④ 경운기가 2차로로 이동하면 경운기 좌측에서 진행 가능

① 경운기를 앞지르기하기 위해 중앙선을 넘어 주행해도 된다.
② 경운기가 주차된 차량을 통과하면 우측 공간을 이용하여 빠른 속도로 앞지르기한다.
③ 경운기 운전자가 먼저 가라는 손짓을 하더라도 안전거리를 유지하며 안전하게 뒤따른다.
④ 경운기가 2차로로 차로 변경하며 양보하는 경우 중앙선을 넘지 않는 범위에서 경운기 좌측으로 진행한다.
⑤ 주차된 차량 앞으로 보행자가 나타날 것까지 예상하며 진행할 필요는 없다.

해설 전방에 속도가 느린 경운기와 같은 농기계가 있는 경우 속도가 자동차에 비해 느리므로 경운기의 상태를 잘 살펴 운전하여야 한다. 미리 예상하고 운전하거나 앞지르기하려는 것은 위험하다. 경운기 운전자가 손짓으로 앞지르기를 요청한다 하더라도 중앙선을 넘어 앞지르기해서는 안 된다. 우측 공간을 통해 앞지르기하는 것은 앞지르기의 올바른 방법이 아니다.

778

다음 상황에서 가장 **안전한 운전 방법 2가지는?**

✓ 도로 상황
- 편도 4차로 도로
- 차량 신호등 적색 등화
- 1차로 좌회전 및 유턴, 2·3차로 직진, 4차로 우회전 차로

① 차량 신호등 적색 등화이므로 선행 차량 뒤편에 정차
② 차로 변경을 할 때도 앞에 속도가 느린 트랙터가 있으므로 안전거리 확보하여 천천히 변경

① 직진하려는 경우 전방 차량 신호등이 적색 등화이므로 서행하며 안전하게 선행 차량 뒤편에 정차한다.
② 차량 신호등이 녹색 등화로 바뀌면 일단 현재 차로에서 진행하다가 충분한 거리가 확보된 후 안전하게 차로 변경한다.
③ 좌회전 차로로 차로를 변경하여 차량 신호등이 녹색 등화로 바뀌면 재빨리 맞은편 차로를 이용하여 진행한다.
④ 트랙터를 따라 후행하는 경우 트랙터의 우측으로 앞지르기할 수 있다.
⑤ 유턴하려는 경우 차량 신호등이 적색 등화에 유턴이 가능하다.

해설 전방에 속도가 느린 경운기나 트랙터와 같은 농기계가 있는 경우 속도가 자동차에 비해 느리므로 농기계의 진행 상태를 잘 살펴 운전하여야 한다. 미리 예상하고 급 진로 변경하거나 앞지르기하려는 것은 위험하다. 앞지르기는 전방 차량의 좌측으로 진행해야 하며, 유턴 시 지시 표지에 따라 시기를 준수해야 한다.

779

다음 상황에서 가장 **안전한 운전 방법 2가지는?**

✓ **도로 상황**
- 편도 1차로 우로 굽은 도로
- 우천으로 노면 젖은 상태
- 우측 화물 차량 정차 중
- 트랙터가 정차하여 우측 화물차 운전자와 대화 중

③ 비상점멸등을 켜고 정차 중임을 알리는 화물 차량, 갑자기 출발할 수 있으니 주의

⑤ 자동차보다 속도가 느린 트랙터, 중앙선을 넘어 앞지르기 금지

① 트랙터가 정차하고 있으므로 경음기를 계속 울려 진행할 것을 재촉한다.
② 맞은편 차량이 통과하면 바로 중앙선을 넘어 좌측으로 앞지르기한다.
③ 우측 화물 차량이 정차 중 갑자기 출발할 수 있으므로 대비하여 운전한다.
④ 트랙터 우측에 공간이 있으면 그 공간을 이용하여 앞지르기한다.
⑤ 자동차에 비해 트랙터의 속도가 느리므로 무리하게 앞지르기하기보다는 안전한 거리를 유지하며 진행한다.

해설 전방에 속도가 느린 경운기나 트랙터와 같은 농기계가 있는 경우 속도가 자동차에 비해 느리므로 농기계의 진행 상태를 잘 살펴 운전하여야 한다. 미리 예상하고 운전하거나 앞지르기하려는 것은 위험하다. 중앙선을 넘어 앞지르기하는 것은 위험하므로 안전한 운전 방법이 아니다.

780

다음 상황에서 가장 **안전한 운전 방법 2가지는?**

✓ **도로 상황**
- 편도 1차로 도로
- 전방 우측 보행 보조용 의자차 진행
- 전방 화물차 앞지르기 중

① 보행 보조용 의자차는 보행자로 간주되므로 안전거리 유지하며 운전

⑤ 중앙선을 넘어 앞지르기하는 차량이 있을 경우, 비상점멸등으로 후방에 위험상황 알림

① 보행 보조용 의자차는 보행자로 간주하므로 충분한 거리를 두고 진행한다.
② 전방 화물차의 앞지르기가 완료되면 바로 뒤따라 앞지르기한다.
③ 전방 상황에 대한 확인이 불가하므로 화물차를 바싹 뒤따르며 진행한다.
④ 보행 보조용 의자차는 보도로 통행하여야 하므로 경음기를 울리고 좌측 보도로 통행할 것을 요구한다.
⑤ 비상점멸등을 켜고 서행하여 후행 차량에 전방의 위험 상황을 알려준다.

해설 보행 보조용 의자차는 보행자로 간주하고 있으나 보도를 이용하지 않는 경우가 많으므로 보행 보조용 의자차를 발견한 경우 보행자를 보호하는 것과 같이 안전을 확보해 주어야 한다. 중앙선을 넘어 앞지르기하는 것은 위험하므로 안전한 운전 방법이 아니며, 전방 앞지르기 차량을 바로 뒤따르며 진행하는 것은 위험하다.

일러스트형 85제

♦ 5지 2답: 3점

781

다음 상황에서 **직진하려는 경우** 가장 **안전한 운전 방법 2가지는?**

✓ 도로 상황
▶ 교차로 모퉁이에 정차 중인 어린이통학버스
▶ 뒤차에 손짓을 하는 어린이통학버스 운전자

① 어린이통학버스 점멸등 작동 중, 교차로 진입 전 일시정지
⑤ 화물차 뒤 시야 확보 어려움, 갑자기 나타날 보행자 주의

① 어린이통학버스가 출발할 때까지 교차로에 진입하지 않는다.
② 어린이통학버스가 정차하고 있으므로 좌측으로 통행한다.
③ 어린이통학버스 운전자의 손짓에 따라 좌측으로 통행한다.
④ 교차로에 진입하여 어린이통학버스 뒤에서 기다린다.
⑤ 반대편 화물자동차 뒤에서 나타날 수 있는 보행자에 대비한다.

해설 도로교통법 제13조 제3항
차마의 운전자는 도로(보도와 차도가 구분된 도로에서는 차도를 말한다)의 중앙(중앙선이 설치되어 있는 경우에는 그 중앙선을 말한다. 이하 같다) 우측 부분을 통행하여야 한다.
도로교통법 시행규칙 별표2
황색 등화의 점멸은 '차마는 다른 교통 또는 안전표지의 표시에 주의하면서 진행할 수 있다'이므로 앞쪽의 어린이통학버스가 출발하여 교차로에 진입할 수 있는 때에도 주위를 살피고 진행해야 한다.
도로교통법 제51조
① 어린이통학버스가 도로에 정차하여 어린이나 영유아가 타고 내리는 중임을 표시하는 점멸등 등의 장치를 작동 중일 때에는 어린이통학버스가 정차한 차로와 그 차로의 바로 옆 차로로 통행하는 차의 운전자는 어린이통학버스에 이르기 전에 일시정지하여 안전을 확인한 후 서행하여야 한다.
② 제1항의 경우 중앙선이 설치되지 아니한 도로와 편도 1차로인 도로에서는 반대 방향에서 진행하는 차의 운전자도 어린이통학버스에 이르기 전에 일시정지하여 안전을 확인한 후 서행하여야 한다.
③ 모든 차의 운전자는 어린이나 영유아를 태우고 있다는 표시를 한 상태로 도로를 통행하는 어린이통학버스를 앞지르지 못한다.

782

다음 상황에서 가장 **안전한 운전 방법 2가지는?**

✓ 도로 상황
▶ 자전거 탄 사람이 차도에 진입한 상태
▶ 전방 차의 등화 녹색 등화
▶ 진행 속도 시속 40킬로미터

② 차도 진입한 자전거 운전자, 무단 횡단 가능성 주의
⑤ 자전거 운전자와 부딪치지 않도록 안전거리 유지

① 자전거 운전자에게 상향등으로 경고하며 빠르게 통과한다.
② 자전거 운전자가 무단 횡단할 가능성이 있으므로 주의하며 서행으로 통과한다.
③ 자전거는 차이므로 현재 그 자리에 멈춰 있을 것으로 예측하며 교차로를 통과한다.
④ 자전거 운전자가 위험한 행동을 하지 못하도록 경음기를 반복 사용하며 신속히 통과한다.
⑤ 자전거 운전자가 차도 위에 있으므로 옆쪽으로도 안전한 거리를 확보할 수 있도록 통행한다.

해설 위험 예측. 도로교통법에 따라 그대로 진행하는 것은 위반이라고 할 수 없다. 그러나 문제의 상황에서는 교차로를 통행하는 차마가 없기 때문에 자전거 운전자는 다른 차의 진입을 예측하지 않고 무단 횡단할 가능성이 높다. 또 무단 횡단을 하지 않는다고 하여도 교차로를 통과한 지점의 자전거는 2차로쪽에 위치하고 있으므로 교차로를 통과하는 운전자는 그 자전거와의 옆쪽으로도 안전한 공간을 만들며 서행으로 통행하는 것이 안전한 운전 방법이라고 할 수 있다.

783

다음 상황에서 **교차로를 통과하려는 경우 예상되는 위험 2가지는?**

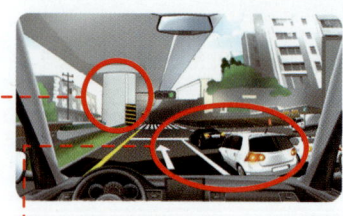

✓ 도로 상황
▶ 교각이 설치되어 있는 도로
▶ 정지해 있던 차량들이 녹색 신호에 따라 출발하려는 상황
▶ 3지 신호 교차로

② 2차로 흰색 차량이 1차로 앞 빈 공간으로 급 차로 변경할 가능성 있어 주의 필요
③ 교각 뒤쪽에서 무단 횡단하는 보행자가 갑자기 나타날 수 있으므로 주의

① 3차로의 하얀색 차량이 우회전할 수 있다.
② 2차로의 하얀색 차량이 1차로 쪽으로 급 차로 변경할 수 있다.
③ 교각으로부터 무단 횡단하는 보행자가 나타날 수 있다.
④ 횡단보도를 뒤늦게 건너려는 보행자를 위해 일시정지한다.
⑤ 뒤차가 내 앞으로 앞지르기를 할 수 있다.

해설 도로에 교각이 설치된 환경으로 교각 좌우측에서 진입하는 이륜차와 보행자 등 위험을 예측하며 운전해야 한다.

784

다음 상황에서 가장 안전한 운전 방법 2가지는?

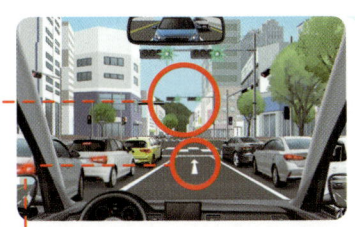

☑ 도로 상황
- '+' 형 교차로
- 1차로(좌회전), 2차로(직진), 3차로(직진·우회전)
- 2차로 주행 중
- 4색 등화 중 적색 신호에서 녹색 신호로 바뀜

① 녹색 신호이므로 가속하여 빠르게 직진으로 교차로를 통과한다.
② 비상점멸등을 켜고 주변 차량에 알리며 2차로에서 우회전한다.
③ 앞쪽 3차로에서 왼쪽으로 갑자기 진로 변경을 하는 차가 있을 수 있는 위험에 대비하면서 운전한다.
④ 뒤쪽 차가 너무 가까이 따라오므로 안전거리 확보를 위해 속도를 빨리 높여 신속히 교차로를 통과한다.
⑤ 교차로 주변 상황을 눈으로 확인하면서 서서히 속도를 높여 통과한다.

③ 2차로 앞이 비어 있어 3차로 차량이 갑자기 2차로로 차로를 변경할 수 있으므로 주의
⑤ 전방 교차로에서는 주변 상황을 살피며 서행으로 진입

해설 1차로 혹은 3차로 앞쪽에서 2차로로 갑자기 진로 변경하면서 직진하는 차량이 있을 수 있고, 1·3차로에 정차 중인 차량으로 인해 교차로 왼쪽이나 오른쪽 도로 상황의 확인이 어려워서 신호 위반으로 주행하는 차량을 발견하기 어렵다. 그래서 신호가 바뀐 직후에는 서행하면서 눈으로 교차로 상황을 확인하고 통과하는 습관을 들이는 것이 좋다. 또한 우회전하려는 경우에는 우회전차로에서 순서대로 우회전하는 것이 안전한 운전 방법이다. 흰색 실선 차선에서는 진로 변경하여서는 안 된다.

785

다음 상황에서 가장 안전한 운전 방법 2가지는?

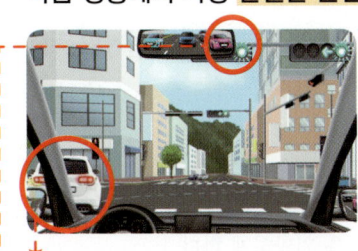

☑ 도로 상황
- '+' 형 교차로
- 1차로(좌회전), 2차로(직진), 3차로(직진·우회전)
- 4색 등화 중 적색 신호에서 녹색·좌회전 동시 신호로 바뀜
- 2차로에서 출발하는 상황

① 신호가 바뀐 직후에 빠르게 가속하여 신속히 교차로를 통과한다.
② 왼쪽 방향지시등을 켜고 다른 차량에 주의하면서 좌회전한다.
③ 교차로 내에서 급가속하여 오른쪽으로 진로 변경하며 통과한다.
④ 좌회전하는 흰색 승용차가 멈추는 이유를 생각하고 서행하면서 위험에 대비한다.
⑤ 신호 위반 차량이 있는지 좌우를 확인하면서 서서히 속도를 높여 통과한다.

④ 좌회전 방향지시등을 켠 차량이 정차해 있어 돌발 상황일 수 있으므로 서행
⑤ 신호가 녹색으로 바뀌어도 교차로 진입 전 좌우 확인하며 통과

해설 운전자는 교차로에서 좌회전이나 우회전하기 위해서는 미리 좌·우회전 차로로 진입해서 좌·우회전해야 한다. 교차로에서 녹색 및 좌회전 동시 신호 변경 직후 1차로에서 먼저 출발한 좌회전 차량 운전자가 브레이크를 밟는 이유는 왼쪽 도로에서 신호 위반하는 차량 등 위험 요인이 발생했다는 뜻이기에 2차로나 3차로 차량은 서행하면서 위험 요인에 대비해야 하고, 또한 교차로, 터널 안, 다리 위에서는 다른 차를 앞지르지 못한다.

786

다음 상황에서 가장 **안전한 운전 방법 2가지**는?

☑ **도로 상황**
- '+' 형 교차로
- 1·2차로(좌회전), 3차로(직진), 4차로(직진·우회전)
- 왼쪽 도로 횡단보도 넘어 신호 대기 중인 이륜차
- 1차로에서 신호 대기 중
- 4색 등화 중 적색 신호에서 직진·좌회전 동시 신호로 바뀜

③ 좌회전 시 사각지대 이륜차와의 충돌 위험에 유의
④ 좌회전 시 통행 유도선 따라 진행

① 소통을 원활하게 하기 위해 적색 신호에 미리 정지선을 넘어 대기하다가 좌회전한다.
② 반대편 도로에서 우회전하는 빨간색 차량은 좌회전 차량이 우선이기 때문에 주의할 필요가 없다.
③ 차량의 사각지대로 인해 이륜차를 순간적으로 못 볼 수 있기 때문에 주의해야 한다.
④ 교차로 노면에 표시된 흰색 통행 유도선을 따라 좌회전한다.
⑤ 좌회전하면서 오른쪽 방향지시등을 켜고 왼쪽 도로의 3차로로 바로 진입한다.

해설 운전자는 교차로 상황을 항상 눈으로 확인하는 습관을 가져야 하고 좌회전할 때는 반대편 도로에서 우회전하는 차량에도 주의해야 한다. 좌회전 시에 통행 유도선을 준수하면서 1차로에서 출발하여 왼쪽 도로의 1차로로, 2차로에 출발할 때는 왼쪽 도로의 2차로로 진입하는 게 안전한 좌회전 방법이다. 왼쪽 도로에 진입한 후에 순차적으로 흰색 점선의 차선에서 차로를 변경해야 한다. 또한 회전 시에는 차량의 A필러로 인해 발생하는 사각지대로 인해 이륜차나 보행자를 순간적으로 못 볼 수 있다는 점도 항상 유의해야 한다. 반대로 생각하면 이륜차 운전자나 자동차 운전자일 때도 다른 차량들이 나를 항상 볼 수 있다는 생각은 잘못된 것이고 따라서 정지선을 준수하는 등 교통 법규를 지키는 운전자가 되어야 한다.

787

다음 상황에서 가장 **안전한 운전 방법 2가지**는?

☑ **도로 상황**
- '+' 형 교차로
- 1차로(좌회전), 2차로(직진), 3차로(직진·우회전)
- 4색 등화 중 녹색 신호
- 앞쪽에 차량이 정체되어 있는 도로 상황
- 2차로 주행 중

② 3차로에 차량이 정체되어 있어, 갑자기 2차로로 끼어드는 차량이 있을 수 있으므로 주의
⑤ 차량 정체로 교차로 통과 어려우면 녹색 신호라 하더라도 정지선 직전에 정지

① 많은 차량의 교차로 통과를 위해 앞차와 최대한 붙어서 주행한다.
② 앞쪽 3차로에서 왼쪽으로 갑자기 진로 변경하는 차량에 대비할 필요가 있다.
③ 앞쪽 차량의 정체 여부와 관계없이 교차로에 진입하여 소통을 원활하게 한다.
④ 비상점멸등을 켜고 차량이 없는 반대편 1차로로 안전하게 앞질러 직진한다.
⑤ 정체로 인해 녹색 신호에 교차로를 통과 못 할 것 같으면 정지선 직전에 정지한다.

해설 교차로의 정차 금지 지대 표시는 통행량이 많아서 상습적인 정체가 발생하는 곳이다. 비록 녹색 신호라고 하더라도 꼬리 물기로 무리하게 통과하다가 교차로 안에서 정체되어 다른 차량의 흐름을 방해해서는 안 된다. 진입하려는 교차로의 정체가 예상되면 정지선 전에 정지하고 다음 녹색 신호에 출발하는 여유로운 운전자가 되자. 앞쪽 3차로에서 비어 있는 2차로로 급하게 진로 변경하는 차량에 대해서도 주의할 필요가 있다.

788

다음과 같은 상황에서 **좌회전**하려고 한다. 가장 **위험한 운전 방법 2가지**는?

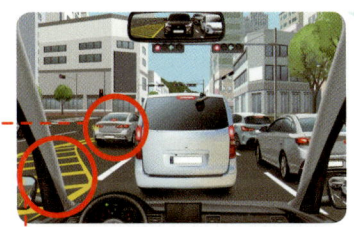

✓ 도로 상황
- '+' 교차로
- 1차로(좌회전 · 유턴), 2 · 3차로(직진), 4차로 (직진 · 우회전)
- 2차로 정차 중 좌회전 신호로 바뀜

① 비상점멸등을 켜고 안전지대를 통과하여 1차로로 진입한 후 좌회전한다.
② 좌회전차로에 진입 후에는 앞 차량에 최대한 붙어서 신속히 좌회전한다.
③ 1차로로 진로 변경할 때는 뒤따르는 뒤쪽 차량에 주의해야 한다.
④ 흰색 점선 차선에서 1차로로 진로 변경한 후에 좌회전한다.
⑤ 좌회전차로로 진로 변경할 때는 바로 앞 차량을 주의할 필요가 있다.

① 안전지대는 진입 금지
② 좌회전차로에 진입한 뒤 앞 차량에 바짝 붙어 급하게 진행하면 충돌 위험이 있으므로 주의

해설 안전지대 표시는 노상에 장애물이 있거나 안전 확보가 필요한 안전지대로서 이 지대에 들어가지 못함을 표시하는 것이다. 그래서 안전지대를 통과해서 운전해서는 안 된다. 또한 진로를 변경할 때는 방향지시등을 미리 켜고, 앞뒤, 좌우를 확인하고 흰색 점선인 차선에서 변경해야 한다. 또한 진로 변경할 때는 바로 앞쪽 차량이나 뒤쪽 차량이 내 차량보다 먼저 급하게 진로 변경하는 경우도 있으니 앞뒤 차량도 주의해야 한다. 좌회전과 유턴을 동시에 할 수 있는 차로의 경우에는 앞차가 유턴을 할 수도 있기에 안전거리를 확보하면서 좌회전하는 방어 운전도 필요하다.

789

다음 상황에서 가장 **안전한 운전 방법 2가지**는?

✓ 도로 상황
- 아파트(APT) 단지 주차장 입구 접근 중

① 차의 통행에 방해되지 않도록 지속적으로 경음기를 사용한다.
② B는 차의 왼쪽으로 통행할 것으로 예상하여 그대로 주행한다.
③ B의 횡단에 방해되지 않도록 횡단이 끝날 때까지 정지한다.
④ 도로가 아닌 장소는 차의 통행이 우선이므로 B가 횡단하지 못하도록 경적을 울린다.
⑤ B의 옆을 지나는 경우 안전한 거리를 두고 서행해야 한다.

③ 중앙선 없는 도로에서 횡단 중인 보행자, 보행에 방해되지 않도록 일시정지
⑤ 보행 방해하지 않도록 안전한 거리 두고 서행

해설 도로교통법 제27조 제6항
모든 차의 운전자는 다음 각 호의 어느 하나에 해당하는 곳에서 보행자의 옆을 지나는 경우에는 안전한 거리를 두고 서행하여야 하며, 보행자의 통행에 방해가 될 때에는 서행하거나 일시정지하여 보행자가 안전하게 통행할 수 있도록 하여야 한다.
1. 보도와 차도가 구분되지 아니한 도로 중 중앙선이 없는 도로
2. 보행자우선도로
3. 도로 외의 곳

790

다음과 같은 상황에서 가장 **안전하게 유턴**할 수 있는 방법 **2가지는?**

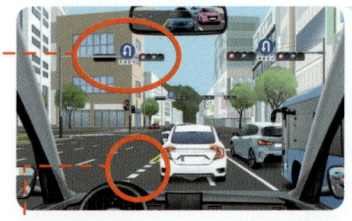

☑ 도로 상황
- '┤' 형 교차로
- 1차로(유턴, 좌회전), 2차로(좌회전), 3·4차로(직진)
- 1차로에서 신호 대기 중
- 4색 등화 중 녹색 신호에서 좌회전 신호로 바뀜

① 흰색 점선 유턴 가능 구역, 앞차부터 유턴
⑤ 유턴 시 반대편 도로에 신호를 위반하고 직진하는 차량이 있을 수 있으므로 좌우를 살핀 후 유턴

① 유턴이 가능한 신호에 흰색 점선의 유턴 구역 내에서 앞차부터 순서대로 유턴한다.
② 왼쪽 부도로에서 주도로로 합류하는 우회전하는 차량은 조심할 필요가 없다.
③ 반대편 도로의 차량에 방해를 주지 않는다면 신호에 관계없이 언제든 유턴할 수 있다.
④ 내 차량 바로 뒤에서 먼저 유턴하는 차량은 주의할 필요가 없다.
⑤ 반대편 도로에서 신호 위반으로 직진하는 차량이 있을 수 있기에 눈으로 확인하고 유턴한다.

해설 좌회전 신호 시 유턴할 수 있는 교차로이며, 좌회전 신호 변경 직후에 반대편 도로에서 신호 위반으로 직진하는 차량과 반대편 부도로에서 우회전하면서 주도로로 급하게 진입하는 차량으로 인한 위험에도 대비해야 한다. 그래서 유턴이 가능한 신호로 변경되어도 주변을 직접 눈으로 확인하면서 차례차례 순서대로 유턴하고, 유턴 신호에 유턴하는 때에도 내 차량의 앞뒤 차량에도 주의할 필요가 있다.

791

다음과 같은 **교차로**에서 **우회전**하려고 한다. 가장 **안전한 운전 방법 2가지는?**

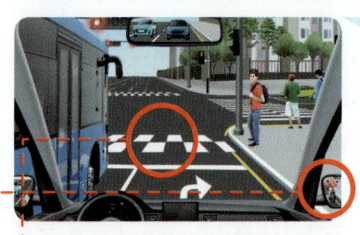

☑ 도로 상황
- '+' 형 교차로
- 1차로(좌회전), 2·3차로(직진), 4차로(우회전)
- 4색 등화 중 적색 신호
- 4차로 도로 주행 중

② 우회전 전에 횡단보도 위에 보행자가 있는지 반드시 확인
④ 우회전 시, 오른쪽 사이로 끼어드는 이륜차와 충돌할 수 있으므로 주의

① 교차로 정지선 전에 일시정지 없이 서행하면서 우회전한다.
② 교차로 직전 신호등 있는 횡단보도에 보행자가 있는지 반드시 확인한다.
③ 왼쪽 도로에서 오른쪽 도로로 직진하는 차량은 반드시 확인할 필요는 없다.
④ 오른쪽 사이드 미러에 보이는 뒤따르는 이륜차를 주의해야 한다.
⑤ 우회전 직후 신호등이 있는 횡단보도의 보행자는 반드시 확인할 필요는 없다.

해설 차량 신호 중 적색 신호의 의미는 차마는 정지선, 횡단보도 및 교차로의 직전에서 정지해야 한다. 차마는 우회전하려는 경우에는 정지선, 횡단보도 및 교차로의 직전에서 정지한 후 신호에 따라 진행하는 다른 차마의 교통을 방해하지 않고 우회전할 수 있다. 그럼에도 불구하고 차마는 우회전 삼색등이 적색의 등화인 경우 우회전할 수 없다. 따라서 교차로 직전 정지선에 일시정지 후 횡단보도에 보행자 여부와 보행자 신호의 여부를 반드시 확인해야 하고, 우회전 직후 횡단보도의 보행자 등에 대하여도 주의해야 한다. 또한 오른쪽 사이드 미러에 보이는 이륜차가 보도와 내 차 사이를 무리하게 주행하여 직진하는 경우도 있기에 우측 방향 지시등을 미리 켜는 등 대비할 필요도 있다. 또한 우회전할 때는 왼쪽 도로에서 직진하는 차량이나 반대편 도로에서 좌회전하는 차량 등에 대해서도 주의할 필요가 있다.

792

다음과 같은 상황에서 **우회전할 때** 가장 **위험한 운전 방법 2가지는?**

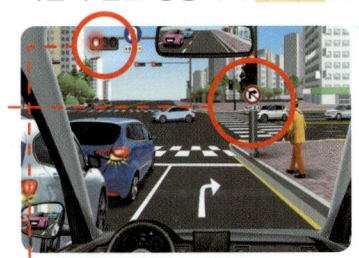

☑ 도로 상황
- '+'형 교차로
- 1차로(유턴), 2·3차로 (직진), 4·5차로(우회전)
- 우회전 삼색 신호는 적색 신호로 바뀜
- 5차로 주행 중

③ 우회전 삼색등이 적색일 때는 우회전 불가
④ 우회전 직후 마주치는 횡단보도에 보행자 있을 수 있으므로 반드시 주의

① 정지선 전에 정지한 후 우회전 삼색등이 진행 신호로 바뀔 때까지 대기한다.
② 우회전 삼색등에 녹색 화살표 신호로 변경된 후에도 앞쪽의 상황을 확인하고 우회전한다.
③ 우회전 삼색등이 적색 신호라도 보행자가 없다면 일시정지 후 천천히 우회전한다.
④ 우회전하고 바로 나타나는 오른쪽 도로의 횡단보도는 주의할 필요가 없다.
⑤ 오른쪽 보도에서 갑자기 횡단보도로 뛰어나올 수 있는 보행자에 주의한다.

해설 차량 신호 중 적색 신호의 의미는 차마는 정지선, 횡단보도 및 교차로의 직전에서 정지해야 한다. 차마는 우회전하려는 경우에는 정지선, 횡단보도 및 교차로의 직전에서 정지한 후 신호에 따라 진행하는 다른 차마의 교통을 방해하지 않고 우회전할 수 있다. 그럼에도 불구하고 차마는 우회전 삼색등이 적색의 등화인 경우 우회전할 수 없다. 따라서 교차로 우회전 삼색 신호등이 적색 신호인 경우에는 정지선 전에 정지하고 녹색 화살표 신호 변경까지 대기해야 한다. 또한 오른쪽 보도나 옆에 정차 중인 차량 앞뒤 사이에서 튀어나올 수 있는 보행자와 우회전 직후에 만나는 횡단보도의 보행자 여부에 대해서도 주의할 필요가 있다.

793

다음의 **도로를 통행**하려는 경우 가장 **올바른 운전 방법 2가지는?**

☑ 도로 상황
- 어린이를 태운 어린이통학버스 시속 35킬로미터
- 어린이통학버스 방향지시기 미작동
- 어린이통학버스 황색 점멸등, 제동등 켜짐
- 3차로 전동킥보드 통행

① 황색 점멸등 켜져 있는 차, 우측 차로에 정차할 가능성, 즉 우측 차로로 진로 변경 가능성 있으므로 주의
④ 어린이통학버스 앞쪽 시야 확보 안 됨, 감속 및 안전거리 유지

① 어린이통학버스가 오른쪽으로 진로 변경할 가능성이 있으므로 속도를 줄이며 안전한 거리를 유지한다.
② 어린이통학버스가 제동하며 감속하는 상황이므로 앞지르기 방법에 따라 안전하게 앞지르기한다.
③ 3차로 전동킥보드를 주의하며 진로를 변경하고 우측으로 앞지르기한다.
④ 어린이통학버스 앞쪽이 보이지 않는 상황이므로 진로 변경하지 않고 감속하며 안전한 거리를 유지한다.
⑤ 어린이통학버스 운전자에게 최저 속도위반임을 알려주기 위하여 경음기를 사용한다.

해설 도로교통법 제51조(어린이통학버스의 특별 보호)
① 어린이통학버스가 도로에 정차하여 어린이나 영유아가 타고 내리는 중임을 표시하는 점멸등 등의 장치를 작동 중일 때에는 어린이통학버스가 정차한 차로와 그 차로의 바로 옆 차로로 통행하는 차의 운전자는 어린이통학버스에 이르기 전에 일시정지하여 안전을 확인한 후 서행하여야 한다.
② 제1항의 경우 중앙선이 설치되지 아니한 도로와 편도 1차로인 도로에서는 반대 방향에서 진행하는 차의 운전자도 어린이통학버스에 이르기 전에 일시정지하여 안전을 확인한 후 서행하여야 한다.
③ 모든 차의 운전자는 어린이나 영유아를 태우고 있다는 표시를 한 상태로 도로를 통행하는 어린이통학버스를 앞지르지 못한다.
자동차 및 자동차부품의 성능과 기준에 관한 규칙 제48조(등화에 대한 그 밖의 기준)
④ 어린이 운송용 승합자동차에는 다음 각 호의 기준에 적합한 표시등을 설치하여야 한다.
  5. 도로에 정지하려고 하거나 출발하려고 하는 때에는 다음 각 목의 기준에 적합할 것
   • 도로에 정지하려는 때에는 황색 표시등 또는 호박색 표시등이 점멸되도록 운전자가 조작할 수 있어야 할 것
어린이통학버스의 황색 점멸 등화가 작동 중인 상태이기 때문에 어린이통학버스는 도로의 우측 가장자리에 정지하려는 과정일 수 있다. 따라서 어린이통학버스의 속도가 예측과 달리 급감속할 수 있는 상황이다. 또 어린이통학버스의 높이 때문에 전방 시야가 제한된 상태이므로 앞쪽 교통 상황이 안전할 것이라는 예측은 삼가야 한다.

794

다음 상황에서 **비보호 좌회전**할 때 가장 큰 **위험 요인 2가지**는?

▶ '+'형 교차로
▶ 1차로(좌회전·직진), 2차로(직진·우회전)
▶ 1차로 신호 대기 중
▶ 3색 등화 중 녹색 신호로 바뀜

① 반대편 1차로 승합차, 승합차에 가려 반대편 2차로 시야 확보 어려우므로 2차로에서 직진하는 차량 있을 가능성 주의
④ 왼쪽 도로의 보행자가 횡단보도 보행 시 부딪칠 수 있으므로 주의

① 반대편 2차로에서 빠르게 직진해 오는 차량이 있을 수 있다.
② 반대편 1차로 화물차 뒤에 차량이 좌회전하기 위해 정지해 있을 수 있다.
③ 뒤따르는 뒤쪽 차량이 갑자기 2차로로 진로 변경할 수 있다.
④ 왼쪽 도로의 보행자가 횡단보도를 건너갈 수 있다.
⑤ 반대편 1차로에서 화물차가 비보호 좌회전을 할 수 있다.

해설 비보호 좌회전하는 때에는 반대편 도로에서 녹색 신호에 주행하는 직진 차량에 주의해야 하며, 그 차량의 속도가 생각보다 빠를 수 있고 반대편 1차로의 승합차 때문에 2차로에서 달려오는 직진 차량을 보지 못할 수도 있다. 또한 왼쪽 도로에 횡단보도가 있는 경우 보행하는 보행자 등에 대해서 주의해야 한다

795

다음 도로 상황에서 가장 위험한 요인 2가지는?

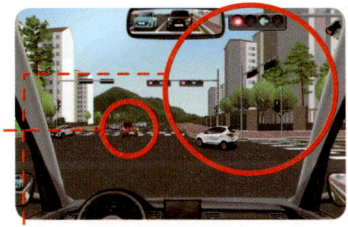

☑ 도로 상황
- '+'형 교차로
- 1차로(좌회전·유턴), 2차로(직진), 3차로(직진·우회전)
- 3차로를 시속 55킬로미터로 직진 주행 중
- 교차로 진입 직후에 좌회전 신호로 바뀜

② 교차로 신호등 적색 등화, 빠른 진입 시 우회전 차량과 충돌 위험
④ 반대편 차로에서 유턴하는 차량과 적색 신호에 빠르게 진입한 내 차가 충돌할 수 있으므로 주의

① 진행 방향 1차로에서 신속하게 좌회전하는 차와 충돌할 수 있다.
② 오른쪽 도로에서 우회전하는 차와 충돌할 수 있다.
③ 반대편 도로에서 우회전하는 차와 충돌할 수 있다.
④ 반대편 도로에서 유턴하는 차와 충돌할 수 있다.
⑤ 진행 방향 3차로 뒤쪽에서 우회전하려는 차와 충돌할 수 있다.

해설 신호가 황색이나 적색으로 바뀌면 운전자는 빨리 교차로를 빠져나가려고 속도를 높이게 되는데, 이때 오른쪽 도로에서 무리하게 우회전하는 차와 사고의 가능성이 있다. 또한 반대편 도로에서 좌회전 신호가 켜질 것을 생각하고 미리 교차로에 진입하거나 좌회전 신호 변경 후 급출발하는 좌회전 차와도 충돌할 수도 있고, 반대편 도로에서 유턴하는 차량하고도 충돌할 수 있는데, 신호 위반 직진 차량은 반대편 도로의 좌회전 차량에 가려서 유턴하는 차가 안 보일 수도 있고, 반대로 유턴하는 차량은 좌회전 차에 가려서 신호 위반하는 직진 차를 못 볼 수도 있어서 사고가 발생한다. 따라서 교차로에서의 신호 준수는 안전 운전을 위해 반드시 필요하다.

796

다음 사진과 같은 "차로 축소형 회전교차로"에서 우회전 통행 방법에 대한 설명으로 올바른 2가지는?

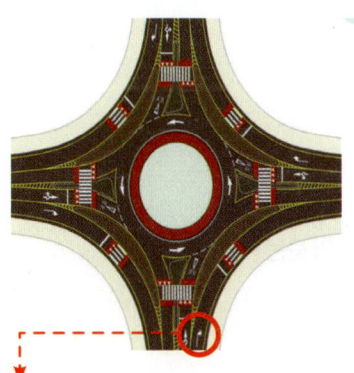

☑ 도로 상황
- 차로 축소형 회전교차로

② 회전교차로에 진입하지 않고, 우측 가장자리 차로를 따라 우회전하면 올바른 통행
③ 회전교차로에 진입한 뒤 곧바로 빠져나가는 우회전은 회전 통행 방법 위반

① 회전교차로 진입 후 안전하게 우회전 방향으로 빠져나간다.
② 회전교차로 내로 진입하지 않고 미리 도로의 우측 가장자리 차로를 이용하여 서행하면서 우회전한다.
③ 회전교차로 진입 후 바로 우회전을 할 경우 "교차로 통행 방법 위반"이다.
④ 우회전 차로에 있는 횡단보도는 보행자 여부와 관계없이 일시정지해야 한다.
⑤ 회전교차로 진입 후 시계 방향으로 크게 회전하여 우회전하여야 한다.

해설 도로교통법 제25조(교차로 통행 방법), 회전교차로 설계지침2.2(회전교차로 유형) "차로 축소형 회전교차로"
- 차로 축소형 회전교차로: 우회전 차량과 직진, 좌회전 차량 동선을 분류 회전교차로 내에서 차로 변경이 일어나지 않는 형식
- 나선형 회전교차로: 우회전 차로 동선을 회전교차로 내에서 별도 분리
- 차로 변경 억제형 2차로형 회전교차로: 기존 회전교차로 차선 조정을 통하여 차로 변경을 억제한 형태

797

다음 상황에서 가장 **안전한 운전 방법 2가지는?**

☑ **도로 상황**

▶ 어린이보호구역의 'ㅏ'형 교차로
▶ 교통정리가 이루어지지 않는 교차로
▶ 좌우가 확인되지 않는 교차로
▶ 통행하려는 보행자가 없는 횡단보도

② 어린이보호구역, 횡단보도에서 일시정지

④ 펜스로 오른쪽 시야 확보가 어려울 때 직진, 우회전 시 일시정지 필수

① 우회전하려는 경우 서행으로 횡단보도를 통행한다.
② 우회전하려는 경우 횡단보도 앞에서 반드시 일시정지한다.
③ 직진하려는 경우 다른 차보다 우선이므로 서행하며 진입한다.
④ 직진 및 우회전하려는 경우 모두 일시정지한 후 진입한다.
⑤ 우회전하려는 경우만 일시정지한 후 진입한다.

해설 도로교통법 제31조(서행 또는 일시정지할 장소) 제2항
모든 차 또는 노면 전차의 운전자는 다음 각 호의 어느 하나에 해당하는 곳에서는 일시정지하여야 한다.
1. 교통정리를 하고 있지 아니하고 좌우를 확인할 수 없거나 교통이 빈번한 교차로
2. 시·도경찰청장이 도로에서의 위험을 방지하고 교통의 안전과 원활한 소통을 확보하기 위하여 필요하다고 인정하여 안전표지로 지정한 곳
보기의 상황은 오른쪽의 확인이 어려운 장소로서 일시정지하여야 할 장소이며, 이때는 직진 및 우회전하려는 경우 모두 일시정지하여야 한다.
도로교통법 제27조 제7항
모든 차 또는 노면 전차의 운전자는 동법 제12조 제1항에 따른 어린이보호구역 내에 설치된 횡단보도 중 신호기가 설치되지 아니한 횡단보도 앞(정지선이 설치된 경우에는 그 정지선을 말한다)에서는 보행자의 횡단 여부와 관계없이 일시정지하여야 한다.

798

다음 상황에서 **12시 방향으로 진출하려는 경우** 가장 **안전한 운전 방법 2가지는?**

☑ **도로 상황**

▶ 회전교차로 안에서 회전 중
▶ 우측에서 회전교차로에 진입하려는 상황

③ 우측에서 회전교차로에 진입하는 차량과의 충돌을 피하기 위해 방향지시기를 작동해 진출 의사를 알림

④ 회전교차로 표지, 진출 시기를 놓친 경우, 교차로를 한 바퀴 더 돌아 다시 진출

① 회전교차로에 진입하려는 승용자동차에 양보하기 위해 정차한다.
② 좌측 방향지시기를 작동하며 화물차 턱으로 진입한다.
③ 우측 방향지시기를 작동하며 12시 방향으로 통행한다.
④ 진출 시기를 놓친 경우 한 바퀴 회전하여 진출한다.
⑤ 12시 방향으로 직진하려는 경우이므로 방향지시기를 작동하지 아니한다.

해설 도로교통법 제25조의2(회전교차로 통행 방법)
① 모든 차의 운전자는 회전교차로에서는 반시계 방향으로 통행하여야 한다.
② 모든 차의 운전자는 회전교차로에 진입하려는 경우에는 서행하거나 일시정지하여야 하며, 이미 진행하고 있는 다른 차가 있는 때에는 그 차에 진로를 양보하여야 한다.
③ 제1항 및 제2항에 따라 회전교차로 통행을 위하여 손이나 방향지시기 또는 등화로써 신호를 하는 차가 있는 경우 그 뒤차의 운전자는 신호를 한 앞차의 진행을 방해하여서는 아니 된다.
도로교통법 제38조(차의 신호) 제1항
모든 차의 운전자는 좌회전·우회전·횡단·유턴·서행·정지 또는 후진을 하거나 같은 방향으로 진행하면서 진로를 바꾸려고 하는 경우와 회전교차로에 진입하거나 회전교차로에서 진출하는 경우에는 손이나 방향지시기 또는 등화로써 그 행위가 끝날 때까지 신호를 하여야 한다.
승용자동차나 화물자동차가 양보 없이 무리하게 진입하려는 경우 12시 방향 진출을 삼가고 다시 반시계 방향으로 360도 회전하여 12시로 진출한다.

799

다음 상황에서 우회전하려는 경우 가장 안전한 운전 방법 2가지는?

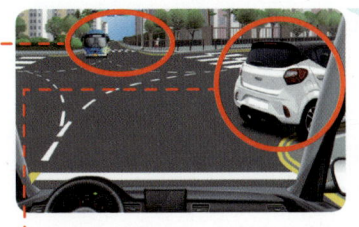

✓ 도로 상황
▶ 편도 1차로
▶ 불법 주차된 차들

① 불법 주차 차량으로 오른쪽 시야 확보가 어려우므로, 일시정지 후 좌우 상황 확인
③ 반대편에서 좌회전 중인 차량과 우측에 달려오는 어린이 등 돌발 위험에 대비해 정지선 앞에서 정지

① 오른쪽 시야 확보가 어려우므로 정지한 후 우회전한다.
② 횡단보도 위에 보행자가 없으므로 그대로 신속하게 통과한다.
③ 반대 방향 자동차 진행에 방해되지 않게 정지선 전에서 정지한다.
④ 먼저 교차로에 진입한 상태이므로 그대로 진행한다.
⑤ 보행자가 횡단보도에 진입하지 못하도록 경음기를 울린다.

해설 위험 예측. 도로에 설치된 횡단보도는 신호등이 설치되지 않은 횡단보도이다. 이때 운전자는 반대 방향에서 좌회전을 하려는 운전자와 오른쪽의 횡단보도를 향해서 달려가는 어린이를 확인할 수 있다. 또 우회전하려는 경우에는 도로교통법령에 따라 다른 차마의 교통을 방해하지 않아야 하고 오른쪽에 정차 및 주차 방법을 위반한 차들로 인해 오른쪽의 횡단보도가 가려지는 사각지대(死角地帶)에 존재할 수 있는 보행자를 예측하여 정지한 후 주위를 살피고 나서 우회전 행동을 해야 한다.

800

왼쪽 차로(1차로)에서 **직진하며 교차로에 접근하고 있는** 상황이다. **안전한 운전 방법 2가지는?**

✅ 도로 상황
▶ 교통정리가 없는 교차로
▶ 양방향 주차된 차들
▶ 오른쪽 후사경에 접근 중인 승용차

② , ⑤ 우측 보행자 쪽으로 이동 중인 1차로의 노란색 번호판 차량(= 택시)에 대비해 감속하며 안전거리 확보, 택시가 2차로로 진로 변경 중일 수 있으므로 주의

① 반대쪽 방향에 차가 없으므로 왼쪽으로 앞지르기하여 통과한다.
② 감속하며 1차로 택시와 안전한 거리를 두고 접근한다.
③ 경음기를 사용하여 택시를 멈추게 하고 택시의 오른쪽으로 빠르게 통행한다.
④ 3차로로 연속 진로 변경하여 정차한다.
⑤ 2차로로 진로 변경하는 경우 택시와 보행자에 접근 시 감속한다.

해설 1차로에 통행 중인 택시가 오른쪽 보행자를 확인하고 제동하며 조향 장치를 오른쪽으로 작동시킨 상태이다. 따라서 뒤를 따르는 운전자는 택시의 갑작스러운 급감속을 주의하며 안전거리를 유지해야 한다. 또 오른쪽으로 진로 변경하는 경우에도 주차된 차들을 피해 2차로에서 정차한 후 승객을 탑승시킬 것이 예견되므로 감속하여 교차로에 접근해야 한다.

801

직진으로 통행하는 중이다. **안전한 운전 방법 2가지는?**

✅ 도로 상황
▶ 도로 유지 보수를 하고 있는 상황
▶ 흰색 자동차는 오른쪽에서 왼쪽으로 진행 중

② 흰색 자동차 직진 가능성 주의
⑤ 반대 방향 빨간색 승용차, 좌회전 가능성 주의

① 흰색 자동차가 진입하지 못하도록 가속하여 통행한다.
② 흰색 자동차가 직진할 수 있으므로 서행하며 주의를 살핀다.
③ 도로 유지 보수 중에 좌측을 통행할 수 있으므로 그대로 통행한다.
④ 흰색 승용차가 멈출 것이라 예측하고 반대 방향 차에 주의하며 통행한다.
⑤ 반대 방향 빨강색 승용차가 좌회전 차로로 진입할 수 있으므로 필요한 경우 정차하여 상황을 살핀다.

해설 도로 유지 보수 공사로 인해 우측 통행이 불가능한 경우 도로교통법에 따라 좌측을 통행할 수 있다(도로교통법 제13조). 이때 반대 방향에서 진행하는 자동차에는 현저한 주의가 필요하다. 반대 방향 승용차가 좌회전하려는 경우 충돌 가능성이 높기 때문에 필요하다면 정지하여야 한다. 또 제시된 상황에서 흰색 승용차는 통행 중이며 정차, 우회전 또는 직진(중앙선 침범) 및 좌회전(중앙선 침범) 행동들 중 한 가지를 할 수 있다. 특히, 일부 운전자들이 이면도로에서 중앙선을 침범하여 직진하거나 좌회전하는 사례가 있기 때문에 전방에서 진입하는 차의 운전자 모두가 멈출 것이라 예견하거나 우회전만 할 것이라고 예단하는 것은 위험하다.

802

도심지 이면도로를 주행하는 상황에서 가장 안전한 운전 방법 2가지는?

☑ 도로 상황
▶ 어린이들이 도로를 횡단하려는 중
▶ 자전거 운전자는 애완견과 산책 중

①, ③ 자전거와 애완견, 어린이 모두 돌발 상황 우려 있음 → 속도 줄이고 안전거리 확보 필요

① 자전거와 산책하는 애완견이 갑자기 도로 중앙으로 나올 수 있으므로 주의한다.
② 경음기를 사용해서 내 차의 진행을 알리고 그대로 진행한다.
③ 어린이가 갑자기 도로 중앙으로 나올 수 있으므로 속도를 줄인다.
④ 속도를 높여 자전거를 피해 신속히 통과한다.
⑤ 전조등 불빛을 번쩍이면서 마주 오는 차에 주의를 준다.

해설 어린이와 애완견은 흥미를 나타내는 방향으로 갑작스러운 행동을 할 수 있고, 한 손으로 자전거 핸들을 잡고 있어 비틀거릴 수 있으며 애완견에 이끌려서 갑자기 도로 중앙으로 달릴 수 있기 때문에 충분한 안전거리를 유지하고, 서행하거나 일시정지하여 자전거와 어린이의 움직임을 주시하면서 전방 상황에 대비하여야 한다.

803

다음 상황에서 가장 안전한 운전 방법 2가지는?

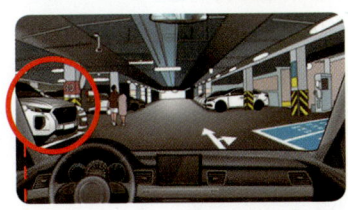

☑ 도로 상황
▶ 지하 주차장
▶ 지하 주차장에 보행 중인 보행자

① 주차된 차량 사이에서 갑자기 나타나는 보행자 주의
② 주차 중인 차량 갑자기 출발 주의

① 주차된 차량 사이에서 보행자가 나타날 수 있기 때문에 서행으로 운전한다.
② 주차 중인 차량이 갑자기 출발할 수 있으므로 주의하며 운전한다.
③ 지하 주차장 노면 표시는 반드시 지키며 운전할 필요가 없다.
④ 내 차량을 주차할 수 있는 주차 구역만 살펴보며 운전한다.
⑤ 지하 주차장 기둥은 운전 시야를 방해하는 시설물이므로 경음기를 계속 울리면서 운전한다.

해설 위험은 항상 잠재되어 있다. 위험 예측은 결국 잠재된 위험을 예측하고 대비하는 것이다. 지하 주차장에서의 위험은 도로와 다른 또 다른 위험이 존재할 수 있으니 각별히 주의하며 운전해야 한다.

804

시속 30킬로미터로 직진하는 상황이다. 안전한 운전 방법 2가지는?

✅ **도로 상황**
- 반대 방면에 통행 중인 자동차들
- 진행 방면 오른쪽에 주차한 자동차들
- 도로에 진입하기 위해 정차한 자동차

① 주차된 차들과 충돌하지 않도록 시속 30킬로미터 이하로 횡단보도를 통과한다.
② 감속하며 접근하고 횡단보도 직전 정지선에 정지한다.
③ 횡단보도에 사람이 없으므로 시속 30킬로미터로 서행한다.
④ 횡단보도에 사람이 없으므로 그대로 통과한다.
⑤ 오른쪽에서 도로에 진입하려는 차를 주의하며 서행한다.

② 어린이보호구역 내 신호등 없는 횡단보도에서는 보행자 없어도 일시정지
⑤ 도로에 진입하는 차와 부딪치지 않도록 주의

해설 제시된 상황의 장소는 주거 지역 어린이보호구역이다. 어린이보호구역의 신호등 없는 횡단보도를 진입하려는 경우 보행자의 횡단 유무와 관계없이 정지한 후에 진입해야 한다. 특히 횡단보도 근처에 주차된 차가 있는 경우 횡단하려는 보행자가 보이지 않으므로 정지한 후 서행으로 통행하려는 경우에도 보행자의 진입을 대비하여야 한다. 도로 외의 곳에서 도로에 진입하려는 차의 운전자는 일단정지해야 하나, 일부 운전자는 도로에 무리하게 진입하기도 한다. 따라서 도로 외의 곳에서 도로에 진입하려는 차가 확인되면 서행하며 주의해야 한다.

805

공동 주택 주차장에서 좌회전하려는 중이다. 대비해야 할 위험 요소와 거리가 먼 2가지는?

✅ **도로 상황**
- 왼쪽에서 재활용품 정리를 하는 사람
- 오른쪽 흰색 자동차에 켜져 있는 흰색 등화
- 실내 후사경에 확인되는 자동차

① 공작물에 가려져 확인되지 않는 A지역
② 후진하려는 흰색 자동차
③ 재활용 수거용 마대와 충돌할 가능성
④ 놀이하고 있는 어린이의 차도 진입
⑤ 뒤쪽 자동차와의 충돌 가능성

③ 재활용 마대는 고정된 물체로, 부딪힐 가능성 낮음
⑤ 뒤쪽 자동차는 내 차의 움직임이 보이므로 충돌 위험 낮음

해설 제시된 상황은 주거 지역 및 공동 주택을 통행하는 중에 빈번하게 경험하게 되는 상황이다. 이때 아파트 조경수, 음식물 쓰레기 수거통, 기타 공작물 등에 가려져 있는 장소는 항시 주의해야 한다. 위의 A지역에 특별히 주의해야 하며 서행으로 접근하여 좌회전하기 전 정차하는 습관을 가져야 한다. 흰색 승용차는 흰색등이 켜져 있는 상태이므로 후진이 예측되는 상황이다. 따라서 후진을 하는 상황인지, 후진 기어를 조작한 상태에서 정차 중인지를 주의하며 살펴야 한다. 주거 지역의 어린이의 행동은 예측이 불가하므로 어린이의 차도 진입을 예측하며 운전해야 한다. 마대와 충돌할 가능성 및 뒤차와의 충돌 가능성은 현저히 낮다.

806

교차로에 접근하고 있으며 우회전하려는 상황이다. 가장 안전한 통행 방법 2가지는?

☑ 도로 상황
▶ 오른쪽에서 왼쪽으로 통행 중인 승용차
▶ 반대 방면에서 직진하고 있는 자동차
▶ 적색 점멸이 등화된 신호등

② 보행자 뒤로 보이는 반대편 좌회전 차량과 충돌하지 않도록 주의
③ 횡단보도 정지선 앞 일시정지, 보행자 보호

① 어린이가 왼쪽으로 횡단하고 있으므로 우측 공간을 이용하여 그대로 진입하여 우회전한다.
② 반대 방면에서 진입해 오는 자동차가 좌회전하려는지를 살핀다.
③ 횡단보도 직전 정지선에서 정지하여 어린이가 횡단을 완료할 때까지 대기한다.
④ 반대 방면 승용차보다 교차로에 선진입하기 위해 가속하여 정지선을 통과한다.
⑤ 신호에 따라 주의하여 서행으로 진입하고 우회전한다.

해설 제시된 상황에서 어린이가 횡단하고 있는 중이다. 이때 운전자는 횡단보도 직전에 설치된 정지선에 멈춰야 한다. 이때 우회전하려는 운전자는 횡단보도의 보행자가 횡단을 완료할 때까지 기다려야 한다. 또 반대에서 교차로에 진입해 오는 자동차는 좌회전을 하려는 차이므로 그 차가 좌회전을 완료할 때까지 대기해야 한다. 그 후 모든 방향의 안전을 확인하고 우회전해야 한다. 적색 점멸은 일시정지 후 진입할 것을 지시하는 신호이다.

807

T자형 교차로에서 좌회전을 하려는 상황이다. 가장 안전한 운전 방법 2가지는?

☑ 도로 상황
▶ 좌회전하려는 상황
▶ 앞쪽 횡단보도는 신호등이 없음

② , ⑤ 신호 없는 횡단보도에서 보행자 있을 시 정지선 앞 일시정지 후 통과 대기

① 좌회전 신호에 따라 신속하게 좌회전한다.
② 횡단보도 정지선 전에서 정지한다.
③ 서행으로 횡단보도에 진입한 후 왼쪽 차에 주의하며 좌회전한다.
④ 오른쪽 사람과 옆으로 안전한 거리를 두고 좌회전한다.
⑤ 횡단보도를 이용하는 보행자와 자전거가 횡단을 완료할 때까지 기다린다.

해설 그림의 교차로에는 차의 신호등이 설치되어 운영되고 있으나 앞쪽 횡단보도는 신호등이 없는 상태이다. 차의 신호는 좌회전 녹색 화살표가 등화되어 운전자는 녹색 화살표가 가리키는 방향으로 진행할 수 있다. 그러나 신호등이 없는 횡단보도에 횡단하는 사람이 있고 횡단하려는 사람이 있으므로 이런 상황에서는 정지선 앞쪽에서 횡단보도의 보행자가 안전하게 횡단할 때까지 대기하여야 한다.

808

다음 도로 상황에서 가장 주의해야 할 위험 상황 2가지는?

✓ 도로 상황
- 다수의 보행자들이 차도를 통행
- 우측 후방에 뒤따르는 자동차들

① 전동킥보드 운전자는 앞쪽 보행자를 피해서 갑자기 왼쪽으로 이동할 수 있다.
② 오른쪽 보행자들이 왼쪽으로 횡단할 수 있다.
③ 서행으로 통행하여 뒤차들과 충돌할 수 있다.
④ 반대 방면 흰색 자동차와 충돌할 수 있다.
⑤ 전동킥보드가 버스 승강장에 있는 보행자를 충돌할 수 있다.

① 전동킥보드 운전자, 앞 사람 피해 왼쪽으로 이동 → 차량과 충돌 가능
② 도로 가장자리 보행자, 횡단보도 없어 무단 횡단 가능

해설 주어진 상황에서 가장 위험한 상황으로는 첫째, 동일 방향 전방 오른쪽으로 치우쳐 통행 중인 전동킥보드 운전자는 앞쪽 보행자와 충돌을 피하기 위하여 왼쪽으로 이동하여 통행할 수 있다. 이러한 전동킥보드의 행동을 예측하지 못하고 앞쪽 공간으로 가속하여 통행하는 경우 교통사고가 쉽게 발생할 수 있다. 둘째, 오른쪽으로 통행하고 있는 보행자는 횡단 시설이 없는 곳에서 쉽게 횡단을 하는 경향이 있다. 따라서 이면도로를 통행하는 경우 무리하게 가속하거나 앞쪽 또는 오른쪽에 있는 교통 참여자가 항상 동일한 운동 방향성을 가질 것으로 예측하는 것은 교통사고 예방에 불리하다 하겠다.

809

다음 상황에서 가장 안전한 운전 방법 2가지는?

✓ 도로 상황
- 현재 속도 시속 25킬로미터
- 후행하는 4대의 자동차들

① 왼쪽 방향지시기와 전조등을 작동하며 안전하게 추월한다.
② 경운기 운전자의 수신호에 따라 주의하며 안전하게 추월한다.
③ 경운기 운전자의 수신호가 끝나면 앞지른다.
④ 경운기 운전자의 손짓을 무시하고 그 뒤를 따른다.
⑤ 경운기와 충분한 안전거리를 유지한다.

④ 경운기 운전자의 손짓과 관계없이 안전거리 유지, 앞지르기 금지
⑤ 경운기는 불안정하므로 충분한 안전거리 확보 필요

해설 도로교통법 제13조
③ 차마의 운전자는 도로(보도와 차도가 구분된 도로에서는 차도를 말한다)의 중앙(중앙선이 설치되어 있는 경우에는 그 중앙선을 말한다. 이하 같다) 우측 부분을 통행하여야 한다.
④ 차마의 운전자는 제3항에도 불구하고 다음 각 호의 어느 하나에 해당하는 경우에는 도로의 중앙이나 좌측 부분을 통행할 수 있다.
1. 도로가 일방통행인 경우
2. 도로의 파손, 도로공사나 그 밖의 장애 등으로 도로의 우측 부분을 통행할 수 없는 경우
3. 도로 우측 부분의 폭이 6미터가 되지 아니하는 도로에서 다른 차를 앞지르려는 경우. 다만, 다음 각 목의 어느 하나에 해당하는 경우에는 그러하지 아니하다.
   가. 도로의 좌측 부분을 확인할 수 없는 경우
   나. 반대 방향의 교통을 방해할 우려가 있는 경우
   다. 안전표지 등으로 앞지르기를 금지하거나 제한하고 있는 경우

4. 도로 우측 부분의 폭이 차마의 통행에 충분하지 아니한 경우
5. 가파른 비탈길의 구부러진 곳에서 교통의 위험을 방지하기 위하여 시·도경찰청장이 필요하다고 인정하여 구간 및 통행 방법을 지정하고 있는 경우에 그 지정에 따라 통행하는 경우

농기계 운전자는 수신호를 할 수 있는 사람이 아니다. 도로를 통행하는 경우 느린 속도로 통행하고 있는 화물자동차, 특수자동차 그리고 농기계 등의 운전자가 '그냥 앞질러서 가세요'라는 의미로 손짓을 하는 경우가 있으나, 이때의 손짓은 수신호가 아니다.

810

다음 상황에서 가장 **안전한 운전 방법 2가지는?**

☑ 도로 상황
▶ 회전교차로
▶ 진입과 회전하는 차량

① 회전 중인 차량(파란 차)이 진입 차량(흰색 차)보다 우선
② 진입 차량은 회전 차량에 양보하기 위해 서행 또는 일시정지

① 진입하려는 차량은 진행하고 있는 회전 차량에 진로를 양보하여야 한다.
② 회전교차로에 진입하려는 경우에는 서행하거나 일시정지하여야 한다.
③ 진입 차량이 우선이므로 신속히 진입하여 가고자 하는 목적지로 진행한다.
④ 회전교차로에 진입할 때는 회전 차량보다 먼저 진입한다.
⑤ 주변 차량의 움직임에 주의할 필요가 없다.

해설 회전교차로에서는 회전이 진입보다 우선이므로 항상 양보하는 운전 자세가 필요하며 회전 시 주변 차량과 안전거리 유지와 서행하는 것이 중요하다.

811

교차로에 진입하여 **직진**하려는 상황이다. 가장 **안전한 운전 방법 2가지는?**

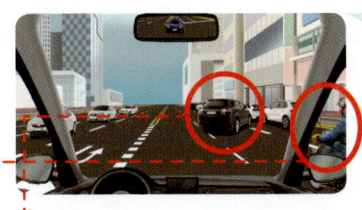

☑ 도로 상황
▶ 신호등 없는 교차로
▶ 오른쪽 3차로에 주차된 자동차들
▶ 유턴하는 과정에 정차 중인 검은색 자동차

① 후퇴등이 켜진 검은색 자동차, 후진할 가능성 주의
② 앞이 막힌 이륜차의 진로 변경 가능성 주의

① 검은색 자동차가 후진할 수 있으므로 감속하며 대비한다.
② 이륜차가 검은색 승용차의 왼쪽으로 진로 변경할 수 있으므로 주의한다.
③ 반대 방향에 비어 있는 직진 차로를 이용하여 직진하다가 원래 차로로 되돌아온다.
④ 정차한 검은색 자동차의 옆으로 가속하며 직진으로 통과한다.
⑤ 이륜차가 나의 앞으로 진로 변경할 수 없도록 가속하며 통과한다.

해설 제시된 상황에서 검은색 승용차는 도로교통법 제18조 유턴 금지 위반을 하고 있다. 검은색 승용차는 후퇴등이 등화되고 있는 상태이므로 회전 반경을 확보하기 위한 후퇴 행동을 예측할 수 있다. 따라서 운전자는 후퇴등이 점등된 자동차를 발견하면 주의하는 동시에 서행 또는 정지하여야 한다. 오른쪽 차로(2차로)에서 통행 중인 이륜차의 운전자는 앞쪽 통행이 방해된다는 판단을 하는 경우 왼쪽으로 진로 변경할 가능성이 높다. 이러한 경우 오른쪽의 이륜차에 특별히 주의할 필요성이 있다.

812

다음과 같은 상황에서 **안전한 운전 방법 2가지는?**

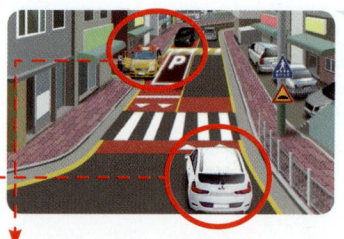

☑ 도로 상황
- 통행하고 있는 검은색, 흰색 자동차
- 정차하고 있는 어린이통학버스

② 검은색 자동차는 점멸등이 켜진 어린이통학버스 뒤에서 일시정지
④ 반대 방향 차량도 어린이통학버스 앞에서 일시정지 필요

① 검은색 자동차 운전자는 P공간을 이용하여 신속하게 통행한다.
② 검은색 자동차 운전자는 어린이통학버스 뒤에서 정지한다.
③ 흰색 자동차 운전자는 어린이통학버스에 주의하며 서행으로 직진한다.
④ 흰색 자동차 운전자는 어린이통학버스에 이르기 전에 정지한 후 서행한다.
⑤ 흰색 자동차 운전자는 지속적으로 경음기를 작동하여 본인이 직진할 것을 알린다.

해설 도로교통법 제51조(어린이통학버스의 특별 보호)
① 어린이통학버스가 도로에 정차하여 어린이나 영유아가 타고 내리는 중임을 표시하는 점멸등 등의 장치를 작동 중일 때에는 어린이통학버스가 정차한 차로와 그 차로의 바로 옆 차로로 통행하는 차의 운전자는 어린이통학버스에 이르기 전에 일시정지하여 안전을 확인한 후 서행하여야 한다.
② 제1항의 경우 중앙선이 설치되지 아니한 도로와 편도 1차로인 도로에서는 반대 방향에서 진행하는 차의 운전자도 어린이통학버스에 이르기 전에 일시정지하여 안전을 확인한 후 서행하여야 한다.
③ 모든 차의 운전자는 어린이나 영유아를 태우고 있다는 표시를 한 상태로 도로를 통행하는 어린이통학버스를 앞지르지 못한다.

813

다음과 같은 **교차로**에서 가장 **안전한 통행 방법 2가지를** 설명한 것은?

☑ 도로 상황
- 나선형 회전교차로

① 회전교차로 진입 시 왼쪽 방향지시기 작동 필수
② A차로에서 진입 후 바로 a차로로 회전해 북쪽 방향으로 진출 가능

① A차로에서 진입하려는 때에 왼쪽 방향지시기를 작동하였다.
② A차로에서 진입한 운전자가 즉시 a차로에 진입하여 회전하다가 북쪽으로 진출하였다.
③ B차로에서 진입하려는 때에 오른쪽 방향지시기를 작동하였다.
④ B차로에서 진입한 운전자가 즉시 b차로로 진입하여 회전하다가 a차로로 진로 변경하여 북쪽 방향으로 진출하였다.
⑤ 안쪽에서 회전하다가 진출하려는 때에 왼쪽 방향지시기를 작동하였다.

해설 제시된 교차로는 '나선형 회전교차로'이다. A차로에서 진입하는 운전자는 회전하는 차에 양보한 후 즉시 a차로에 진입해야 한다. 이때는 백색 점선을 이용해야 한다. A차로의 진출 방향은 동쪽과 북쪽이다. B차로에서 진입하는 운전자는 회전하는 차에 양보한 후 즉시 b차로에 진입해야 한다. B차로의 진출 방향은 남쪽과 동쪽이다. 또 회전교차로에서 진입하려는 때는 왼쪽, 진출하려는 때에는 오른쪽 방향지시기를 작동해야만 한다.

814
다음 상황에서 우회전하고자 할 때 가장 안전한 운전 방법 2가지는?

☑ 도로 상황
▶ 우회전 전용 신호등 설치 교차로

① 전방 녹색 진행 신호에 따라 신속히 우회전한다.
② 우측 보행자가 횡단보도를 통행할 수 있으므로 일시정지 후 안전을 확인하며 우회전한다.
③ 우회전 전용 신호가 적색이므로 정지한다.
④ 우회전 전용 신호가 적색이어도 보행자 통행에 방해를 주지 않는 경우 우회전 가능하다.
⑤ 정지선에 정지하여 우회전 화살표 등화로 바뀔 때까지 기다린다.

③ 우회전 전용 신호 적색, 일시정지
⑤ 우회전 화살표 등화로 바뀔 때까지 기다리기

해설 도로교통법 시행규칙 별표2
우회전하려는 차마는 우회전 삼색등이 있는 경우 다른 신호등에도 불구하고 이에 따라야 한다고 명시되어 있다. 우회전 삼색등이 설치되어 있는 교차로의 경우 적색 신호에 진행하게 되면 신호 위반에 해당하며 우회전 화살표 등화인 경우에만 우회전이 가능하다.

815
다음 상황에서 좌회전하려는 경우 가장 안전한 운전 방법 2가지는?

☑ 도로 상황
▶ 좌회전 방향 통행량 증가로 정체
▶ 2차로 좌회전차로 주행 중

① 녹색 진행 신호에 따라 교차로에 그대로 빠르게 진입한다.
② 앞차에 바짝 붙어 따라간다.
③ 좌회전차로가 정체 상황이기 때문에 3차로를 이용해 좌회전한다.
④ 꼬리 물기로 다른 차의 통행에 방해를 줄 수 있으므로 진입하지 않는다.
⑤ 교차로에 진입하려는 후행 차량이 있을 수 있으므로 미리 속도를 줄여 추돌 사고를 예방한다.

④ 좌회전 방향 정체, 진입 중 신호 바뀌는 꼬리 물기할 수 있으므로 진입 대기
⑤ 후행 차량과 추돌하지 않도록 미리 감속

해설 도로교통법 제25조(교차로 통행 방법)
모든 차 또는 노면 전차의 운전자는 신호기로 교통정리를 하고 있는 교차로에 들어가려는 경우에는 진행하려는 진로의 앞쪽에 있는 차 또는 노면 전차의 상황에 따라 교차로(정지선이 설치되어 있는 경우에는 그 정지선을 넘은 부분을 말한다)에 정지하게 되어 다른 차 또는 노면 전차의 통행에 방해가 될 우려가 있는 경우에는 그 교차로에 들어가서는 아니 된다고 명시하고 있다. 또한 도로에는 무리하게 진입하고자 하는 다른 운전자가 있을 수도 있기 때문에 미리 속도를 줄이는 등 방어 운전도 필요하다.

816

사고 발생 가능성이 가장 높은 요인 **2가지는??**

✅ **도로 상황**
▶ 신호등 없는 교차로
▶ 이면도로에서 직진하기 위해 멈춰 있는 상황

① 후진하려는 A화물차
② 화물차 뒤에서 횡단하는 B보행자
③ 후방에서 진행 중인 C차량
④ 보도 통행 중인 D보행자
⑤ 좌측에서 우회전하려는 E차량

①, ② A화물차가 후진하며 뒤에 있는 B보행자를 보지 못해 부딪치는 사고 발생 가능성

해설 복잡한 이면도로를 통행하려는 운전자는 차량에 가려진 보행자나 적재물 승하차가 빈번한 택배 및 화물 차량 주변에 위험 요인이 없는지 주위를 살필 필요가 있다.

817

다음 상황에서 가장 **안전한 운전 방법 2가지는?**

✅ **도로 상황**
▶ 회전교차로
▶ 회전교차로에 진입하려는 하얀색 화물차

① 교차로에 먼저 진입하는 것이 중요하다.
② 전방만 주시하며 운전해야 한다.
③ 1차로 화물차가 교차로 진입하던 중 2차로 쪽으로 차로 변경할 수 있으므로 대비해야 한다.
④ 좌측의 회전 차량과 우측 도로에서 진입하는 차량에 주의하며 운전해야 한다.
⑤ 진입 차량이 회전 차량보다 우선이라는 생각으로 운전한다.

③ 1차로 화물차의 2차로 진입 가능성 주의
④ 좌측 회전 차량과 진입 차량간 충돌 주의

해설 회전교차로에 진입하려는 경우에는 서행하거나 일시정지 해야 하며 회전 차량에 양보해야 한다. 또한 하얀색 화물차가 내 앞으로 끼어들 경우에 대비하여 속도를 낮춰 화물차와의 안전거리를 유지해야 한다.

818

다음 상황에서 가장 안전한 운전 방법 2가지는?

☑ 도로 상황
- 1, 2차로: 좌회전차로 / 3, 4차로: 직진차로
- 차와 차 사이에서 무단횡단하려는 보행자

①, ④ 무단 횡단 보행자 주의, 보행자 보호 위해 비상등 켜고 감속

① 직진 신호 대기 차량 사이에서 갑자기 횡단하려는 보행자를 주의한다.
② 전방 좌회전 신호가 바뀌기 전 통과하기 위해 빠르게 진입한다.
③ 무단 횡단 보행자를 위협하기 위해 오히려 속도를 높인다.
④ 횡단하려는 보행자를 보호하기 위해 비상등을 켜고 감속한다.
⑤ 보행자와의 충돌을 피하기 위해 1차로로 급 진로 변경한다.

해설 무단 횡단 보행자라도 운전자는 횡단하는 보행자가 안전하게 횡단할 수 있도록 주의하여야 한다.

819

오른쪽으로 갔어야 하는데 길을 잘못 들었다. 이때 가장 안전한 운전 방법 2가지는?

☑ 도로 상황
- 울산·양산 방면으로 가야 하는 상황
- 분기점에서 오른쪽으로 진입하려는 상황

④, ⑤ 안전지대 진입 금지, 대구 방향으로 그대로 진행한 뒤 다음 나들목에서 진로 변경

① 안전지대로 진입하여 비상점멸등을 작동한 후 오른쪽으로 진입한다.
② 오른쪽 방향지시기를 작동하며 안전지대로 진입하여 오른쪽으로 진입한다.
③ 신속하게 가속하여 오른쪽으로 진입한다.
④ 대구 방향으로 그대로 진행한다.
⑤ 다음에서 만나는 나들목 또는 갈림목을 이용한다.

해설 일부 운전자들은 나들목이나 갈림목의 직전에서 어느 쪽으로 진입할지를 결정하기 위해 급감속하거나 진입이 금지된 안전지대에 진입하여 대기하다가 무리하게 진입하기도 한다. 또 진입로를 지나친 경우 안전지대 또는 갓길에 정차한 후 후진하는 행동을 하기도 한다. 이와 같은 행동은 다른 운전자들이 예측할 수 없으며 직접적인 사고의 원인이 될 수 있으므로 진입을 포기하고 다음 갈림목 또는 나들목을 이용하여 안전을 도모해야 한다. 가장 안전한 운전 방법은 출발부터 목적지까지의 통행 경로를 미리 파악하는 자세를 겸비하는 것이다.

820

다음 상황에서 가장 **안전한 운전 방법 2가지는?**

☑ 도로 상황
- 눈이 쌓인 도로
- 전방 터널에 진입하려고 함

①, ④ 눈길 미끄러짐 사고 방지 위해 차간거리 확보, 앞차 바퀴자국 따라 주행

① 차간거리를 평소보다 충분히 확보한다.
② 터널 진입 전 브레이크를 아주 강하게 밟아 속도를 미리 줄인다.
③ 터널 안은 눈이 쌓이지 않았기 때문에 가속 운행한다.
④ 눈길은 매우 미끄럽기 때문에 앞차의 바퀴자국을 따라 주행한다.
⑤ 미끄럼 방지를 위해 기어를 중립으로 변경하여 진행한다.

해설 눈길 안전 운행을 위해서는 급제동, 급가속, 급 핸들 조작을 삼가고 충분한 안전거리를 확보해야 한다. 또한 미끄러짐 방지를 위해 앞차의 바퀴자국을 따라 운행하는 것이 바람직하며 가급적 저단 기어를 사용한다. 특히 터널 진출입구를 비롯한 터널 구간은 결빙 가능성이 높기 때문에 감속 운행해야 한다.

821

기업도시, 터미널 방향으로 좌회전하려고 한다. 가장 **안전한 운전 방법 2가지는?**

☑ 도로 상황
- 2차로에서 시속 50km로 주행 중
- 내비게이션에서 전방 좌회전 안내
- 3차로에서 시속 60km로 주행 중인 후행 차

② 1, 2차로 지하차도, 기업도시 방향인 3차로로 진로 변경
⑤ 진로 변경 시 앞차 급제동 가능성 주의, 안전거리 확보

① 내비게이션 안내에 따라 전방에서 좌회전해야 하므로 1차로로 미리 진로를 변경한다.
② 1, 2차로는 지하 차도로 진입하므로 3차로로 진로를 변경한다.
③ 정확한 길 안내를 위해 내비게이션을 조작한다.
④ 3차로에 후행 차량이 있으므로 우측 방향지시등을 켜 그 앞으로 빠르게 진로를 변경한다.
⑤ 선행차가 급제동 할 수 있으므로 안전거리를 확보한다.

해설 도로교통법 시행규칙 별표28
운행 중 내비게이션을 조작하면 주의 집중이 분산되어 사고 위험이 높아지므로 이를 자제해야 한다. 또한 운전 중에는 내비게이션에만 의존하지 말고 도로 표지를 함께 확인하는 습관을 길러야 안전 운전에 도움이 된다.

822

다음에서 사고 발생 가능성이 가장 높은 상황 2가지는?

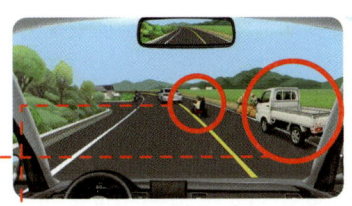

✓ 도로 상황
▶ 농번기 교외도로
▶ 시속 60km로 주행 중

① 전방 주행 중인 자동차
② 좌측으로 진입하기 위해 갑자기 회전하는 전동 스쿠터
③ 우측에서 출발하려는 화물차
④ 우측에서 작업 중인 사람
⑤ 전방 좌측 이륜차

② 좌측 이동 전동 스쿠터, 충돌 위험
③ 우측 출발 화물차, 갑자기 내 차 앞으로 진입하여 충돌할 가능성

해설 농번기 교외 지역 도로에서는 농기계, 차량, 보행자의 이동이 활발해지고, 특히 농로 입구와 연결된 도로에서는 예기치 않은 진입이나 교통 법규를 준수하지 않는 돌발 행동이 발생할 가능성이 높으므로 전방 주시 및 방어 운전이 필요하다.

823

다음 도로에서 가장 안전한 통행 방법 2가지는?

✓ 도로 상황
▶ 보행자우선도로

① 보행자우선도로는 어린이에게만 적용되므로 성인 보행자 쪽으로 붙어 주행한다.
② 보행자와 안전한 거리를 두고 진행한다.
③ 나란히 통행 중인 보행자 일행이 일렬로 통행하도록 경음기를 울린다.
④ 보행자 통행에 방해를 주지 않도록 서행 또는 일시정지한다.
⑤ 보행자 통행에 방해를 주지 않으면 시속 20km 이상 주행할 수 있다.

②, ④ 보행자와 충돌하지 않도록 안전거리 유지, 서행, 일시정지

해설 도로교통법 제27조
보행자우선도로에서 보행자의 옆을 지나는 경우에는 안전한 거리를 두고 서행하여야 하며, 보행자의 통행에 방해가 될 때에는 서행하거나 일시정지하여 보행자가 안전하게 통행할 수 있도록 하여야 한다.

824

다음 상황에서 가장 **안전한 운전 방법 2가지는?**

✅ **도로 상황**
- 빗길 자동차전용도로
- 시청 방향 진출 차량들로 인해 1차로 지·정체

④ 1차로 정체, 1차에서 진로 변경하는 차량에게 감속하여 양보
⑤ 빗길, 제동거리 길어지므로 감속

① 진로변경 차량을 피하기 위해 3차로로 급히 진로를 변경한다.
② 1차로 차량이 진입하지 못하도록 속도를 높여 운전한다.
③ 경음기와 상향등을 사용해 진로 변경을 방해한다.
④ 감속을 통해 진로 변경 차량에게 양보한다.
⑤ 빗길에서는 평소보다 제동거리가 길어지므로 미리 감속한다.

해설 차량 지·정체 상황에서는 이를 피하기 위해 진로 변경이 빈번하게 발생할 수 있으므로 항시 전방을 주시하며 운전해야 한다. 또한 빗길에서는 평소보다 제동거리가 길어지므로 충분한 안전거리와 감속이 필요하다.

825

사고 발생 가능성이 가장 높은 **상황 2가지는?**

✅ **도로 상황**
- 도로변 건물에서 좌회전 진입하려고 함

① 보도 우측 자전거와 충돌 위험
② 좌측 비상점멸등 켜진 좌회전 대기 차, 내 차와 충돌 주의

① 보도 우측에서 진행 중인 자전거
② 건물로 진입하기 위해 좌회전 대기 중인 자동차
③ 도로 좌측에서 우측으로 주행 중인 자동차
④ 반대편 공터에 주차된 자동차
⑤ 반사경에 비친 자동차

해설 주차장 등의 장소에서 도로로 진입하기 전에는 반드시 좌우를 살펴 보행자 및 다른 차량의 진행 상황을 확인하여야 한다.

826

다음 상황에서 가장 **올바른 운전 방법 2가지는?**

✅ **도로 상황**
- 양방향 통행 가능한 중앙선이 없는 도로
- 반대 방향에서 진행 중인 택배 차량
- 승용차 탑승 인원 1명

① 반대편 택배차와 충돌 주의, 진로 양보
④ 주정차 된 차량에서 내리려는 사람 주의

① 마주 오는 택배 차량에게 진로를 양보한다.
② 승용차 운전자에게 우선권이 있으므로 그대로 진행한다.
③ 상향등을 반복 조작하여 상대 운전자가 진행하지 못하도록 한다.
④ 주정차된 차량에서 내리려는 사람을 주의한다.
⑤ 정지하여 상대 운전자가 진로를 양보 때까지 기다린다.

해설 도로교통법 제20조(진로 양보의 의무)
① 모든 차(긴급차 제외)의 운전자는 뒤에서 따라오는 차보다 느린 속도로 가려는 경우에는 도로의 우측 가장자리로 피하여 진로를 양보하여야 한다. 다만, 통행 구분이 설치된 도로의 경우에는 그러하지 아니한다.
② 좁은 도로에서 긴급자동차 외의 자동차가 서로 마주보고 진행할 때에는 다음 각 호의 구분에 따른 자동차가 도로의 우측 가장자리로 피하여 진로를 양보하여야 한다.
  1. 비탈길 좁은 도로에서 자동차가 서로 마주 보고 진행하는 경우에는 올라가는 자동차
  2. 비탈진 좁은 도로 외의 좁은 도로에서 사람을 태웠거나 물건을 실은 자동차와 동승자가 없고 물건을 싣지 아니한 자동차가 서로 마주 보고 진행하는 경우에는 동승자가 없고 물건을 싣지 아니한 자동차

827

다음 상황에서 가장 안전한 운전 방법 2가지는?

▶ 1, 2차로 지하차도 연결
▶ 3차로에서 시속 50km 주행 중

② 3차로로 진로 변경하려는 차량, 안전거리 확보 필요
③ 비어 있는 4차로, 추돌 사고 피하기 위해 진로 변경 필요

① 흰색 차 앞에서 브레이크를 밟아 급 진로 변경에 항의한다.
② 감속으로 흰색 차량이 진로 변경 할 수 있도록 안전거리를 확보한다.
③ 추돌 사고를 피하기 위해 4차로로 진로 변경한다.
④ 급가속을 통해 흰색 차와의 추돌을 피한다.
⑤ 왼쪽으로 핸들을 돌리며 급제동한다.

해설 도로교통법 제19조 제3항
모든 차의 운전자는 차의 진로를 변경하려는 경우에 그 변경하려는 방향으로 오고 있는 다른 차의 정상적인 통행에 장애를 줄 우려가 있을 때에는 진로를 변경하여서는 아니 된다. 한편, 진출입로 등에서는 진로 변경 행위가 빈번하게 발생할 수 있으므로 감속을 통해 안전에 유의하여야 한다.

828

고속도로 휴게소에서 휴식을 취하고 고속도로로 합류하려고 한다. 가장 안전한 운전 방법 2가지는?

③, ⑤ 고속도로에 맞는 속도로 가속하여 좌측 확인 후 진입 / 다른 차량 통행 방해 방지

① 일시정지 후 주행 중인 차량이 없을 때 도로로 합류한다.
② 가속을 통해 한 번에 1차로까지 가로지른다.
③ 충분한 가속을 통해 좌측을 확인한 후 합류한다.
④ 갓길로 계속 주행한다.
⑤ 다른 차량의 통행을 방해하지 않도록 한다.

해설 도로교통법 제65조
고속도로로 진입 시 자동차(긴급자동차 제외)의 운전자는 그 고속도로를 통행하고 있는 다른 자동차의 통행을 방해하여서는 안 된다. 또한 고속도로를 통행 중인 차량의 속도는 매우 빠르기 때문에 충분한 가속을 통해 고속도로에 진입하여야 한다.

829

다음 상황에서 가장 **바람직한 운전 방법 2가지는?**

☑ 도로 상황
- 편도 3차로 고속도로
- 기후 상황: 가시거리 50미터인 안개 낀 날

② 안개 시 등화 장치로 내 차 위치 알림
③ 젖은 노면에 대비해 서행

① 1차로로 진로 변경하여 빠르게 통행한다.
② 등화 장치를 작동하여 내 차의 존재를 다른 운전자에게 알린다.
③ 노면이 습한 상태이므로 속도를 줄이고 서행한다.
④ 앞차가 통행하고 있는 속도에 맞추어 앞차를 보며 통행한다.
⑤ 갓길로 진로 변경하여 앞쪽 차들보다 앞서간다.

해설 위험 예측. 도로교통법 시행규칙 제19조 제2항
비·안개·눈 등으로 인한 거친 날씨에는 제1항에도 불구하고 다음 각 호의 기준에 따라 감속 운행해야 한다. 다만, 경찰청장 또는 시·도경찰청장이 별표6 Ⅰ. 제1호 타목에 따른 가변형 속도 제한 표지로 최고 속도를 정한 경우에는 이에 따라야 하며, 가변형 속도 제한 표지로 정한 최고 속도와 그 밖의 안전표지로 정한 최고 속도가 다를 때에는 가변형 속도 제한 표지에 따라야 한다.
1. 최고 속도의 100분의 20을 줄인 속도로 운행하여야 하는 경우
 가. 비가 내려 노면이 젖어 있는 경우
 나. 눈이 20밀리미터 미만 쌓인 경우
2. 최고 속도의 100분의 50을 줄인 속도로 운행하여야 하는 경우
 가. 폭우·폭설·안개 등으로 가시거리가 100미터 이내인 경우
 나. 노면이 얼어붙은 경우
 다. 눈이 20밀리미터 이상 쌓인 경우
안개가 있는 도로를 통행하는 경우 도로교통법령에 따라 속도를 감속하고, 노면에 습기가 많은 상태이므로 제동 시 필요한 거리가 맑은 날보다 길어진다. 따라서 운전자는 급제동하는 상황이 없도록 하는 것이 중요하다. 이때 일부 운전자들은 앞쪽의 차가 보이지 않으면 불안해하는 경향이 나타나게 되고, 빠르게 통행하는 앞쪽 자동차라도 그 자동차를 확인하며 안전거리를 확보하지 않은 채 통행하는 행동이 나타나기도 한다.
안개가 있는 도로에서의 안전 운전 방법은 가시거리가 짧아 앞쪽의 차가 보이지 않더라도 감속 기준을 준수하고 때에 따라서는 법에서 정한 감속의 기준보다 더욱더 감속하는 자세라 할 수 있다. 그리고 다른 운전자가 나의 존재를 식별할 수 있도록 등화 장치를 작동하는 방법도 활용할 수 있다.

830

다음과 상황에서 가장 **올바른 운전 방법 2가지는?**

☑ 도로 상황
- 눈이 20mm 미만으로 쌓인 고속도로 주행 중

② 방금 미끄러진 화물차, 다시 미끄러질 가능성 주의
④ 비상점멸등 작동하여 뒤차에 화물차 위험 상황을 알리기

① 눈이 많이 쌓이지 않았으므로 평소대로 운전한다.
② 화물차가 눈길에 미끄러져 회전할 수 있으므로 이에 대비한다.
③ 최고 속도의 100분의 10을 줄인 속도로 운행한다.
④ 비상점멸등을 작동시키며 서행한다.
⑤ 지그재그 운전으로 속도를 줄인다.

해설 도로교통법 시행규칙 제19조
눈이 20밀리미터 미만으로 쌓인 경우에는 최고 속도의 100분의 20, 노면이 얼어붙어 있거나 눈이 20밀리미터 이상 쌓인 경우에는 100분의 50을 줄인 속도로 운행하여야 한다.

831

다음 상황과 같이 화재 발생 구간을 통과할 경우 올바른 운전 방법 2가지는?

✅ 도로 상황
- 고속도로 인근 지역 화재 발생
- 화재 연기가 도로를 가득 메우고 있는 상황

②, ③ 화재 연기로 도로가 보이지 않는 상황, 비상등을 켜고 우회로 정보 파악 필요

① 도로에 갇힐 수 있으므로 과속을 해서라도 빠져나간다.
② 전방 시야 확보가 어려우므로 비상등을 켜고 운전한다.
③ 라디오 등을 통해 우회 도로에 대한 정보를 파악한다.
④ 신선한 공기 순환을 위해 공조기를 외부 순환 모드로 둔다.
⑤ 갓길에 주차한 후 우측 가드레일을 넘어 도로를 벗어난다.

해설 화재 구역을 운행하는 것은 위험하므로 돌아가더라도 교통 정보 등을 활용해 우회로를 택하는 것이 안전하다. 또한 화재 연기 등으로 시야가 제한되므로 비상등을 켜고 서행을 통해 해당 구간을 벗어나도록 해야 한다.

832

다음 상황에서 가장 안전한 운전 방법 2가지는?

✅ 도로 상황
- 고속도로 2차로 주행 중

② 2차로의 왼쪽 차로인 1차로로 앞지르기 가능
③ 진로 변경 시 방향지시등 작동

① 저속 주행 중인 트레일러를 향해 경음기 눌러 가속을 재촉한다.
② 1차로를 이용하여 전방 트레일러를 안전하게 앞지르기 한다.
③ 진로를 변경할 때는 미리 방향지시등을 작동한다.
④ 주행 차로인 1차로로 진입하여 정속 주행한다.
⑤ 1차로는 최고 속도 제한이 없기 때문에 속도를 높여 주행한다.

해설 도로교통법 제2조(정의)
29. "앞지르기"란 차의 운전자가 앞서가는 다른 차의 옆을 지나서 그 차의 앞으로 나가는 것을 말한다.
제60조
자동차의 운전자는 고속도로에서 다른 차를 앞지르려면 방향지시기, 등화 또는 경음기를 사용하여 정해진 차로로 안전하게 통행하도록 규정하고 있다.
도로교통법 시행규칙 별표9
차로에 따른 통행차의 기준에 따르면 앞지르기하려는 승용차는 1차로와 지정된 차로의 왼쪽 옆 차로로 통행할 수 있다. 또한 앞지르기를 할 경우에도 규정 속도를 준수하여야 한다.

833

다음 상황에서 발생 가능한 위험 2가지는?

✓ 도로 상황
▶ 편도 4차로
▶ 버스가 3차로에서 4차로로 차로 변경 중
▶ 도로 구간 일부 공사 중

① 전방에 공사 중임을 알리는 화물차가 정차 중일 수 있다.
② 2차로의 버스가 안전 운전을 위해 속도를 낮출 수 있다.
③ 4차로로 진로 변경한 버스가 계속 진행할 수 있다.
④ 1차로 차량이 속도를 높여 주행할 수 있다.
⑤ 다른 차량이 내 앞으로 앞지르기할 수 있다.

① 공사용 화물차 정차 가능성 주의
⑤ 전방 상황으로 감속 가능성 있음. 뒤차 앞지르기 시 추돌 위험

해설 항상 보이지 않는 곳에 위험이 있을 것이라는 생각하는 자세가 필요하다. 운전 중일 때는 눈앞에 위험뿐만 아니라 멀리 있는 위험까지도 예측해야 하며 위험을 대비할 수 있는 안전 속도와 안전거리 유지가 중요하다.

834

다음 상황에서 가장 안전한 운전 방법 2가지는?

✓ 도로 상황
▶ 자동차전용도로 분류 구간
▶ 자동차전용도로로부터 진출하고자 차로 변경을 하려는 운전자
▶ 진로 변경 제한선 표시

① 진로 변경 제한선 표시와 상관없이 우측 차로로 진로 변경한다.
② 우측 방향지시기를 켜서 주변 운전자에게 알린다.
③ 급가속하며 우측으로 진로 변경한다.
④ 진로 변경은 진출로 바로 직전에서 속도를 낮춰 시도한다.
⑤ 다른 차량 통행에 장애를 줄 우려가 있을 때에는 진로 변경을 해서는 안 된다.

② 백색 점선 구간(=진로 변경 가능) 우측으로 차로 변경 시 우측 방향지시기 작동
⑤ 통행 방해 시 진로 변경 금지

해설 진로를 변경하고자 하는 경우에는 진로 변경이 가능한 표시에서 손이나 방향지시기 또는 등화로써 그 행위가 끝날 때까지 주변 운전자에게 적극적으로 알려야 하며 다른 차의 정상적인 통행에 장애를 줄 우려가 있을 때에는 진로를 변경하여서는 아니 된다.
도로교통법 제19조, 제38조
- 모든 차의 운전자는 차의 진로를 변경하려는 경우에 그 변경하려는 방향으로 오고 있는 다른 차의 정상적인 통행에 장애를 줄 우려가 있을 때에는 진로를 변경하여서는 아니 된다.
- 모든 차의 운전자는 좌회전·우회전·횡단·유턴·서행·정지 또는 후진을 하거나 같은 방향으로 진행하면서 진로를 바꾸려고 하는 경우에는 손이나 방향지시기 또는 등화로써 그 행위가 끝날 때까지 신호를 하여야 한다.

835

고속도로를 운행 중인 차량 중 지정차로를 위반한 차량 2대는?

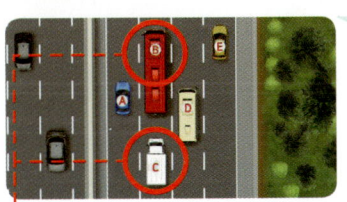

✓ 도로 상황
▶ 편도 4차로 고속도로

① A(앞지르기 중인 승용차)
② **B(36인승 대형승합차)**
③ **C(1톤 화물차)**
④ D(26인승 대형승합차)
⑤ E(주행 중인 승용차)

②, ③ 대형승합차와 화물차는 오른쪽 차로가 지정차로임

해설 도로교통법 시행규칙 별표9(차로에 따른 통행차의 기준)
편도 2차로의 고속도로는 1차로는 앞지르기하려는 모든 자동차, 2차로는 모든 자동차가 통행 가능
편도 3차로 이상일 경우 1차로는 앞지르기를 하려는 승용자동차 및 경형·소형·중형 승합자동차, 왼쪽 차로는 승용자동차 및 경형·소형·중형 승합자동차, 오른쪽 차로는 대형 승합자동차, 화물자동차, 특수자동차, 법 제2조 제18호 나목에 따른 건설 기계가 통행 가능함. 왼쪽 차로란 고속도로의 경우 1차로를 제외한 차로를 반으로 나누어 그중 1차로에 가까운 차로를 말하며(다만 1차로를 제외한 차로의 수가 홀수인 경우 그 중 가운데 차로는 제외), 오른쪽 차로란 1차로와 왼쪽 차로를 제외한 나머지 차로를 말한다.

836

다음 상황에서 가장 안전한 운전 방법 2가지는?

✓ 도로 상황
▶ 최고 속도 100km/h 고속도로
▶ 폭우로 가시거리가 100미터 이내임

② 대형 버스가 물웅덩이 지나가며 물 튀김으로 시야 차단할 가능성 주의
③ 폭우 상황이므로 비상등으로 뒤차에 내 차 위치 알리기

① 비로 인해 노면이 젖어 있어 시속 80km/h 이하로 주행한다.
② **우측 대형 버스가 물웅덩이를 지나갈 때 물이 튀면서 시야를 가릴 수 있음을 주의하며 운전한다.**
③ **뒤 차량 운전자에게 나의 위치를 알려주기 위해 비상등을 점등하고 주행한다.**
④ 우측 전방 차량이 진로 변경 할 가능성이 있기에 1차로로 진로 변경 후 지속하여 주행한다.
⑤ 물웅덩이가 갑자기 튀어 시야 확보가 어려울 경우 안전 확보를 위해 급정지를 한다.

> **해설** ① 편도 2차로 이상 고속도로(별도 표지 없음)에서의 승용자동차의 최고 속도는 매시 100킬로미터이나, 비·안개·눈 등으로 인한 거친 날씨에는 다음 기준에 따라 감속 운행해야 한다(도로교통법 시행규칙 제19조).
>
> > 1. 최고속도의 100분의 20을 줄인 속도로 운행하여야 하는 경우
> >   가. 비가 내려 노면이 젖어있는 경우
> >   나. 눈이 20밀리미터 미만 쌓인 경우
> > 2. 최고속도의 100분의 50을 줄인 속도로 운행하여야 하는 경우
> >   가. 폭우·폭설·안개 등으로 가시거리가 100미터 이내인 경우
> >   나. 노면이 얼어 붙은 경우
> >   다. 눈이 20밀리미터 이상 쌓인 경우
>
> ④ 편도 3차로 이상의 고속도로에서 1차로는 앞지르기를 하려는 승용자동차 및 앞지르기를 하려는 경형·소형·중형 승합자동차가 통행 가능하다. 다만, 차량 통행량 증가 등 도로 상황으로 인하여 부득이하게 시속 80킬로미터 미만으로 통행할 수밖에 없는 경우에는 앞지르기를 하는 경우가 아니라도 통행할 수 있다.
> ⑤ 노면이 젖은 상태에서 급정지를 할 경우, 수막현상으로 인한 미끄러짐 사고로 이어질 수 있다.

837

다음 **눈길** 교통 상황에서 **안전한 운전 방법 2가지는?**

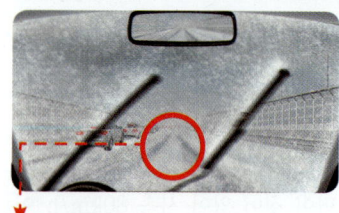

① 앞차 바퀴자국 따라 주행
③ 폭설 시 상습 결빙 구간인 터널 진출입구에서는 연쇄 추돌 사고에 대비

☑ **도로 상황**
▶ 터널을 막 통과하여 전방 상황을 확인함
▶ 폭설이 내려 시야 확보가 어려운 상황

①폭설로 인해 차선이 보이지 않을 경우 앞차의 바퀴자국을 따라서 주행한다.
② 눈길이나 빙판길에서는 제동거리가 짧아지므로 평소보다 안전거리를 더 유지한다.
③폭설 시 터널 진출입구는 상습 결빙 구간으로 미끄러짐 사고로 인한 연쇄 추돌 사고를 대비한다.
④ 노면이 얼어붙은 도로에서는 최고 속도의 100분의 20을 줄여야 한다.
⑤ 터널을 통과 후 암순응으로 인해 일시적 시력 상실을 겪을 수 있어 주의해야 한다.

> **해설** ② 눈길이나 비·안개에서는 제동거리가 길어지므로 평소보다 안전거리를 더 두어야 한다.
> ④ 노면이 얼어붙은 도로에서는 최고 속도의 100분의 50을 줄여야 한다.
> ⑤ 폭설 시 터널을 통과할 경우, 어두운 곳에서 밝은 곳으로 갑자기 노출됨에 따라 명순응으로 인해 일시적 시력 상실을 겪을 수 있다.

838

다음 도로 상황에서 가장 **안전한 운전 방법 2가지는?**

☑ **도로 상황**
- 터널 밖은 야간 폭설이 내리는 중
- 전방 차량과 안전거리를 유지한 상태
- 전방 트럭에 제동등과 비상등이 점등됨

② 제동등, 비상등 켜진 앞차, 돌발 상황 발생 대비 필요
⑤ 터널 입구, 터널 밖 도로 환경 변화 대비

① 터널 내부는 눈이 쌓여있지 않으므로 최고 속도를 낮춰서 주행할 필요가 없다.
② 터널 밖에 돌발 상황이 발생하였음을 알 수 있어, 이에 대비해야 한다.
③ 전방 차량과의 추돌사고를 막기 위해 3차로로 급 차로 변경을 실시한다.
④ 터널을 통과할 경우, 명순응으로 인해 일시적 시력 상실을 겪을 수 있어 주의해야 한다.
⑤ 터널 내부와 터널 외부의 갑작스런 도로 환경 변화에 미리 대비하여야 한다.

해설 ① 터널 내부에 눈이 쌓여 있지 않더라도, 빙판길이 생길 수 있는 등을 고려하여 최고 속도를 낮춰서 주행하여야 한다.
③ 터널 내 실선 구간에서는 차로 변경이 불가능하며, 겨울철 고속도로 터널 진출입구에는 미끄럼 사고가 자주 발생할 수 있어 전방 주시가 중요하다.
④ 야간 주행의 경우 터널 내부는 실내등으로 인해 밝고, 터널 외부는 어둡기 때문에 터널을 통과할 경우, 암순응으로 인해 일시적 시력 상실을 겪을 수 있다.

839

다음의 도로를 통행하려는 경우 가장 **올바른 운전 방법 2가지는?**

☑ **도로 상황**
- 중앙선이 없는 도로
- 도로 좌우측 불법 주정차된 차들

① 차도를 횡단하려는 자전거 앞에서는 일시정지
② 어린이보호구역 내 신호등 없는 횡단보도는 반드시 일시정지

① 자전거에 이르기 전 일시정지한다.
② 횡단보도를 통행할 때는 정지선에 일시정지한다.
③ 뒤차와의 거리가 가까우므로 가속하여 거리를 벌린다.
④ 횡단보도 위에 사람이 없으므로 그대로 통과한다.
⑤ 경음기를 반복하여 작동하며 서행으로 통행한다.

해설 위험 예측. 어린이보호구역에 정차 및 주차를 위반한 자동차들이 확인된다. 어린이보호구역을 통행하는 운전자는 어린이의 신체적 특성 중 '작은 키'로 정차 및 주차를 위반한 자동차에 가려져 보이지 않는 점을 항시 기억해야 한다. 문제의 그림에서는 왼쪽 회색 자동차 앞으로 자전거가 차도 쪽으로 횡단을 하려 하는 상황이다. 이러한 때에는 횡단보도가 아니라고 하더라도 정지하여야 한다.
차마 또는 노면 전차의 운전자는 어린이보호구역에서 제1항에 따른 조치를 준수하고 어린이의 안전에 유의하면서 운행하여야 한다(도로교통법 제12조 제3항).
모든 차 또는 노면 전차의 운전자는 제12조 제1항에 따른 어린이보호구역 내에 설치된 횡단보도 중 신호기가 설치되지 아니한 횡단보도 앞(정지선이 설치된 경우에는 그 정지선을 말한다)에서는 보행자의 횡단 여부와 관계없이 일시정지하여야 한다(도로교통법 제27조 제7항).

840

도로교통법상 다음 교통안전 시설에 대한 설명으로 맞는 2가지는?

☑ 도로 상황
▶ 어린이보호구역
▶ 좌우측에 좁은 도로
▶ 비보호 좌회전 표지
▶ 신호 및 과속 단속 카메라

① 제한 속도는 매시 50킬로미터이며 속도 초과 시 단속될 수 있다.
② 전방의 신호가 녹색 화살표일 경우에만 좌회전 할 수 있다.
③ 모든 어린이보호구역의 제한 속도는 매시 50킬로미터이다.
④ 신호 순서는 적색-황색-녹색-녹색 화살표이다.
⑤ 전방의 신호가 녹색일 경우 반대편 차로에서 차가 오지 않을 때 좌회전할 수 있다.

① 속도 제한은 시속 50킬로미터, 초과 시 단속 대상
⑤ 비보호 좌회전 표지, 녹색 신호 시 반대편 차 없을 때 좌회전 가능

해설 확인을 통해 수집된 교통 정보는 다음 상황을 예측하는 기초 자료가 된다. 도로에는 정지한 것도 있고 움직이는 것도 있다. 움직이는 것은 어디로 움직일 것인지, 정지한 것은 계속 정지할 것인지를 예측해야 한다. 또한 도로의 원칙과 상식은 안전을 위해 필요한 만큼 실행하는 운전 행동이 중요하다. 참고로 비보호 좌회전은 말 그대로 '보호받지 못하는 좌회전'인 만큼 운전자의 판단이 매우 중요하다.

841

어린이보호구역을 안전하게 통행하는 운전 방법 2가지는?

☑ 도로 상황
▶ 어린이보호구역 교차로를 직진하려는 상황
▶ 신호등 없는 횡단보도 및 교차로
▶ 실내 후사경 속의 후행 차량 존재

① 앞쪽 자동차를 따라 서행으로 A횡단보도를 통과한다.
② 뒤쪽 자동차와 충돌을 피하기 위해 속도를 유지하고 앞쪽 차를 따라간다.
③ A횡단보도 정지선 앞에서 일시정지한 후 통행한다.
④ B횡단보도에 보행자가 없으므로 서행하며 통행한다.
⑤ B횡단보도 앞에서 일시정지한 후 통행한다.

③, ⑤ 어린이보호구역 내 신호등 없는 횡단보도 앞에서는 보행자가 없어도 일시정지

해설 도로교통법 제27조 제7항
모든 차 또는 노면 전차의 운전자는 동법 제12조 제1항에 따른 어린이보호구역 내에 설치된 횡단보도 중 신호기가 설치되지 아니한 횡단보도 앞(정지선이 설치된 경우에는 그 정지선을 말한다)에서는 보행자의 횡단 여부와 관계없이 일시정지하여야 한다.

842

다음 상황에서 가장 **안전한 운전 방법 2가지**는?

✅ **도로 상황**
- 편도 1차로
- 오른쪽 보행 보조용 의자차

② 전동휠체어와 충돌하지 않도록 감속
⑤ 전동휠체어 도로 진입 시 일시정지

① 전동휠체어와 옆쪽으로 안전한 거리를 유지하기 위해 좌측통행한다.
② 전동휠체어에 이르기 전에 감속하여 행동을 살핀다.
③ 전동휠체어가 차로에 진입하기 전이므로 가속하여 통행한다.
④ 전동휠체어가 차로에 진입하지 않고 멈추도록 경음기를 작동한다.
⑤ 전동휠체어가 차도에 진입했으므로 일시정지한다.

해설 위험 예측. 그림의 상황은 전동휠체어를 사용하는 노인이 횡단보도에 진입하려는 상황이다. 이러한 때 다수의 운전자들은 전동휠체어를 피하기 위해 좌측으로 이동하여 중앙선을 넘어 통행하는 행동을 보인다. 이러한 행동은 도로교통법을 위반하는 행동이며, 반대 방면의 자동차와 충돌할 가능성이 높은 행동임을 기억해야 한다. 따라서 운전자는 전동휠체어 또는 노인 보행자가 확인되는 경우 우측통행을 유지하며 그 전동휠체어 또는 노인 보행자에 이르기 전 감속을 해야 하며, 그 대상들이 어떤 행동을 하는지 자세히 살펴야 한다. 또 그림의 상황에서 전동휠체어가 이미 차도에 진입하여 횡단하려고 하는 때이므로 횡단 시설 여부에 관계없이 일시정지하여 보행자를 보호해야 한다.

843

다음 도로 상황에서 가장 **안전한 운전 방법 2가지**는?

✅ **도로 상황**
- 어린이보호구역
- 어린이통학버스 뒤 초등학교 정문

① 어린이통학버스 뒤에서 어린이 나타날 가능성 주의
③ 뛰어가는 어린이들 횡단보도 진입 주의

① 어린이통학버스 뒤에서 갑자기 튀어나오는 어린이가 있을 수 있으므로 주의한다.
② 전방 신호등이 없는 횡단보도에 보행자가 없으므로 서행하여 통과한다.
③ 우측의 뛰어가고 있는 아이들이 갑자기 횡단보도로 튀어나올 수 있기에 횡단보도 앞에서 일시정지하여야 한다.
④ 해당 구역의 경우, 어린이통학버스에 한해 주정차를 할 수 있도록 허용한 곳이다.
⑤ 전방 우측의 어린이통학버스에서 아이들이 승하차하고 있기 때문에 통학버스 옆을 통과 전 일시정지 후 통과하여야 한다.

해설 ② 운전자는 어린이보호구역 내에 설치된 횡단보도 중 신호기가 설치되지 아니한 횡단보도 앞(정지선이 설치된 경우에는 그 정지선을 말한다)에서는 보행자의 횡단 여부와 관계없이 일시정지하여야 한다(도로교통법 제27조 제7항).
④ 어린이보호구역 내에서는 주정차를 금지한다(도로교통법 제32조 제8항).
⑤ 어린이통학버스의 황색 점멸등은 도로에 정지하려는 때와 출발하기 위하여 승강구가 닫혔을 때 사용된다(자동차 및 자동차부품의 성능과 기준에 관한 규칙 제48조 제4항).

844

다음 도로 상황에서 가장 **안전한 운전 행동 2가지**는?

✅ **도로 상황**
▶ 어린이보호구역 주행 중
▶ 신호등이 없는 교차로 입구 주정차 차량 존재

① 어린이보호구역, 어린이 보호 위해 교차로 진입 전 일시정지
④ 주정차 차량 사이에서 어린이 나올 가능성 주의

① 교차로 진입 전 일시정지 후 통과한다.
② 경음기를 사용하며 속도를 높여 통과한다.
③ 전동보장구를 탄 고령 보행자가 차량의 통행을 기다리고 있기에 신속히 교차로를 통과한다.
④ 주정차 차량 사이에 어린이 보행자가 있을 수 있어 주의한다.
⑤ 직진하려는 차량이 우선이므로 좌측으로 붙어 그대로 통과한다.

해설 도로교통법 제27조 제6항
도로는 자동차뿐만 아니라 어린이 및 노약자, 장애인도 이용할 수 있다. 이와 같은 교통약자가 안전하게 도로를 이용하려면 모든 운전자가 교통약자를 보호하려는 적극적인 자세가 필요하다. 따라서 모든 차의 운전자는 다음 각 호의 어느 하나에 해당하는 곳에서 보행자의 옆을 지나는 경우에는 안전한 거리를 두고 서행하여야 하며, 보행자의 통행에 방해가 될 때에는 서행하거나 일시정지하여 보행자가 안전하게 통행할 수 있도록 하여야 한다.
1. 보도와 차도가 구분되지 아니한 도로 중 중앙선이 없는 도로
2. 보행자우선도로
3. 도로 외의 곳

845

다음 도로 상황에서 가장 **안전한 운전 행동 2가지**는?

✅ **도로 상황**
▶ 어린이보호구역 주행 중
▶ 어린이통학버스 앞 횡단보도

① 어린이통학버스 정차 주의
③ 어린이 횡단보도 진입 주의

① 전방 어린이 통학버스가 정지할 수 있어 안전거리를 유지한다.
② 속도를 줄이면 뒤차에게 추돌 사고를 당할 수 있어 통학 버스를 앞지른다.
③ 좌측 어린이가 횡단보도로 진입할 수 있으므로 어린이 행동을 살핀다.
④ 전방 좌측 주정차된 이륜차와의 사고를 주의하며, 천천히 어린이통학버스를 앞지른다.
⑤ 전방 어린이통학버스에서 어린이가 승하차하고 있으므로 서서히 앞질러 주행한다.

해설 어린이보호구역은 보이지 않는 곳에서 위험이 발생할 수 있으므로 위험을 예측하고 미리 속도를 줄인 상태로 주행하면서 어린이의 돌발 행동에 주의하여야 한다.
⑤ 어린이통학버스의 황색점멸등은 도로에 정지하려는 때와 출발하기 위하여 승강구가 닫혔을 때 사용된다(자동차 및 자동차부품의 성능과 기준에 관한 규칙 제48조 제4항).

846

다음 도로 상황에서 가장 **안전한 운전 방법 2가지는?**

☑ **도로 상황**
▶ 어린이보호구역 주행 중
▶ 반대 방향 어린이통학버스 적색 점멸등 작동

③ 차량 앞으로 어린이 나타날 가능성 주의
④ 어린이통학버스에 이르기 전에는 일시정지

① 지속적으로 경음기를 사용하여 위험을 알리며 지나간다.
② 전조등으로 어린이통학버스 운전자에게 위험을 알리며 지나간다.
③ 우측 불법 주정차 차량 앞으로 어린이가 튀어나올 수 있음을 주의하며 통과한다.
④ 좌측 어린이통학버스에 이르기 전에 일시정지 하였다가 서행으로 지나간다.
⑤ 우측 통학 버스 차량이 어린이 승하차를 위해 정차 중이므로 신속히 앞질러 골목길을 벗어난다.

해설 어린이통학버스가 도로에 정차하여 어린이나 영유아가 타고 내리는 중임을 표시하는 점멸등 등의 장치를 작동 중일 때에는 어린이통학버스가 정차한 차로와 그 차로의 바로 옆 차로로 통행하는 차의 운전자는 어린이통학버스에 이르기 전에 일시정지하여 안전을 확인한 후 서행하여야 한다. 또한 중앙선이 설치되지 아니한 도로와 편도 1차로인 도로에서는 반대 방향에서 진행하는 차의 운전자도 어린이통학버스에 이르기 전에 일시정지하여 안전을 확인한 후 서행하여야 한다(도로교통법 제51조).

847

다음 도로 상황에서 가장 **안전한 운전 방법 2가지는?**

☑ **도로 상황**
▶ 우회전 후 횡단보도
▶ 횡단보도의 신호는 녹색 점멸, 5초 남음
▶ 횡단보도 우측에 초등학교 정문

② 5초 남은 횡단보도, 무리하게 건너는 보행자, 어린이 주의
③ 횡단보도 위 어린이 횡단 완료 후 우회전

① 횡단보도에 있는 어린이와 충돌 가능성이 없으므로 우회전한다.
② 갑작스레 튀어나올 수 있는 아이들의 행동에 대비한다.
③ 횡단보도 위 어린이가 횡단을 완료한 후 우회전한다.
④ 어린이의 횡단을 재촉하기 위해 경음기를 사용한다.
⑤ 횡단보도 위에 정지하여 다른 아이들의 진입을 막는다.

해설 횡단보도 보행 신호가 거의 끝난 상태라도 보행자, 특히 어린이들은 방향을 바꿔 되돌아가는 경우가 있다. 또한 점멸 상태에서 무리하게 횡단하려는 보행자들이 있기 때문에 설령 차량 신호가 녹색이라도 보행자의 유무를 확인한 후 진행하는 것이 안전하다. 교차로에서 우회전 후 횡단보도를 마주할 경우, 보행자가 있을 시에는 일시정지 후 보행자의 횡단이 끝난 뒤 통과하여야 한다(도로교통법 제27조).

848

다음 도로 상황에서 가장 **올바른 운전 방법 2가지는?**

☑ 도로 상황
▶ 어린이보호구역
▶ 전방 적색 점멸등 등화

① 시속 20km 이내로 주행한다.
② 횡단보도 앞에서 서행하고 그대로 통과한다.
③ 학교 정문을 피해 우측 길가에 정차한다.
④ 아이들이 도로로 튀어나올 수 있어 주의하며 통과한다.
⑤ 학교 정문 앞 차량을 주차 후 자녀를 기다린다.

① 시속 20킬로미터 제한 도로 표시
④ 아이들 도로에 진입할 가능성 주의

해설 ② 어린이보호구역 내 신호등이 없는 횡단보도 앞에서는 보행자 유무에 상관없이 일시정지 후 통과하여야 한다(도로교통법 제27조).
⑤ 길가에 주정차 금지선이 황색 점선일 경우 5분 이내 정차가 가능하며, 실선일 경우 주정차가 금지된다(도로교통법 시행규칙 별표6).

849

다음 상황에서 가장 **올바른 운전 방법 2가지로 맞는 것은?**

☑ 도로 상황
▶ 긴급차 사이렌 및 경광등 작동
▶ 긴급차가 역주행하려는 상황

① 긴급차가 도로교통법 위반을 하므로 무시하고 통행한다.
② 긴급차가 위반 행동을 하지 못하도록 상향등을 수회 작동한다.
③ 뒤따르는 운전자에게 알리기 위해 브레이크 페달을 여러 번 나누어 밟는다.
④ 긴급차가 역주행할 수 있도록 거리를 두고 정지한다.
⑤ 긴급차가 진행할 수 없도록 그 앞에 정차한다.

③ 긴급차 역주행 알림을 위해 브레이크를 나눠 밟아 뒤차에 주의 유도
④ 긴급차가 역주행할 수 있도록 충분한 거리 확보 후 일시정지

해설 도로교통법 제29조(긴급자동차의 우선 통행)
① 긴급자동차는 제13조 제3항에도 불구하고 긴급하고 부득이한 경우에는 도로의 중앙이나 좌측 부분을 통행할 수 있다.
② 긴급자동차는 이 법이나 이 법에 따른 명령에 따라 정지하여야 하는 경우에도 불구하고 긴급하고 부득이한 경우에는 정지하지 아니할 수 있다.
③ 긴급자동차의 운전자는 제1항이나 제2항의 경우에 교통안전에 특히 주의하면서 통행하여야 한다.
④ 교차로나 그 부근에서 긴급자동차가 접근하는 경우에는 차마와 노면 전차의 운전자는 교차로를 피하여 일시정지하여야 한다.
⑤ 모든 차와 노면 전차의 운전자는 제4항에 따른 곳 외의 곳에서 긴급자동차가 접근한 경우에는 긴급자동차가 우선통행할 수 있도록 진로를 양보하여야 한다.
⑥ 제2조 제22호 각 목의 자동차 운전자는 해당 자동차를 그 본래의 긴급한 용도로 운행하지 아니하는 경우에는 「자동차관리법」에 따라 설치된 경광등을 켜거나 사이렌을 작동하여서는 아니 된다. 다만, 대통령령으로 정하는 바에 따라 범죄 및 화재 예방 등을 위한 순찰·훈련 등을 실시하는 경우에는 그러하지 아니하다.
문제의 그림에서 확인되는 상황은 도로교통법에 따라 본래의 긴급한 용도로 운행하는 때이다. 따라서 긴급자동차가 우선 통행하는 때이므로 모든 차와 노면 전차의 운전자는 긴급자동차가 우선통행할 수 있도록 진로를 양보해야 한다. 그리고 이때 뒤따르는 자동차 운전자들에게 정보 제공을 하기 위해 브레이크 페달을 여러 번 짧게 반복하여 작동하는 등의 정차를 예고하는 행동이 필요할 수 있다.

850

다음 도로 상황에서 가장 **올바른 운전 방법 2가지는?**

☑ **도로 상황**
▶ 전방 차량 신호는 녹색
▶ 교차로 통과 중인 구급차

② 구급차에 통행 양보
③ 구급차 통과 후 후행 긴급자동차가 있는지 확인

① 구급차가 지나갈 수 있도록 3차로로 속도를 높여 통과한다.
② 전방 차량 신호가 녹색이라도 구급차에게 통행을 양보한다.
③ 구급차가 통과한 뒤 후행 긴급자동차가 있는지 확인한다.
④ 빨간색 차량을 따라 가속하여 주행한다.
⑤ 구급차 운전자에게 경음기를 사용하며 그대로 통과한다.

해설 운전자는 교차로나 그 부근에서 긴급자동차가 접근하는 경우에는 교차로를 피하여 일시정지하여야 한다(도로교통법 제29조).
③ 긴급자동차는 운행 특성상 단독 출동이 아닌 단체 출동 가능성이 높으므로 사고 예방을 위해 교차로에서 선행 긴급자동차에게 양보 후, 후행 차량의 존재 유무를 확인 후 출발해야 한다.

851

다음 도로 상황에서 가장 **올바른 운전 방법 2가지는?**

☑ **도로 상황**
▶ 전방 좌측에 산불 발생
▶ 산불로 인해 시야 확보가 어려운 상황임

④ 창문을 닫고 산불로 인한 유독 가스 흡입 차단
⑤ 불길 방향 진입하지 않고 경찰관 수신호 따르기

① 화재 여부와 상관없이 직진한다.
② 공조기를 외부 순환 모드로 신속하게 전환한다.
③ 주행 중인 차로에 주차 후 문을 잠그고 도망간다.
④ 차량 창문을 닫고 유독 가스 흡입을 차단한다.
⑤ 불길이 심한 곳으로 진입하지 않고, 경찰관의 수신호에 따른다.

해설 도로 주행 중 산불이 발생한 곳을 마주할 경우, 먼저 유독 가스 흡입을 차단하기 위해 차량 창문을 닫고 손수건, 옷 등으로 호흡기를 가리고 신체 안전을 확보한다. 또한 비상등을 켜서 후방 차량에게 상황을 신속히 전달하고, 불길로 인해 도로 통과가 불가능할 경우, 무리하게 통과하지 않고 안전하게 우회를 할 수 있는 방법을 찾는다. 또한 차량 통행이 가능한 상황이라면 소방 차량 등이 진입할 수 있는 공간이 마련될 수 있도록 차량 이동을 한 후 대피하여야 한다.

852

다음 상황에서 가장 **바람직한 운전 방법 2가지는?**

☑ 도로 상황
- 편도 2차로 도로
- 경찰차 긴급 출동 상황 (경광등, 사이렌 작동)

② 긴급차 우선 통행을 위해 교차로 진입 전 일시정지
③ 2차로 차가 급 차로 변경할 수 있어 미리 감속 필요

① 차의 등화가 녹색이므로 교차로에 그대로 진입한다.
② 긴급차가 우선 통행할 교차로이므로 교차로 진입 전에 정지하여야 한다.
③ 2차로에 있는 차가 갑자기 좌측으로 변경할 수도 있으므로 미리 충분히 속도를 감속한다.
④ 긴급차보다 차의 신호가 우선이므로 그대로 진입한다.
⑤ 긴급차보다 먼저 통과할 수 있도록 가속하며 진입한다.

해설 도로교통법 제29조(긴급자동차의 우선 통행) 제4항
교차로나 그 부근에서 긴급자동차가 접근하는 경우에는 차마와 노면 전차의 운전자는 교차로를 피하여 일시정지하여야 한다. 〈개정 2018. 3. 27.〉
보기 3번을 부연 설명하면, 긴급자동차의 우선 통행을 위해 양보하고 있는 경우를 다수의 운전자가 차가 밀리는 경우로 보고 진로 변경하는 사례가 빈번하다. 따라서 2차로에 있는 차가 왼쪽으로 진로 변경할 가능성도 배제할 수 없다.

853

다음 상황에서 가장 **안전한 운전 방법 2가지는?**

☑ 도로 상황
- 1차로 전방 공사 중인 도로
- 좌측에 가벽이 설치되어 있음

③ 도로 폭 좁아짐 표지, 미리 2차로로 차로 변경
④ 전방 공사 중, 비상점멸등 점등하여 공사 중 알리기

① '2차로 없어짐' 표지에 따라 1차로로 계속 주행한다.
② 공사 구역을 피하기 위해 급정지한다.
③ 전방 차로 폭이 좁아지므로 미리 2차로로 진로를 변경한다.
④ 공사 중임을 알리기 위해 비상점멸등을 켠다.
⑤ 1차로로 주행하다 공사 구간 직전에 2차로로 끼어든다.

해설 공사 중으로 부득이한 경우에는 나의 운전 행동을 다른 교통 참가자들이 예측할 수 있도록 충분한 의사 표시를 하고 안전하게 진행한다. 또한 공사 구간 등 예측할 수 없는 도로를 통행할 경우에는 어떠한 돌발 상황이 발생할지 예측하기 어렵기에 서행 또는 일시정지하며 주의를 기울여 통행해야 한다.

854

다음 상황에서 가장 안전한 운전 방법 2가지로 맞는 것은?

✓ 도로 상황
- 편도 1차로
- (실내 후사경) 뒤에서 후행하는 차

② 자전거에 이르기 전 충분히 감속
④ 보행자 차도 진입 대비 감속 및 주시

① 자전거와의 충돌을 피하기 위해 좌측 차로로 통행한다.
② 자전거 위치에 이르기 전 충분히 감속한다.
③ 뒤따르는 자동차의 소통을 위해 가속한다.
④ 보행자의 차도 진입을 대비하여 감속하고 보행자를 살핀다.
⑤ 보행자를 보호하기 위해 길가장자리구역을 통행한다.

해설 위험 예측. 문제의 그림에서 확인되는 상황은 길가장자리구역에서 보행자와 자전거가 통행하고 있는 상황이다. 이러한 상황에서 일반적으로 자전거의 속도는 보행자의 속도보다 빠른 상태에서 자전거 운전자가 보행자를 앞지르기하는 운전 행동이 나타난다. 자전거가 왼쪽 또는 오른쪽으로 앞지르기를 하는 과정에서 충돌이 이루어지고 차도로 갑자기 진입하거나 넘어지는 등의 교통사고가 빈번하다. 따라서 운전자는 길가장자리구역에 보행자와 자전거가 있는 경우 미리 속도를 줄이고 보행자와 자전거의 차도 진입을 예측하여 정지할 준비를 하는 것이 바람직하다. 또 이때 보행자와 자전거를 피하기 위해 중앙선을 넘어 좌측통행하는 경우도 빈번하게 나타나는데 이는 바람직한 행동이라 할 수 없다.

855

다음 상황에서 가장 안전한 운전 방법 2가지는?

✓ 도로 상황
- 횡단보도 진입 전
- 왼쪽에 비상점멸하며 정차하고 있는 차

③ 횡단보도 진입 자전거, 자전거와 충돌 방지를 위해 정지선 앞 일시정지
⑤ 정차 차량의 돌발 출발 대비, 미리 감속

① 원활한 소통을 위해 앞차를 따라 그대로 통행한다.
② 자전거의 횡단보도 진입 속도보다 빠르므로 가속하여 통행한다.
③ 횡단보도 직전 정지선에서 정지한다.
④ 보행자가 횡단을 완료했으므로 신속히 통행한다.
⑤ 정차한 자동차의 갑작스러운 출발을 대비하여 감속한다.

해설 위험 예측. 문제의 그림 상황에서 왼쪽에 정차한 자동차 운전자는 조급한 상황이거나 오른쪽을 확인하지 않은 채 본래 차로로 갑자기 진입할 수 있다. 이와 같은 상황은 도로에서 빈번하게 발생하고 있다. 따라서 가장자리에서 정차하고 있는 차에 특별히 주의해야 한다. 그리고 왼쪽에 정차한 자동차의 뒤편에 자전거 운전자는 횡단보도를 진입하려는 상황인데, 비록 보행자는 아닐지라도 운전자는 그 대상을 보호해야 한다. 따라서 자전거의 진입 속도와 자신의 자동차의 통행 속도는 고려하지 않고 횡단보도 직전 정지선에 정지하여야 한다.

856

다음 상황에서 가장 **안전한 운전 방법 2가지는?**

☑ **도로 상황**
▸ 한적한 시골길
▸ 노인보호구역

③ 자전거와 충돌하지 않기 위해 서행하며 자전거 도로 벗어나길 기다리기
④ 자전거 좌회전 가능성, 안전거리 유지

① 자전거의 좌측으로 주행하여 좌회전하지 못하도록 위협한다.
② 중앙선을 넘어 자전거를 앞지르기한다.
③ 자전거가 안전하게 도로를 벗어날 때까지 서행하며 기다려 준다.
④ 자전거가 좌회전할 수 있기 때문에 안전거리를 유지한다.
⑤ 자전거 통행을 재촉하기 위해 경음기를 사용한다.

해설 한적한 시골길의 경우 차량의 통행량이 적어 중앙선을 넘어 도로를 횡단하는 자전거 운전자가 많음을 주의하여야 한다. 따라서 시골길에서 주행 중 전방에 자전거를 발견하였을 경우, 서행하면서 전방을 잘 주시하여 자전거 운전자의 움직임을 잘 살펴야 한다.
③ 자동차 등의 운전자는 같은 방향으로 가고 있는 자전거 등의 운전자에 주의하여야 하며, 그 옆을 지날 때에는 자전거 등과의 충돌을 피할 수 있는 필요한 거리를 확보하였다면 통행할 수 있다(도로교통법 제19조).

857

다음 상황에서 가장 **안전한 운전 방법 2가지는?**

☑ **도로 상황**
▸ 차량 신호등은 황색에서 적색으로 바뀌려는 순간

② 황색 등화이므로 횡단보도 직전 정지선에 정지
⑤ 트럭 뒤에서 어린이가 나타날 가능성 주의

① 차량 신호가 적색으로 바뀌기 전에 신속히 통과한다.
② 횡단보도 직전 정지선에 정지한다.
③ 자전거 횡단이 가능한 고원식 횡단보도가 있어 주의하며 통과한다.
④ 안전지대를 경유하여 신속히 진행한다.
⑤ 트럭 뒤 어린이가 뛰어나올 수 있으므로 주의한다.

해설 어린이보호구역은 보이지 않는 곳에서 위험이 발생할 수 있으므로 미리 속도를 줄인 상태로 주행하면서 어린이의 돌발 행동에 주의하여야 한다.
③ 고원식 횡단보도는 제한 속도를 30㎞/h 이하로 제한할 필요가 있는 도로에서 횡단보도를 노면보다 높게 하여 운전자의 주의를 환기시킬 필요가 있는 지점에 설치하는 횡단보도로 횡단보도 양옆에 흰색 삼각형 두 개가 그려져 있다. 자전거는 자전거 횡단도에서 횡단이 가능하다.

858

다음 중 대비해야 할 가장 위험한 상황 2가지는?

☑ 도로 상황
- 이면도로
- 대형 버스 주차 중
- 거주자우선주차구역에 주차 중
- 자전거 운전자가 도로를 횡단 중

② 주차 차량 사이에서 보행자 출현 주의
⑤ 앞 자전거 횡단 후 뒤따르는 자전거 출현 위험

① 주차 중인 버스가 출발할 수 있으므로 주의하면서 통과한다.
② 왼쪽에 주차 중인 차량 사이에서 보행자가 나타날 수 있다.
③ 좌측 후사경을 통해 도로의 주행 상황을 확인한다.
④ 대형 버스 옆을 통과하는 경우 서행으로 주행한다.
⑤ 자전거가 도로를 횡단한 이후에 뒤따르는 자전거가 나타날 수 있다.

해설 학교 앞 도로, 생활도로 등은 언제, 어디서, 누가 위반을 할 것인지 미리 예측하기 어렵기 때문에 모든 법규 위반의 가능성에 대비해야 한다. 예를 들어 중앙선을 넘어오는 차, 신호를 위반하는 차, 보이지 않는 곳에서 갑자기 뛰어나오는 어린이, 갑자기 방향을 바꾸는 이륜차를 주의하며 운전해야 한다.

859

다음 중 가장 안전한 운전 방법 2가지는?

☑ 도로 상황
- 검정색 차량 저속 주행
- 이륜차 고양 방향 주행
- 전방 300m 앞에 진출입로가 존재함

④ 우측 방향지시등 작동 차량, 차로 변경 가능성 → 감속, 안전거리 확보
⑤ 실·점선 복선 구간에서 실선 쪽이므로 차로 변경 불가, 백색 점선 구간에서 차로 변경 가능

① 검정색 차량 우측으로 앞지르기한다.
② 검정색 차량과 같은 차로에서 나란히 주행한다.
③ 고양 방향으로 진출할 수 있도록 즉시 3차로로 차로 변경을 한다.
④ 흰색 차량이 진로 변경 할 수 있으므로 감속하여 안전거리를 확보한다.
⑤ 차로 변경이 가능한 백색 점선 구간까지 주행하여 3차로로 진입한다.

해설 ③ 흰색 실·점선 복선의 경우 도로가 분리·합류되는 구간 또는 장소 내의 필요한 지점에 설치하며, 차가 점선이 있는 쪽에서는 진로를 변경할 수 있으나, 실선이 있는 쪽에서는 진로 변경을 제한함을 의미한다.

860

다음 상황에서 **1차로로 진로 변경**하려 할 때 가장 **안전한 운전 방법 2가지는?**

☑ 도로 상황
- 좌로 굽은 언덕길
- 전방을 향해 이륜차 운전 중
- 도로로 진입하려는 농기계

① 사이드 미러로 1차로 후방 차량 확인
⑤ 전방 이륜차의 차로 변경 대비, 안전거리 확보

① 좌측 후사경을 통하여 1차로에 주행 중인 차량을 확인한다.
② 전방의 승용차가 1차로로 진로 변경을 못하도록 상향등을 미리 켜서 경고한다.
③ 농기계가 도로로 진입할 수 있어 1차로로 신속히 차로 변경한다.
④ 오르막 차로이기 때문에 속도를 높여 운전한다.
⑤ 전방의 이륜차가 1차로로 진로 변경할 수 있어 안전거리를 유지한다.

해설 안전거리를 확보하지 않았을 경우에는 전방 차량의 급제동이나 급 차로 변경 시에 적절하게 대처하기 어렵다. 특히 언덕길의 경우 고갯마루 너머의 상황이 보이지 않아 더욱 위험하므로 속도를 줄이고 앞 차량과의 안전거리를 충분히 둔다.

861

다음 중 가장 **안전한 운전 방법 2가지는?**

☑ 도로 상황
- 자전거우선도로 진입 중

② 전방 횡단 보도, 보행자 나타날 가능성 주의
④ 자전거와 안전거리 확보

① 자전거의 통행을 방해하지 않고 우측 길가에 정차한다.
② 전방에 횡단보도가 있어 보행자를 주의하며 서행으로 주행한다.
③ 앞지르기 시 과속이 허용되므로 시속 50km로 주행한다.
④ 1차로로 차로 변경 후 자전거와의 안전거리를 확보한다.
⑤ 경음기를 사용하여 자전거의 길가장자리 주행을 재촉한다.

해설 자전거우선도로는 자동차의 통행량이 대통령령으로 정하는 기준보다 적은 도로의 일부 구간 및 차로를 정하여 자전거와 다른 차가 상호 안전하게 통행할 수 있도록 도로에 노면 표시로 설치한 도로이다. 자전거와 공유하는 도로로 자전거의 통행이 우선시되는 도로이다.
① 길가에 황색 실선이 그어진 곳은 주정차 금지 구역이다.

862

자전거를 운전 중이다. 가장 안전한 운전 방법 2가지는?

✅ **도로 상황**
▶ 자전거 운전 중

① 전방 보행자 앞에서 정지한다.
② 자전거가 우선권이 있어 경적을 눌러 앞지르기 한다.
③ 전방 보행자와 충돌 위험이 높아 보행자 구역으로 주행한다.
④ 우측 보행자와의 충돌 가능성이 있어 자전거를 끌고 간다.
⑤ 자전거의 경우 속도 제한이 없어 위험 구간을 신속히 통과한다.

① 보행자 앞에서 정지
④ 보행자와 충돌 가능성, 내려서 자전거 끌고 가기

해설 자전거 보행자 겸용도로에 주행 중인 자전거 운전자는 서행하면서 전방을 잘 주시하여 보행자의 움직임을 잘 살펴야 한다. 자전거의 운전자는 도로 가장자리로 주행하여 보행자와의 보행자의 통행에 방해되지 않도록 주의하여야 한다.

863

다음 장소에서 자전거 운전자가 안전하게 횡단하는 방법 2가지는?

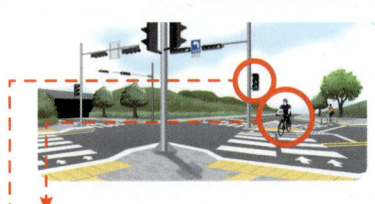

✅ **도로 상황**
▶ 자전거 운전자가 보도에서 대기하는 상황
▶ 자전거 운전자가 도로를 보고 있는 상황

① 자전거에 탄 상태로 횡단보도 녹색 등화를 기다리다가 자전거를 운전하여 횡단한다.
② 다른 자전거 운전자가 횡단하고 있으므로 신속히 횡단한다.
③ 다른 자전거와 충돌 가능성이 있으므로 자전거에서 내려 보도의 안전한 장소에서 기다린다.
④ 자전거 운전자가 어린이 또는 노인인 경우 보행자 신호등이 녹색일 때 운전하여 횡단한다.
⑤ 횡단보도 신호등이 녹색 등화일 때 자전거를 끌고 횡단한다.

③ 다른 자전거와 충돌 가능성, 자전거에서 내려 보도 가장자리에서 신호 대기
⑤ 자전거 운전자도 횡단보도 신호등이 녹색일 때 자전거를 끌거나 들고 횡단 가능

해설 도로교통법 제13조의2(자전거 등의 통행 방법의 특례) 제6항
자전거 등의 운전자가 횡단보도를 이용하여 도로를 횡단할 때에는 자전거 등에서 내려서 자전거 등을 끌거나 들고 보행하여야 한다.

864

다음 상황에서 가장 안전한 운전 방법 2가지는?

▶ 도로 상황
- 편도 1차로
- 불법 주차된 차들
- 보도와 차도가 분리되지 않은 도로

① 보행자 급횡단 대비, 정지 준비
③ 교차로 진입 전 일시정지, 좌우측 확인

① 전방 보행자의 급작스러운 좌측 횡단을 예측하며 정지를 준비한다.
② 직진하려는 경우 전방 교차로에는 차가 없으므로 서행으로 통과한다.
③ 교차로 진입 전 일시정지하여 좌우측에서 접근하는 차를 확인해야 한다.
④ 주변 자전거 및 보행자에게 경음기를 반복적으로 작동하여 차의 통행을 알려준다.
⑤ 전방 보행자를 길가장자리구역으로 유도하기 위해 우측으로 붙어 통행해야 한다.

해설 위험 예측.
도로교통법 제31조(서행 또는 일시정지할 장소)
② 모든 차 또는 노면 전차의 운전자는 다음 각 호의 어느 하나에 해당하는 곳에서는 일시정지하여야 한다.
  1. 교통정리를 하고 있지 아니하고 좌우를 확인할 수 없거나 교통이 빈번한 교차로
제25조(교차로 통행 방법)
① 모든 차의 운전자는 교차로에서 우회전을 하려는 경우에는 미리 도로의 우측 가장자리를 서행하면서 우회전하여야 한다. 이 경우 우회전하는 차의 운전자는 신호에 따라 정지하거나 진행하는 보행자 또는 자전거 등에 주의하여야 한다.
② 모든 차의 운전자는 교차로에서 좌회전을 하려는 경우에는 미리 도로의 중앙선을 따라 서행하면서 교차로의 중심 안쪽을 이용하여 좌회전하여야 한다. 다만, 시·도경찰청장이 교차로의 상황에 따라 특히 필요하다고 인정하여 지정한 곳에서는 교차로의 중심 바깥쪽을 통과할 수 있다.
③ 제2항에도 불구하고 자전거 등의 운전자는 교차로에서 좌회전하려는 경우에는 미리 도로의 우측 가장자리로 붙어 서행하면서 교차로의 가장자리 부분을 이용하여 좌회전하여야 한다.
④ 제1항부터 제3항까지의 규정에 따라 우회전이나 좌회전을 하기 위하여 손이나 방향지시기 또는 등화로써 신호를 하는 차가 있는 경우에 그 뒤차의 운전자는 신호를 한 앞차의 진행을 방해하여서는 아니 된다.
⑤ 모든 차 또는 노면 전차의 운전자는 신호기로 교통정리를 하고 있는 교차로에 들어가려는 경우에는 진행하려는 진로의 앞쪽에 있는 차 또는 노면 전차의 상황에 따라 교차로(정지선이 설치되어 있는 경우에는 그 정지선을 넘은 부분을 말한다)에 정지하게 되어 다른 차 또는 노면 전차의 통행에 방해가 될 우려가 있는 경우에는 그 교차로에 들어가서는 아니 된다.
⑥ 모든 차의 운전자는 교통정리를 하고 있지 아니하고 일시정지나 양보를 표시하는 안전표지가 설치되어 있는 교차로에 들어가려고 할 때에는 다른 차의 진행을 방해하지 아니하도록 일시정지하거나 양보하여야 한다.
제49조(모든 운전자의 준수사항 등) 제1항 제8호
운전자는 정당한 사유 없이 다음 각 목의 어느 하나에 해당하는 행위를 하여 다른 사람에게 피해를 주는 소음을 발생시키지 아니할 것
  가. 자동차 등을 급히 출발시키거나 속도를 급격히 높이는 행위
  나. 자동차 등의 원동기 동력을 차의 바퀴에 전달시키지 아니하고 원동기의 회전수를 증가시키는 행위
  다. 반복적이거나 연속적으로 경음기를 울리는 행위

865

다음 상황에서 **전동킥보드** 운전자가 **좌회전**하려는 경우 **안전한 방법 2가지는?**

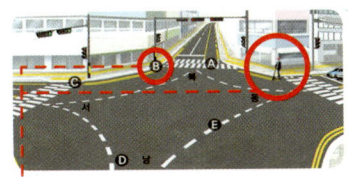

☑ 도로 상황
- 동쪽에서 서쪽 신호등: 직진 및 좌회전 신호
- 동쪽에서 서쪽 A횡단보도 보행자 신호등 녹색

② A횡단보도로 전동킥보드를 끌고 B까지 이동 후 D방향 신호에 맞춰 횡단
④ 전동킥보드를 타고 B까지 직진 후 D방향 신호에 따라 이동

① A횡단보도로 전동킥보드를 운전하여 진입한 후 B지점에서 D방향의 녹색 등화를 기다린다.
② A횡단보도로 전동킥보드를 끌고 진입한 후 B지점에서 D방향의 녹색 등화를 기다린다.
③ 전동킥보드를 운전하여 E방향으로 주행하기 위해 교차로 중심 안쪽으로 좌회전한다.
④ 전동킥보드를 운전하여 B지점으로 직진한 후 D방향의 녹색 등화를 기다린다.
⑤ 전동킥보드를 운전하여 C지점으로 직진한 후 즉시 B지점에서 D방향으로 직진한다.

해설 도로교통법 제25조 제3항
자전거 등의 운전자는 교차로에서 좌회전하려는 경우에는 미리 도로의 우측 가장자리로 붙어 서행하면서 교차로의 가장자리 부분을 이용하여 좌회전하여야 한다.
법제처 법령 해석 사례. 안건번호 17-0078(아래의 자전거는 현재는 자전거 등에 해당한다)
「도로교통법」 제25조 제2항에서는 모든 차의 운전자는 교차로에서 좌회전을 하려는 경우에는 미리 도로의 중앙선을 따라 서행하면서 교차로의 중심 안쪽을 이용하여 좌회전하여야 한다. 시·도경찰청장이 교차로의 상황에 따라 특히 필요하다고 인정하여 지정한 곳에서는 교차로의 중심 바깥쪽을 통과할 수 있다(단서)고 규정하고 있고, 같은 조 제3항에서는 같은 조 제2항에도 불구하고 자전거의 운전자는 교차로에서 좌회전하려는 경우에는 미리 도로의 우측 가장자리로 붙어 서행하면서 교차로의 가장자리 부분을 이용하여 좌회전하여야 한다고 규정하고 있는바, 자전거 운전자의 교차로 좌회전 방법을 규정한 「도로교통법」 제25조 제3항이 자전거 운전자는 교차로에서 좌회전 신호에 따라 곧바로 좌회전할 수 없고, 진행 방향의 직진 신호에 따라 도로 우측 가장자리에 붙어 "2단계로 직진-직진"하는 방법으로 좌회전하여야 한다는 이른바 "훅 턴(hook-turn)"을 의미하는 것인지, 아니면 자전거 운전자의 경우에도 교차로에서 좌회전 신호에 따라 곧바로 좌회전할 수 있되, 같은 방향으로 같은 조 제2항에 따라 좌회전하는 자동차 등 운전자의 우측 도로 부분을 이용하여 좌회전하여야 한다는 의미인지?
※ 질의 배경
경찰청은 자전거 운전자의 교차로 좌회전 방법에 관한 「도로교통법」 제25조 제3항이 진행 방향의 직진 신호에 따라 "2단계로 직진-직진"하는 방법으로 좌회전하는 "훅 턴"을 규정하고 있는 것으로 보고, 만약 자전거 운전자가 자동차 운전자 등과 같이 녹색 좌회전 화살표 신호 시 등에 곧바로 좌회전하는 경우에는 해당 규정 위반이라고 해석해 오고 있는데, 민원인은 경찰청의 위와 같은 해석에 이견이 있어 법제처에 법령 해석을 요청함.
※ 결론
자전거 등 운전자의 교차로 좌회전 방법을 규정한 「도로교통법」 제25조 제3항은 자전거 운전자가 교차로에서 좌회전 신호에 따라 곧바로 좌회전할 수 없고, 진행 방향의 직진 신호에 따라 도로 우측 가장자리에 붙어 "2단계로 직진-직진"하는 방법으로 좌회전하여야 한다는 "훅 턴"을 의미하는 것입니다.

04 안전표지형 100제

♦ 4지 1답: 2점

866
다음의 횡단보도 표지가 설치되는 장소로 가장 알맞은 곳은?

→ 횡단보도 표지

① 횡단보도가 있는 도로로서 포장도로의 교차로에 신호기가 있을 때
② 횡단보도가 있는 도로로서 포장도로의 단일로에 신호기가 있을 때
③ 횡단보도가 있는 도로로서 보행자의 횡단이 금지되는 곳
④ 횡단보도가 있는 도로로서 신호가 없는 포장도로의 교차로나 단일로

해설 도로교통법 시행규칙 별표6. 132. 횡단보도 표지

867
다음 안전표지에 대한 설명으로 맞는 것은?

→ 어린이 보호 표지

① 유치원 통원로이므로 자동차가 통행할 수 없음을 나타낸다.
② 어린이 또는 유아의 통행로나 횡단보도가 있음을 알린다.
③ 학교의 출입구로부터 2킬로미터 이후 구역에 설치한다.
④ 어린이 또는 유아가 도로를 횡단할 수 없음을 알린다.

해설 도로교통법 시행규칙 별표6. 133. 어린이 보호 표지
어린이 또는 유아의 통행로나 횡단보도가 있음을 알리는 것, 학교, 유치원 등의 통학, 통원로 및 어린이 놀이터가 부근에 있음을 알리는 것

868
다음 안전표지가 뜻하는 것은?

→ 과속방지턱 표지

① 노면이 고르지 못함을 알리는 것
② 터널이 있음을 알리는 것
③ 과속방지턱이 있음을 알리는 것
④ 미끄러운 도로가 있음을 알리는 것

해설 도로교통법 시행규칙 별표6. 129. 과속방지턱
과속방지턱, 고원식 횡단보도, 고원식 교차로가 있음을 알리는 것

869

다음 안전표지가 있는 경우 안전 운전 방법은?

→ 우측 방향 통행 표지

① 도로 중앙에 장애물이 있으므로 우측 방향으로 주의하면서 통행한다.
② 중앙 분리대가 시작되므로 주의하면서 통행한다.
③ 중앙 분리대가 끝나는 지점이므로 주의하면서 통행한다.
④ 터널이 있으므로 전조등을 켜고 주의하면서 통행한다.

해설 도로교통법 시행규칙 별표6. 121. 우측 방향 통행 표지
도로의 우측 방향으로 통행하여야 할 지점이 있음을 알리는 것

870

도로교통법령상 다음 안전표지에 대한 내용으로 맞는 것은?

→ 좌합류 도로 표지

① 규제 표지이다.
② 직진 차량 우선 표지이다.
③ 좌합류 도로 표지이다.
④ 좌회전 금지 표지이다.

해설 도로교통법 시행규칙 별표6, 좌합류 도로 표지(주의 표지 108번)

871

다음 교통 안내 표지에 대한 설명으로 맞는 것은?

→ 자동차전용도로 표지

① 소통 확보가 필요한 도심부 도로 안내 표지이다.
② 자동차전용도로임을 알리는 표지이다.
③ 최고 속도 매시 70킬로미터 규제 표지이다.
④ 최저 속도 매시 70킬로미터 안내 표지이다.

해설 국토교통부령 도로표지규칙 별표4. 자동차전용도로 표지

872

도로교통법령상 그림의 안전표지와 같이 주의 표지에 해당되는 것을 나열한 것은?

→ 횡풍 표지   → 야생 동물 보호 표지

① 오르막 경사 표지, 상습 정체 구간 표지
② 차폭 제한 표지, 차간거리 확보 표지
③ 노면 전차 전용도로 표지, 우회로 표지
④ 비보호 좌회전 표지, 좌회전 및 유턴 표지

해설 도로교통법 시행규칙 별표6, 횡풍 표지(주의 표지 137번), 야생 동물 보호 표지(주의 표지 139번)
① 오르막 경사 표지와 상습 정체 구간 표지는 주의 표지이다.
② 차폭 제한 표지와 차간거리 확보 표지는 규제 표지이다.
③ 노면 전차 전용도로 표지와 우회 도로 표지는 지시 표지이다.
④ 비보호 좌회전 표지와 좌회전 및 유턴 표지는 지시 표지이다.

873

다음 **안전표지의 뜻**으로 맞는 것은?

낙석도로 표지

① 전방 100미터 앞부터 낙떨어지 위험 구간이므로 주의
② 전방 100미터 앞부터 공사 구간이므로 주의
③ 전방 100미터 앞부터 강변도로이므로 주의
④ 전방 100미터 앞부터 낙석 우려가 있는 도로이므로 주의

해설 도로교통법 시행규칙 별표6. 130. 낙석도로 표지
낙석 우려 지점 전 30미터 내지 200미터의 도로 우측에 설치

875

다음 **안전표지의 뜻**으로 맞는 것은?

중앙 분리대 시작 표지

① 전방에 양측방 통행 도로가 있으므로 감속 운행
② 전방에 장애물이 있으므로 감속 운행
③ 전방에 중앙 분리대가 시작되는 도로가 있으므로 감속 운행
④ 전방에 두 방향 통행 도로가 있으므로 감속 운행

해설 도로교통법 시행규칙 별표6. 123. 중앙 분리대 시작 표지

874

다음 **안전표지의 뜻**으로 맞는 것은?

교량 표지

① 철길 표지   ② 교량 표지
③ 높이 제한 표지   ④ 문화재 보호 표지

해설 도로교통법 시행규칙 별표6. 138의2. 교량 표지
교량이 있음을 알리는 것. 교량이 있는 지점 전 50미터에서 200미터의 도로 우측에 설치

876

다음 **안전표지가 의미**하는 것은?

우측 차로 없어짐 표지

① 좌측방 통행   ② 우합류 도로
③ 도로 폭 좁아짐   ④ 우측 차로 없어짐

해설 도로교통법 시행규칙 별표6. 119. 우측 차로 없어짐
편도 2차로 이상의 도로에서 우측 차로가 없어질 때 설치

877
다음 안전표지가 의미하는 것은?

→ 중앙 분리대 시작 표지

① 중앙 분리대 시작
② 양측방 통행
③ 중앙 분리대 끝남
④ 노상 장애물 있음

해설 도로교통법 시행규칙 별표6. 123. 중앙 분리대 시작 표지
중앙 분리대가 시작됨을 알리는 것

878
다음 안전표지가 의미하는 것은?

→ 노면 고르지 못함 표지

① 편도 2차로의 터널
② 연속 과속방지턱
③ 노면이 고르지 못함
④ 굴곡이 있는 잠수교

해설 도로교통법 시행규칙 별표6. 128. 노면 고르지 못함 표지
노면이 고르지 못함을 알리는 것

879
다음 안전표지가 의미하는 것은?

→ 자전거 표지

① 자전거 통행이 많은 지점
② 자전거 횡단도
③ 자전거 주차장
④ 자전거전용도로

해설 도로교통법 시행규칙 별표6. 134. 자전거 표지
자전거 통행이 많은 지점이 있음을 알리는 것

880
다음 안전표지가 있는 도로에서 올바른 운전 방법은?

→ 오르막 경사 표지

① 눈길인 경우 고단 변속기를 사용한다.
② 눈길인 경우 가급적 중간에 정지하지 않는다.
③ 평지에서보다 고단 변속기를 사용한다.
④ 짐이 많은 차를 가까이 따라간다.

해설 도로교통법 시행규칙 별표6. 116. 오르막 경사 표지
오르막 경사가 있음을 알리는 것

881
다음 안전표지가 있는 도로에서의 안전 운전 방법은?

→ 철길 건널목 표지

① 신호기의 진행 신호가 있을 때 서서히 진입 통과한다.
② 차단기가 내려가고 있을 때 신속히 진입 통과한다.
③ 철도 건널목 진입 전에 경보기가 울리면 가속하여 통과한다.
④ 차단기가 올라가고 있을 때 기어를 자주 바꿔 가며 통과한다.

해설 도로교통법 시행규칙 별표6. 110
철길 건널목이 있음을 알리는 것

882
다음 안전표지가 뜻하는 것은?

→ 우선도로 표지

① 우선도로에서 우선도로가 아닌 도로와 교차함을 알리는 표지이다.
② 일방통행 교차로를 나타내는 표지이다.
③ 동일 방향 통행 도로에서 양측방으로 통행하여야 할 지점이 있음을 알리는 표지이다.
④ 2방향 통행이 실시됨을 알리는 표지이다.

해설 도로교통법 시행규칙 별표6 Ⅱ. 개별 기준. 1. 주의 표지 106
우선도로에서 우선도로가 아닌 도로와 교차하는 경우

883
다음 안전표지에 대한 설명으로 바르지 않은 것은?

→ 도시부 표지

① 국토의 계획 및 이용에 관한 법률에 따른 주거지역에 설치한다.
② 도시부 도로임을 알리는 것으로 시작 지점과 그 밖의 필요한 구간에 설치한다.
③ 국토의 계획 및 이용에 관한 법률에 따른 계획 관리 구역에 설치한다.
④ 국토의 계획 및 이용에 관한 법률에 따른 공업 지역에 설치한다.

해설 국토의 계획 및 이용에 관한 법률 제36조 제1항 제1호에 따른 도시 지역 중 주거 지역, 상업 지역, 공업 지역에 설치하여 도시부 도로임을 알리는 것으로 시작 지점과 그 밖의 필요한 구간의 우측에 설치한다.

884

도로교통법령상 다음 **안전표지**에 대한 설명으로 **맞는 것은?**

→ 강변도로 표지

① 도로의 일변이 계곡 등 추락 위험 지역임을 알리는 보조 표지
② 도로의 일변이 강변 등 추락 위험 지역임을 알리는 규제 표지
③ 도로의 일변이 계곡 등 추락 위험 지역임을 알리는 주의 표지
④ 도로의 일변이 강변 등 추락 위험 지역임을 알리는 지시 표지

> **해설** 도로교통법 시행규칙 별표6, 강변도로 표지(주의 표지 127번)
> 도로의 일변이 강변·해변·계곡 등 추락 위험지역임을 알리는 것이다.

885

다음 **안전표지**에 대한 설명으로 **맞는 것은?**

→ 양측방 통행 표지

① 2방향 통행 표지이다.
② 중앙 분리대 끝남 표지이다.
③ 양측방 통행 표지이다.
④ 중앙 분리대 시작 표지이다.

> **해설** 도로교통법 시행규칙 별표6, 주의 표지 122
> 양측방 통행 표지로 동일 방향 통행 도로에서 양측방으로 통행하여야 할 지점이 있음을 알리는 것

886

다음 **안전표지**에 대한 설명으로 **맞는 것은?**

→ 회전형 교차로 표지

① 회전형 교차로 표지
② 유턴 및 좌회전 차량 주의 표지
③ 비신호 교차로 표지
④ 좌로 굽은 도로

> **해설** 도로교통법 시행규칙 별표6, 주의 표지 109
> 회전형 교차로 표지로 교차로 전 30미터에서 120미터의 도로 우측에 설치

887

다음 **안전표지가 설치되는 장소**로 가장 알맞은 곳은?

→ 미끄러운 도로 표지

① 도로가 좌로 굽어 차로 이탈이 발생할 수 있는 도로
② 눈·비 등의 원인으로 자동차 등이 미끄러지기 쉬운 도로
③ 도로가 이중으로 굽어 차로 이탈이 발생할 수 있는 도로
④ 내리막 경사가 심하여 속도를 줄여야 하는 도로

> **해설** 도로교통법 시행규칙 별표6, 주의 표지 126
> 미끄러운 도로 표지로 도로 결빙 등에 의해 자동차 등이 미끄러운 도로에 설치한다.

888
다음 안전표지에 대한 설명으로 맞는 것은?

→ 우로 굽은 도로 표지

① 차의 우회전할 것을 지시하는 표지이다.
② 차의 직진을 금지하게 하는 주의 표지이다.
③ 전방 우로 굽은 도로에 대한 주의 표지이다.
④ 차의 우회전을 금지하는 주의 표지이다.

해설 도로교통법 시행규칙 별표6, 주의 표지 111
우로 굽은 도로 표지로 전방 우로 굽은 도로에 대한 주의 표지이다.

889
도로교통법령상 다음 안전표지가 설치된 곳에서의 운전 방법으로 맞는 것은?

→ 차간거리 확보 표지

① 자동차전용도로에 설치되며 차간거리를 50미터 이상 확보한다.
② 일방통행 도로에 설치되며 차간거리를 50미터 이상 확보한다.
③ 자동차전용도로에 설치되며 50미터 전방 교통 정체 구간이므로 서행한다.
④ 일방통행 도로에 설치되며 50미터 전방 교통 정체 구간이므로 서행한다.

해설 도로교통법 시행규칙 별표6, 규제 표지 223
차간거리 확보 표지. 표지판에 표시된 차간거리 이상 확보할 것을 지시하는 안전표지이다. 표지판에 표시된 차간거리 이상을 확보하여야 할 도로의 구간 또는 필요한 지점의 우측에 설치하고 자동차전용도로에 설치한다.

890
도로교통법령상 다음의 안전표지에 대한 설명으로 맞는 것은?

→ 최고 속도 제한 표지

① 지시 표지이며, 자동차의 통행 속도가 평균 매시 50킬로미터를 초과해서는 아니 된다.
② 규제 표지이며, 자동차의 통행 속도가 평균 매시 50킬로미터를 초과해서는 아니 된다.
③ 지시 표지이며, 자동차의 최고 속도가 매시 50킬로미터를 초과해서는 아니 된다.
④ 규제 표지이며, 자동차의 최고 속도가 매시 50킬로미터를 초과해서는 아니 된다.

해설 도로교통법 시행규칙 별표6, 규제 표지 224 최고 속도 제한 표지
표지판에 표시한 속도로 자동차 등의 최고 속도를 지정하는 것이다. 설치 기준 및 장소는 자동차 등의 최고 속도를 제한하는 구역, 도로의 구간 또는 장소 내의 필요한 지점 우측에 설치한다.

891
다음 **안전표지**에 대한 설명으로 **맞는 것**은?

→ 통행금지 표지

① 보행자는 통행할 수 있다.
② 보행자뿐만 아니라 모든 차마는 통행할 수 없다.
③ 도로의 중앙 또는 좌측에 설치한다.
④ 통행금지 기간은 함께 표시할 수 없다.

> **해설** 도로교통법 시행규칙 별표6, 규제표지 201
> 통행금지 표지로 보행자 뿐 아니라 모든 차마는 통행할 수 없다. 도로의 구간 또는 장소의 도로의 중앙 또는 우측에 설치, 통행금지 구간·기간 및 이유를 명시한 보조 표지를 부착·설치 가능

892
다음 **안전표지**에 대한 설명으로 가장 **옳은 것**은?

→ 이륜자동차 및 원동기장치자전거의 통행금지 표지

① 이륜자동차 및 자전거의 통행을 금지한다.
② 이륜자동차 및 원동기장치자전거의 통행을 금지한다.
③ 이륜자동차와 자전거 이외의 차마는 언제나 통행할 수 있다.
④ 이륜자동차와 원동기장치자전거 이외의 차마는 언제나 통행할 수 있다.

> **해설** 도로교통법 시행규칙 별표6, 규제 표지 205
> 이륜자동차 및 원동기장치자전거의 통행금지 표지로 통행을 금지하는 구역, 도로의 구간 또는 장소의 전면이나 도로의 중앙 또는 우측에 설치

893
다음 **안전표지**에 대한 설명으로 **맞는 것**은?

→ 진입 금지 표지

① 차의 진입을 금지한다.
② 모든 차와 보행자의 진입을 금지한다.
③ 위험물 적재 화물차 진입을 금지한다.
④ 진입 금지 기간 등을 알리는 보조 표지는 설치할 수 없다.

> **해설** 도로교통법 시행규칙 별표6, 규제 표지 211
> 진입 금지 표지로 차의 진입을 금지하는 구역 및 도로의 중앙 또는 우측에 설치

894
다음 **안전표지**에 대한 설명으로 가장 **옳은 것**은?

→ 직진 금지 표지

① 직진하는 차량이 많은 도로에 설치한다.
② 금지해야 할 지점의 도로 좌측에 설치한다.
③ 이런 지점에서는 반드시 유턴하여 되돌아가야 한다.
④ 좌우측 도로를 이용하는 등 다른 도로를 이용해야 한다.

> **해설** 도로교통법 시행규칙 별표6, 규제 표지 212
> 직진 금지 표지로 차의 직진을 금지하는 규제 표지이며, 차의 직진을 금지해야 할 지점의 도로 우측에 설치

895

도로교통법령상 다음 **안전표지**에 대한 설명으로 **맞는 것은**?

→ 유턴 금지 표지

① 차마의 유턴을 금지하는 규제 표지이다.
② 차마(노면 전차는 제외한다)의 유턴을 금지하는 지시 표지이다.
③ 개인형 이동장치의 유턴을 금지하는 주의 표지이다.
④ 자동차 등(개인형 이동장치는 제외한다)의 유턴을 금지하는 지시 표지이다.

해설 도로교통법 시행규칙 별표6, 규제 표지 216번
유턴 금지 표지로 차마의 유턴을 금지하는 것이다. 유턴 금지 표지에서 제외되는 차종은 정하여 있지 않다.

896

다음 **안전표지**에 관한 설명으로 **맞는 것은**?

→ 주차 금지 표지

① 화물을 싣기 위해 잠시 주차할 수 있다.
② 승객을 내려 주기 위해 일시적으로 정차할 수 있다.
③ 주차 및 정차를 금지하는 구간에 설치한다.
④ 이륜자동차는 주차할 수 있다.

해설 도로교통법 시행규칙 별표6, 규제 표지 219
주차 금지 표지로 차의 주차를 금지하는 구역, 도로의 구간이나 장소의 전면 또는 필요한 지점의 도로 우측에 설치

897

다음 **안전표지**가 **뜻**하는 것은?

→ 차 높이 제한 표지

① 차폭 제한   ② 차 높이 제한
③ 차간거리 확보   ④ 터널의 높이

해설 도로교통법 시행규칙 별표6, 규제 표지 221
차 높이 제한 표지로 표지판에 표시한 높이를 초과하는 차(적재한 화물의 높이를 포함)의 통행을 제한하는 것

898

다음 **안전표지**가 **뜻**하는 것은?

→ 차폭 제한 표지

① 차 높이 제한   ② 차간거리 확보
③ 차폭 제한   ④ 차 길이 제한

해설 도로교통법 시행규칙 별표6, 규제 표지 222
차폭 제한 표지로 표지판에 표시한 폭이 초과된 차(적재한 화물의 폭을 포함)의 통행을 제한하는 것

899

다음 안전표지가 있는 도로에서의 운전 방법으로 맞는 것은?

→ 일시정지 표지

① 다가오는 차량이 있을 때에만 정지하면 된다.
②도로에 차량이 없을 때에도 정지해야 한다.
③ 어린이들이 길을 건널 때에만 정지한다.
④ 적색등이 켜진 때에만 정지하면 된다.

> 해설 도로교통법 시행규칙 별표6, 규제 표지 227
> 일시정지 표지로 차가 일시정지하여야 하는 교차로 기타 필요한 지점의 우측에 설치

900

다음 규제 표지를 설치할 수 있는 장소는?

→ 서행 표지

① 교통정리를 하고 있지 아니하고 교통이 빈번한 교차로
②비탈길 고갯마루 부근
③ 교통정리를 하고 있지 아니하고 좌우를 확인할 수 없는 교차로
④ 신호기가 없는 철길 건널목

> 해설 도로교통법 시행규칙 별표6, 규제 표지 226
> 서행 규제 표지로 차가 서행하여야 하는 도로의 구간 또는 장소의 필요한 지점 우측에 설치

901

다음 규제 표지가 의미하는 것은?

→ 위험물 적재 차량 통행금지 표지

①위험물을 실은 차량 통행금지
② 전방에 차량 화재로 인한 교통 통제 중
③ 차량 화재가 자주 발생하는 곳
④ 산불 발생 지역으로 차량 통행금지

> 해설 도로교통법 시행규칙 별표6, 규제 표지 231
> 위험물 적재 차량 통행금지 표지로 위험물을 적재한 차의 통행을 금지하는 도로의 구간 우측에 설치

902

다음 규제 표지가 설치된 지역에서 운행이 금지된 차량은?

→ 승합자동차 통행금지 표지

① 이륜자동차
②승합자동차
③ 승용자동차
④ 원동기장치자전거

> 해설 도로교통법 시행규칙 별표6, 규제 표지 204
> 승합자동차 통행금지 표지로 승합자동차(승차정원 30명 이상인 것)의 통행을 금지하는 것

903
다음 안전표지의 뜻으로 맞는 것은?

→ 상습 정체 구간 표지

① 일렬 주차 표지
②　상습 정체 구간 표지
③ 야간 통행 주의 표지
④ 차선 변경 구간 표지

> **해설** 도로교통법 시행규칙 별표6, 주의 표지 141
> 상습 정체 구간 표지로 상습 정체 구간으로 사고 위험이 있는 구간에 설치

904
다음 규제 표지가 의미하는 것은?

→ 앞지르기 금지 표지

① 커브 길 주의
② 자동차 진입 금지
③ 앞지르기 금지
④ 과속방지턱 설치 지역

> **해설** 도로교통법 시행규칙 별표6, 규제 표지 217
> 앞지르기 금지 표지로 차의 앞지르기를 금지하는 도로의 구간이나 장소의 전면 또는 필요한 지점의 도로 우측에 설치

905
다음의 안전표지에 대한 설명으로 맞는 것은?

→ 차 중량 제한 표지

① 중량 5.5t 이상 차의 횡단을 제한하는 것
② 중량 5.5t 초과 차의 횡단을 제한하는 것
③ 중량 5.5t 이상 차의 통행을 제한하는 것
④ 중량 5.5t 초과 차의 통행을 제한하는 것

> **해설** 도로교통법 시행규칙 별표6, 규제 표지 220번
> 차 중량 제한 표지로 표지판에 표시한 중량을 초과하는 차의 통행을 제한하는 것이다.

906
다음 안전표지에 대한 설명으로 맞는 것은?

→ 화물자동차 통행금지 표지

① 승용자동차의 통행을 금지하는 것이다.
② 위험물 운반 자동차의 통행을 금지하는 것이다.
③ 승합자동차의 통행을 금지하는 것이다.
④ 화물자동차의 통행을 금지하는 것이다.

> **해설** 도로교통법 시행규칙 별표6, 규제 표지 203
> 화물자동차 총중량 및 차체 길이 삭제됨 2021. 4. 17. 시행(2019. 4. 17. 개정)

907

다음에서 "차량 경고등" 표시 내용으로 틀린 것은?

① 그림 ①은 엔진 제어 장치 및 배기가스 제어와 관련 센서 이상을 알리는 경고등
② 그림 ②는 워셔액 부족 시 보충을 알리는 경고등
③ 그림 ③은 타이어 공기압이 낮을 시 표준 공기압으로 보충 또는 타이어 파손 상태를 알리는 경고등
④ 그림 ④는 ABS 브레이크 기능과 관련 경고등

해설 자동차 및 자동차부품의 성능과 기준에 관한 규칙 제13조 제4항 및 제15항 관련 별표2
④ 엔진 오일 부족 경고등

908

다음 안전표지의 설치 장소에 대한 기준으로 바르지 않은 것은?

① A표지는 노면 전차 교차로 전 50미터에서 120미터 사이의 도로 중앙 또는 우측에 설치한다.
② B표지는 회전교차로 전 30미터 내지 120미터의 도로 우측에 설치한다.
③ C표지는 내리막 경사가 시작되는 지점 전 30미터 내지 200미터의 도로 우측에 설치한다.
④ D표지는 도로 폭이 좁아지는 지점 전 30미터 내지 200미터의 도로 우측에 설치한다.

해설
A. 노면 전차 주의 표지-노면 전차 교차로 전 50미터에서 120미터 사이의 도로 중앙 또는 우측(주의 표지 110의2)
B. 회전형 교차로 표지-교차로 전 30미터 내지 120미터의 도로 우측(주의 표지 109)
C. 내리막 경사 표지-내리막 경사가 시작되는 지점 전 30미터 내지 200미터의 도로 우측(주의 표지 117)
D. 도로 폭이 좁아짐 표지-도로 폭이 좁아지는 지점 전 50미터 내지 200미터의 도로 우측(주의 표지 118)

909

다음 규제 표지가 설치된 지역에서 운행이 가능한 차량은?

① 화물자동차
② 경운기
③ 트랙터
④ 손수레

해설 도로교통법 시행규칙 별표6. 규제 표지 207 경운기·트랙터 및 손수레 통행금지 표지이다.

910

다음 **규제 표지**에 대한 설명으로 **맞는 것은**?

→ 최저 속도 제한 표지

① 최저 속도 제한 표지
② 최고 속도 제한 표지
③ 차간거리 확보 표지
④ 안전 속도 유지 표지

> **해설** 도로교통법 시행규칙 별표6, 규제 표지 225
> 최저 속도 제한 표지로 표지판에 표시한 속도로 자동차 등의 최저 속도를 지정하는 것

911

다음 **안전표지의 명칭**으로 맞는 것은?

→ 양측방 통행 표지

① 양측방 통행 표지
② 양측방 통행금지 표지
③ 중앙 분리대 시작 표지
④ 중앙 분리대 종료 표지

> **해설** 도로교통법 시행규칙 별표6, 지시 표지 312
> 양측방 통행 표지로 차가 양측 방향으로 통행할 것을 지시하는 표지이다.

912

다음 **안전표지**에 대한 설명으로 **맞는 것은**?

→ 비보호 좌회전 표지

① 신호에 관계없이 차량 통행이 없을 때 좌회전할 수 있다.
② 적색 신호에 다른 교통에 방해가 되지 않을 때에는 좌회전할 수 있다.
③ 비보호이므로 좌회전 신호가 없으면 좌회전할 수 없다.
④ 녹색 신호에서 다른 교통에 방해가 되지 않을 때에는 좌회전할 수 있다.

> **해설** 도로교통법 시행규칙 별표6, 지시 표지 329
> 비보호 좌회전 표지로 진행 신호 시 반대 방면에서 오는 차량에 방해가 되지 아니하도록 좌회전할 수 있다.

913

다음 **안전표지의 명칭은**?

→ 좌·우회전 표지

① 양측방 통행 표지
② 좌·우회전 표지
③ 중앙 분리대 시작 표지
④ 중앙 분리대 종료 표지

> **해설** 도로교통법 시행규칙 별표6, 지시 표지 310
> 좌·우회전 표지이다.

914
다음 **안전표지**에 대한 설명으로 **맞는** 것은?

→ 좌회전 및 유턴 표지

① 차가 좌회전 후 유턴할 것을 지시하는 안전표지이다.
② 차가 좌회전 또는 유턴할 것을 지시하는 안전표지이다.
③ 좌회전 차가 유턴 차보다 우선임을 지시하는 안전표지이다.
④ 좌회전 차보다 유턴 차가 우선임을 지시하는 안전표지이다.

[해설] 도로교통법 시행규칙 별표6, 지시 표지 309의2번
좌회전 및 유턴 표지로 차가 좌회전 또는 유턴할 것을 지시하는 것이다. 좌회전 또는 유턴에 대한 우선순위는 명시되어 있지 않다. 이 안전표지는 차가 좌회전 또는 유턴할 지점의 도로 우측 또는 중앙에 설치한다.

915
다음 **안전표지**에 대한 설명으로 **맞는** 것은?

→ 우회로 표지

① 주차장에 진입할 때 화살표 방향으로 통행할 것을 지시하는 것
② 좌회전이 금지된 지역에서 우회 도로로 통행할 것을 지시하는 것
③ 회전교차로이므로 주의하여 회전할 것을 지시하는 것
④ 좌측면으로 통행할 것을 지시하는 것

[해설] 도로교통법 시행규칙 별표6, 지시 표지 316
우회로 표지로 차의 좌회전이 금지된 지역에서 우회 도로로 통행할 것을 지시하는 것

916
다음 **안전표지**가 **의미**하는 것은?

→ 통행 우선 표지

① 백색 화살표 방향으로 진행하는 차량이 우선 통행할 수 있다.
② 적색 화살표 방향으로 진행하는 차량이 우선 통행할 수 있다.
③ 백색 화살표 방향의 차량은 통행할 수 없다.
④ 적색 화살표 방향의 차량은 통행할 수 없다.

[해설] 도로교통법 시행규칙 별표6, 지시 표지 332
통행 우선 표지로 백색 화살표 방향으로 진행하는 차량이 우선 통행할 수 있도록 표시하는 것

917
다음 **안전표지**가 **의미**하는 것은?

→ 자전거 횡단도 표지

① 자전거 횡단이 가능한 자전거 횡단도가 있다.
② 자전거 횡단이 불가능한 것을 알리거나 지시하고 있다.
③ 자전거와 보행자가 횡단할 수 있다.
④ 자전거와 보행자의 횡단에 주의한다.

[해설] 도로교통법 시행규칙 별표6, 지시 표지 325
자전거 횡단도 표지이다.

918
다음 안전표지가 의미하는 것은?

→ 일방통행 표지

① 좌측 도로는 일방통행 도로이다.
② 우측 도로는 일방통행 도로이다.
③ 모든 도로는 일방통행 도로이다.
④ 직진도로는 일방통행 도로이다.

해설 도로교통법 시행규칙 별표6, 지시 표지 328
일방통행 표지로 전방으로만 진행할 수 있는 일방통행로임을 지시하는 표지이다. 일방통행도로의 입구 및 구간 내의 필요한 지점의 도로 양측에 설치하고, 구간의 시작 및 끝의 보조 표지를 부착·설치하며, 구간 내에 교차하는 도로가 있을 경우에는 교차로 부근의 도로 양측에 설치한다.

919
다음 안전표지가 설치된 차로 통행 방법으로 올바른 것은?

→ 자전거전용차로 표지

① 전동킥보드는 이 표지가 설치된 차로를 통행할 수 있다.
② 전기자전거는 이 표지가 설치된 차로를 통행할 수 없다.
③ 자전거인 경우만 이 표지가 설치된 차로를 통행할 수 있다.
④ 자동차는 이 표지가 설치된 차로를 통행할 수 있다.

해설 도로교통법 시행규칙 별표6, 자전거전용차로 표지 (지시 표지 318번)
자전거 등만 통행할 수 있도록 지정된 차로의 위에 설치한다. 도로교통법 제2조(정의)에 의해 자전거 등이란 자전거와 개인형 이동장치이다. 자전거란 자전거 이용 활성화에 관한 법률 제2조 제1호 및 제1호의2에 따른 자전거 및 전기자전거를 말한다. 도로교통법 시행규칙 제2조의2(개인형 이동장치의 기준)에 따라 전동킥보드는 개인형 이동장치이다. 따라서 전동킥보드는 자전거 등만 통행할 수 있도록 지정된 차로를 통행할 수 있다.

920
다음 안전표지에 대한 설명으로 맞는 것은?

→ 자전거 및 보행자 겸용도로 표지

① 자전거만 통행하도록 지시한다.
② 자전거 및 보행자 겸용도로임을 지시한다.
③ 어린이보호구역 안에서 어린이 또는 유아의 보호를 지시한다.
④ 자전거 횡단도임을 지시한다.

해설 도로교통법 시행규칙 별표6, 지시 표지 303
자전거 및 보행자 겸용도로 표지

921
다음 안전표지가 설치된 교차로의 설명 및 통행 방법으로 올바른 것은?

→ 회전교차로 표지

① 중앙 교통섬의 가장자리에는 화물차 턱(truck apron)을 설치할 수 없다.

② 교차로에 진입 및 진출 시에는 반드시 방향지시 등을 작동해야 한다.
③ 방향지시등은 진입 시에 작동해야 하며 진출 시는 작동하지 않아도 된다.
④ 교차로 안에 진입하려는 차가 화살표 방향으로 회전하는 차보다 우선이다.

해설 도로교통법 시행규칙 별표6, 회전교차로 표지(지시표지 304)
회전교차로(round about)에 설치되는 회전교차로 표지이다. 회전교차로(round about)는 회전교차로에 진입하려는 경우 교차로 내에서 반시계 방향으로 회전하는 차에 양보해야 하고, 진입 및 진출 시에는 반드시 방향지시등을 작동해야 한다. 그리고 중앙 교통섬의 가장자리에 대형자동차 또는 세미 트레일러가 밟고 지나갈 수 있도록 만든 화물차 턱(truck apron)이 있다. 회전교차로와 로터리 구분은 "도로의 구조·시설 기준에 관한 규칙 해설"(국토교통부) 및 "회전교차로 설계지침"(국토교통부)에 의거 설치·운영.

〈회전교차로와 교통 서클의 차이점〉

구분	회전교차로 (round about)	교통 서클 (traffic circle)
진입 방식	진입 자동차가 양보(회전자동차가 진입자동차에 대해 통행우선권을 가짐)	회전자동차가 양보
진입부	저속 진입 유도	고속 진입
회전부	고속의 회전차로 주행방지를 위한 설계(대규모 회전 반지름 지양)	대규모 회전부에서 고속 주행
분리 교통섬	감속 및 방향 분리를 위해 필수 설치	선택 설치
중앙 교통섬	• 지름이 대부분 50미터 이내 • 도시 지역에서는 지름이 최소 2미터인 초소형 회전교차로도 설치 가능	지름 제한 없음

출처: 회전교차로 설계지침(국토교통부)

922

다음 안전표지에 대한 설명으로 맞는 것은?

자전거 나란히 통행 허용 표지

① 자전거도로에서 2대 이상 자전거의 나란히 통행을 허용한다.
② 자전거의 횡단도임을 지시한다.
③ 자전거만 통행하도록 지시한다.
④ 자전거 주차장이 있음을 알린다.

해설 도로교통법 시행규칙 별표6, 지시 표지 333
자전거 나란히 통행 허용 표지이다.

923

다음 안전표지에 대한 설명으로 맞는 것은?

자전거 및 보행자 통행 구분 도로 표지

① 자전거 횡단도 표지이다.
② 자전거우선도로 표지이다.
③ 자전거 및 보행자 겸용도로 표지이다.
④ 자전거 및 보행자 통행 구분 표지이다.

해설 도로교통법 시행규칙 별표6, 지시 표지 317
자전거 및 보행자 통행 구분 도로 표지로 자전거 및 보행자 겸용도로에서 자전거와 보행자를 구분하여 통행하도록 지시하는 것

924

다음 안전표지의 의미와 이 표지가 설치된 도로에서 운전 행동에 대한 설명으로 맞는 것은?

→ 진행 방향별 통행 구분 표지

① 진행 방향별 통행 구분 표지이며 규제 표지이다.
② 차가 좌회전·직진 또는 우회전할 것을 안내하는 주의 표지이다.
③ 차가 좌회전을 하려는 경우 교차로의 중심 바깥쪽을 이용한다.
④ 차가 좌회전을 하려는 경우 미리 도로의 중앙선을 따라 서행한다.

해설 도로교통법 시행규칙 별표6, 진행 방향별 통행 구분 표지(지시 표지 315번)
차가 좌회전·직진 또는 우회전할 것을 지시하는 것이다.
도로교통법 제25조(교차로 통행 방법)
① 모든 차의 운전자는 교차로에서 우회전을 하려는 경우에는 미리 도로의 우측 가장자리를 서행하면서 우회전하여야 한다. 이 경우 우회전하는 차의 운전자는 신호에 따라 정지하거나 진행하는 보행자 또는 자전거 등에 주의하여야 한다.
② 모든 차의 운전자는 교차로에서 좌회전을 하려는 경우에는 미리 도로의 중앙선을 따라 서행하면서 교차로의 중심 안쪽을 이용하여 좌회전하여야 한다.

925

다음 안전표지에 대한 설명으로 맞는 것은?

→ 우측면 통행 표지

① 차가 회전 진행할 것을 지시한다.
② 차가 좌측면으로 통행할 것을 지시한다.
③ 차가 우측면으로 통행할 것을 지시한다.
④ 차가 유턴할 것을 지시한다.

해설 도로교통법 시행규칙 별표6, 지시 표지 313
우측면 통행 표지로 차가 우측면으로 통행할 것을 지시하는 것

926

다음 안전표지 중 도로교통법령에 따른 규제 표지는 몇 개인가?

① 1개 ② 2개
③ 3개 ④ 4개

해설 도로교통법 시행규칙 별표6
4개의 안전표지 중에서 규제 표지는 3개, 보조 표지는 1개이다.

927

도로교통법령상 지시 표지가 설치된 도로의 통행 방법으로 맞는 것은?

→ 자동차전용도로 표지

① 특수자동차는 이 도로를 통행할 수 없다.
② 화물자동차는 이 도로를 통행할 수 없다.
③ 이륜자동차는 긴급자동차인 경우만 이 도로를 통행할 수 있다.
④ 원동기장치자전거는 긴급자동차인 경우만 이 도로를 통행할 수 있다.

해설 도로교통법 시행규칙 별표6, 자동차전용도로 표지(지시 표지 301)
자동차전용도로 또는 전용 구역임을 지시하는 것이다. 도로교통법에 따라 자동차(이륜자동차는 긴급자동차만 해당한다) 외의 차마의 운전자 또는 보행자는 고속도로와 자동차전용도로를 통행하거나 횡단하여서는 아니 된다. 따라서 이륜자동차는 긴급자동차인 경우만 도로를 통행할 수 있다.

928

다음 안전표지가 설치된 도로를 통행할 수 없는 차로 맞는 것은?

→ 자전거전용도로 표지

① 전기자전거
② 전동이륜평행차
③ 개인형 이동장치
④ 원동기장치자전거(개인형 이동장치 제외)

해설 도로교통법 시행규칙 별표6, 지시 표지 302
자전거 전용도로 표지로 자전거전용도로 또는 전용 구역임을 지시하는 것이다.
도로교통법 제2조(정의)
자전거 등이란 자전거와 개인형 이동장치를 말한다. 자전거란 자전거 이용 활성화에 관한 법률 제2조 제1호 및 제1호의2에 따른 자전거 및 전기자전거를 말한다.
도로교통법 시행규칙 제2조의3(개인형 이동장치의 기준)
1. 전동킥보드
2. 전동이륜평행차
3. 전동기의 동력만으로 움직일 수 있는 자전거

929

다음 안전표지에 대한 설명으로 맞는 것은?

→ 보행자전용도로 표지

① 어린이보호구역 안에서 어린이 또는 유아의 보호를 지시한다.
② 보행자가 횡단보도로 통행할 것을 지시한다.
③ 보행자전용도로임을 지시한다.
④ 노인보호구역 안에서 노인의 보호를 지시한다.

해설 도로교통법 시행규칙 별표6, 지시 표지 321
보행자전용도로 표지이다.

930

다음 안전표지에 대한 설명으로 맞는 것은?

→ 직진 및 좌회전 표지

① 차가 직진 후 좌회전할 것을 지시한다.
② 차가 좌회전 후 직진할 것을 지시한다.
③ 차가 직진 또는 좌회전할 것을 지시한다.
④ 좌회전하는 차보다 직진하는 차가 우선임을 지시한다.

해설 도로교통법 시행규칙 별표6, 지시 표지 309
직진 및 좌회전 표지로 차가 직진 또는 좌회전할 것을 지시하는 것

931

다음 안전표지에 대한 설명으로 맞는 것은?

→ 횡단보도 표지

① 노약자 보호를 우선하라는 지시를 하고 있다.
② 보행자전용도로임을 지시하고 있다.
③ 어린이 보호를 지시하고 있다.
④ 보행자가 횡단보도로 통행할 것을 지시하고 있다.

해설 도로교통법 시행규칙 별표6, 횡단보도 표지(지시 표지 322번)
보행자가 횡단보도로 통행할 것을 지시하고 있다.

932

다음의 안전표지에 대한 설명으로 맞는 것은?

→ 노인 보호 표지

① 노인보호구역에서 노인의 보호를 지시하는 것
② 노인보호구역에서 노인이 나란히 걸어갈 것을 지시하는 것
③ 노인보호구역에서 노인이 나란히 걸어가면 정지할 것을 지시하는 것
④ 노인보호구역에서 남성 노인과 여성 노인을 차별하지 않을 것을 지시하는 것

해설 도로교통법 시행규칙 별표6, 노인 보호 표지(지시 표지 323번)
노인보호구역 안에서 노인의 보호를 지시한다.

933

다음 안전표지 중에서 지시 표지는?

→ 지시 표지

① Ⓐ
② Ⓑ
③ Ⓒ
④ Ⓓ

해설 도로교통법 시행규칙 별표6, 회전교차로 표지(지시 표지 304번)
Ⓐ 규제 표지, Ⓑ 보조 표지, Ⓓ 주의 표지
도로교통법의 안전표지에 해당하는 종류로는 주의 표지, 지시 표지, 규제 표지, 보조 표지 그리고 노면 표시가 있다.

934
다음 **안전표지의 종류**로 맞는 것은?

→ 우회전 표지

① **우회전 표지**
② 우로 굽은 도로 표지
③ 우회전 우선 표지
④ 우측방 우선 표지

해설 도로교통법 시행규칙 별표6, 우회전 표지(지시 표지 306)이다.

935
다음과 같은 **교통안전 시설이 설치된 교차로**에서의 **통행 방법** 중 맞는 것은?

→ 비보호 좌회전 표지

① 좌회전 녹색 화살 표시가 등화된 경우에만 좌회전할 수 있다.
② **좌회전 신호 시 좌회전하거나 진행 신호 시 반대 방면에서 오는 차량에 방해가 되지 아니하도록 좌회전할 수 있다.**
③ 신호등과 관계없이 반대 방면에서 오는 차량에 방해가 되지 아니하도록 좌회전할 수 있다.
④ 황색 등화 시 반대 방면에서 오는 차량에 방해가 되지 아니하도록 좌회전할 수 있다.

해설 도로교통법 제5조, 도로교통법 시행규칙 제6조, 도로교통법 시행규칙 제8조
신호등의 좌회전 녹색 화살 표시가 등화된 경우 좌회전할 수 있으며, 진행 신호 시 반대 방면에서 오는 차량에 방해가 되지 아니하도록 좌회전할 수 있다.

936
중앙선 표시 위에 설치된 **도로 안전 시설**에 대한 설명으로 **틀린 것은**?

→ 시선 유도봉

① **중앙선 노면 표시에 설치된 도로 안전 시설물은 중앙 분리봉이다.**
② 교통사고 발생의 위험이 높은 곳으로 위험 구간을 예고하는 목적으로 설치한다.
③ 운전자의 주의가 요구되는 장소에 노면 표시를 보조하여 시선을 유도하는 시설물이다.
④ 동일 및 반대 방향 교통 흐름을 공간적으로 분리하기 위해 설치한다.

해설 ① 문제의 도로 안전 시설은 시선 유도봉이다.
도로안전시설 설치 및 관리지침(국토교통부예규 제318호)
-제1편 시선유도시설
시선 유도봉은 교통사고 발생의 위험이 높은 곳으로서, 운전자의 주의가 현저히 요구되는 장소에 노면 표시를 보조하여 동일 및 반대 방향 교통류를 공간적으로 분리하고 위험 구간을 예고할 목적으로 설치하는 시설이다.

937

다음 노면 표시가 표시하는 뜻은?

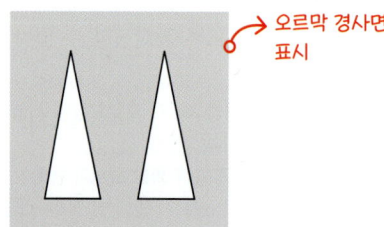
→ 오르막 경사면 표시

① 전방에 과속방지턱 또는 교차로에 오르막 경사면이 있다.
② 전방 도로가 좁아지고 있다.
③ 차량 두 대가 동시에 통행할 수 있다.
④ 산악 지역 도로이다.

> **해설** 도로교통법 시행규칙 별표6. 오르막 경사면 표시 (노면 표시 544)
> 오르막 경사면 노면 표시로 전방에 오르막 경사면 또는 과속방지턱이 있음을 알리는 것

938

다음의 노면 표시가 설치되는 장소로 맞는 것은?

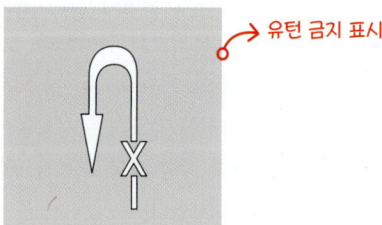
→ 유턴 금지 표시

① 차마의 역주행을 금지하는 도로의 구간에 설치
② 차마의 유턴을 금지하는 도로의 구간에 설치
③ 회전교차로 내에서 역주행을 금지하는 도로의 구간에 설치
④ 회전교차로 내에서 유턴을 금지하는 도로의 구간에 설치

> **해설** 도로교통법 시행규칙 별표6. 유턴 금지 표시(노면 표시 514번)
> 차마의 유턴을 금지하는 도로의 구간 또는 장소 내의 필요한 지점에 설치한다.

939

다음 상황에서 적색 노면 표시에 대한 설명으로 맞는 것은?

→ 소방 시설 주변 정차·주차 금지 표시

① 차도와 보도를 구획하는 길가장자리구역을 표시하는 것
② 차의 차로 변경을 제한하는 것
③ 보행자를 보호해야 하는 구역을 표시하는 것
④ 소방 시설 등이 설치된 구역을 표시하는 것

> **해설** 도로교통법 시행규칙 별표6. 노면 표시 516의3
> 소방 시설 등이 설치된 곳으로부터 각각 5미터 이내인 곳에서 신속한 소방 활동을 위해 특히 필요하다고 인정하는 곳에 정차·주차 금지를 표시하는 것

940

다음과 같은 노면 표시에 따른 운전 행동으로 맞는 것은?

어린이보호구역 표시
서행 표시, 정차·주차 금지 표시

① 어린이보호구역으로 주차는 불가하나 정차는 가능하므로 짧은 시간 길가장자리에 정차하여 어린이를 태운다.
② 어린이보호구역 내 횡단보도 예고 표시가 있으므로 미리 서행해야 한다.
③ 어린이보호구역으로 어린이 및 영유아 안전에 유의해야 하며 지그재그 노면 표시에 의하여 서행하여야 한다.
④ 어린이보호구역은 시간제 운영 여부와 관계없이 잠시 정차는 가능하다.

해설 도로교통법 시행규칙 별표6. 서행 표시(노면 표시 520번), 정차·주차 금지 표시(노면 표시 516번), 어린이보호구역표시(노면 표시 536번)
도로교통법 제2조(정의)
어린이란 13세 미만의 사람을 말한다.

941

다음 안전표지에 대한 설명으로 틀린 것은?

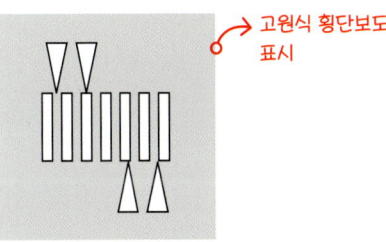

고원식 횡단보도 표시

① 고원식 횡단보도 표시이다.
② 볼록 사다리꼴과 과속방지턱 형태로 하며 높이는 10cm로 한다.
③ 운전자의 주의를 환기시킬 필요가 있는 지점에 설치한다.
④ 모든 도로에 설치할 수 있다.

해설 도로교통법 시행규칙 별표6. 고원식 횡단보도 표시(노면 표시 533)
제한 속도를 시속 30킬로미터 이하로 제한할 필요가 있는 도로에서 횡단보도임을 표시하는 것

942

다음 안전표지에 대한 설명으로 맞는 것은?

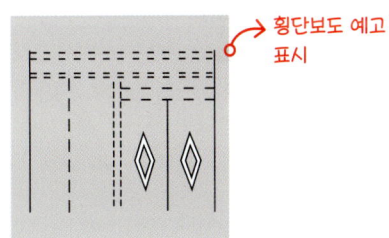

횡단보도 예고 표시

① 전방에 안전지대가 있음을 알리는 것이다.
② 차가 양보하여야 할 장소임을 표시하는 것이다.
③ 전방에 횡단보도가 있음을 알리는 것이다.
④ 주차할 수 있는 장소임을 표시하는 것이다.

해설 도로교통법 시행규칙 별표6. 횡단보도 예고 표시(노면 표시 529)
횡단보도 전 50미터에서 60미터 노상에 설치, 필요할 경우에는 10미터에서 20미터를 더한 거리에 추가 설치

943

다음 안전표지에 대한 설명으로 맞는 것은?

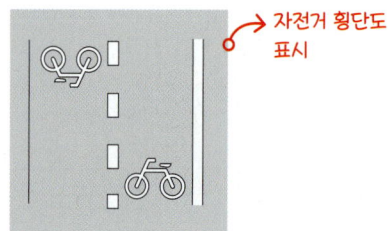

→ 자전거 횡단도 표시

① 자전거전용도로임을 표시하는 것이다.
② 자전거 등의 횡단도임을 표시하는 것이다.
③ 자전거 주차장에 주차하도록 지시하는 것이다.
④ 자전거도로에서 2대 이상 자전거의 나란히 통행을 허용하는 것이다.

> 해설 도로교통법 시행규칙 별표6, 자전거 횡단도 표시 (노면 표시 534)
> 도로에 자전거 횡단이 필요한 지점에 설치, 횡단보도가 있는 교차로에서는 횡단보도 측면에 설치

944

다음 안전표지에 대한 설명으로 맞는 것은?

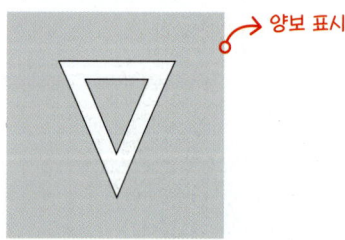

→ 양보 표시

① 횡단보도임을 표시하는 것이다.
② 차가 들어가 정차하는 것을 금지하는 표시이다.
③ 차가 양보하여야 할 장소임을 표시하는 것이다.
④ 교차로에 오르막 경사면이 있음을 표시하는 것이다.

> 해설 도로교통법 시행규칙 별표6, 양보 표시(노면 표시 522번)
> 차가 양보하여야 할 장소임을 표시하는 것이다.

945

다음 안전표지에 대한 설명으로 맞는 것은?

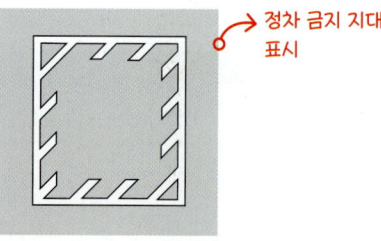

→ 정차 금지 지대 표시

① 차가 양보하여야 할 장소임을 표시하는 것이다.
② 노상에 장애물이 있음을 표시하는 것이다.
③ 차가 들어가 정차하는 것을 금지하는 표시이다.
④ 주차할 수 있는 장소임을 표시하는 것이다.

> 해설 도로교통법 시행규칙 별표6, 정차 금지 지대 표시 (노면 표시 524)
> 광장이나 교차로 중앙 지점 등에 설치된 구획 부분에 차가 들어가 정차하는 것을 금지하는 표시이다.

946

다음 안전표지의 의미로 맞는 것은?

→ 자전거우선도로 표시

① 자전거우선도로 표시
② 자전거전용도로 표시
③ 자전거 횡단도 표시
④ 자전거 보호 구역 표시

> 해설 도로교통법 시행규칙 별표6, 5.노면 표시 535의2 자전거우선도로 표시

947

다음 **차도** 부문의 **가장자리**에 설치된 **노면 표시**의 설명으로 **맞는 것은?**

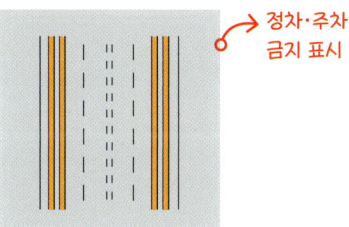
→ 정차·주차 금지 표시

① 정차를 금지하고 주차를 허용한 곳을 표시하는 것
② 정차 및 주차 금지를 표시하는 것
③ 정차를 허용하고 주차 금지를 표시하는 것
④ 구역·시간·장소 및 차의 종류를 정하여 주차를 허용할 수 있음을 표시하는 것

> **해설** 도로교통법 시행규칙 별표6, 노면 표시 516
> 도로교통법 제32조에 따라 정차 및 주차 금지를 표시하는 것

948

다음 **안전표지의 의미**로 **맞는 것은?**

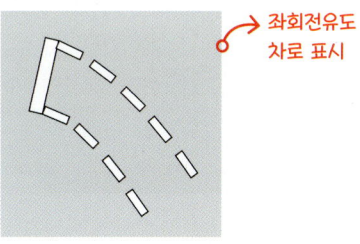
→ 좌회전유도 차로 표시

① 교차로에서 좌회전하려는 차량이 다른 교통에 방해가 되지 않도록 적색 등화 동안 교차로 안에서 대기하는 지점을 표시하는 것
② 교차로에서 좌회전하려는 차량이 다른 교통에 방해가 되지 않도록 황색 등화 동안 교차로 안에서 대기하는 지점을 표시하는 것
③ 교차로에서 좌회전하려는 차량이 다른 교통에 방해가 되지 않도록 녹색 등화 동안 교차로 안에서 대기하는 지점을 표시하는 것
④ 교차로에서 좌회전하려는 차량이 다른 교통에 방해가 되지 않도록 적색 점멸 등화 동안 교차로 안에서 대기하는 지점을 표시하는 것

> **해설** 도로교통법 시행규칙 별표6, 5. 노면 표시 525의2 좌회전유도차로 표시

949

다음 **안전표지의 의미**로 **맞는 것은?**

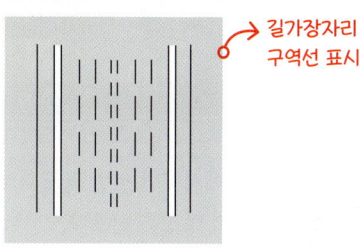
→ 길가장자리 구역선 표시

① 갓길 표시
② 차로 변경 제한선 표시
③ 유턴 구역선 표시
④ 길가장자리구역선 표시

> **해설** 도로교통법 시행규칙 별표6, 5. 노면 표시 505번 길가장자리구역선 표시

950
다음 노면 표시의 의미로 맞는 것은?

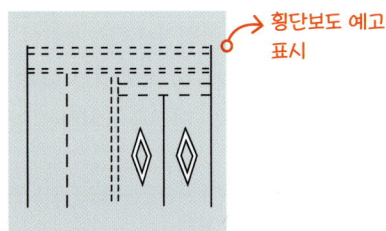
→ 횡단보도 예고 표시

① 전방에 교차로가 있음을 알리는 것
②〇 전방에 횡단보도가 있음을 알리는 것
③ 전방에 노상 장애물이 있음을 알리는 것
④ 전방에 주차 금지를 알리는 것

[해설] 도로교통법 시행규칙 별표6. 5. 노면 표시 529번 횡단보도 예고 표시

951
다음 방향 표지와 관련된 설명으로 맞는 것은?

→ 나들목(IC)의 명칭

① 150미터 앞에서 6번 일반 국도와 합류한다.
②〇 나들목(IC)의 명칭은 군포다.
③ 고속도로 기점에서 47번째 나들목(IC)이라는 의미이다.
④ 고속도로와 고속도로를 연결해 주는 분기점(JCT) 표지이다.

[해설] 고속도로 기점에서 6번째 나들목인 군포 나들목(IC)이 150미터 앞에 있고, 나들목으로 나가면 군포 및 국도 47호선을 만날 수 있다는 의미이다.

952
고속도로에 설치된 표지판 속의 대전 143km가 의미하는 것은?

→ 해당 지역에 가장 먼저 도달하게 되는 나들목(IC)까지의 잔여 거리

① 대전광역시청까지의 잔여 거리
② 대전광역시 행정 구역 경계선까지의 잔여 거리
③ 위도상 대전광역시 중간 지점까지의 잔여 거리
④〇 가장 먼저 닿게 되는 대전 지역 나들목까지의 잔여 거리

[해설] 표지판 설치 위치에서 해당 지역까지 남은 거리를 알려주는 고속도로 이정 표지판으로 고속도로 폐쇄식 구간에서 가장 먼저 닿는 그 지역의 IC 기준으로 거리를 산정한다.

953
다음 사진 속의 유턴 표지에 대한 설명으로 틀린 것은?

→ 유턴 표지

① 차마가 유턴할 지점의 도로의 우측에 설치할 수 있다.
② 차마가 유턴할 지점의 도로의 중앙에 설치할 수 있다.
③〇 지시 표지이므로 녹색 등화 시에만 유턴할 수 있다.
④ 유턴 표지는 교통안전표지 중 지시 표지에 해당한다.

해설 도로교통법 시행규칙 별표6, 유턴 표지(지시 표지 311번)
차마가 유턴할 지점의 도로 우측 또는 중앙에 설치

954
다음 안전표지의 뜻으로 가장 옳은 것은?

→ 자동차·이륜자동차 및 원동기장치자전거 통행금지 표지

① 자동차와 이륜자동차는 08:00~20:00 통행을 금지
② 자동차와 이륜자동차 및 원동기장치자전거는 08:00~20:00 통행을 금지
③ 자동차와 원동기장치자전거는 08:00~20:00 통행을 금지
④ 자동차와 자전거는 08:00~20:00 통행을 금지

해설 도로교통법 시행규칙 별표6, 자동차·이륜자동차 및 원동기장치자전거 통행금지 표지(규제 표지 206)
자동차와 이륜자동차 및 원동기장치자전거의 통행을 지정된 시간에 금지하는 것을 의미한다.

955
다음의 안전표지에 따라 견인되는 경우가 아닌 것은?

→ 주차 금지 표지   → 견인 지역 표지

① 운전자가 차에서 떠나 4분 동안 화장실에 다녀오는 경우
② 운전자가 차에서 떠나 10분 동안 짐을 배달하고 오는 경우
③ 운전자가 차를 정지시키고 운전석에 10분 동안 앉아 있는 경우
④ 운전자가 차를 정지시키고 운전석에 4분 동안 앉아 있는 경우

해설 도로교통법 제2조(정의)
주차란 운전자가 승객을 기다리거나 화물을 싣거나 차가 고장 나거나 그 밖의 사유로 차를 계속 정지 상태에 두는 것 또는 운전자가 차에서 떠나서 즉시 그 차를 운전할 수 없는 상태에 두는 것을 말한다. 정차란 운전자가 5분을 초과하지 아니하고 차를 정지시키는 것으로서 주차 외의 정지 상태를 말한다.
도로교통법 시행규칙 별표6, 주차 금지 표지(규제 표지 219번)
차의 주차를 금지하는 것이다.
견인 지역 표지(보조 표지 428번)

956
다음 그림에 대한 설명 중 적절하지 않은 것은?

→ 왼쪽 도로변 설치 (40.73km 지점)

녹색로

① 건물이 없는 도로변이나 공터에 설치하는 주소정보시설(기초 번호판)이다.
② 녹색로의 시작 지점으로부터 4.73km 지점의 오른쪽 도로변에 설치된 기초 번호판이다.
③ 녹색로의 시작 지점으로부터 40.73km 지점의 왼쪽 도로변에 설치된 기초 번호판이다.
④ 기초 번호판에 표기된 도로명과 기초 번호로 해당 지점의 정확한 위치를 알 수 있다.

해설 기초 번호판은 가로등·교통 신호등·도로 표지 등이 설치된 지주, 도로 구간의 터널 및 교량 등에서 위치를 표시해야 할 필요성이 있는 장소, 그 밖에 시장 등이 필요하다고 인정하는 장소에 설치한다.
도로명주소법 제9조(도로명판과 기초 번호판의 설치) 제2항
도로명주소법 제9조(도로명판과 기초 번호판의 설치) 제1항
주소정보시설규칙 제15조(기초 번호판의 설치방법) 제1항 제3호
주소정보시설규칙 제14조(기초 번호판의 설치장소 등)
도로명주소법 제11조(건물 번호의 부여)
같은 법 시행령 제23조(건물 번호의 부여 기준)

957
다음 안전표지에 대한 설명으로 맞는 것은?

→ 버스전용차로 표지

① 일요일, 공휴일만 버스전용차로 통행차만 통행할 수 있음을 알린다.
②일요일, 공휴일을 제외하고 버스전용차로 통행차만 통행할 수 있음을 알린다.
③ 모든 요일에 버스전용차로 통행차만 통행할 수 있음을 알린다.
④ 일요일, 공휴일을 제외하고 모든 차가 통행할 수 있음을 알린다.

해설 지정된 날을 제외하고 버스전용차로 통행차만 통행할 수 있음을 의미한다.

958
다음 안전표지에 대한 설명으로 바르지 않은 것은?

→ 어린이 승하차 표지

① 어린이보호구역에서 어린이통학버스가 어린이 승하차를 위해 표지판에 표시된 시간 동안 정차를 할 수 있다.
② 어린이보호구역에서 어린이통학버스가 어린이 승하차를 위해 표지판에 표시된 시간 동안 정차와 주차 모두 할 수 있다.
③ 어린이보호구역에서 자동차 등이 어린이의 승하차를 위해 정차를 할 수 있다.
④어린이보호구역에서 자동차 등이 어린이의 승하차를 위해 정차는 할 수 있으나 주차는 할 수 없다.

해설 도로교통법 시행규칙 별표6, 320의4 어린이 승하차 표지
어린이보호구역에서 어린이통학버스와 자동차 등이 어린이 승하차를 위해 표지판에 표시된 시간 동안 정차 및 주차할 수 있도록 지시하는 것으로 어린이보호구역에서 어린이통학버스와 자동차 등이 어린이의 승하차를 위해 정차 및 주차할 수 있는 장소 및 필요한 지점 또는 구간의 도로 우측에 설치한다.
구간의 시작 및 끝 또는 시간의 보조 표지를 부착·설치

959

도로표지규칙상 다음 도로 표지의 명칭으로 맞는 것은?

→ 출구 감속 유도 표지

① 위험 구간 예고 표지
② 속도 제한 해제 표지
③ 합류 지점 유도 표지
④ 출구 감속 유도 표지

> 해설 도로표지규칙(국토교통부령) 출구 감속 유도 표지 (도로 표지의 규격 상세 및 설치 방법 426-3)
> 첫 번째 출구감속차로의 시점부터 전방 300미터, 200미터, 100미터 지점에 각각 설치한다.

961

다음과 같은 기점 표지판의 의미는?

① 국도와 고속도로 IC까지의 거리를 알려주는 표지
② 고속도로가 시작되는 기점에서 현재 위치까지 거리를 알려주는 표지
③ 고속도로 휴게소까지 거리를 알려주는 표지
④ 톨게이트까지의 거리 안내 표지

> 해설 고속도로가 시작되는 기점에서 현재 위치까지 거리를 알려주는 표지
> 차가 고장 나거나 사고 등 예기치 못한 상황에서 내 위치를 정확히 알 수 있다.
> • 초록색 바탕 숫자: 기점으로부터의 거리(km)
> • 흰색 바탕 숫자: 소수점 거리(km)

960

다음 도로명판에 대한 설명으로 맞는 것은?

→ 도로명

① 왼쪽과 오른쪽 양방향용 도로명판이다.
② "1→" 이 위치는 도로 끝나는 지점이다.
③ 강남대로는 699미터이다.
④ "강남대로"는 도로 이름을 나타낸다.

> 해설 강남대로의 넓은 길 시작점을 의미하며 "1→" 이 위치는 도로의 시작점을 의미하고 강남대로는 6.99킬로미터임을 의미한다.

962

다음 안전표지에 대한 설명으로 잘못된 것은?

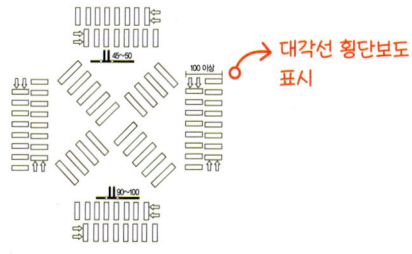

→ 대각선 횡단보도 표시

① 대각선 횡단보도 표시를 나타낸다.
② 모든 방향으로 통행이 가능한 횡단보도이다.
③ 보도 통행량이 많거나 어린이보호구역 등 보행자 안전과 편리를 확보할 수 있는 지점에 설치한다.
④ 횡단보도 표시 사이 빈 공간은 횡단보도에 포함되지 않는다.

| 해설 | 도로교통법 시행규칙 별표6. 532의2. 대각선 횡단보도 표시
모든 방향으로 통행이 가능한 횡단보도(횡단보도 표시 사이 빈 공간도 횡단보도에 포함한다)임을 표시하는 것 보도 통행량이 많거나 어린이보호구역 등 보행자 안전과 편리를 확보할 수 있는 지점에 설치한다.

963
다음 중에서 **관공서용 건물 번호판은**?

① Ⓐ ② Ⓑ
③ Ⓒ ④ Ⓓ

| 해설 | 주소정보시설규칙 별표13 (개정 2024. 7. 19.) Ⓐ는 기초 번호판, Ⓑ은 일반용 건물 번호판이고, Ⓒ는 국가유산 및 관광용 건물 번호판, Ⓓ는 관공서용 건물 번호판이다.

964
다음 **건물 번호판**에 대한 설명으로 **맞는 것은**?

① 평촌길은 도로명, 30은 건물 번호이다.
② 평촌길은 주 출입구, 30은 기초 번호이다.
③ 평촌길은 도로 시작점, 30은 건물 주소이다.
④ 평촌길은 도로별 구분 기준, 30은 상세 주소이다.

965
다음 **3방향 도로명 예고 표지**에 대한 설명으로 **맞는 것은**?

① 좌회전하면 300미터 전방에 '시청'이 나온다.
② '관평로'는 서에서 동으로 도로 구간이 설정되어 있다.
③ 우회전하면 300미터 전방에 '평촌역'이 나온다.
④ 직진하면 300미터 전방에 '관평로'가 나온다.

| 해설 | 도로구간 등의 설정·변경에 관한 세부기준 [행정안전부 예규 제162호, 2021. 6. 9. 제정] 제5조
1. 다른 도로 구간과 연결된 지점이나 출입구를 시작 지점으로 하되 시작 지점과 끝 지점이 같은 조건일 경우 서에서 동, 남에서 북의 방향으로 설정

05 동영상형 35제

♦ 4지 1답: 5점

✓ 966~1000번 문제는 동영상을 보고 푸는 문제입니다. 각 문제의 QR 코드를 통해 동영상을 확인하고 풀어주세요. QR 코드의 오른쪽에 배치된 사진은 각 문제의 동영상에서 정답이 나오는 장면입니다.

966
다음 영상을 보고 확인되는 가장 **위험한 상황**은?

③ 우측 도로 차량의 급 차로 진입
① 우측 정차 중인 대형 차량이 출발하려고 하는 상황
② 반대 방향 노란색 승용차가 신호 위반을 하는 상황
③ **우측 도로에서 우회전하는 검은색 승용차가 1차로로 진입하는 상황**
④ 반대 방향 하얀색 승용차가 외륜차를 고려하지 않고 우회전하는 상황

해설 우회전하려는 자동차가 직진하는 차의 속도를 느림으로 추정하는 경우 주차된 차들을 피해서 1차로로 한 번에 진입하는 사례가 많다. 따라서 우회전하는 자동차가 있는 경우 직진이 우선이라는 절대적 판단을 삼가고 우회전 자동차 운전자가 무리하게 진입하는 경우를 예측하며 운전할 필요성이 있다.

967
다음 영상을 보고 확인되는 가장 **위험한 상황**은?

④ 교차로 진입 시 갑자기 끼어드는 자동차
① 앞쪽에서 선행하는 회색 승용차가 급정지하는 상황
② 반대 방향 노란색 승용차가 중앙선 침범하여 유턴하려는 상황
③ 좌회전 대기 중인 버스가 직진하기 위해 갑자기 출발하는 상황
④ **오른쪽 차로에서 흰색 승용차가 내 차 앞으로 진입하는 상황**

해설 교차로에 진입하여 통행하는 차마의 운전자는 진입한 위치를 기준으로 진출하기 위한 진행 경로를 따라 안전하게 교차로를 통과해야 한다. 그러나 문제의 영상처럼 교차로에 유도선이 없는 경우 또는 유도선이 있는 경우라 하더라도 예상되는 경로를 벗어나는 경우가 빈번하다. 따라서 교차로를 통과하는 경우 앞쪽 자동차는 물론 옆쪽 자동차의 진행 경로에 주의하며 운전할 필요성이 있다.

968
다음 영상을 보고 확인되는 가장 **위험한 상황**은?

④ 신호 위반한 자동차와 부딪칠 뻔 함
① 반대 방향 1차로를 통행하는 자동차가 중앙선을 침범하는 상황
② 우측의 보행자가 갑자기 차도로 진입하려는 상황
③ 반대 방향 자동차가 전조등을 켜서 경고하는 상황
④ 교차로 우측 도로의 자동차가 신호 위반을 하면서 교차로에 진입하는 상황

해설 교차로 좌우측의 교통 상황이 건조물 등에 의해 확인이 불가한 상황이다. 이 경우 좌우측의 자동차들은 황색 등화나 적색 등화가 확인되어도 정지하지 못하고 신호 및 지시 위반으로 연결되어 교통사고를 일으킬 가능성이 농후하다. 따라서 진행 방향 신호가 녹색 등화라 할지라도 교차로 접근 시에는 감속하는 운전 태도가 필요하다.

해설 도로교통법 제27조(보행자 보호), 도로교통법 제49조(모든 운전자의 준수사항 등)
어린이보호구역에서는 어린이가 언제 어느 순간에 나타날지 몰라 속도를 줄이고 서행하여야 한다. 갑자기 나타난 어린이로 인해 앞차가 급제동하면 뒤따르는 차가 추돌할 수 있기 때문에 안전거리를 확보하여야 한다. 어린이 옆을 통과할 때에는 충분한 간격을 유지하면서 반드시 서행하여야 한다.

969
다음 중 **어린이보호구역**에서 **횡단하는 어린이**를 **보호**하기 위해 도로 **교통 법규를 준수**하는 **차**는?

③ 청색 화물차, 어린이 앞에서 일시정지
① 붉은색 승용차
② 흰색 화물차
③ 청색 화물차
④ 주황색 택시

970
다음 영상을 보고 확인되는 가장 **위험한 상황**은?

③ 입간판 뒤에서 갑자기 나타난 보행자
① 교차로에 대기 중이던 1차로의 승용자동차가 좌회전하는 상황
② 2차로로 진로 변경 하는 중 2차로로 주행하는 자동차와 부딪치게 될 상황
③ 입간판 뒤에서 보행자가 무단 횡단하기 위해 갑자기 도로로 나오는 상황
④ 횡단보도에 대기 중이던 보행자가 신호등 없는 횡단보도 진입하려는 상황

해설 입간판이나 표지판 뒤에 있는 보행자는 장애물에 의한 사각지대에 있으므로 운전자가 확인하기 어렵다. 이 때 보행자는 멀리에서 오는 자동차의 존재에 관심이 없거나 또는 그 자동차를 발견했을지라도 상당히 먼 거리이므로 횡단을 할 수 있다고 오판하여 무단 횡단을 할 가능성이 있다. 또한 횡단보도의 앞뒤에서 무단 횡단이 많다는 점도 방어 운전을 위해 기억해야 하겠다.

971

다음 영상을 보고 확인되는 가장 **위험한 상황**은?

③ 역방향 운전 자전거와 충돌 주의

① 주차 금지 장소에 주차된 차가 1차로에서 통행하는 상황
② 역방향으로 주차한 차의 문이 열리는 상황
③ 진행 방향에서 역방향으로 통행하는 자전거를 충돌하는 상황
④ 횡단 중인 보행자가 넘어지는 상황

해설 편도 1차로의 도로에 불법으로 주차된 차량들로 인해 중앙선을 넘어 주행할 수밖에 없다. 이 경우 운전자는 진행 방향이나 반대 방향에서 주행하는 차마에 주의하면서 운전하여야 한다. 특히 어린이보호구역에서는 도로교통법을 위반하는 어린이 및 청소년이 운전하는 자전거 등에 유의할 필요성이 있다.

972

다음 중 **교차로**에서 **횡단**하는 **보행자 보호**를 위해 **도로 교통 법규를 준수**하는 **차**는?

④ 적색 등화 시 정지선 앞 일시정지하여 횡단보도 보행자 보호하는 승용차

① 갈색 SUV차
② 노란색 승용차
③ 주홍색 택시
④ 검정색 승용차

해설 도로교통법 제27조(보행자의 보호) 제2항, 도로교통법 시행규칙 별표2(신호기가 표시하는 신호의 종류 및 신호의 뜻)
보행 녹색 신호를 지키지 않거나 신호를 예측하여 미리 출발하는 보행자에 주의하여야 한다. 보행 녹색 신호가 점멸할 때 갑자기 뛰기 시작하여 횡단하는 보행자에 주의하여야 한다. 우회전할 때에는 횡단보도에 내려서서 대기하는 보행자가 말려드는 현상에 주의하여야 한다. 우회전할 때 반대편에서 직진하는 차량에 주의하여야 한다.

973

다음 영상에서 **운전자가 해야 할 조치**로 맞는 것은?

④ 지그재그 운전하는 진로 방해 자동차 → 경찰 신고

① 앞쪽 자동차 운전자에게 상향등을 작동하여 대응한다.
② 비상점멸등을 작동하며 갓길에 정차한 후 시시비비를 다툰다.
③ 경음기와 방향지시기를 작동하여 앞지르기 한 후 급제동한다.
④ 고속도로 밖으로 진출하여 안전한 장소에 도착한 후 경찰관서에 신고한다.

해설 불특정 운전자가 지그재그 운전을 하거나, 내가 통행하는 차로에서 고의로 제동을 하면서 진로를 막는 행위를 하는 경우 그 운전자에게 직접 대응하지 않고 도로의 진출로 회피 및 우회하거나, 휴게소 등으로 진입하여 자동차 문을 잠그고 즉시 신고하여 대응하는 것이 바람직하다.

974

다음 영상에서 운전자가 해야 할 행동으로 맞는 것은?

① 트래픽 브레이크 통제 중인 경찰차 → 서행하기
① 경찰차 뒤에서 서행으로 통행한다.
② 경찰차 운전자의 위반 행동을 즉시 신고한다.
③ 왼쪽 차로에 안전한 공간이 있는 경우 앞지르기 한다.
④ 오른쪽 차로에 안전한 공간이 있는 경우 앞지르기 한다.

해설 영상에서 경찰차가 지그재그 형태로 차도를 운전하는 경우 가상의 정체를 유발하는 신호 및 지시를 하고 있다. 이 기법은 트래픽 브레이크(traffic brake)라고 말하기도 한다. 이는 도로에 떨어진 낙하물, 교통사고 발생 후 속 조치 그리고 그 밖의 위험 상황 등이 있는 경우 2차 또는 3차로 연결될 교통사고 예방에 관한 목적이 있다. 따라서, 다른 자동차 운전자는 속도를 줄이고 서행하며, 경찰차 운전자의 행동을 위반 행동으로 오인하지 않아야 하며, 신호와 지시를 따라야 한다.

975

다음 영상에서 나타난 가장 위험한 상황은?

① 안전지대에서 오른쪽 차로로 진입하는 승용차
① 안전지대에 진입한 자동차의 갑작스러운 오른쪽 차로 진입
② 내 차의 오른쪽에 직진하는 자동차와 충돌 가능성
③ 안전지대에 정차한 자동차의 후진으로 인한 교통사고
④ 진로 변경 금지 장소에서 진로 변경으로 인한 접촉 사고

해설 안전지대는 도로교통법에 따라 진입 금지 장소에 설치된다. 따라서 운전자는 안전지대에 진입해서는 아니 된다. 그러나 일부 운전자는 갈림목(JCT: Junction) 및 나들목(IC: Interchange)에서 경로의 결정이 지연되거나 순간적인 판단이 바뀌는 경우 또는 전화기 사용 등으로 주의분산을 경험하며 뒤늦게 진행 방향으로 위험한 진로 변경을 하기도 한다. 이때 안전지대를 침범하는 위반 행동을 경험하게 된다. 그러므로 운전자는 안전지대에서 비상점멸등을 작동하며 느린 속도로 통행하거나 정차한 차를 확인한 경우 그 차가 나의 진행하는 차로로 갑작스러운 진입을 예측하고 주의하며 대비해야 한다.

976

다음 영상에서 가장 위험한 상황은?

① 우회전 직후 이륜차와 충돌 위험
① 오른쪽 가장자리에서 우회전하려는 이륜차와 충돌 가능성
② 오른쪽 검은색 승용차와 충돌 가능성
③ 반대편에서 좌회전 대기 중인 흰색 승용차와 충돌 가능성
④ 횡단보도 좌측에 서 있는 보행자와 충돌 가능성

해설 영상 속 운전자는 우회전을 하려는 상황 및 우회전을 하고 있는 상황에서 오른쪽 방향지시등을 등화하지 않았다. 이는 도로의 교통 참가자에게 정보 전달을 하지 않은 것이다. 특히 우회전을 하려는 차의 운전자는 우회전 시 앞바퀴가 진행하는 궤적과 뒷바퀴가 진행하는 궤적의 차이(내륜차: 內輪差)로 인해 다소 넓게 회전하는 경향이 있다. 이때 오른쪽에 공간이 있는 경우 이륜차 운전자는 방향지시등을 등화하지 않고 우회전하려는 앞쪽 차를 확인하며 그대로 직진 운동을 할 것이라는 판단을 하게 되고 이는 곧 교통사고의 직접적인 원인이 되기도 한다.

977

다음 영상에서 나타난 상황 중 가장 **위험한 경우**는?

③ 좌회전 직후 보행자와 부딪칠 가능성
① 좌회전할 때 왼쪽 차도에서 우회전하는 차와 충돌 가능성
② 좌회전할 때 맞은편에서 직진하려는 차와 충돌 가능성
③ 횡단보도를 횡단하는 보행자와 충돌 가능성
④ 오른쪽에 직진하는 검은색 승용차와 접촉 사고 가능성

해설 녹색 등화에 좌회전을 하려는 상황에서 왼쪽에서 만나는 횡단보도의 신호등이 녹색이 점등된 상태였으므로 횡단보도 진입 전에 정지했어야 했다. 이때 좌회전을 한 행동은 도로교통법에 따라 녹색 등화였으므로 신호를 준수한 상황이다. 그러나 횡단보도 보행자를 보호하지 않은 행동이다. 교차로에서 비보호 좌회전을 하려는 운전자는 왼쪽에서 만나는 횡단보도에 특히 주의할 필요성이 있음을 인식하고 운전하는 마음가짐이 중요하다.

978

다음 영상에서 확인되는 **위험** 상황으로 **틀린** 것은?(버스가 감속하며 중앙선 침범하는 영상)

④ 버스 정류장에서 내려 보도로 통행하는 보행자는 위험 X
① 반대 방면 자동차의 통행
② 앞쪽 도로 상황이 가려진 시야 제한
③ 횡단하려는 보행자의 횡단보도 진입
④ 버스에서 하차하게 될 승객의 보도 통행

해설 신호등 없는 횡단보도와 연결된 보도에서 횡단을 대기하는 보행자는 운전자의 판단과 다르게 갑자기 진입할 수 있으므로 횡단보도 접근 시에는 서행하며 횡단보도를 횡단하는 보행자 또는 횡단하려는 보행자가 있는 경우 정지하여야 한다. 오른쪽으로 굽어진 도로 형태에서 감속하는 앞쪽 자동차 때문에 중앙선을 침범하는 것은 도로교통법 제13조를 위반하는 것이며, 이 행위는 교통사고를 일으키는 직접적인 원인이 된다. 따라서 중앙선이 황색 실선으로 설치된 경우 우측 통행으로 앞차와의 안전거리를 유지하며 통행해야만 한다. 높이가 높은 대형 승합자동차 또는 대형화물자동차를 뒤따라가는 운전자는 앞쪽 도로 상황이 확인되지 않으므로 서행으로 차간거리를 넓게 유지하여 제동 또는 정지할 수 있는 공간을 유지하는 태도를 가져야만 한다. 문제의 동영상에서는 버스에서 하차하게 될 승객의 보도 통행까지는 위험한 상황이라 할 수 없다.

979

다음 영상에서 운전자가 운전 중 예측되는 **위험한 상황**으로 **발생 가능성**이 가장 **낮은** 것은?

③ 전방 킥보드, 킥보드 일시정지는 예상 가능, 위험 X
① 골목길 주정차 차량 사이에서 어린이가 뛰어 나올 수 있다.
② 파란색 승용차의 운전자가 차문을 열고 나올 수 있다.
③ 마주 오는 개인형 이동장치 운전자가 일시정지할 수 있다.
④ 전방의 이륜차 운전자가 마주하는 승용차 운전자에게 양보하던 중에 넘어질 수 있다.

해설 항상 보이지 않는 곳에 위험이 있을 것이라는 대비하는 운전 자세가 필요하다. 단순히 위험의 실마리라는 생각이 아니라 최악의 상황을 대비하는 자세이다. 운전자는 충분히 예측할 수 있는 위험이 나타났을 때에는 쉽게 대비할 수 있으나 학습이나 경험하지 않은 위험에 대하여 소홀히 하는 경향이 있다. 특히 주택 지역 교통사고는 위험을 등한히 할 때 발생된다.

980

다음 영상에서 예측되는 가장 위험한 상황으로 맞는 것은?

② 차량 두 대가 동시에 화물 차량 앞으로 급 차로 변경

① 전방의 화물 차량이 속도를 높일 수 있다.
② 1차로와 3차로에서 주행하던 차량이 화물 차량 앞으로 동시에 급 차로 변경하여 화물 차량이 급 제동할 수 있다.
③ 4차로 차량이 진출 램프에 진출하고자 5차로로 차로 변경할 수 있다.
④ 3차로로 주행하던 승용차가 4차로로 차로 변경할 수 있다.

해설 위험 예측은 위험에 대한 인식을 갖고 사고 예방에 관심을 갖다 보면 도로에 어떤 위험이 있는지 관찰하게 된다. 위험에 대한 지식은 관찰을 통해 도로에 일반적이지 않은 교통 행동을 알고 대비하는 능력을 갖추어야 하는데 대부분 경험을 통해서 위험을 배우는 것이 전부이다. 경험을 통해서 위험을 인식하는 것은 위험에 대한 한정된 지식만을 얻게 되어 위험에 노출될 가능성이 높다.

981

운전자의 행위 중 도로교통법 위반은?

④ 뒤차의 상향등 점멸 → 가속차로에서 가속 없이 본선 차로 진입하여 본선 차로 통행 차량 방해한 것

① 횡단보도 예고 노면 표시를 확인하고 서행했다.
② 횡단보도를 횡단하려는 보행자를 보호하기 위해 정지했다.
③ 우회전차로에서 방향지시등 점등을 했다.
④ 우회전과 동시에 왼쪽 직진차로로 신속하게 진입했다.

해설 도로교통법 제27조(보행자의 보호), 도로교통법 시행규칙 별표6(안전표지의 종류, 만드는 방식 및 설치·관리 기준) 노면 표시 529번. 횡단보도 예고 표시
제38조(차의 신호)
① 모든 차의 운전자는 좌회전·우회전·횡단·유턴·서행·정지 또는 후진을 하거나 같은 방향으로 진행하면서 진로를 바꾸려고 하는 경우와 회전교차로에 진입하거나 회전교차로에서 진출하는 경우에는 손이나 방향지시기 또는 등화로써 그 행위가 끝날 때까지 신호를 하여야 한다.
주인공 운전자는 횡단보도 예고 표시를 확인하고 서행하였으며, 횡단보도 직전에 설치된 정지선에 이르기 전 일시정지하였다. 또 도로교통법 제38조에 따라 방향지시기를 이용하여 신호를 하였다.

982

운전자의 행위 중 도로교통법 위반은?

④ 적색 등화이며 보행자 있으면 우회전 불가임에도 우회전

① 방향지시등을 켜서 진행 방향을 알렸다.
② 미리 도로의 우측 가장자리를 통행하여 우회전을 진입하였다.
③ 앞쪽 자동차와 추돌을 피하기 위하여 주의를 하였다.
④ 전방 신호기 등화에 따라 우회전하였다.

해설 주인공 운전자는 도로교통법에 따라 방향 전환 신호를 이행하였다. 또 교차로 통행 방법에 따라 우회전하기 위해 미리 도로의 우측 차로를 통행하였다. 물론 앞쪽 차와의 추돌을 예방하기 위해 서행하는 동시에 적절한 차간 거리를 확보하였으며, 충돌하지 않았다.
그러나, 주인공 운전자는 차의 신호기 적색 등화에서 횡단보도 직전 정지선에서 정지해야 했으나, 앞쪽에서 먼저 우회전하는 차를 그대로 뒤따랐다. 이는 도로교통법 제5조 신호 및 지시에 따를 의무를 위반한 것이다.
우회전하려는 차량이 연이어 있는 경우, 첫 번째 차량이 일시정지한 때에, 두 번째 차량도 일시정지를 해야 하는지 여부는 다음과 같다.
경찰청 질의 회신(2023. 6. 8.)에 따르면 도로교통법 제27조 제1항과 도로교통법 시행규칙 별표2에 따라 모든 차량은 전방이 적색 등화인 경우 정지 의무가 있다. 따라서 첫 번째 차량(A)이 일시정지한 후, 곧바로 이어서 오는 두 번째 차량(B)도 일시정지를 해야 한다.

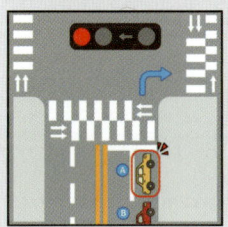 

해설 횡단보도 신호등이 녹색 등화에서 적색 등화로 바뀌어도 차의 신호기는 적색 등화이므로 횡단보도 직전의 정지선에서 멈춰 있어야 했었다. 이 영상에서 확인되는 모든 자동차 운전자가 신호 위반을 한 것이다(경찰청 2023년 11월 16일 하달 공문).
횡단보도 정지선과 교차로 정지선이 가까이 있는 상황에서 두 개의 차량 신호등이 하나의 신호 체계를 따르고 있는 경우, 횡단보도 신호에 따라 보행자 횡단 후 차량 신호가 적색인 상황에서 횡단보도 앞 제1정지선을 지나 제2정지선 앞으로 진행하였다면, 도로교통법 제5조 신호 및 지시 위반인지 여부는 다음과 같다.
주 신호등 2개가 연동되어 있으며 운영 중인 이중 정지선에 있어, 횡단보도 앞 제1정지선에 적색 신호에 따라 정지하였다가 보행자가 횡단을 완료한 뒤에 차량 신호등이 아직 적색인 상태에서 교차로 앞 제2정지선까지 전진하는 것은 출발 신호인 녹색 신호가 없이 출발한 것이므로 신호 및 지시 위반에 해당한다.

983
운전자의 행위 중 **도로교통법 위반은?**

④ 보행 신호등 적색 등화로 바뀌자 이동(자동차는 차량 신호등 따라야 함)
① 도로 구간의 제한 최고 속도를 준수하였다.
② 진로 변경이 가능한 장소에서 안전하게 진로 변경하였다.
③ 횡단보도를 통행하는 보행자를 보호하기 위해 정지하였다.
④ 횡단보도 신호등이 적색 등화로 변경되어 교차로 직전 정지선으로 이동하여 정지하였다.

984
다음 중 **도로교통법을 준수한 차로 짝지어진 것은?**

③-1 백색 점선 구간에서 유턴하는 검은색 이륜차
③-2 황색 등화에서 정지선 앞에 정지하는 검은색 승용차

① 검은색 이륜차, 흰색 승용차
② 주인공 차, 흰색 승용차
③ 검은색 이륜차, 검은색 승용차
④ 주인공 차, 검은색 이륜차

해설 도로교통법 제5조. 도로교통법 시행규칙 별표6(안전표지의 종류, 만드는 방식 및 설치·관리 기준)
교차로에 접근하려는 중 녹색 등화를 확인하고 교차로에 진입하려는 욕구가 가속으로 연결되어 빠른 속도가 되면 황색 등화를 확인하였더라도 교차로 직전에서 정지할 수 없다. 이는 곧 도로교통법 제5조(신호 및 지시에 따를 의무)의 중대한 위반으로 연결된다. 따라서 운전자는 녹색 등화가 점등되어 유지되어 있는 시간이 길수록 곧 황색 등화로 바뀔 것을 예상하여 교차로 접근 시 속도를 줄이고 황색 등화 시 정지할 수 있도록 준비해야만 한다.

해설 도로교통법 제5조 제1항
도로를 통행하는 보행자, 차마 또는 노면 전차의 운전자는 교통안전 시설이 표시하는 신호 또는 지시와 다음 각 호의 어느 하나에 해당하는 사람이 하는 신호 또는 지시를 따라야 한다.('호' 생략).
도로교통법 제27조 제1항
모든 차 또는 노면 전차의 운전자는 보행자(제13조의2 제6항에 따라 자전거 등에서 내려서 자전거 등을 끌거나 들고 통행하는 자전거 등의 운전자를 포함한다)가 횡단보도를 통행하고 있거나 통행하려고 하는 때에는 보행자의 횡단을 방해하거나 위험을 주지 아니하도록 그 횡단보도 앞(정지선이 설치되어 있는 곳에서는 그 정지선을 말한다)에서 일시정지하여야 한다.
제19조(안전거리 확보 등) 제3항
모든 차의 운전자는 차의 진로를 변경하려는 경우에 그 변경하려는 방향으로 오고 있는 다른 차의 정상적인 통행에 장애를 줄 우려가 있을 때에는 진로를 변경하여서는 아니 된다.
도로교통법 제2조
"주차"란 운전자가 승객을 기다리거나 화물을 싣거나 차가 고장 나거나 그 밖의 사유로 차를 계속 정지 상태에 두는 것 또는 운전자가 차에서 떠나서 즉시 그 차를 운전할 수 없는 상태에 두는 것을 말한다.
"정차"란 운전자가 5분을 초과하지 아니하고 차를 정지시키는 것으로서 주차 외의 정지 상태를 말한다.
도로교통법 시행규칙 별표6(안전표지의 종류, 만드는 방식 및 설치·관리기준) 노면 표시 516의2 정차, 주차 금지 표시
영상 속 주인공 차가 정차한 곳은 노면 표시가 노랑 복선으로 설치된 도로 구간이므로 주정차를 할 수 없는 구간이다.

985

영상에서 확인되는 주인공 운전자의 도로교통법 위반으로 바르게 짝지어진 것은?

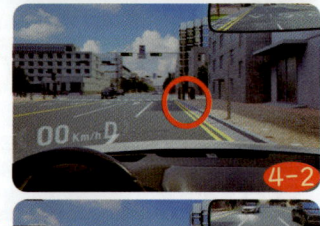

④-1 진로 변경 금지 장소 위반, 2차로 뒤차 통행 방해
④-2 주정차 금지 위반, 황색 복선 구역에서 주정차
④-3 보행자 보호 의무, 신호 위반

① 보행자 보호 의무 위반, 신호 위반, 지정차로 위반, 주정차 금지 위반
② 주정차 금지 위반, 신호 위반, 지정차로 위반, 보행자 보호 의무 위반
③ 진로 변경 금지 장소 위반, 앞지르기 방법 위반, 보행자 보호 의무 위반, 신호 위반
④ 진로 변경 금지 장소 위반, 주정차 금지 위반, 보행자 보호 의무 위반, 신호 위반

986

주거 지역을 통행 중이다. 운전 중 주의해야 할 대상 및 장소와 가장 거리가 먼 것은?(윤창호 사건)

④ 보도 위 보행자, 보도에 보행자가 있는 것은 안전
① 불법으로 주차된 자동차
② 반대편 도로에서 통행하는 자동차
③ 신호등 없는 횡단보도
④ 왼쪽 보도에서 대화하는 보행자

해설 야간 운전을 하는 경우 불법으로 주차된 차의 앞이나 뒤에서 보행자나 자전거의 갑작스러운 진입이 있을 수 있다. 반대편 도로에서 통행하는 자동차의 전조등에 의해 순간적으로 시력을 상실할 수 있으므로 주의할 필요성이 있다. 신호등 없는 횡단보도에서 횡단하는 보행자가 마주 보는 자동차의 빛에 의해 보이지 않을 수 있으므로 신호등이 없는 횡단보도에 접근할 때에는 감속해서 진입 전에 횡단보도를 확인하고 보행자가 횡단 중이거나 횡단하려는 경우에는 정지해야 한다. 동영상에서 확인되는 왼쪽 보도의 보행자는 위험 요소가 크다고 할 수는 없다.

987

다음 영상에서 가장 **올바른 운전 행동**으로 맞는 것은?

③ 우회전 시 후사경을 통해 뒤따르는 오토바이 위치 파악

① 1차로로 주행 중인 승용차 운전자는 직진할 수 있다.
② 2차로로 주행 중인 화물차 운전자는 좌회전할 수 있다.
③ 3차로 승용차 운전자는 우회전 시 일시정지하고 우측 후사경을 보면서 위험에 대비하여야 한다.
④ 3차로 승용차 운전자는 보행자가 횡단보도를 건너고 있을 때에도 우회전할 수 있다.

해설 운전 행동 전반에 걸쳐서 지나친 자신감을 갖거나 함부로 교통 법규를 위반하는 운전자는 대부분 위험 예측 능력이 부족한 운전자이다. 교통 법규를 위반했을 때 혹은 안전 운전에 노력을 다하지 못할 때 어떤 위험이 있는지 잘 이해하지 못하는 운전자일수록 법규를 쉽게 위반하고 위험한 운전을 하게 되는 것이다. 도로에 보이는 위험이 전부가 아니고 항상 잠재된 위험을 보려고 노력하며 타인을 위해 내가 할 수 있는 운전 행동이 무엇인지 고민해야 사고의 가능성을 줄일 수 있다.

988

영상에서 확인되는 **교통사고를 예방하는 방법**과 거리가 **먼** 것은?

③ 브레이크 페달 강하게 밟아 멈췄으나, 우측 차와 충돌 → 교차로 진입 전 브레이크 페달 미리 밟기

① 미리 속도를 줄이고 정지선 직전에 정지해야 한다.
② 오른쪽에서 진입하려는 자동차에게 양보해야 하므로 미리 서행하면서 교차로에 접근해야 한다.
③ 노면이 얼었으므로 브레이크 페달을 강하게 밟는다.
④ 눈이 내리는 경우 타이어에 스노우 체인을 결속하여 운전하는 것이 바람직하다.

해설 엔진 브레이크란 자동차에서, 엔진의 압축 저항이나 엔진과 변속기의 마찰 저항 따위를 이용하여 감속하는 것을 말하며, 달리다가 가속페달(엑셀러레이터)에서 발을 떼면, 브레이크를 밟지 않아도 속도가 떨어지며 저속 기어일수록 효과가 큰 편이다. 기관 제동이란 엔진 브레이크와 같은 의미를 내포한다. 즉 유의어이다. 눈길을 통행하는 운전자는 정지하게 될 가능성이 있는 장소를 접근하려는 때에는 브레이크 페달 조작 시 미끄러짐을 방지해야 한다. 따라서 정지할 필요성이 있는 곳에 접근하려는 경우는 미리 엔진 브레이크(기관 제동) 방식으로 서행하며 브레이크 조작 시 미끄러짐을 방지해야만 한다.
도로교통법 제26조 제3항
교통정리를 하고 있지 아니하는 교차로에서 동시에 들어가려고 하는 차의 운전자는 우측 도로의 차에 진로를 양보하여야 한다.

989

교차로에 접근하여 통과 중이다. 도로교통법상 위반으로 맞는 것은?

② 회전교차로 진입 시 왼쪽 방향지시등 켜지 않음

① 진출 시 올바른 방향지시기를 켰다.
② 진입 시 올바른 방향지시기를 켰다.
③ 진출 시 교차로 내에서 진로 변경 없이 안쪽 차로에서 그대로 진출했다.
④ 진입 시 교차로 내에서 진로 변경 없이 안쪽 차로로 즉시 진입했다.

해설 동영상의 교차로는 회전교차로(round about) 중 2개 차로로 진입하는 종류이다. 도로교통법 제25조의2에 따라 회전교차로에 진입 또는 진출하려는 경우 미리 방향지시기를 작동하여야 한다. 이때 켜야 하는 등화는 도로교통법 시행령 별표에 따라 진입 시에는 왼쪽을, 진출 시에는 오른쪽을 등화해야 한다. 2개 차로로 운영되는 회전교차로에 진입할 때는 노면 표시에 따라 왼쪽 차로(1차로)에서는 교차로 내부의 안쪽 차로로, 오른쪽 차로(2차로)에서는 교차로 내부의 바깥 차로로 진입하여 회전하여야 한다.

③ 앞지르기를 한 운전자가 교차로 진입 시 우선순위를 이행하였다.
④ 앞지르기를 한 운전자는 신호기의 적색 점멸 등화에 따라 교차로에 진입하였다.

해설 도로교통법 시행규칙 별표2
적색 등화의 점멸. 차마는 정지선이나 횡단보도가 있을 때에는 그 직전이나 교차로의 직전에 일시정지한 후 다른 교통에 주의하면서 진행할 수 있다.
도로교통법 제13조
③ 차마의 운전자는 도로(보도와 차도가 구분된 도로에서는 차도를 말한다)의 중앙(중앙선이 설치되어 있는 경우에는 그 중앙선을 말한다. 이하 같다) 우측 부분을 통행하여야 한다.
⑤ 차마의 운전자는 안전지대 등 안전표지에 의하여 진입이 금지된 장소에 들어가서는 아니 된다.
도로교통법 제22조(앞지르기 금지의 시기 및 장소) 제3항
모든 차의 운전자는 다음 각 호의 어느 하나에 해당하는 곳에서는 다른 차를 앞지르지 못한다.
1. 교차로
2. 터널 안
3. 다리 위
4. 도로의 구부러진 곳, 비탈길의 고갯마루 부근 또는 가파른 비탈길의 내리막 등 시·도경찰청장이 도로에서의 위험을 방지하고 교통의 안전과 원활한 소통을 확보하기 위하여 필요하다고 인정하는 곳으로서 안전표지로 지정한 곳

990

교차로에 좌회전으로 진입하여 통행하려 한다. 확인되는 상황으로 맞는 설명은?

① 좌회전 화살표 등화에 맞춰 좌회전
① 주인공 운전자는 교차로의 신호에 따라 좌회전하였다.
② 주인공 운전자가 서행하여 다른 운전자의 앞지르기를 유발하였다.

991

영상과 같은 하이패스차로 통행에 대한 설명이다. 잘못된 것은?

② 하이패스 단말기 미설치 차량이 하이패스차로 통과(=통행료 미납부) 시, 10배의 부과 통행료 부과 가능

① 단차로 하이패스이므로 시속 30킬로미터 이하로 서행하면서 통과하여야 한다.
② 통행료를 납부하지 아니하고 유료도로를 통행한 경우에는 통행료의 5배에 해당하는 부가 통행료를 부과할 수 있다.

③ 하이패스 카드 잔액이 부족한 경우에는 한국도로공사의 홈페이지에서 납부할 수 있다.
④ 하이패스차로를 이용하는 군작 전용 차량은 통행료의 100%를 감면받는다.

> 해설 단차로 하이패스는 통과 속도를 시속 30킬로미터 이하로 제한하고 있으며, 다차로 하이패스는 시속 80킬로미터 이하로 제한하고 있다. 또한 통행료를 납부하지 아니하고 유료도로를 통행한 경우에는 통행료의 10배에 해당하는 부가 통행료를 부과, 수납할 수 있다(유료도로법 시행령 제14조 제5호).

992
다음 중 이면도로에서 위험을 예측할 때 가장 주의하여야 하는 것은?

① 정체 중인 차들 사이에서 갑자기 나타나는 보행자 주의
① 정체 중인 차 사이에서 뛰어나올 수 있는 어린이
② 실내 후사경 속 청색 화물차의 좌회전
③ 오른쪽 자전거 운전자의 우회전
④ 전방 승용차의 급제동

> 해설 도로교통법 제27조(보행자 보호), 도로교통법 제49조(모든 운전자의 준수 사항 등)
> 이면도로를 지나갈 때는 차와 차 사이에서 갑자기 나올 수 있는 보행자에 주의하여야 한다. 이면도로는 중앙선이 없는 경우가 대부분으로 언제든지 좌측 방향지시등을 켜지 않고 갑자기 차로를 변경하여 진입하는 차에 주의하여야 한다. 우회전이나 좌회전할 때 차체 필러의 사각지대 등으로 주변 차량이나 보행자를 잘 볼 수 없는 등 위험 요소에 주의하여야 한다.

993
편도 1차로를 통행 중이다. 위험한 상황으로 맞는 것은?

③ 우로 굽은 도로에서 시야 확보 어려워 농기계 늦게 발견
① 앞쪽 농기계와 안전거리를 유지했기 때문에 뒤따르는 자동차의 앞지르기를 유발했다.
② 급감속하여 서행했기 때문에 뒤따르고 있던 자동차의 앞지르기를 유발했다.
③ 지방 도로에서는 통행하거나 횡단하는 농기계의 발견이 지연될 수 있다.
④ 뒤따르는 자동차의 안전한 앞지르기를 방해하였다.

> 해설 도로교통법 제13조 제3항
> 차마의 운전자는 도로(보도와 차도가 구분된 도로에서는 차도를 말한다)의 중앙(중앙선이 설치되어 있는 경우에는 그 중앙선을 말한다. 이하 같다) 우측 부분을 통행하여야 한다.
> 동영상에서 해당 운전자는 중앙선 우측을 통행하고 있고, 그 뒤를 따르는 차마의 운전자도 이에 따라야 한다. 따라서 운전자가 도로교통법을 준수하며 통행하고 있으므로 그 운전자의 안전거리 확보와 서행이 뒤따르는 자동차 운전자의 중앙선 침범을 유발했다고 할 수 없다. 뒤따르는 자동차 운전자들은 도로교통법 제13조를 미준수하고 중앙선을 침범하였으며, 원칙적으로 금지된 앞지르기 행위를 하였다. 굽은 도로나 고갯마루 등의 장소가 있는 지방 도로에서 통행하는 경우, 농기계는 쉽게 발견되지 않을 수 있으므로 감속하는 태도를 가져야 한다.

994

다음 영상에서 우회전하고자 경운기를 앞지르기 하는 상황에서 예측되는 가장 위험한 상황은?

③ 경운기가 우회전하여 화물차를 앞지르기하는 흰색 승용차를 못 볼 위험

① 우측 도로의 화물차가 교차로를 통과하기 위하여 속도를 낮출 수 있다.
② 좌측 도로의 빨간색 승용차가 우회전을 하기 위하여 속도를 낮출 수 있다.
③ 경운기가 우회전하는 도중 우측 도로의 하얀색 승용차가 화물차를 교차로에서 앞지르기할 수 있다.
④ 경운기가 우회전하기 위하여 정지선에 일시정지할 수 있다.

> **해설** 도로교통법 제19조(안전거리 확보 등), 도로교통법 제20조(진로 양보의 의무)
> • 진입로 부근에서는 진입해 오는 자동차를 일찍 발견하여 그 자동차와의 거리 및 속도 차이를 감안해 자기 차가 먼저 갈지, 자신의 앞에 진입시킬지를 판단하여야 한다.
> • 이 경우 우측에서 진입하려는 차가 있는데 뒤차가 이미 앞지르기 차로로 진로를 변경하려 하고 있어, 좌측으로 진로를 변경하는 것은 위험하다. 가속차로의 차가 진입하기 쉽도록 속도를 일정하게 유지하여 주행하도록 한다.

995

고속도로에서 진출하려고 한다. 올바른 방법으로 가장 적절한 것은?

③ 고속도로에서 진출 시 속도계 보며 속도 줄이기

① 신속한 진출을 위해서 지체 없이 연속으로 차로를 횡단한다.
② 급감속으로 신속히 차로를 변경한다.
③ 감속차로에서부터 속도계를 보면서 속도를 줄인다.
④ 감속차로 전방에 차가 없으면 속도를 높여 신속히 진출로를 통과한다.

> **해설** 고속도로 주행은 빠른 속도로 인해 긴장된 운행을 할 수밖에 없다. 따라서 본선차로에서 진출로로 빠져나올 때 뒤따르는 차가 있으므로 급히 감속하게 되면 뒤차와의 추돌 우려도 있어 주의하여야 한다. 본선차로에서 나와 감속차로에 들어가면 감각에 의존하지 말고 속도계를 보면서 속도를 확실히 줄여야 한다.

996

영상에서 확인된 **위험한 요소** 및 상황으로 볼 수 **없는** 것은?

① 암순응 현상
② 명순응 현상
③ 터널 앞의 살얼음에 미끄러지는 자동차

① 터널 진입 시 잘 보이지 않는 상황
② 터널 진출 시 잘 보이지 않는 상황
③ 터널 입출구 또는 교량의 얇은 살얼음(일명 블랙아이스)
④ 터널 통행 시 앞지르기 위반 차들

해설 명순응이란 어두운 곳에서 갑자기 밝은 곳으로 옮겼을 때 시각계는 급격히 감도가 저하되는 과정을 말한다. 암순응은 명순응의 반대되는 과정이라 할 수 있다. 이와 같은 특성으로 지하차도 또는 터널 등의 진출입 시는 전방의 교통 상황 등이 쉽게 확인되지 않는 특성이 있다. 따라서 운전자는 지하차도 또는 터널 등을 진출입하려는 경우 미리 차의 속도를 감속하여 앞쪽의 교통 상황을 대비하는 운전 태도를 겸비해야 한다.
특히, 영하의 기온 상태에서는 도로의 (미세)먼지, 모래와 물이 뒤엉켜 얇은 살얼음을 형성하는데, 이 살얼음은 운전 중 운전자의 육안으로 식별하는 것이 쉽지 않다. 이 살얼음(일명 블랙 아이스)은 지열이 없는 다리 형태의 차도(교량) 또는 터널 진출입구에 형성될 가능성이 높다. 따라서 운전자는 이에 주의할 필요성이 있다. 영상에서는 터널 및 교량 구간에서 앞지르기 위반 행위를 한 차는 없었다.

997

동영상에서 확인되는 **운전자의 준법 운전**을 설명한 것으로 맞는 것은?

① 앞차에 비친 전조등 불빛, 비 올 때 전조등을 켠 것은 안전 운전
① 전조등을 작동하였다.
② 안전한 앞지르기를 하였다.
③ 이상 기후 시 감속 기준을 준수하였다.
④ 옆쪽 보행자에 물이 튀지 않도록 서행하였다.

해설 운전자는 빗길에서 운전하는 때에 도로교통법 제17조에 따른 속도를 준수하여야 하나, 이상 기후 시에는 1. 최고 속도의 100분의 20을 줄인 속도로 운행하여야 하는 경우(비가 내려 노면이 젖어있는 경우) 2. 최고 속도의 100분의 50을 줄인 속도로 운행하여야 하는 경우(폭우·폭설·안개 등으로 가시거리가 100미터 이내인 경우)에 따라 감속해야 한다. 그러나 운전자는 과속으로 운전하였다. 또 도로교통법 제13조에 따라 우측 통행해야 하나 중앙선의 좌측으로 통행하는 행동을 하였다. 더불어 빗길에는 고인물이 보행자에게 튀지 않도록 운전자의 준수 사항을 준수하여야 했으나 위반하는 행동이 나타났다.

998
야간에 커브 길을 주행할 때 운전자의 눈이 부실 수 있다. 어떻게 해야 하나?

① 전조등이 눈부시면 도로 우측으로 시선을 돌려 불빛 피하기
① 도로의 우측 가장자리를 본다.
② 불빛을 벗어나기 위해 가속한다.
③ 급제동하여 속도를 줄인다.
④ 도로의 좌측 가장자리를 본다.

해설 도로교통법 제19조(안전거리 확보 등), 도로교통법 제20조(진로 양보의 의무), 도로교통법 제31조(서행 또는 일시정지 장소), 도로교통법 제37조(차와 노면 전차의 등화)
야간은 전조등이 비치는 범위 안에서 볼 수밖에 없기 때문에 위험을 판단하는 데 한계가 있어 속도를 줄이고, 다른 교통의 갑작스러운 움직임에 대처할 수 있도록 충분한 공간과 안전거리 확보가 중요하다.

999
다음 중 신호 없는 횡단보도를 횡단하는 보행자를 보호하기 위해 도로 교통 법규를 준수하는 차는?

① 정지선 앞에서 정지한 흰색 승용차
① 흰색 승용차
② 흰색 화물차
③ 갈색 승용차
④ 적색 승용차

해설 도로교통법 제27조(보행자 보호)
신호등이 없는 횡단보도에서는 보행자가 있음에도 불구하고 보행자들 사이로 지나가 버리는 차량에 주의하여야 한다. 횡단보도 내 불법으로 주차된 차량으로 인해 보행자를 미처 발견하지 못할 수 있기 때문에 주의하여야 한다. 갑자기 뛰기 시작하여 횡단하는 보행자에 주의하여야 한다. 횡단보도를 횡단할 때는 당연히 차가 일시정지할 것으로 생각하고 횡단하는 보행자에 주의하여야 한다.

1000
동영상에서 확인되는 도로교통법 위반으로 맞는 것은?(실외이동로봇 포함)

②-1 보행자 보호 의무 위반
②-2 속도위반
②-3 신호 및 지시 위반-황색 등화에서 진행

① 보행자 보호 의무 위반, 신호 및 지시 위반, 중앙선 침범
② 보행자 보호 의무 위반, 신호 및 지시 위반, 속도위반
③ 신호 및 지시 위반, 어린이통학버스 특별 보호의무 위반, 속도위반
④ 신호 및 지시 위반, 어린이통학버스 특별 보호의무 위반, 보행자 보호 의무 위반

해설 도로교통법 제5조(신호 및 지시에 따를 의무), 제27조(보행자의 보호), 제17조(자동차 등과 노면 전차의 속도)
문제에 제시된 영상에서 운전자는 위 도로교통법을 위반한 것으로 확인된다.

MEMO.

당신이 생각한 만큼 가지 못했다고
절망하지 말아요.

여기까지 온 한 걸음 한 걸음이
다 목적지니까.

#노력의결실 #할수있다

시대에듀의 합격력 끌어올림# 브랜드입니다.

2026 기분좋은 3시간씩 초스피드 운전면허 필기 1·2종 공통

초 판 인 쇄	2025년 08월 20일
초 판 발 행	2025년 08월 29일
발 행 인	박영일
출 판 책 임	이해욱
저 자	한국도로교통공단
개 발 편 집	심재은·신지호
표 지 디 자 인	장미례
본 문 디 자 인	김휘주·신지연·김예슬
발 행 처	㈜시대고시기획시대교육
출 판 등 록	제 10-1521호
주 소	서울시 마포구 큰우물로 75[도화동 성지빌딩]
전 화	1600-3600
홈 페 이 지	www.sdedu.co.kr

이 책은 저작권법의 보호를 받는 저작물이므로 무단 전재 및 복제, 배포를 금합니다.
파본은 구입하신 서점에서 교환해 드립니다.

1시간컷 초요약 문장형 680제

001 1.5톤 피견인 승용자동차를 4.5톤 화물자동차로 견인 시 필요한 운전면허에 해당하지 않는 것: 제2종 보통면허 및 대형견인차면허

002 운전면허증 발급에 대한 틀린 설명: 영문운전면허증 발급 불가

003 국제운전면허증의 유효기간은 발급받은 날부터 1년

004 15인승 긴급 승합자동차 처음 운전 시 필요 조건: 제1종 보통면허, 교통안전교육 3시간

005 연습운전면허의 유효기간은 받은 날부터 1년

006 운전면허 조건 기재 방법으로 틀린 것: A. 수동 변속기

007 11인승 승합자동차로 780킬로그램 피견인자동차를 견인 시 필요한 운전면허: 제1종 보통면허 및 소형견인차면허

008 운전면허별 운전 가능 차 2가지: 아스팔트살포기(제1종 대형), 원동기장치자전거(제2종 소형)

009 12인승 승합자동차 운전 시 취득 면허: 제1종 보통면허

010 제2종 보통면허를 취득할 수 있는 사람은 듣지 못하는 사람

011 원동기장치자전거: 배기량 125시시 이하, 최고정격출력 11킬로와트 이하

012 제1종 대형면허 시험 응시 기준: 운전 경력 1년 이상, 19세

013 해외 출국 시 적성검사 연기에 대한 틀린 설명: 출국 후 대리인 신청 불가

014 도로주행시험에 불합격한 사람은 불합격한 날부터 (3일)이 지난 후 재응시 가능

015 '착한운전 마일리지'에 대한 틀린 설명 2가지: 범칙금이나 과태료 미납자도 무위반·무사고 서약 참여 가능, 서약 실천 기간 중에 교통사고를 유발하거나 교통 법규를 위반하면 재서약 불가

016 원동기장치자전거 중 개인형 이동장치에 대한 틀린 설명: 오르막 각도 25도 미만

017 개인형 이동장치의 차체 중량은 30킬로그램 미만

018 운전면허 취득 결격 기간 2년 해당 사유 2가지: 무면허 운전 3회, 다른 사람을 위하여 운전면허시험 응시

019 영문운전면허증에 대한 틀린 설명: 영문운전면허증 인정 국가에서는 체류 기간에 상관없이 사용 가능

020 원동기장치자전거는 전기를 동력으로 하는 경우 최고정격출력 (11킬로와트) 이하의 이륜자동차

021 "연석선"은 차도와 보도를 구분하는 돌 등으로 이어진 선

022 개인형 이동장치는 횡단보도에서 끌거나 들고 횡단

023 고령자 면허 갱신 및 적성검사의 주기가 3년인 사람의 연령 기준은 75세 이상

024 운전면허증을 발급 시 본인 확인 절차에 대한 틀린 설명: 신청인의 동의 없이 전자적 방법으로 지문 정보를 대조하여 확인 가능

025 수소 대형 승합자동차 신규 운전자 특별교육 실시 기관은 한국가스안전공사

026 교통 법규 위반으로 운전면허 효력 정지 처분을 받을 가능성이 있는 사람이 특별교통안전 권장교육을 받고자 하는 경우 시·도경찰청장에게 신청

027 한쪽 눈을 보지 못하는 사람이 제1종 보통면허를 취득하려는 경우 다른 쪽 눈의 시력 (0.8) 이상, 수평 시야 (120)도 이상

1페이지 2분순삭!

028 제1종 운전면허를 발급받은 65세 이상 75세 미만인 사람의 정기 적성검사 주기는 5년

029 운전면허증 반납 사유 2가지: 취소 처분, 효력 정지 처분

030 수소자동차 운전자의 안전 교육에 대한 틀린 설명: 대여 사업용 자동차 임차 운전자도 특별교육 대상

031 영문운전면허증을 발급받을 수 없는 사람은 연습운전면허증으로 신청하는 경우

032 제2종 보통면허로 운전할 수 없는 차는 구난자동차

033 운전면허시험 부정행위로 그 시험이 무효로 처리된 사람은 그 처분이 있는 날부터 (2년)간 응시 불가

034 운전면허증 갱신 발급이나 정기 적성검사의 연기 사유가 아닌 것: 육·해·공군 부사관 이상의 간부로 복무 중인 경우

035 운전면허증 갱신 기간의 연기를 받은 사람은 그 사유가 없어진 날부터 (3개월) 이내에 갱신·발급

036 수소자동차 운전자 중 특별교육 대상은 수소 대형승합자동차(승차정원 36인승 이상) 운전자

037 음주운전 방지 장치 부착 조건부 면허 준수 사항: 방지 장치 부착 차량만 운전 가능한 면허를 취득한 때부터 장치 부착 차량만 운행 가능

038 가짜 석유 제품임을 알면서 차량 연료로 사용할 경우 처벌 기준은 과태료 2백만원~2천만원

039 전기자동차 충전 시설에 대한 틀린 설명: 공용 충전기는 사전 등록된 차량에 한하여 사용 가능

040 가짜 석유를 주유했을 때 자동차에 발생할 수 있는 문제점이 아닌 것: 윤활성 상승으로 인한 엔진 마찰력 감소로 출력 저하

041 자동차에 승차하기 전 주변 점검 사항 2가지: 타이어 마모 상태, 전·후방 장애물 유무

042 무보수(Maintenance Free, MF)배터리 수명이 다한 경우 점검창에 나타나는 색깔은 백색

043 가짜 석유 제품으로 볼 수 없는 것: 경유에 물이 약 5% 미만으로 혼합된 제품

044 수소 가스 누출을 확인할 수 있는 방법이 아닌 것: 가스 냄새를 맡아 확인

045 수소 차량의 안전 수칙으로 틀린 것: 충전소에서 흡연은 차량에서 떨어져서 할 것

046 수소 차량에서 누출을 확인하지 않아도 되는 곳은 연료 전지 부스트 인버터

047 전기차 충전의 올바른 방법이 아닌 것: 휴대용 충전기를 이용하여 충전할 경우 가정용 멀티탭이나 연장선 사용

048 자동차 등화 색: 제동등-적색

049 LPG차량의 연료 특성에 대한 틀린 설명: 공기보다 가벼움

050 자동차 제동력 저하 원인이 아닌 것: 릴리스 포크 변형

051 주행 보조 장치가 장착된 자동차의 운전 방법으로 틀린 것: 운전 개입 경고 시 주행 보조 장치가 해제될 때까지 기다렸다가 개입

052 자동차 주행 보조 기능에 대한 틀린 설명: AEB는 "자동긴급제동" 기능으로 브레이크 제동 시 타이어가 잠기는 것을 방지하여 제동 거리를 줄여주는 기능

053 자율주행시스템과 관련된 법령에 대한 틀린 설명: "운전"에는 도로에서 차마를 그 본래의 사용 방법에 따라 자율주행시스템을 사용하는 것은 포함되지 않음

054 수소자동차의 주요 구성품이 아닌 것: 엔진

055 자동차 내연기관의 크랭크축에서 발생하는 회전력(순간적으로 내는 힘): 토크

1페이지 2분순삭!

056 자율주행자동차에 대한 틀린 설명: 자율주행자동차는 승용자동차에 한정되어 적용하고, 승합자동차나 화물자동차는 이 법이 적용되지 않음

057 전기자동차 관리 방법으로 틀린 2가지: 비사업용 승용자동차의 자동차 검사 유효기간은 6년, 열선 시트·열선 핸들보다 공기 히터를 사용하는 것이 효율적

058 자동차(단, 어린이통학버스 제외) 창유리 가시광선 투과율의 규제를 받는 것은 앞면, 운전석 좌우 옆면 창유리

059 승용자동차는 (10인) 이하를 운송하기에 적합하게 제작된 자동차

060 비사업용 신규 승용자동차의 최초 검사 유효기간은 5년

061 자동차의 종류로 맞는 2가지: 화물자동차, 특수자동차

062 비사업용 및 대여사업용 전기자동차와 수소연료전지자동차(하이브리드 자동차 제외) 전용 번호판 색상: 파란색 바탕에 검은색 문자

063 하이패스차로 이용이 불가능한 차량은 단차로인 경우, 차폭이 3.7m인 소방 차량

064 비사업용 소형 승합자동차(2001년 이후 등록된 차령이 4년 초과)의 검사 유효기간은 1년

065 비사업용 소형화물자동차(차령이 4년 이하)의 검사 유효기간은 2년

066 신차 구입 시 임시 운행 허가 유효기간은 10일 이내

067 자동차 변경등록 사유가 아닌 것: 소유권이 변동된 때

068 자율주행자동차 운전자의 마음가짐으로 틀린 것: 술에 취한 상태에서 운전 가능

069 화물자동차 운송 사업자는 운행 기록 장치에 기록된 운행 기록을 (6개월) 동안 보관해야 함

070 자동차를 이전등록하고자 하는 자는 매수한 날부터 (15일) 이내에 등록해야 함

071 자동차의 정기 검사의 기간은 검사 유효기간 만료일 전 (90일)부터 후 (31일)까지임

072 의무 보험에 가입하지 않은 자동차 보유자의 처벌 기준(자동차 미운행): 300만원 이하의 과태료

073 자동차 소유권이 상속 등으로 변경될 경우에 해야 하는 등록은 이전등록

074 자동차 소유자가 받아야 하는 자동차 검사의 종류가 아닌 것: 특별검사

075 자동차를 매매한 경우 이전등록 담당 기관은 시·군·구청

076 자동차 등록의 종류가 아닌 것 2가지: 권리등록, 설정등록

077 자동차(어린이통학버스 제외) 앞면 창유리의 가시광선 투과율 기준: 70퍼센트

078 주행 중 브레이크가 작동되는 운전 행동 과정: 위험 인지 → 상황 판단 → 행동 명령 → 브레이크 작동

079 자동차에 부착된 에어백의 구비 조건이 아닌 것: 운전자와 접촉하는 충격 에너지 극대화

080 운전자 등이 차량 승하차 시 주의 사항: 타고 내릴 때는 뒤에서 오는 차량이 있는지 확인

081 올바른 운전 방법: 신호 없는 교차로-우회전을 하는 경우 미리 도로의 우측 가장자리를 서행하면서 우회전

082 앞지르기: 다리 위나 교차로는 앞지르기가 금지된 장소이므로 앞지르기 불가

083 운전자의 올바른 마음가짐으로 틀린 것: 교통 상황은 변경되지 않으므로 사전 운행 계획을 세울 필요 없음

084 올바른 운전 행위: 교통안전 위험 요소 발견 시 비상점멸등으로 주변에 알림

085 운전자의 올바른 마음가짐으로 틀린 것: 정체되는 도로에서 갓길(길가장자리)로 통행하려는 마음

086 교통사고 발생 시 운전자 책임 아닌 것: 공고 책임

1페이지 2분순삭!

087 고속도로 운전 중 교통사고 발생 현장에서의 운전자 대응 방법으로 틀린 것: 사고 차량 후미에서 경찰 공무원이 도착할 때까지 교통정리

088 승용자동차에 영유아와 동승하는 경우 운전자 행동으로 옳은 것: 영유아가 탑승하는 경우 도로를 불문하고 유아 보호용 장구를 장착한 후 좌석안전띠 착용시키기

089 운전자 준수 사항 2가지: 어린이 교통사고 위험이 있을 때에는 일시정지, 물이 고인 곳을 지날 때는 감속

090 고속도로에서 운전자의 바람직한 운전 행위 2가지: 주기적인 휴식이나 환기를 통해 졸음운전 예방, 출발 전뿐만 아니라 휴식 중에도 목적지까지 경로의 위험 요소를 확인하며 운전

091 안전 운전에 필요한 운전자의 준비 사항으로 틀린 것: 연료 절약을 위해 출발 10분 전에 시동을 켜 엔진 예열

092 운전 중 집중력에 대한 옳은 내용 2가지: 시야를 가리는 차량 부착물 제거, TV/DMB는 뒷좌석 동승자들만 볼 수 있는 곳에 장착

093 도로교통법상 영유아에 해당하는 나이 기준은 6세 미만

094 개인형 이동장치에 대한 규정과 안전한 운전 방법으로 틀린 것: 개인형 이동장치는 전동이륜평행차, 전동킥보드, 전기자전거, 전동휠, 전동스쿠터 등 개인이 이동하기에 적합한 이동장치 포함

095 자동차(이륜자동차 제외) 좌석안전띠 착용에 대한 옳은 설명: 13세 이상의 동승자가 좌석안전띠 미착용 시 운전자 과태료 3만원

096 교통사고를 예방하기 위한 운전 자세: 방향지시등으로 진행 방향을 명확히 알림

097 운전자의 올바른 운전 행위로 틀린 것: 초보 운전인 경우 고속도로에서 갓길을 이용하여 교통 흐름 방해하지 않기

098 양보 운전: 양보 표지가 설치된 도로의 주행 차량은 다른 도로의 주행 차량에 차로 양보

099 '교통약자'에 해당되지 않는 사람: 반려동물을 동반한 사람

100 '보행 안전 시설물'이 아닌 것: 자전거전용도로

101 서행 운전: 교통정리를 하고 있지 아니하는 교차로를 통과할 때

102 정체된 교차로에서 좌회전할 경우: 녹색 화살표 등화라도 진입하지 않기

103 고속도로 가속차로에서 주행 차로로의 진입 방법: 가속차로를 이용하여 일정 속도를 유지하면서 충분한 공간 확보 후 진입

104 고속도로 본선 우측 차로에 서행하는 A차량이 있을 때 B차량의 안전한 본선 진입 방법: 서서히 속도를 높여 진입하되 A차량이 지나간 후 진입

105 어린이가 보호자 없이 도로를 횡단할 때 운전자는 일시정지하여 도로를 횡단하는 어린이의 안전 확보

106 신호등이 없고 좌·우를 확인할 수 없는 교차로에 진입 시 운행 방법: 반드시 일시정지 후 안전을 확인한 다음 양보 운전 기준에 따라 통과

107 교차로 좌회전 시 위험 요인: 반대편 도로에서 우회전하는 자전거

108 개인형 이동장치를 운전하는 사람의 자세: 횡단보도와 자전거 횡단도가 있는 경우 자전거 횡단도를 이용하여 운전

109 '안전속도 5030': 도시부 지역 일반 도로 매시 50킬로미터 이내, 도시부 주거 지역 이면도로 매시 30킬로미터 이내

110 운전 중 서행을 하는 경우나 장소 2가지: 신호등이 없는 교차로, 도로가 구부러진 부근

111 회전교차로 통행 방법 2가지: 이미 회전하고 있는 차량이 우선, 반시계 방향으로 주행

112 고속도로 주행 시 옳은 2가지: 모든 좌석에서 안전띠 착용, 고장 자동차의 표지(안전 삼각대 포함) 소지

113 옳은 설명 2가지: 양보 표지가 있는 차로를 진행 중인 차는 다른 차로의 주행 차량에 차로 양보, 일반 도로에서 차로 변경 시 30미터 전에 신호 후 변경

114 교통정리가 없는 교차로에서의 양보 운전 2가지: 좌회전하고자 하는 차의 운전자는 그 교차로에서 직진 또는 우회전하려는 차에 진로 양보, 우선순위가 같은 차가 교차로에 동시에 들어가고자 하는 때에는 우측 도로의 차에 진로 양보

115 개인형 이동장치에 대한 틀린 설명 2가지: 전동킥보드, 전동이륜평행차, 전동보드 해당, 전동기의 동력만으로 움직일 수 없는 전기자전거 포함

116 교통사고를 일으킬 가능성이 가장 높은 운전자는 급출발, 급제동, 급 차로 변경을 반복하는 운전자

117 올바른 운전 태도로 틀린 것: 긴급자동차를 발견한 즉시 장소에 관계없이 일시정지하고 진로 양보

118 교통정리 없는 교차로에 직진하기 위해 진입 시 맞은편 차로에서 좌회전하려는 차가 이미 교차로에 진입한 경우, 운전자는 다른 차가 있을 때에는 그 차에 진로 양보

119 개인형 이동장치의 승차정원에 대한 틀린 설명: 전동기의 동력만으로 움직일 수 있는 자전거의 승차정원은 1인

120 운전자의 올바른 자세는 소통과 안전을 생각하는 자세

121 음주운전 방지 장치 부착 조건부 운전면허를 받은 사람에 대한 설명으로 틀린 것: 설치 기준에 적합하지 않은 음주운전 방지 장치가 설치된 자동차 등은 운전 가능

122 과로(졸음운전 포함) 상태에서 자동차를 운전한 사람에 대한 벌칙: 30만원 이하의 벌금이나 구류

123 피로가 운전 행동에 미치는 영향: 지각 및 운전 조작 능력 감소

124 승용자동차를 음주운전한 경우 처벌 기준으로 틀린 것: 혈중 알코올 농도가 0.05퍼센트로 2회 위반한 경우 1년 이하의 징역이나 5백만원 이하의 벌금

125 피로한 상태에서 운전하여 속도 판단을 잘못하게 되는 예시: 멀리서 다가오는 차의 속도를 과소평가하다가 사고 발생

126 공주거리에 영향을 줄 수 있는 경우 2가지: 술에 취한 상태로 운전, 운전자가 피로한 상태로 운전

127 음주운전자 처벌 기준 2가지: 혈중 알코올 농도 0.08퍼센트 이상의 만취 운전자는 운전면허 취소와 형사 처벌, 경찰관의 음주 측정에 불응하거나 혈중 알코올 농도 0.03퍼센트 이상의 상태에서 인적 피해의 교통사고를 일으킨 경우 운전면허 취소와 형사 처벌

128 음주운전 관련 내용으로 맞는 것 2가지: 술에 취한 상태로 자전거 운전 후 음주 측정 방해 행위를 한 사람 처벌 가능, 술에 취한 상태에 있다고 인정할 만한 이유가 있음에도 경찰 공무원의 음주 측정 불응 시 운전면허 취소

129 피로 및 과로, 졸음운전 관련 설명 2가지: 감기약 복용 시 졸음이 올 수 있어 운전 지양, 음주운전 시 대뇌의 기능이 비활성화되어 졸음운전 가능성 상승

130 질병·과로로 정상적인 운전을 하지 못할 우려가 있는 상태에서 자동차를 운전하다가 단속된 경우 구류 또는 벌금에 처함

131 마약 등 약물 복용으로 정상적으로 운전하지 못할 우려가 있는 상태에서 자동차를 운전하다가 인명 피해 교통사고를 야기한 경우 운전자의 책임: 책임 보험만 가입되어 있으나 추가적으로 피해자와 합의하더라도 형사 처벌

132 혈중 알코올 농도 0.03퍼센트 이상 상태의 운전자 갑이 신호 대기 중인 상황에서 뒤차(운전자 을)가 추돌한 경우: 사고의 가해자는 을이 되지만, 갑의 음주운전은 별개로 처벌

133 운전이 금지되는 술에 취한 상태의 기준은 운전자의 혈중 알코올 농도 (0.03퍼센트 이상)

134 피로 운전과 약물 복용 운전 관련 설명 2가지: 피로 상태에서의 운전은 주의력, 판단 능력, 반응 속도의 저하로 위험, 마약을 복용하고 운전을 하다가 교통사고로 사람을 상해에 이르게 한 운전자는 처벌 가능

135 보복 운전 예방 방법이 아닌 것: 속도를 올릴 때 전조등 상향으로 켜기

136 보복 운전을 당했을 때 신고 방법으로 틀린 것: 120에 신고

137 (특수자동차) 운전자는 도로에서 2명 이상이 공동으로 2대 이상의 자동차 등을 정당한 사유 없이 앞뒤로 줄지어 통행하면서 교통상의 위험을 발생하게 하면 (2년 이하의 징역 또는 500만원 이하의 벌금)으로 처벌 가능

138 피해 차량을 뒤따르던 승용차 운전자가 중앙선을 넘어 앞지르기하여 급제동하는 등 위협 운전을 한 경우 처벌 기준: 7년 이하의 징역 또는 1천만원 이하의 벌금

139 승용차 운전자가 차로 변경 시비에 분노해 상대차량 앞에서 급제동하자, 이를 보지 못하고 뒤따르던 화물차가 추돌하여 화물차 운전자가 다친 경우 처벌 기준(중상해는 아님): 1년 이상 10년 이하의 징역

140 난폭 운전 적용 대상이 아닌 것: 끼어들기

141 난폭 운전의 대상 행위가 아닌 것: 고속도로에서 지정차로 위반

142 승용차 운전자의 난폭 운전 처벌 기준: 1년 이하의 징역 또는 500만원 이하의 벌금

143 고속도로를 주행하는 차량의 적재물이 주행 차로에 떨어졌을 때 운전자의 조치 요령으로 틀린 것: 화물 적재물을 떨어뜨린 차량의 운전자에게 보복 운전

144 원동기장치자전거(개인형 이동장치 제외)의 난폭 운전 행위가 아닌 것: 음주운전 행위와 보행자 보호 의무 위반 행위를 연달아 위반하여 운전

145 난폭 운전과 보복 운전: 승용차 운전자가 중앙선 침범 및 속도위반을 연달아 하여 불특정 다수에게 위해를 가하는 경우 난폭 운전에 해당

146 자동차 운전자가 중앙선 침범을 반복하여 다른 사람에게 위해를 가하거나 교통상의 위험을 발생하게 하는 행위는 (난폭 운전)에 해당

147 난폭 운전의 대상 행위가 아닌 것: 일반 도로에서 지정차로 위반

148 난폭 운전 유형에 대한 틀린 설명: 운전 중 영상 표시 장치를 조작하면서 전방 주시 태만

149 난폭 운전의 대상 행위로 틀린 것: 통행금지 위반, 운전 중 휴대용 전화 사용

150 (중앙선 침범) 행위를 반복하여 교통상의 위험이 발생했을 때 난폭 운전으로 처벌 가능

151 행위 반복으로 교통상의 위험이 발생했을 때 난폭 운전으로 처벌할 수 없는 것: 정비 불량차 운전 금지 위반

152 자동차 등을 이용하여 형법상 특수 상해를 행하여 구속된 때 운전면허 행정 처분은 면허 취소

153 도로에서 2명 이상이 공동으로 2대 이상의 자동차 등(개인형 이동장치는 제외)을 정당한 사유 없이 앞뒤로 또는 좌우로 줄지어 통행하면서 다른 사람에게 위해를 끼치거나 교통상의 위험을 발생하게 하는 행위: 공동 위험 행위

154 난폭 운전에 해당하지 않는 운전자: 심야 고속도로 갓길에 미등을 끄고 주차하여 다른 사람에게 위험을 주는 운전자

155 올바른 운전 습관이 아닌 것: 타이어 공기압은 계절에 관계없이 주행 안정성을 위하여 적정량보다 10% 높게 유지

156 자동차 등을 이용하여 형법상 특수 폭행을 행하여 입건된 때 운전면허 행정 처분은 면허 정지 100일

157 보행자에 대한 틀린 설명: 너비 1미터 이하의 동력이 없는 손수레를 이용하여 통행하는 사람은 보행자가 아님

158 승차 구매점(드라이브 스루 매장)을 이용하는 운전자의 자세로 바르지 않은 것: 승차 구매점 대기열을 따라 횡단보도를 침범하여 정차

159 운전자의 보행자 보호에 대한 틀린 설명: 어린이보호구역 내 신호기가 없는 횡단보도 앞에서는 반드시 서행

1페이지 2분순삭!

160 운전자의 보행자 보호에 대한 틀린 설명: 어린이보호구역 내 신호기가 설치되지 않은 횡단보도 앞에서는 보행자의 횡단이 없을 경우 일시정지하지 않아도 됨

161 보행자우선도로에 대한 틀린 설명: 보행자는 도로 우측 가장자리로만 통행 가능

162 시내도로를 매시 50킬로미터로 주행 중 무단 횡단 중인 보행자를 발견 시 속도를 줄이며 멈출 준비를 하고 비상점멸등으로 뒤차에도 알리면서 안전하게 정지

163 보행자 보호 등에 관한 틀린 설명: 어린이보호구역 내 신호기가 설치되지 않은 횡단보도 앞에서는 보행자의 횡단 여부와 관계없이 서행

164 도로에서 13세 미만 어린이가 (외발자전거)를 타는 경우에는 인명 보호 장구 착용에 해당하지 않음

165 보행자 보호 의무: 신호등이 있는 교차로에서 우회전할 경우 신호에 따르는 보행자 방해 금지

166 도로 중앙 통행이 가능한 사람 또는 행렬: 사회적으로 중요한 행사에 따라 시가행진하는 행렬

167 자동차 운전자가 신호등이 없는 횡단보도를 통과할 때 안전한 운전 방법은 횡단하는 사람이 없어도 전방과 그 주변을 살피며 감속

168 철길 건널목을 통과하다가 고장으로 건널목 안에서 차를 운행할 수 없는 경우 운전자의 조치 요령으로 틀린 것: 차량 고장 원인 확인

169 운전자가 보도를 횡단하여 건물 등에 진입 시, 일시정지 → 좌측과 우측 부분 확인 → 서행 진입

170 보행자의 도로 횡단 방법에 대한 틀린 설명: 지체장애인의 경우라도 반드시 도로 횡단 시설을 이용하여 횡단

171 "증발 현상"이 일어나기 쉬운 위치는 도로의 중앙선 부근

172 보행자의 통행: 횡단보도가 설치되어 있지 아니한 도로에서는 가장 짧은 거리로 횡단

173 보행자의 보도 통행 원칙: 보도 내 우측통행

174 어린이보호구역 내 신호기가 설치되지 아니한 횡단보도 앞에서 운전자의 행동 2가지: 보행자가 횡단보도를 통행하려고 하는 때에는 일시정지, 보행자의 횡단 여부와 관계없이 일시정지

175 보행자 보호 관련 설명 2가지: 시·도경찰청장은 보행자 통행 보호를 위해 도로에 보행자전용도로 설치 가능, 보행자전용도로에서 유모차 끌기 가능

176 보행자의 통행 관련 설명 2가지: 보행자는 사회적으로 중요한 행사에 따라 행진 시에는 도로 중앙 통행 가능, 도로 횡단 시설을 이용할 수 없는 지체 장애인은 도로 횡단 시설을 이용하지 않고 도로 횡단 가능

177 승용자동차의 운전자가 보도 횡단 방법을 위반한 경우 범칙금은 6만원

178 보행자 보호 관련 승용자동차 운전자의 범칙 행위에 대한 범칙금액이 다른 것은 도로를 통행하고 있는 차에서 밖으로 물건을 던지는 행위

179 보행자에 대한 운전자의 바람직한 태도: 보행자 우선 보호

180 보행자가 도로를 횡단할 수 있게 안전표지로 표시한 도로의 부분: 횡단보도

181 보행자에 대한 운전자 조치로 틀린 것: 보도 횡단 직전에 서행하여 보행자 보호

182 보행자 도로 횡단 방법에 대한 틀린 설명: 차선 분리대가 설치된 곳이라도 넘어서 횡단 가능

183 앞을 보지 못하는 사람에 준하는 범위에 해당하지 않는 사람은 어린이 또는 영유아

184 어린이보호구역 안에서 (오전 8시~오후 8시) 사이에 신호 위반을 한 승용차 운전자는 기존 벌점 2배 부과

185 4.5톤 화물자동차가 오전 10시부터 11시까지 노인보호구역에서 주차 위반을 한 경우 과태료는 9만원

186 보행자의 통행 방법으로 틀린 것: 보도에서 좌측통행 원칙

1페이지 2분순삭!

187 차도를 통행할 수 있는 사람 또는 행렬이 아닌 경우는 유모차를 끌고 가는 사람

188 신호등이 적색일 때 정지선을 초과하여 정지한 경우 처벌 기준은 신호 위반

189 앞을 보지 못하는 사람이 장애인 보조견을 동반하고 도로를 횡단하는 모습을 발견하였을 때는 일시정지

190 모든 차의 운전자는 어린이보호구역 내 신호기가 설치되지 아니한 횡단보도 앞에서는 보행자 횡단 여부와 관계없이 (일시정지)

191 도로를 횡단하는 보행자 보호: 무단 횡단 보행자도 보호

192 차도의 통행이 허용되지 않는 사람은 보행 보조용 의자차를 타고 가는 사람

193 보행등의 녹색 등화가 점멸할 때 통행 방법: 횡단보도에 진입하지 않은 보행자는 다음 신호 때까지 기다렸다가 녹색 등화 때 통행

194 보도를 통행하는 보행자: 보행 보조용 의자차를 이용하는 사람은 보행자로 볼 수 있음

195 보행자전용도로 관련 설명 2가지: 통행이 허용된 차마의 운전자는 통행 속도를 보행자의 걸음 속도로 운행, 통행이 허용된 차마의 운전자는 보행자를 위험하게 할 때는 일시정지

196 노인보호구역에서 자동차에 싣고 가던 화물이 떨어져 노인에게 2주 진단의 상해를 입힌 운전자에 대한 처벌 2가지: 피해자의 처벌 의사에 관계없이 형사 처벌, 손해를 전액 보상받을 수 있는 보험 가입 여부와 관계없이 형사 처벌

197 횡단보도가 없는 도로에서 보행자는 도로에서 가장 짧은 거리로 횡단

198 횡단보도 횡단 방법으로 틀린 것: 자전거를 타고 횡단 가능

199 차마의 통행 방법에 대한 틀린 설명: 보도 횡단 직전에 서행하여 좌우를 살핀 후 보행자의 통행을 방해하지 않도록 횡단

200 보행자 보호에 대한 틀린 설명: 보행자가 횡단보도가 없는 도로를 횡단하고 있을 때에는 안전거리를 두고 서행

201 차량 운전 중 차량 신호등과 횡단보도 보행자 신호등이 모두 고장 난 경우 횡단보도 통과 방법: 횡단하는 사람이 있는 경우 횡단보도 직전에 일시정지

202 보도와 차도가 구분되지 않는 도로 중 중앙선이 있는 도로에서 보행자는 길가장자리구역으로 보행

203 보행자전용도로 통행이 허용된 차마의 운전자는 보행자의 걸음 속도로 운행하거나 일시정지

204 연석선, 안전표지나 그와 비슷한 인공 구조물로 경계를 표시하여 보행자가 통행할 수 있도록 한 도로의 부분은 보도

205 보행 신호등이 점멸할 때 횡단 방법이 아닌 것: 횡단을 중지하고 그 자리에서 다음 신호 기다리기

206 차의 운전자가 서행하여야 할 경우: 이면도로에서 보행자의 옆을 지나갈 때

207 고원식 횡단보도는 제한 속도를 매시 (30)킬로미터 이하로 제한할 필요가 있는 도로에 설치

208 차량 운전 중 일시정지해야 할 상황이 아닌 것: 차량 신호등이 황색 등화의 점멸 신호일 때

209 대각선 횡단보도의 보행 신호가 녹색 등화일 때 차마의 통행 방법: 직진하려는 때에는 정지선 직전에 정지

210 차의 운전자가 그 차의 바퀴를 일시적으로 완전히 정지시키는 것은 일시정지

211 의료용 전동휠체어가 통행할 수 없는 곳은 자전거전용도로

212 교통정리 없는 교차로에서 좌회전 방법: 반드시 서행하고, 일시정지는 상황에 따라 판단하여 실시

213 설치되는 차로의 너비는 (3)미터 이상으로 하여야 하되, 좌회전전용차로의 설치 등 부득이하다고 인정되는 때에는 (275)센티미터 이상도 가능

1페이지 2분순삭!

214 도로 우측 부분의 폭이 6미터가 되지 아니하는 도로에서 다른 차를 앞지르기할 수 있는 경우는 앞차가 저속으로 진행하고, 다른 차와 안전거리가 확보된 경우

215 시간대에 따라 양방향의 통행량이 다른 도로에는 교통량이 많은 쪽으로 차로의 수가 확대될 수 있도록 신호기로 차로의 진행 방향을 지시하는 차로는 가변차로

216 모든 차의 운전자는 교차로에서 (우회전)을 하려는 경우에는 미리 도로의 우측 가장자리를 서행하면서 (우회전)해야 하고, (우회전)하는 차도의 운전자는 신호에 따라 정지하거나 진행하는 보행자 또는 자전거 등에 주의

217 차로 변경: 다리 위는 위험한 장소이기 때문에 백색 실선으로 차로 변경을 제한하는 경우가 많음

218 "꼬리 물기"를 하였을 때의 위반 행위는 교차로 통행 방법 위반

219 고속도로의 가속차로: 고속도로로 진입하는 차량이 충분한 속도를 낼 수 있도록 유도하는 차로

220 고속도로에 진입한 후 잘못 진입한 사실을 알았을 때는 이미 진입하였으므로 다음 출구까지 주행 후 빠져나옴

221 도로에 설치하는 노면 표시의 색이 틀린 것: 어린이 보호구역 안에 설치하는 속도 제한 표시의 테두리선은 흰색

222 고속도로 외의 도로에서 왼쪽 차로 통행 가능 차종은 승용자동차 및 경형·소형·중형 승합자동차

223 자동차 운전 시 유턴이 허용되는 노면 표시 형식은 (유턴 표지가 있는 곳) 도로의 중앙에 백색 점선 형식으로 설치된 노면 표시

224 차로에 따른 통행 구분 설명으로 틀린 것: 일방통행 도로에서는 도로의 오른쪽부터 1차로

225 자동차 운전자는 폭우로 가시거리가 50미터 이내인 경우 최고 속도의 (100분의 50)을 줄인 속도로 운행

226 다인승전용차로를 통행할 수 있는 차의 기준 2가지: 3명 이상 승차한 승용자동차, 3명 이상 승차한 승합자동차

227 보도와 차도의 구분이 없는 도로에 차로를 설치하는 때 보행자가 안전하게 통행할 수 있도록 그 도로의 양쪽에 설치하는 것은 길가장자리구역

228 1·2차로가 좌회전 차로인 교차로의 통행 방법: 대형 승합자동차는 2차로만을 이용하여 좌회전

229 차마의 통행 방법 및 속도에 대한 틀린 설명: 자동차전용도로에서의 최저 속도는 매시 40킬로미터

230 최고 속도 매시 100킬로미터인 편도 4차로 고속도로를 주행하는 적재 중량이 3톤인 화물자동차의 최고 속도는 매시 80킬로미터

231 차마의 운전자가 도로의 좌측으로 통행할 수 없는 경우는 안전표지 등으로 앞지르기를 제한하고 있는 경우

232 교차로와 딜레마 존(dillemma zone) 통과 방법으로 틀린 것: 딜레마 존(dillemma zone)에서 차가 교차로 진입 전 황색 등화로 바뀐 경우 교차로 직전에 정지할 필요 없음

233 차간거리에 대한 옳은 설명: 공주거리는 위험을 발견하고 브레이크 페달을 밟아 브레이크가 듣기 시작할 때까지의 거리

234 앞지르기가 가능한 장소는 중앙선(황색 점선)

235 교차로에서의 서행: 차가 즉시 정지시킬 수 있는 정도의 느린 속도로 진행하는 것

236 도로에서 최고 속도를 위반하여 자동차 등(개인형 이동장치 제외)을 운전한 경우 처벌 기준: 시속 100킬로미터를 초과한 속도로 3회 이상 운전한 사람은 1년 이하의 징역이나 500만원 이하의 벌금

237 신호등이 없는 교차로에서 우회전할 때: 교차로에 선진입한 차량이 통과한 뒤 우회전

238 신호기의 신호가 있고 차량 보조 신호가 없는 교차로에서 우회전 시 틀린 것: 차량 신호에 관계없이 다른 차량의 교통을 방해하지 않을 때 일시정지하지 않고 우회전

239 교차로 좌·우회전 방법: 우회전 시 미리 우측 가장자리를 따라 서행

240 정지거리: 운전자가 위험을 발견하고 브레이크 페달을 밟아 실제로 차량이 정지하기까지 진행한 거리

241 교차로 통행 방법: 교차로에서는 앞지르기 금지

242 하이패스차로 설명 및 이용 방법: 다차로 하이패스 구간은 규정된 속도를 준수하고 하이패스 단말기 고장 등으로 정보를 인식하지 못하는 경우 도착지 요금소에서 정산

243 편도 3차로 자동차전용도로의 구간에 최고 속도 매시 60킬로미터의 안전표지가 설치되어 있을 때 운전자는 매시 60킬로미터 주행

244 주거 지역·상업 지역 및 공업 지역의 일반 도로에서 제한할 수 있는 속도는 시속 50킬로미터 이내

245 도심부 최고 속도를 시속 50킬로미터로 제한하고, 주거 지역 등 이면도로는 시속 30킬로미터 이하로 하향 조정하는 교통안전 정책은 안전속도 5030

246 비보호 좌회전 교차로에서 좌회전 시 옳은 설명 2가지: 마주 오는 차량이 없을 때 반드시 녹색 등화에서 좌회전, 녹색 등화에서 비보호 좌회전할 때 사고가 나면 안전운전 의무 위반으로 처벌

247 중앙버스전용차로기 운영 중인 시내도로 주행 시 안전한 운전 방법 2가지 : 우측의 보행자가 무단 횡단할 수 있으므로 주의하며 주행, 좌측의 버스 정류장에서 보행자가 나올 수 있으므로 서행

248 차로 변경 시 안전한 운전 방법 2가지: 진행하는 차의 통행에 지장을 주지 않을 때 함, 백색 점선 구간에서만 가능

249 교차로 우회전 시 안전한 운전 행동 2가지: 방향지시등은 우회전 지점의 30미터 이상 후방에서 작동, 진행 방향의 좌측에서 진행해 오는 차량에 방해가 없도록 우회전

250 승용자동차 운전자가 앞지르기할 때의 운전 방법 2가지: 앞지르기 시작 시 좌측 공간 충분히 확보, 주행하는 도로의 제한 속도 범위 내에서 앞지르기

251 도로 주행 시 안전 운전 방법 2가지: 앞 차량의 급제동에 대비하여 추돌을 피할 수 있는 거리 확보, 앞지르기할 경우 앞 차량의 좌측으로 통행

252 소화기를 의무적으로 설치·비치해야 하는 자동차가 아닌 것은 이륜자동차

253 긴급한 용도로 운행 중인 긴급자동차가 다가올 때 운전자는 교차로 외의 곳에서는 긴급자동차가 우선 통행할 수 있도록 진로 양보

254 교차로에서 우회전 중 소방차가 경광등을 켜고 사이렌을 울리며 접근할 경우: 교차로를 피하여 일시정지

255 긴급자동차 특례 적용 대상이 아닌 것: 보행자 보호

256 긴급자동차의 구조를 갖추고, 사이렌을 울리거나 경광등을 켜서 긴급한 용무를 수행 중임을 알리지 않아도 되는 긴급자동차는 속도위반 단속용 경찰자동차

257 소방차와 구급차 등이 앞지르기 금지 구역에서 앞지르기를 하거나 속도를 초과하여 운행하는 등 특례를 적용받으려면 자동차의 안전 운행에 필요한 구조를 갖추고 사이렌을 울리거나 경광등 켜기

258 일반자동차가 생명이 위독한 환자를 이송 중인 경우 긴급자동차로 인정받기 위한 조치: 전조등 또는 비상등을 켜고 운행

259 긴급자동자 2가지: 생명이 위급한 환자 또는 부상자나 수혈을 위한 혈액을 운송 중인 자동차, 시·도경찰청장으로부터 지정을 받고 긴급한 우편물의 운송에 사용되는 자동차

260 긴급한 용도로 운행되고 있는 구급차 운전자가 할 수 있는 2가지: 도로의 중앙이나 좌측으로 통행, 정체된 도로에서 끼어들기

261 본래의 용도로 운행되고 있는 소방차 운전자가 긴급자동차 특례를 적용받을 수 없는 것은 음주운전

262 긴급자동차 운전자 대상 정기 교통안전교육은 (3)년마다 실시

263 긴급자동차 특례의 틀린 설명: 횡단보도를 횡단하는 보행자가 있어도 보호하지 않고 통행 가능

264 소방 용수 시설, 비상 소화 장치, 소방 시설로부터 (5)미터 이내인 곳은 정차 및 주차 금지 구역

265 사용하는 사람 또는 기관 등의 신청에 의하여 시·도경찰청장이 지정 가능한 긴급자동차는 가스 누출 복구를 위한 응급 작업에 사용되는 가스 사업용 자동차

266 사용하는 사람 또는 기관 등의 신청에 의하여 시·도경찰청장이 지정 가능한 긴급자동차가 아닌 것은 교통 단속에 사용되는 경찰용 자동차

267 긴급자동차가 긴급한 용도 외에도 경광등 등을 사용할 수 있는 경우가 아닌 것은 소방차가 정비를 위해 긴급히 이동하는 경우

268 긴급 출동 중인 긴급자동차의 법규 위반: 인명 피해 교통사고가 발생하여도 긴급 출동 중이므로 필요한 신고나 조치 없이 계속 운전

269 긴급자동차가 긴급한 용도 외에 경광등을 사용할 수 있는 경우가 아닌 것: 도로 관리용 자동차가 도로상의 위험을 방지하기 위하여 도로 순찰하는 경우

270 긴급한 용도로 운행 중인 긴급자동차에게 양보하는 운전 방법 2가지: 교차로 부근에서는 교차로를 피하여 일시정지, 교차로나 그 부근 외의 곳에서 긴급자동차가 접근한 경우에는 긴급자동차가 우선 통행할 수 있도록 진로 양보

271 긴급자동차 2가지: 경찰용 긴급자동차에 의하여 유도되고 있는 자동차, 생명이 위급한 환자 또는 부상자나 수혈을 위한 혈액을 운송 중인 자동차

272 어린이통학버스 운전자 및 운영자 의무에 대한 틀린 설명: 어린이통학버스 운영자는 어린이통학버스에 보호자가 동승한 경우에는 안전 운행 기록을 작성하지 않아도 됨

273 보행자의 통행 여부에 관계없이 반드시 일시정지 하여야 할 장소는 어린이보호구역 내 신호기가 설치되지 아니한 횡단보도 앞

274 편도 2차로 도로에서 1차로로 어린이통학버스가 어린이나 영유아를 태우고 있음을 알리는 표시를 한 상태로 주행 중일 때 안전한 운전 방법: 2차로가 비어 있어도 앞지르기 금지

275 어린이보호구역: 자동차 등의 통행 속도를 시속 30킬로미터 이내로 제한 가능

276 어린이보호구역 내에서 매시 40킬로미터로 주행 중 운전자의 과실로 어린이를 다치게 한 경우: 피해자의 처벌 의사에 관계없이 형사 처벌

277 어린이통학버스로 신고할 수 있는 자동차의 승차정원 기준은 9인승 이상

278 승용차 운전자가 08:30경 어린이보호구역에서 제한 속도를 매시 25킬로미터 초과하여 위반한 경우 벌점은 30점

279 승용차 운전자가 어린이나 영유아를 태우고 있다는 표시를 하고 도로를 통행하는 어린이통학버스를 앞지르기 한 경우 벌점은 30점

280 어린이통학버스 안전 교육 대상자의 교육 시간 기준: 3시간 이상

281 어린이 및 영유아 연령 기준: 영유아는 6세 미만인 사람

282 승용차 운전자가 13:00경 어린이보호구역에서 신호 위반을 한 경우 범칙금은 12만원

283 어린이가 보호자 없이 도로에서 놀고 있는 경우 올바른 운전 방법: 일시정지

284 어린이가 횡단보도 위를 걸어가고 있을 때 규정 및 운전자 행동: 횡단보도 표지는 횡단보도를 설치한 장소의 필요한 지점의 도로 양측에 설치하며 횡단보도 앞에서 일시정지

285 어린이통학버스가 편도 1차로 도로에서 정차하여 영유아가 타고 내리는 중임을 표시하는 점멸등이 작동하고 있을 때 반대 방향에서 진행하는 차의 운전자는 일시정지하여 안전을 확인한 후 서행

286 운전자가 운전 중 '어린이를 충격한 경우': 자전거 운전자는 넘어진 어린이가 재빨리 일어나 뛰어가는 것을 본 후 경찰 관서에 신고하고 현장 대기

287 골목길에서 갑자기 뛰어나오는 어린이를 자동차가 충격하였다. 어린이는 외견상 다친 곳이 없어 보였고, "괜찮다"고 말하고 있을 경우: 운전자는 부모에게 연락하는 등 반드시 필요한 조치를 다한 후 현장을 벗어남

288 어린이보호구역 지정 및 관리 주체는 시장 등

289 어린이보호구역에 대한 옳은 설명 2가지: 어린이보호구역 안에서 오전 8시부터 오후 8시까지 주정차 위반한 경우 범칙금 가중, 어린이보호구역 안에서 오전 8시부터 오후 8시까지 보행자 보호 불이행하면 벌점 2배

290 어린이통학버스의 특별 보호에 대한 옳은 설명 2가지: 어린이들 승하차 시 편도 1차로 도로에서는 반대편에서 오는 차량도 일시정지하여 안전을 확인한 후 서행, 어린이들 승하차 시 동일 차로와 그 차로의 바로 옆 차량은 일시정지하여 안전을 확인한 후 서행

291 자전거 통행 방법에 대한 틀린 설명: 자전거의 운전자가 횡단보도를 이용하여 도로를 횡단할 때에는 자전거를 타고 통행 가능

292 '보호구역의 지정 절차 및 기준' 등에 관하여 필요한 사항을 정하는 공동 부령 기관은 장애인보호구역은 행정안전부, 보건복지부, 국토교통부의 공동 부령으로 정함

293 어린이통학버스 특별 보호를 위한 운전자의 운행 방법: 편도 1차로인 도로에서는 반대 방향에서 진행하는 차의 운전자도 어린이통학버스에 이르기 전에 일시정지하여 안전을 확인한 후 서행

294 어린이통학버스 신고 관련 설명 2가지: 어린이통학버스는 원칙적으로 승차정원 9인승 이상의 자동차, 어린이통학버스 신고 증명서가 헐어 못 쓰게 되어 다시 신청하는 때에는 어린이통학버스 신고 증명서 재교부 신청서에 헐어 못 쓰게 된 신고 증명서를 첨부하여 제출

295 어린이통학버스 운전자가 영유아를 승하차시키는 방법: 영유아가 승차하고 있는 경우에는 점멸등 장치를 작동하여 안전 확보

296 어린이보호구역에 대한 틀린 설명: 주차 금지 위반 범칙금은 노인보호구역과 동일

297 어린이보호구역에서 어린이가 영유아를 동반하여 함께 횡단하고 있을 때 운전자는 어린이와 영유아 보호를 위해 일시정지

298 어린이보호구역과 관련된 설명: 차도로 갑자기 뛰어드는 어린이를 보면 서행하지 말고 일시정지

299 어린이보호구역에 대한 설명과 주행 방법 2가지: 어린이 보호를 위해 필요한 경우 통행 속도를 시속 30킬로미터 이내로 제한할 수 있고 통행할 때는 항상 제한 속도 이내로 서행, 어린이보호구역 내 속도 제한의 대상은 자동차, 원동기장치자전거, 노면 전차이며 어린이가 횡단하는 경우 일시정지

300 승용차 운전자가 어린이통학버스 특별 보호 위반 행위를 한 경우 범칙금액은 9만원

301 영유아 및 어린이에 대한 규정 및 어린이통학버스 운전자의 의무: 영유아는 6세 미만의 사람을 의미하며, 영유아가 타고 내리는 경우에도 점멸등 등의 장치 작동

302 어린이나 영유아가 타고 내리게 하기 위한 어린이통학버스에 장착된 황색 및 적색 표시등의 작동 방법: 도로에 정지하려는 때에는 황색 표시등을 점멸 작동

303 어린이보호구역의 지정 대상의 근거 법률이 아닌 것: 아동복지법

304 어린이보호구역에 대한 틀린 설명: 범칙금과 벌점은 일반 도로의 3배

305 안전한 보행을 하고 있지 않은 어린이는 보도와 차도가 구분된 도로에서 차도 가장자리를 걸어가고 있는 어린이

306 어린이 보호에 대한 틀린 설명: 횡단보도가 없는 도로에서 어린이가 횡단하고 있는 경우 서행

307 어린이통학버스 특별 보호에 대한 운전자 의무: 적색 점멸 장치를 작동 중인 어린이통학버스가 정차한 차로의 바로 옆 차로로 통행하는 경우 일시정지

308 어린이의 보호자가 과태료 부과 처분을 받는 경우: 차도에서 어린이가 전동킥보드를 타게 한 보호자

309 어린이보호구역에서 어린이를 상해에 이르게 한 경우 형사 처벌 기준: 1년 이상 15년 이하의 징역 또는 500만원 이상 3천만원 이하의 벌금

1페이지 2분순삭!

310 어린이통학버스 운영자의 의무로 틀린 것: 어린이통학버스에 어린이를 태울 때에는 성년인 사람 중 보호자를 함께 태우고 어린이 보호 표지만 부착

311 어린이통학버스에 성년 보호자가 없을 때 '보호자 동승 표지'를 부착한 경우 처벌은 30만원 이하의 벌금이나 구류

312 고령 운전자 표지: 운전면허를 받은 65세 이상인 사람이 운전하는 차임을 나타내는 표지

313 노인보호구역에서 노인을 위해 시·도경찰청장이나 경찰서장이 할 수 있는 조치가 아닌 것: 주출입문 연결 도로에 노인을 위한 노상 주차장 설치

314 노인보호구역에서 통행을 금지할 수 있는 대상: 개인형 이동장치, 노면 전차

315 노인보호구역에서 오전 10시경 발생한 법규 위반: 덤프트럭 운전자가 신호 위반을 하는 경우 범칙금은 13만원

316 시장 등이 노인보호구역으로 지정할 수 있는 곳이 아닌 곳은 고등학교

317 노인보호구역을 지정할 수 없는 자는 시·도경찰청장

318 교통약자인 고령자의 일반적인 특징: 신체 상태가 노화될수록 행동이 원활하지 않음

319 시장 등이 노인보호구역에서 할 수 있는 조치: 차마와 노면 전차의 통행을 제한하거나 금지

320 보행자 신호등이 없는 횡단보도로 횡단하는 노인을 뒤늦게 발견한 승용차 운전자가 급제동을 하였으나 노인을 충격(2주 진단)하는 교통사고 발생 시 옳은 설명 2가지: 자동차 운전자에게 민사 책임, 자동차 운전자에게 형사 책임이 있음

321 관할 경찰서장이 노인보호구역 안에서 할 수 있는 조치 2가지: 자동차의 통행을 금지하거나 제한, 자동차의 정차나 주차 금지

322 노인보호구역에서 노인의 옆을 지나갈 때 운전자의 운전 방법: 노인과의 간격을 충분히 확보하며 서행으로 통과

323 노인보호구역에서 노인의 안전을 위하여 설치할 수 있는 도로 시설물이 아닌 것: 가속차로, 보호구역도로 표지

324 야간에 노인보호구역을 통과할 때 운전자 주의 사항이 아닌 것: 야간에는 노인이 없으므로 속도를 높여 통과

325 노인보호구역 내 신호등 있는 횡단보도 통행 방법 및 법규 위반에 대한 틀린 설명: 이륜차 운전자가 오전 8시부터 오후 8시 사이에 횡단보도 보행자 통행을 방해하면 범칙금 9만원 부과

326 노인보호구역에 대한 틀린 설명: 노인들이 잘 보일 수 있도록 규정보다 신호등을 크게 설치

327 승용차 운전자가 오전 11시경 노인보호구역에서 제한속도를 25km/h 초과한 경우 벌점은 30점

328 노인보호구역 내의 신호등이 있는 횡단보도에 접근하고 있을 때 운전 방법으로 틀린 것: 신호의 변경을 예상하여 예측 출발

329 노인보호구역으로 지정된 경우 할 수 있는 조치 사항이 아닌 것: 보행 신호의 신호 시간이 일반 보행 신호기와 같기 때문에 주의 표지 설치 가능

330 오전 8시부터 오후 8시까지 사이에 노인보호구역에서 교통법규 위반 시 범칙금 가중 행위가 아닌 것은 중앙선 침범

331 노인보호구역에 대한 틀린 설명: 노인 보호 표지는 노인보호구역의 도로 중앙에 설치

332 노인보호구역에 대한 틀린 설명: 노인보호구역 내에서 차마의 통행을 금지할 수 없음

333 도로교통법을 가장 잘 준수하고 있는 보행자: 횡단보도가 없는 도로를 가장 짧은 거리로 횡단

334 노인운전자의 벌점 기준이 가장 높은 위반 행위: 황색 실선의 중앙선을 넘어 앞지르기

335 교통약자에 해당되지 않는 사람은 청소년

336 노인의 일반적인 신체적 특성에 대한 틀린 설명: 시력은 저하되나 청력은 향상

337 가장 바람직한 운전을 하고 있는 노인 운전자: 도로 상황을 주시하면서 규정 속도를 준수하고 운행

338 노인 운전자의 안전 운전과 거리가 먼 것: 심야 운전

339 승용자동차 운전자가 노인보호구역에서 전방 주시 태만으로 노인에게 3주간의 상해를 입힌 경우 형사 처벌에 대한 틀린 설명: 노인보호구역을 알리는 안전표지가 있는 경우 형사 처벌

340 승용자동차 운전자가 노인보호구역에서 15:00경 규정 속도보다 시속 60킬로미터를 초과하여 운전한 경우 범칙금은 15만원, 벌점은 120점

341 장애인주차구역에 대한 틀린 설명: 장애인전용주차구역주차 표지가 붙어 있는 자동차에 장애가 있는 사람이 탑승하지 않아도 주차 가능

342 장애인전용주차구역 주차 표지 발급 기관이 아닌 것은 보건복지부장관

343 밤에 자동차(이륜자동차 제외)의 운전자가 고장 그 밖의 부득이한 사유로 도로에 정차할 경우 켜야 하는 등화는 미등 및 차폭등

344 도로의 가장자리에 설치한 황색 점선: 주차 금지, 정차 가능

345 개인형 이동장치의 정차 및 주차 금지 기준으로 틀린 것: 교차로의 가장자리로부터 10미터 이내인 곳, 도로의 모퉁이로부터 5미터 이내인 곳

346 전기자동차가 아닌 자동차를 환경친화적 자동차 충전 시설의 충전 구역에 주차했을 때 과태료는 10만원

347 '더치 리치(dutch reach)': 자동차 하차 시 창문에서 먼 쪽 손으로 손잡이를 잡아 뒤를 확인한 후 문을 여는 방법

348 전기자동차 또는 외부 충전식 하이브리드자동차는 급속 충전 시설의 충전 시작 이후 충전 구역에서 (1시간) 주차 가능

349 경사진 곳에서의 정차 및 주차 방법과 기준: 조향장치를 자동차에서 가까운 쪽 도로의 가장자리 방향으로 돌려놓기, 정차는 5분을 초과하지 않는 주차 외의 정지 상태

350 장애인전용주차구역에 물건 등을 쌓거나 그 통행로를 가로막는 등 주차 방해 행위를 한 경우 과태료는 50만원

351 운전자의 준수 사항 2가지: 물건 등을 사기 위해 일시정차하는 경우에도 시동 끄기, 차의 시동을 끄고 안전을 확인한 후 차의 문을 열고 내리기

352 급경사로에 주차할 경우 안전한 방법 2가지: 조향장치를 도로의 가장자리(자동차에서 가까운 쪽) 방향으로 돌려놓기, 경사의 내리막 방향으로 바퀴에 고임목 등 자동차의 미끄럼 사고를 방지할 수 있는 것 설치

353 주정차 방법 2가지: 도로에서 정차를 하고자 하는 때에는 차도의 우측 가장자리에 세우기, 경사진 도로에서는 고임목 받쳐두기

354 주차에 해당하는 2가지: 차량이 고장 나서 계속 정지하고 있는 경우, 5분을 초과하지 않았지만 운전자가 차를 떠나 즉시 운전할 수 없는 상태

355 정차에 해당하는 2가지: 신호 대기를 위해 정지한 경우, 차를 정지하고 지나가는 행인에게 길을 묻는 경우

356 정차 또는 주차를 금지하는 장소의 특례를 적용하지 않는 2가지: 비상 소화 장치가 설치된 곳으로부터 5미터 이내, 안전지대의 사방으로부터 각각 10미터 이내

357 주차 가능한 장소 2가지: 소방 용수 시설이 설치된 곳으로부터 7미터 지점, 비상 소화 장치가 설치된 곳으로부터 7미터 지점

358 교통정리를 하고 있지 아니하는 교차로 좌회전 시 운전 방법: 폭이 넓은 도로의 차에 진로 양보

359 회전교차로 통행 방법에 대한 틀린 설명: 진입 차량에 우선권이 있어 회전 중인 차량이 양보

1페이지 2분순삭!

360 신호등이 없는 교차로에 선진입하여 좌회전하는 차량이 있는 경우: 직진 차량과 우회전 차량 모두 좌회전 차량에 차로 양보

361 교차로에서 좌회전 시 통행 방법: 중앙선을 따라 서행하면서 교차로 중심 안쪽으로 좌회전

362 교통정리가 없는 교차로 통행 방법: 통행하고 있는 도로의 폭보다 교차하는 도로의 폭이 넓은 경우 서행

363 도로의 원활한 소통과 안전을 위하여 회전교차로 설치가 권장되는 경우: 교통량 수준이 높지 않으나, 교차로 교통사고가 많이 발생하는 곳

364 회전교차로: 진입 시 회전교차로 내에 여유 공간이 있을 때까지 양보선에서 대기

365 운전자가 좌회전 시 정확하게 진행할 수 있도록 교차로 내에 백색 점선으로 한 노면 표시는 유도선

366 교차로에서 좌회전하는 차량 운전자의 운전 방법 2가지: 반대 방향에서 우회전하는 차량 주의, 함께 좌회전하는 측면 차량 주의

367 교차로에서 좌·우회전할 때 운전 방법 2가지: 우회전 시 미리 도로의 우측 가장자리로 서행하면서 우회전, 좌회전 시 미리 도로의 중앙선을 따라 서행하면서 교차로의 중심 안쪽을 이용하여 좌회전

368 회전교차로의 통행 방법: 회전하고 있는 차가 우선

369 회전교차로에서의 금지 행위가 아닌 것: 서행 및 일시정지

370 회전교차로에서 통행 우선권이 인정되는 차량: 회전교차로 내 회전차로에서 주행 중인 차량

371 회전교차로에 대한 틀린 설명: 회전교차로는 시계 방향으로 회전

372 회전교차로 통행 방법 2가지: 교차로 진입 전 일시정지 후 교차로 내 왼쪽에서 다가오는 차량이 없으면 진입, 회전교차로 내에 진입한 후에도 다른 차량에 주의하면서 진행

373 일시정지할 장소: 교통정리가 없는 교통이 빈번한 교차로

374 반드시 일시정지할 장소: 교통정리를 하고 있지 아니하고 좌우를 확인할 수 없는 교차로

375 일시정지해야 하는 장소: 신호등이 없는 교통이 빈번한 교차로

376 가변형 속도 제한 구간에 대한 틀린 설명: 가변형 속도 제한 표지로 정한 최고 속도와 안전표지 최고 속도가 다를 때는 안전표지 최고 속도를 따름

377 (모든 차 또는 노면 전차)의 운전자는 철길 건널목을 통과하려는 경우 건널목 앞에서 (일시정지)하여 안전한지 확인한 후에 통과

378 고속도로 나들목 운전 방법: 진출하고자 하는 나들목을 지나친 경우 다음 나들목 이용

379 앞차의 운전자가 왼팔을 수평으로 펴서 차체의 좌측 밖으로 내밀었을 때 취해야 할 조치: 앞차의 차로 변경이 예상되므로 서행

380 운전자가 우회전하고자 할 때 사용하는 수신호: 왼팔을 좌측 밖으로 내어 팔꿈치를 굽혀 수직으로 올림

381 신호기의 신호에 따라 교차로에 진입하려는데, 경찰공무원이 정지하라는 수신호를 보낼 때: 정지선 직전에 일시정지

382 중앙선이 황색 점선과 황색 실선으로 구성된 복선으로 설치된 때의 앞지르기: 황색 점선이 있는 측에서는 중앙선을 넘어 앞지르기 가능

383 운전 중 철길 건널목 통행 방법: 일시정지하여 안전을 확인하고 통과

384 차로를 왼쪽으로 바꾸고자 할 때의 방법: 그 행위를 하고자 하는 지점에 이르기 전 30미터(고속도로에서는 100미터) 이상의 지점에 이르렀을 때 좌측 방향지시기 조작

385 자동차 등의 속도와 관련하여 틀린 것: 가변형 속도 제한 표지로 정한 최고 속도와 그 밖의 안전표지로 정한 최고 속도가 다를 경우 그 밖의 안전표지에 따르기

386 자동차 등의 속도와 관련하여 틀린 것: 고속도로는 시·도경찰청장이, 고속도로를 제외한 도로는 경찰청장이 속도 규제권자

387 신호 위반이 되는 경우 2가지: 적색 신호 시 정지선을 초과하여 정지, 교차로 이르기 전 황색 신호 시 교차로에 진입

388 편도 3차로인 도로의 교차로에서 우회전 시 통행 방법 2가지: 우측 도로의 횡단보도 보행 신호등이 녹색이라도 보행자가 없으면 통과 가능, 우회전 삼색등이 적색일 경우에는 보행자가 없어도 통과 불가

389 승합차의 기준과 승합차를 따라 좌회전할 때 주의해야 할 운전 방법 2가지: 대형승합차는 36인승 이상을 의미, 대형승합차로 인해 신호등이 안 보일 수 있으므로 안전거리를 유지하면서 서행, 소형승합차는 15인승 이하를 의미, 승용차에 비해 무게 중심이 높아 전도될 수 있으므로 안전거리를 유지하며 진행

390 차로 변경 시 운전 방법 2가지: 변경하고자 하는 차로의 뒤따르는 차와 거리가 있을 때 속도를 유지한 채 차로 변경, 변경하고자 하는 차로의 뒤따르는 차가 접근하고 있을 때 속도를 늦추어 뒤차를 먼저 통과시키기

391 차로를 구분하는 차선에 대한 설명 2가지: 차로가 실선과 점선이 병행하는 경우 실선에서 점선 방향으로 차로 변경 불가능, 차로가 실선과 점선이 병행하는 경우 점선에서 실선 방향으로 차로 변경 가능

392 적색 등화 점멸: 차마는 정지선 직전에 일시정지한 후 다른 교통에 주의하면서 진행 가능

393 비보호 좌회전 표지가 있는 교차로: 녹색 신호에 다른 교통에 주의하면서 좌회전 가능

394 자동차 속도 관련 맞는 것: 고속도로의 최저 속도는 매시 50킬로미터로 규정

395 앞지르기: 교차로 내에서는 앞지르기 금지

396 도로의 중앙선 관련 맞는 것: 가변차로에서는 신호기가 지시하는 진행 방향의 가장 왼쪽에 있는 황색 점선

397 편도 3차로 고속도로에서 2차로를 이용하여 주행할 수 있는 자동차는 소·중형 승합자동차

398 편도 3차로 고속도로에서 1차로가 차량 통행량 증가로 부득이하게 시속(80)킬로미터 미만으로 통행할 수밖에 없을 때는 앞지르기를 하는 경우가 아니더라도 통행 가능

399 고속도로 갓길 이용: 부득이한 사유 없이 갓길로 통행한 승용자동차 운전자의 범칙금액은 6만원

400 편도 5차로 고속도로에서 차로에 따른 통행차의 기준에 따르면 (2~3)차로까지 왼쪽 차로

401 고속도로 지정차로에 대한 틀린 설명(소통이 원활하며, 버스전용차로 없음): 모든 차는 지정된 차로보다 왼쪽에 있는 차로로 통행 가능

402 소통이 원활한 편도 3차로 고속도로에서 승용자동차의 앞지르기 방법으로 틀린 설명(버스전용차로 없음): 승용자동차가 앞지르기하려고 1차로로 차로를 변경한 후 계속해서 1차로로 주행

403 차로에 따른 통행차의 기준으로 틀린 것: 승용자동차가 앞지르기를 할 때에는 통행 기준에 지정된 차로의 바로 옆 오른쪽 차로로 통행

404 일반 도로의 버스전용차로로 통행 가능한 경우: 택시가 승객을 태우거나 내려주기 위하여 일시 통행하는 경우

405 고속도로 버스전용차로를 통행할 수 있는 9인승 승용자동차는 (6)명 이상 승차한 경우로 한정

406 편도 3차로 고속도로에서 통행차의 기준(소통이 원활하며, 버스전용차로 없음): 주행 차로가 2차로인 소형 승합자동차가 앞지르기할 때에는 1차로 이용

407 편도 3차로 고속도로에서 승용자동차가 2차로로 주행 중일 때 앞지르기할 수 있는 차로(소통이 원활하며, 버스전용차로 없음): 1차로

408 앞지르기하는 방법으로 틀린 것: 편도 4차로 고속도로에서 오른쪽 차로로 주행하는 차는 1차로까지 진입 가능

409 차로에 따른 통행차의 기준으로 틀린 것(고속도로의 경우 소통이 원활하며, 버스전용차로 없음): 일방통행 도로에서는 도로의 오른쪽부터 1차로

410 편도 3차로 고속도로에서 통행차의 기준(소통이 원활하며, 버스전용차로 없음): 1차로는 2차로가 주행 차로인 승용자동차의 앞지르기 차로

411 전용차로의 종류가 아닌 것은 자동차전용차로

412 수막현상: 타이어의 공기압이 낮아질수록 고속 주행 시 수막현상 증가

413 빙판길에서 차가 미끄러질 때: 핸들을 미끄러지는 방향으로 조작

414 안개 낀 도로에서 자동차를 운행할 때: 어느 정도 시야가 확보되는 경우에는 가드레일, 중앙선, 차선 등 자동차의 위치를 파악할 수 있는 지형지물을 이용하여 서행

415 눈길이나 빙판길 주행 중에 정지하려고 할 때 제동 방법: 엔진 브레이크로 감속한 후 브레이크 페달을 가볍게 여러 번 나누어 밟기

416 폭우가 내리는 도로의 지하 차도를 주행하는 운전자의 마음가짐: 재난 방송, 안내판 등 재난 정보를 청취하면서 위험 요소에 대응

417 겨울철 빙판길: 다리 위, 터널 출입구, 그늘진 도로에서는 블랙 아이스 현상이 자주 나타남

418 집중 호우로 차량 침수 시 대처 방법으로 틀린 것: 탈출하였다면 최대한 저지대 혹은 차량의 아래로 대피

419 내리막길 주행 중 브레이크가 제동되지 않을 때: 저단 기어로 변속하여 감속한 후 차체를 가드레일이나 벽에 부딪치기

420 터널 안 주행 중 자동차 사고로 인한 화재 목격 시 대응 방법: 하차 후 연기가 많이 나면 최대한 몸을 낮춰 연기가 나는 반대 방향으로 유도 표시등을 따라 이동

421 커브길을 주행 중일 때: 커브길에서 오버스티어(oversteer) 현상을 줄이기 위해 조향 방향의 반대로 핸들을 조금씩 돌리기

422 풋 브레이크 과다 사용으로 인한 마찰열 때문에 브레이크액에 기포가 생겨 제동이 되지 않는 현상: 베이퍼 록(vapor lock)

423 안개 낀 도로를 주행할 때 안전 운전 방법으로 틀린 것: 평소보다 전방 시야 확보가 어려우므로 안개등과 상향등을 함께 켜서 충분한 시야 확보

424 겨울철 블랙 아이스(black ice)에 대해 틀린 것: 햇볕이 잘 드는 도로에 눈이 녹아 스며들어 도로의 검은색이 햇빛에 반사되어 반짝이는 현상

425 겨울철 도로 결빙 상황과 관련한 틀린 설명: 아스팔트포장도로의 마찰 계수는 건조한 노면일 때 1.6으로 커짐

426 지진 발생 시 운전자의 조치로 틀린 것: 운전 중이던 차의 속도를 높여 신속히 그 지역 통과

427 강풍이나 돌풍 상황에서의 운전 방법 2가지: 핸들을 양손으로 꽉 잡고 차로 유지, 산악 지대나 다리 위, 터널 출입구에서는 강풍의 위험이 많으므로 주의

428 자갈길 운전에 대한 설명 2가지: 보행자 또는 다른 차마에게 자갈이 튀지 않도록 서행, 타이어의 적정 공기압보다 약간 낮은 것이 높은 것보다 운전에 유리

429 빗길 주행 중 앞차가 정지하는 것을 보고 제동했을 때 발생하는 현상으로 틀린 것 2가지: 노면의 마찰력이 작아지기 때문에 빗길에서는 공주거리가 길어짐, 자동차 타이어의 마모율이 커질수록 제동거리가 짧아짐

430 언덕길의 오르막 정상 부근으로 접근 중일 때 운전 행동 2가지: 앞 차량과의 안전거리를 유지하며 운행, 고단 기어보다 저단 기어로 주행

431 내리막길 주행 시 운전 방법 2가지: 올라갈 때와 동일한 변속 기어를 사용하여 내려감, 풋 브레이크와 엔진 브레이크를 적절히 함께 사용하면서 내려감

432 겨울철 도로 결빙 시 안전한 차량 운행 방법이 아닌 것: 터널, 교량 부근의 강설 전후로 제설제가 살포되면 평시 제한 속도로 정상 운행 가능

433 포트 홀(도로의 움푹 패인 곳): 여름철 집중 호우 등으로 만들어지기 쉬움

434 집중 호우 시 안전한 운전 방법이 아닌 것: 히터를 내부 공기 순환 모드 상태로 작동

435 강풍 및 폭우를 동반한 태풍이 발생한 도로를 주행 중일 때 운전자의 조치 방법으로 틀린 것: 담벼락 옆이나 대형 간판 아래 주차하는 것이 안전함

436 눈길 운전에 대한 틀린 설명: 운전자의 시야 확보를 위해 앞 유리창에 있는 눈만 치우고 주행하면 안전함

437 우천 시에 안전한 운전 방법이 아닌 것: 비가 내리는 초기에 가속 페달과 브레이크 페달을 밟지 않는 상태에서 바퀴가 굴러가는 크리프(creep) 상태로 운전하는 것은 좋지 않음

438 안개 낀 도로를 주행할 때 운전 방법으로 틀린 것: 앞차에게 나의 위치를 알려주기 위해 반드시 상향등 켜기

439 편도 2차로 자동차전용도로에 비가 내려 노면이 젖어 있는 경우 감속 운행 속도는 매시 72킬로미터

440 주행 중 벼락이 칠 때 운전 방법 2가지: 차의 창문을 닫고 자동차 안에 그대로 있기, 건물 옆의 젖은 벽면을 타고 전기가 흘러오기 때문에 피하기

441 교통사고 발생 시 가장 적절한 행동: 주변 가로등, 교통 신호등에 부착된 기초 번호판을 보고 사고 발생 지역을 보다 구체적으로 119, 112에 신고

442 야간에 마주 오는 차의 전조등 불빛으로 인한 눈부심을 피하는 방법: 전조등 불빛을 정면으로 보지 말고 도로 우측의 가장자리 쪽 보기

443 밤에 고속도로 등에서 고장으로 자동차를 운행할 수 없는 경우, 운전자가 조치해야 할 사항으로 틀린 것: 안전 삼각대는 고장차가 서있는 지점으로부터 200미터 후방에 반드시 설치

444 비사업용 승용차 운전자가 전조등, 차폭등, 미등, 번호등을 모두 켜야 하는 경우는 터널 안 도로에서 운행하는 경우

445 고속도로에서 자동차 고장 시, 이동이 가능한 경우 신속히 비상점멸등을 켜고 갓길에 정지

446 주행 중 타이어 펑크 예방 방법 및 조치 요령으로 틀린 것: 핸들이 한쪽으로 쏠리는 경우 뒤 타이어의 펑크일 가능성이 높음

447 밤에 고속도로에서 자동차 고장으로 운행할 수 없게 되었을 때 안전 삼각대와 함께 추가로 (사방 500미터 지점)에서 식별할 수 있는 불꽃 신호 등을 설치

448 자동차 주행 중 타이어가 펑크 났을 때: 핸들을 꽉 잡고 직진하면서 급제동을 삼가고 엔진 브레이크를 이용하여 안전한 곳에 정지

449 고속도로에서 교통사고가 발생 시, 2차 사고 방지를 위한 조치 요령은 자동차를 도로 우측 가장자리에 정지시키고 정하는 바에 따라 표지 설치

450 고속도로 공사 구간에 관한 틀린 설명: 제한 속도는 시속 80킬로미터로만 제한

451 하이패스 단말기 고장으로 하이패스가 인식되지 않은 경우, 조치 방법 2가지: 목적지 요금소에서 정산 담당자에게 진입한 장소를 설명하고 정산, 목적지 요금소에서 하이패스 단말기의 카드를 분리한 후 정산 담당자에게 그 카드로 요금 정산

452 터널 안 화재가 발생했을 때 운전자는 차량 엔진 시동을 끄고 차량 이동을 위해 열쇠는 꽂아둔 채 신속하게 내려 대피

453 터널을 통과할 때 운전자의 안전 수칙으로 틀린 것: 터널 진입 전, 명순응에 대비하여 색안경을 벗고 밤에 준하는 등화 켜기

454 자동차 주행 중 긴급 상황에서 제동 관련 설명: 비상 시 충격 흡수 방호벽을 활용하는 것은 대형 사고 예방 중 하나

455 지진이 발생할 경우 대처 요령 2가지: 차간거리를 충분히 확보한 후 도로 우측에 정차, 차를 두고 대피할 필요가 있을 때는 차의 시동 끄기

456 고속도로 공사 구간을 주행할 때 운전 요령이 아닌 2가지: 공사 구간 제한 속도 표지에서 지시하는 속도보다 빠르게 주행, 원활한 교통 흐름을 위하여 공사 구간 접근 전 속도를 일관되게 유지하여 주행

457 운전 중 터널 내에서 화재가 났을 경우 조치 행동 2가지: 차에서 내려 이동할 경우 자동차의 시동을 끄고 하차, 소화기로 불을 끌 경우 바람을 등지고 서기

458 자동차가 미끄러지는 현상에 관한 설명 2가지: 고속 주행 중 급제동 시에 주로 발생하기 때문에 과속이 주된 원인, ABS 장착 차량도 미끄러지는 현상 발생 가능

459 자동차 차로 이탈 가능성이 가장 큰 경우 2가지: 커브 길에서 급히 핸들을 조작할 때, 노면이 미끄러울 때

460 고속도로 주행 중 엔진 룸(보닛)에서 연기가 나고 화재가 발생하였을 때 조치 방법 2가지: 갓길로 이동한 후 시동을 끄고 재빨리 차에서 내려 대피, 초기 진화가 가능한 경우에는 차량에 비치된 소화기를 사용하여 불 끄기

461 도로 공사장의 안전한 통행을 위해 차선 변경이 필요한 구간으로서 차로 감소 시작 지점은 완화 구간 시작점

462 야간 운전: 반대편 차량의 불빛을 정면으로 쳐다보면 증발 현상 발생

463 야간 운전 중 나타나는 증발 현상: 마주 오는 두 차량이 모두 상향 전조등일 때 발생하는 경우 많음

464 야간 운전 시 운전자의 '각성 저하 주행'은 단조로운 시계에 익숙해져 일종의 감각 마비 상태에 빠지는 것을 말함

465 해가 지기 시작하면서 어두워질 때 운전자의 조치로 틀린 것: 주간보다 시야 확보가 용이하여 운전하기 편함

466 전기자동차의 충전 케이블의 커플러에 관한 틀린 설명: 접지극은 투입 시 제일 나중에 접속되고, 차단 시 제일 먼저 분리되는 구조일 것

467 자동차 화재 예방법: 겨울철 주유 시 정전기가 발생하지 않도록 주의

468 앞차량의 급제동으로 추돌할 위험이 있는 경우, 충돌 직전까지 포기하지 말고, 브레이크 페달을 밟아 감속

469 고속으로 주행하는 차량의 타이어 이상으로 발생하는 현상 2가지: 스탠딩 웨이브 현상, 하이드로플레이닝 현상

470 좌석안전띠 착용: 화재 진압을 위해 출동하는 소방관은 좌석안전띠를 착용하지 않아도 됨

471 교통사고 시 머리와 목 부상을 최소화하기 위해 출발 전에 조절해야 하는 것은 머리 받침대 높이 조절

472 터널에서 안전 운전과 관련된 내용: 터널 안에서는 앞차와 거리감 저하

473 진로 변경할 때 켜야 하는 신호: 진로 변경 시 신호를 하지 않으면 승용차 등과 승합차 등은 범칙금 3만원

474 앞지르기를 할 수 있는 경우: 앞차가 저속으로 진행하면서 다른 차와 안전거리를 확보하고 있을 경우

475 다른 차를 앞지르기하려는 자동차의 속도: 해당 도로의 최고 속도 이내에서만 앞지르기 가능

476 고속도로에서 사고 예방을 위해 정차 및 주차를 금지하고 있을 경우에 대한 틀린 설명: 터널 안 비상 주차대는 소방차와 경찰용 긴급자동차만 정차 또는 주차 가능

477 자동차 운전자가 위험을 느끼고 브레이크 페달을 밟아 실제로 정지할 때까지의 '정지거리'가 가장 길어질 수 있는 경우 2가지: 차량의 속도가 상대적으로 빠를 때, 과로 및 음주운전 시

478 자동차 승차 인원에 관한 설명 2가지: 고속도로에서는 자동차의 승차정원을 넘어서 운행 불가, 출발지를 관할하는 경찰서장의 허가를 받은 때에는 승차정원을 초과하여 운행 가능

479 전방에 교통사고로 앞차가 급정지했을 때 추돌 사고를 방지하기 위한 운전 방법 2가지: 앞차와 정지거리 이상을 유지하며 운전, 앞차와 추돌하지 않을 정도로 충분히 감속하며 안전거리 확보

480 좌석안전띠에 대한 설명 2가지: 일반적으로 경부에 대한 편타 손상은 2점식에서 더 많이 발생, 안전띠는 2점식·3점식·4점식으로 구분

481 좌석안전띠 착용에 대한 설명 2가지: 자동차의 승차자는 안전을 위하여 좌석안전띠 착용, 긴급한 용무로 출동하는 경우 이외에는 긴급자동차의 운전자도 좌석안전띠 반드시 착용

482 교통사고로 심각한 척추 골절 부상이 예상되는 경우 조치 방법: 긴급한 경우가 아니면 이송을 해서는 안 되며, 부득이한 경우에는 이송해야 한다면 부목을 이용해서 척추 부분을 고정한 후 안전한 곳으로 우선 대피

483 교통사고 발생 시 부상자의 의식 상태를 확인하는 방법으로 가장 먼저 해야 할 것은 말을 걸어보거나 어깨를 가볍게 두드려 보기

484 교통사고 발생 시 긴급을 요하는 경우 동승자에게 조치를 하도록 하고 운전을 계속할 수 있는 차량 2가지: 병원으로 부상자를 운반 중인 승용자동차, 택배 화물을 싣고 가던 중인 우편물자동차

485 교통사고 발생 시 계속 운전할 수 있는 경우 2가지: 긴급한 환자를 수송 중인 구급차 운전자는 동승자로 하여금 필요한 조치 등을 하게 하고 계속 운전, 긴급 우편물을 수송하는 차량 운전자는 동승자로 하여금 필요한 조치 등을 하게 하고 계속 운전

486 야간에 도로에서 로드킬(road kill)을 예방하기 위한 운전 방법으로 틀린 것: 출현하는 동물의 발견을 용이하게 하기 위해 가급적 갓길에 가까운 도로를 주행

487 고속도로에서 고장 등으로 긴급 상황 발생 시 일정 거리를 무료로 견인 서비스를 제공해 주는 기관은 한국도로공사

488 도로에서 로드킬(road kill) 발생 시 조치 요령으로 틀린 것: 2차 사고 방지를 위해 사고 당한 동물을 자기 차에 싣고 주행

489 보복 운전 또는 교통사고 발생을 방지하기 위한 분노 조절 기법: 양팔, 다리, 아랫배, 가슴, 어깨 등 몸의 각 부분을 최대한 긴장시켰다가 이완시켜 편안한 상태를 반복하는 방법이 긴장 이완 훈련 기법

490 폭우로 인하여 지하 차도가 물에 잠겨 있는 상황에서 운전 방법: 우회 도로를 확인한 후에 돌아가기

491 교통사고 등 응급 상황 발생 시 조치 요령이 아닌 것: 환자의 목적지와 신상 확인

492 주행 중 자동차 돌발 상황에서 틀린 대처 방법: 주행 중 핸들이 심하게 떨리면 핸들을 꽉 잡고 계속 주행

493 교통사고 현장에서 증거 확보를 위한 사진 촬영 방법 2가지: 파편물·자동차와 도로의 파손 부위 등 동일한 대상에 대해 근접 촬영과 원거리 촬영 같이 하기, 차량 바퀴의 진행 방향을 스프레이 등으로 표시하거나 촬영해 두기

494 장거리 운행 전에 반드시 점검해야 할 우선순위 2가지: 각종 오일류 점검, 타이어 상태 점검

495 운전면허 취소 사유: 운전자가 단속 공무원(경찰 공무원, 시·군·구 공무원)을 폭행하여 불구속 형사 입건된 경우

496 범칙금 납부 통고서를 받은 사람이 1차 납부 기간 경과 시 20일 이내 납부해야 할 금액은 통고 받은 범칙금에 100분의 20을 더한 금액

497 누산 점수 초과로 인한 운전면허 취소 기준: 3년간 271점 이상

498 교통사고 결과에 따른 벌점 기준: 자동차 등 대 자동차 등 교통사고의 경우에는 그 사고 원인 중 중한 위반 행위를 한 운전자에게만 벌점 부과

499 영상 기록 매체에 의해 입증되는 주차 위반에 대한 과태료: 같은 장소에서 2시간 이상 주차 위반을 하는 경우 과태료 가중

500 교통사고를 일으킨 운전자가 종합 보험이나 공제 조합에 가입되어 있어 교통사고처리 특례법의 특례가 적용되는 경우: 안전 운전 의무 위반으로 자동차를 손괴하고 경상의 교통사고를 낸 경우

501 도로에서 동호인 7명이 4대의 차량에 나누어 타고 공동으로 다른 사람에게 위해를 끼쳐 형사 입건된 경우 처벌 기준으로 틀린 것(개인형 이동장치는 제외): 적발 즉시 면허 정지

502 자동차 운전자가 난폭 운전으로 형사 입건된 경우 운전면허 행정 처분은 면허 정지 40일

503 술에 취한 상태에서 자전거를 운전한 경우, 범칙금 3만원의 통고 처분

504 술에 취한 상태에 있다고 인정할 만한 상당한 이유가 있는 자전거 운전자가 경찰 공무원의 정당한 음주 측정 요구에 불응한 경우, 범칙금 10만원의 통고 처분

505 형사 처벌되는 경우 2가지: 택시공제조합에 가입한 택시가 중앙선을 침범하여 인적 피해가 있는 교통사고를 일으킨 때, 종합 보험에 가입한 차가 신호를 위반하여 인적 피해가 있는 교통사고를 일으킨 때

506 범칙금 납부 통고서를 받은 사람이 2차 납부 기간을 경과한 경우에 대한 설명 2가지: 지체 없이 즉결 심판 청구, 즉결 심판을 받지 아니한 때 운전면허 40일 정지

507 승용자동차 운전자가 주정차된 차만 손괴하는 교통사고를 일으키고 피해자에게 인적 사항을 제공하지 아니한 경우, 범칙금 12만원 통고 처분

508 혈중 알코올 농도 0.03퍼센트 이상 0.08퍼센트 미만의 술에 취한 상태로 승용차를 운전한 사람의 처벌 기준(1회 위반한 경우): 1년 이하의 징역이나 500만원 이하의 벌금

509 운전면허 행정 처분에 대한 이의 신청을 하여 인용된 경우, 취소 처분에 대한 감경 기준: 처분 벌점 110점

510 연습운전면허 소지자가 혈중 알코올 농도 (0.03) 퍼센트 이상을 넘어서 운전한 때 연습운전면허 취소

511 운전자가 단속 경찰 공무원 등에 대한 폭행을 하여 형사 입건된 때 처분: 운전면허 취소 처분

512 인적 피해 있는 교통사고를 야기하고 도주한 차량의 운전자를 검거하거나 신고하여 검거하게 한 운전자(교통사고의 피해자가 아닌 경우)에게 검거 또는 신고할 때마다 (40점)의 특혜 점수 부여

513 승용자동차 운전자에 대한 위반 행위별 범칙금이 틀린 것: 앞지르기 금지 시기·장소 위반의 경우 5만원

514 화재 진압용 연결 송수관 설비의 송수구로부터 5미터 이내 승용자동차를 정차한 경우 범칙금(안전표지 미설치): 4만원

515 벌점 부과 기준이 다른 위반 행위 하나는 승객의 차내 소란 행위 방치 운전

516 즉결 심판이 청구된 운전자가 즉결 심판의 선고 전까지 통고받은 범칙금액에 (100분의 50)을 더한 금액을 내고 납부를 증명하는 서류를 제출하면 경찰서장은 운전자에 대한 즉결 심판 청구 취소

517 술에 취한 상태에 있다고 인정할 만한 상당한 이유가 있는 자동차 운전자가 경찰 공무원의 정당한 음주 측정 요구에 불응한 경우 처벌 기준(1회 위반한 경우): 1년 이상 5년 이하의 징역이나 500만원 이상 2천만원 이하의 벌금

518 자동차 번호판을 가리고 자동차를 운행한 경우 벌칙: 1년 이하의 징역 또는 1,000만원 이하의 벌금

519 자동차 운전자가 고속도로에서 자동차 내에 고장자동차의 표지를 비치하지 않고 운행할 경우 2만원의 과태료 부과

520 고속도로에서 승용자동차 운전자의 과속 행위에 대한 범칙금 기준: 제한 속도 기준 시속 60킬로미터 초과 80킬로미터 이하-범칙금 12만원

521 교통사고를 일으킨 자동차 운전자에 대한 벌점 기준: 신호 위반으로 사망(72시간 이내) 1명의 교통사고가 발생하면 벌점 105점

522 적성검사 기준을 갖추었는지를 판정하는 건강검진 결과 통보서는 운전면허시험 신청일부터 (2년) 이내에 발급된 서류이어야 함

523 운전면허 취소 처분에 대한 이의가 있는 경우, 운전면허 행정 처분 이의 심의 위원회에 신청할 수 있는 기간은 그 처분을 받은 날로부터 60일 이내

524 연습운전면허 소지자가 도로에서 주행 연습을 할 때 연습하고자 하는 자동차를 운전할 수 있는 운전면허를 받은 날부터 2년이 경과된 사람(운전면허 정지 기간 중인 사람 제외)과 함께 승차하지 아니하고 단독으로 운행한 경우 처분: 연습운전면허 취소

525 원동기장치자전거를 운전할 수 있는 운전면허를 받지 아니하고 개인형 이동장치를 운전한 경우 처벌 기준: 20만원 이하 벌금이나 구류 또는 과료

526 승용자동차의 고용주 등에게 부과되는 위반 행위별 과태료 금액이 틀린 것(어린이보호구역 및 노인·장애인보호구역 제외): 속도위반(매시 20킬로미터 이하)의 경우, 과태료 5만원

527 벌점이 부과되는 운전자의 행위는 주행 중 차 밖으로 물건을 던지는 경우

528 무사고·무위반 서약에 의한 벌점 감경(착한운전 마일리지 제도): 운전자가 정지 처분을 받게 될 경우 누산 점수에서 특혜 점수 공제

529 연습운전면허 취소 사유 2가지: 단속하는 경찰 공무원 등 및 시·군·구 공무원 폭행, 다른 사람에게 연습운전면허증을 대여하여 운전하게 한 때

530 특별교통안전 의무교육을 받아야 하는 사람은 난폭운전으로 면허가 정지된 사람

531 교차로·횡단보도·건널목이나 보도와 차도가 구분된 도로의 보도에 2시간 이상 주차한 승용자동차의 소유자에게 부과되는 과태료 금액(어린이보호구역 및 노인·장애인보호구역 제외)은 5만원

532 운전면허 취소 사유가 아닌 것: 제한 속도를 시속 100킬로미터 초과하여 2회 운전한 경우

533 2회 이상 경찰 공무원의 음주 측정을 거부한 승용차운전자의 처벌 기준(벌금 이상의 형 확정된 날부터 10년 내): 1년 이상 6년 이하의 징역이나 500만원 이상 3천만원 이하의 벌금

534 혈중 알코올 농도 0.08퍼센트 이상 0.2퍼센트 미만의 술에 취한 상태로 자동차를 운전한 사람에 대한 처벌 기준(1회 위반한 경우, 개인형 이동장치 제외): 1년 이상 2년 이하의 징역이나 500만원 이상 1천만원 이하의 벌금

535 도로에서 자동차 운전자가 물적 피해 교통사고를 일으킨 후 조치 등 불이행에 따른 벌점 기준은 15점

536 4.5톤 화물자동차의 적재물 추락 방지 조치를 하지 않은 경우 범칙금액은 5만원

537 전용차로 통행: 승차정원 9인승 이상 승용차는 6인이 승차하면 고속도로 버스전용차로 통행 가능

538 75세 이상인 사람이 받아야 하는 교통안전교육에 대한 틀린 설명: 75세 이상인 사람이 운전면허를 처음 받으려는 경우 교육 시간 1시간

539 자동차 운전자가 중앙선 침범으로 피해자에게 중상 1명, 경상 1명의 교통사고를 일으킨 경우 벌점은 50점

540 도로에서 어린이에게 개인형 이동장치를 운전하게 한 보호자의 과태료와 술에 취한 상태로 개인형 이동장치를 운전한 사람의 범칙금(측정 거부 제외)을 합산하면 20만원

541 고속도로 버스전용차로를 이용할 수 있는 자동차의 기준: 9인승 승용자동차는 6인 이상 승차한 경우 통행 가능

542 일시정지해야 하는 곳이 아닌 곳: 신호기의 신호가 황색 점멸 중인 교차로

543 통행료 미납하고 고속도로를 통과한 차량에 대한 부가 통행료 부과 기준: 통행료의 10배의 해당하는 금액 부과

544 전용차로 통행차 외에 전용차로로 통행할 수 있는 경우가 아닌 것: 택배차가 물건을 내리기 위해 일시 통행하는 경우

545 자동차전용도로에서 자동차의 최고 속도는 (매시 90킬로미터), 최저 속도는 (매시 30킬로미터)

546 고속도로 통행료 미납 시 강제 징수의 방법으로 틀린 것: 번호판 영치

547 개인형 이동장치 운전자(13세 이상)의 법규 위반에 대한 범칙금액이 다른 것은 경찰 공무원의 호흡 조사 측정에 불응한 경우

548 음주운전 방지 장치 부착 조건부 운전면허 취득 대상이 아닌 것: 음주운전 위반자가 3년 이내 술에 취한 상태에서 개인형 이동장치를 운전하여 면허 취소 처분받은 경우

549 정비 불량 차량 발견 시 (10)일의 범위 내에서 그 사용을 정지시킬 수 있음

550 신호에 대한 설명 2가지: 황색 등화의 점멸-차마는 다른 교통 또는 안전표지에 주의하면서 진행 가능, 녹색 화살 표시의 등화-차마는 화살표 방향으로 진행 가능

551 '자동차'에 해당하는 2가지: 천공기(트럭 적재식), 노상안정기

552 자동차 등(개인형 이동장치 제외)을 운전한 사람에 대한 처벌 기준으로 잘못 연결된 2가지: 혈중 알코올 농도 0.2퍼센트 이상으로 음주운전한 사람-1년 이상 2년 이하의 징역이나 1천만원 이하의 벌금, 원동기장치자전거 무면허 운전-50만원 이하의 벌금이나 구류

553 음주 측정 방해 행위 관한 틀린 설명 2가지: 음주 측정 방해 행위 위반 시 1년 이하의 징역이나 500만원 이하의 벌금, 술에 취한 상태에 있다고 인정할 만한 이유가 있는 사람이 자전거 운전 후 음주 측정 방해 행위를 하는 경우는 음주 측정 방해 행위 아님

554 승용차가 해당 도로에서 법정 속도를 위반하여 운전하고 있는 경우 2가지: 편도 2차로인 일반 도로를 매시 85킬로미터로 주행 중, 자동차전용도로를 매시 95킬로미터로 주행 중

555 길가장자리구역에 대한 설명 2가지: 보행자의 안전 확보를 위하여 설치, 보도와 차도가 구분되지 아니한 도로에 설치

556 처벌의 특례: 차의 운전자가 교통사고로 형사 처벌을 받게 되는 경우 5년 이하의 금고 또는 2천만원 이하의 벌금형

557 보행 보조용 의자차(식품의약품안전처장이 정하는 의료기기의 규격)로 볼 수 없는 것은 전기자전거

558 초보 운전자: 처음 제1종 보통면허를 받은 날부터 2년이 지나지 않은 사람

559 원동기장치자전거: 전기를 동력으로 사용하는 경우 최고정격출력 11킬로와트 이하의 원동기를 단 차(전기자전거 제외)

560 교통사고에 해당하지 않는 것은 철길 건널목에서 보행자가 기차에 부딪혀 다친 경우

561 도로의 구간 또는 장소에 설치하는 노면 표시의 색채: 소방 시설 주변 정차·주차 금지 표시는 빨간색

562 앞지르기: 차의 운전자가 앞서가는 다른 차의 좌측 옆을 지나서 그 차의 앞으로 나가는 것

563 자동차가 아닌 것은 원동기장치자전거

564 피해자의 명시된 의사에 반하여 공소를 제기할 수 있는 속도위반 교통사고: 최고 속도가 60킬로미터인 편도 1차로 일반 도로에서 매시 82킬로미터로 주행하다가 발생한 교통사고

565 4색 등화의 가로형 신호등 배열 순서: 좌로부터 적색 → 황색→ 녹색 화살표 → 녹색

566 적성검사 기준을 갖추었는지를 판정하는 서류가 아닌 것은 대한안경사협회장이 발급한 시력 검사서

567 사용하는 사람 또는 기관 등의 신청에 의하여 시·도경찰청장이 지정할 수 있는 긴급자동차는 전파 감시 업무에 사용되는 자동차

568 긴급자동차의 준수 사항 2가지: 국내외 요인에 대한 경호 업무 수행에 공무로 사용되는 긴급자동차는 사이렌을 울리거나 경광등을 켜지 않아도 됨, 긴급자동차는 원칙적으로 사이렌을 울리거나 경광등을 켜야만 우선 통행 및 법에서 정한 특례 적용 가능

569 도로교통법에서 정의하고 있는 용어로 알맞은 것 2가지: "차선"이란 차로와 차로를 구분하기 위하여 그 경계 지점을 안전표지로 표시한 선, "보도"란 연석선 등으로 경계를 표시하여 보행자가 통행할 수 있도록 한 도로의 부분

570 자전거의 통행 방법에 대한 틀린 설명: 교차로에서 좌회전하고자 할 때는 서행으로 도로의 중앙 또는 좌측 가장자리에 붙어서 좌회전

571 용어의 정의: "자동차전용도로"란 자동차만이 다닐 수 있도록 설치된 도로

1페이지 2분순삭!

572 개인형 이동장치 운전자 준수 사항으로 틀린 것: 개인형 이동장치는 운전면허를 받지 않아도 운전 가능

573 자전거를 타고 보도 통행을 할 수 없는 사람은 신체의 부상으로 석고 붕대를 하고 있는 사람

574 전방에 자전거를 끌고 차도를 횡단하는 사람이 있을 때 운전 방법: 자전거 횡단 지점과 일정한 거리를 두고 일시정지

575 어린이보호구역 내의 차로가 설치되지 않은 좁은 도로에서 자전거를 주행하여 보행자 옆을 지나갈 때 안전한 거리를 두지 않고 서행하지 않은 경우 범칙금액은 4만원

576 어린이가 도로에서 타는 경우 인명 보호 장구를 착용하여야 하는 행정안전부령으로 정하는 위험성이 큰 놀이기구에 해당하지 않는 것은 전동이륜평행차

577 자전거 통행 방법에 대한 설명 2가지: 자전거 운전자는 안전표지로 통행이 허용된 경우를 제외하고는 2대 이상이 나란히 차도 통행금지, 자전거 운전자가 횡단보도를 이용하여 도로를 횡단할 때에는 자전거를 끌고 통행

578 (13)세 미만인 어린이의 보호자는 어린이가 전기자전거를 운행하게 하여서는 안 됨

579 자전거 등의 통행 방법으로 적절한 행위가 아닌 것: 진행 방향 가장 좌측 차로에서 좌회전

580 자전거 운전자는 보행자의 통행에 방해가 될 때는 서행 및 일시정지

581 자전거(전기자전거 제외) 운전자의 도로 통행 방법으로 틀린 것: 통행 차량이 없어 도로 중앙으로 통행

582 개인형 이동장치 운전자에 대한 틀린 설명: 전동이륜평행차는 승차정원 1명을 초과하여 동승자를 태우고 운전 가능

583 자전거 운전자의 교차로 좌회전 통행 방법: 도로의 우측 가장자리로 붙어 서행하면서 교차로의 가장자리 부분을 이용하여 좌회전

584 승용차가 자전거전용차로를 통행하다 단속되는 경우, 범칙금 4만원의 통고 처분

585 자전거도로를 주행할 수 있는 전기자전거의 기준이 아닌 것: 최고정격출력 11킬로와트 초과하는 전기자전거

586 자전거 운전자가 밤에 도로를 통행할 때 주행 방법이 아닌 것: 경음기를 자주 사용하면서 주행

587 자전거 운전자가 법규를 위반한 경우 범칙금 대상이 아닌 것은 제한 속도 위반

588 자전거도로의 이용 관련 내용으로 틀린 것 2가지: 자전거도로는 개인형 이동장치 통행 불가, 자전거전용도로는 도로에 포함되지 않음

589 자전거가 통행할 수 있는 도로의 명칭에 해당하지 않는 2가지: 자전거우선차로, 자전거·원동기장치자전거 겸용도로

590 연료의 소비 효율이 가장 높은 운전 방법은 경제속도로 주행

591 친환경 경제운전 방법: 급감속은 되도록 피함

592 자동차 에어컨 사용 방법 및 점검: 에어컨은 처음 켤 때 고단으로 시작하여 저단으로 전환

593 자동차 연비 향상 방법: 엔진 오일 교환 시 오일 필터와 에어 필터를 함께 교환

594 주행 중 가속 페달에서 발을 떼거나 저단으로 기어를 변속하여 차량 속도를 줄이는 운전 방법은 엔진 브레이크

595 자동차 연비를 향상시키는 운전 방법: 법정 속도에 따른 정속 주행

596 운전 습관 개선을 통한 친환경 경제운전이 아닌 것: 자동차 연료를 가득 유지

597 자동차의 친환경 경제운전 방법: 자동차 연료는 절반 정도만 채움

598 수소자동차 관련 틀린 설명: 수소자동차 충전소에서 운전자가 임의로 충전소 설비 조작

599 경제운전에 대한 운전자의 올바른 운전 습관으로 바람직하지 않은 것: 경제적 절약을 위해 유사 연료 사용

600 환경친화적 자동차 전용 주차 구역에 주차해서는 안 되는 자동차는 태양광자동차

601 수소자동차: 수소자동차 운전자는 해당 차량이 안전 운행에 지장이 없는지 점검하고 안전하게 운전

602 자동차 배기가스의 미세 먼지를 줄이기 위한 운전 방법: 급가속을 하지 않고 부드럽게 출발

603 수소자동차의 주요 구성품이 아닌 것은 내연기관에 의해 구동되는 발전기

604 친환경 운전 관련 내용 2가지: 온실가스 감축 목표치를 규정한 교토 의정서와 관련 있음, 대기 오염을 일으키는 물질은 탄화수소·일산화탄소·이산화탄소·질소산화물 등

605 유해한 배기가스를 가장 많이 배출하는 자동차는 노후된 디젤자동차

606 친환경 경제운전 중 관성 주행(fuel cut) 방법이 아닌 것: 평지에서는 속도를 줄이지 않고 계속해서 가속 페달 밟기

607 자동차 배기가스 재순환 장치(EGR)가 주로 억제하는 물질은 질소산화물(NOx)

608 수소자동차 점검에 대한 틀린 설명: 수소자동차를 운전하는 자는 해당 차량이 안전 운행에 지장이 없는지 점검해야 할 의무가 없음

609 수소자동차 운전자의 충전소 이용 시 주의 사항으로 틀린 것: 수소자동차 연료 충전 중에 자동차 이동 가능

610 수소자동차 연료를 충전할 때 운전자의 행동으로 틀린 것: 수소자동차 충전소 충전기 주변에서 흡연

611~680은 제1종 대형·특수 면허 응시자만 해당

611 화물을 적재한 덤프트럭이 내리막길을 내려오는 경우, 앞차의 급정지를 대비하여 충분한 차간거리 유지

612 화물의 적재 불량 등으로 인한 교통사고를 줄이기 위한 운전자의 조치 사항: 화물을 싣고 이동할 때는 반드시 덮개 씌우기

613 화물자동차의 화물 적재에 대한 틀린 설명: 화물자동차는 무게 중심이 앞쪽에 있기 때문에 적재함의 뒤쪽부터 적재

614 대형 및 특수 자동차의 제동 특성에 대한 틀린 설명: 차량의 적재량이 커질수록 실제 제동거리는 짧아짐

615 저상 버스의 특성에 대한 틀린 설명: 일반 버스에 비해 차체의 높이가 1/2

616 운행 기록계를 설치하지 않은 견인형 특수자동차(화물자동차 운수사업법에 따른 자동차에 한함)를 운전한 경우 운전자 처벌 규정: 범칙금 7만원

617 화물자동차의 적재물 추락 방지에 대한 틀린 설명: 적재물 추락 방지 위반의 경우 범칙금 5만원, 벌점 10점

618 유상 운송을 목적으로 등록된 사업용 화물자동차 운전자가 반드시 갖추어야 하는 것은 화물 운송 종사 자격증

619 대형화물자동차의 특성: 화물의 종류에 따라 선회 반경과 안정성이 크게 변할 수 있음

620 운송 사업용 자동차 등 운행 기록계를 설치하여야 하는 자동차 운전자의 바람직한 운전 행위: 주기적인 운행 기록계 관리로 고장 등을 사전에 예방하는 행위

621 제1종 대형면허의 취득에 필요한 청력 기준(단, 보청기 사용자 제외): 55데시벨

622 대형화물자동차의 특징: 적재 화물의 위치나 높이에 따라 차량의 중심 위치는 달라짐

623 대형화물자동차의 운전 특성: 고속 주행 시에 차체가 흔들리기 때문에 순간적으로 직진 안정성이 나빠지는 경우가 있음

624 대형화물자동차의 사각지대와 제동 시 하중 변화: 화물 하중의 변화에 따라 제동력에 차이 발생

625 화물자동차의 적재 용량 안전 기준을 위반한 차량은 자동차 길이의 10분의 2를 더한 길이

626 제1종 특수면허: 소형견인차면허는 적재 중량 4톤의 화물자동차 운전 가능

627 대형차의 운전 특성에 대한 틀린 설명: 소형차에 비해 운전석이 높아 차의 바로 앞만 보고 운전하게 되므로 직진 안정성이 좋아짐

628 자동차(연결자동차 제외)의 길이는 (13)미터를 초과하여서는 아니 됨

629 대형 승합자동차 운행 중 차내에서 승객이 춤추는 행위를 방치하였을 경우 운전자의 처벌은 범칙금 10만원, 벌점 40점

630 4.5톤 화물자동차의 화물 적재함에 사람을 태우고 운행한 경우 범칙금액은 5만원

631 고속버스가 밤에 도로를 통행할 때 켜야 할 등화는 전조등, 차폭등, 미등, 번호등, 실내조명등

632 차의 승차 또는 적재 방법에 관한 틀린 설명: 운전자는 영유아나 동물의 안전을 위하여 안고 운전

633 화물자동차의 적재 화물 이탈 방지에 대한 틀린 설명: 효율적인 운송을 위해 적재 중량의 120퍼센트 이내로 적재

634 제1종 대형면허와 제1종 보통면허의 운전 범위를 구별하는 화물자동차의 적재 승량 기준은 12톤 미만

635 제1종 보통면허 소지자가 총중량 750kg 초과 3톤 이하의 피견인자동차를 견인하기 위해 추가로 소지하여야 하는 면허는 제1종 소형견인차면허

636 총중량 750킬로그램 이하의 피견인자동차를 견인할 수 없는 운전면허는 제1종 보통연습면허

637 고속도로가 아닌 곳에서 총중량이 1천5백킬로그램인 자동차를 총중량 5천킬로그램인 승합자동차로 견인할 때 최고 속도는 매시 30킬로미터

638 자동차를 견인하는 경우에 대한 틀린 설명: 일반 도로에서 견인차가 아닌 차량으로 다른 차량을 견인할 때에는 도로의 제한 속도로 진행 가능

639 특수한 작업을 수행하기 위해 제작된 총중량 3.5톤 이하의 특수자동차(구난차 등은 제외)를 운전할 수 있는 면허는 제2종 보통면허

640 소형견인차 운전자가 지켜야할 사항: 소형견인차 운전자는 운행 시 제1종 특수(소형견인차)면허를 취득하고 소지

641 편도 3차로 고속도로에서 견인차의 주행 차로(버스전용차로 없음)는 3차로

642 급감속·급제동 시 피견인차가 앞쪽 견인차를 직선 운동으로 밀고 나아가면서 연결 부위가 'ㄱ'자처럼 접히는 현상: 잭 나이프(jack knife)

643 자동차를 견인하는 경우에 대한 틀린 설명: 제1종 대형면허로 대형견인차를 운전하여 이륜자동차 견인

644 트레일러 차량의 특성: 승용차에 비해 내륜차(內輪差)가 큼

645 화물을 적재한 트레일러자동차가 시속 50킬로미터로 편도 1차로 도로의 우로 굽은 도로를 진행할 때: 원심력에 의해 전복의 위험성이 있어 속도를 줄이면서 진입

646 유형별로 구분한 특수자동차에 해당되지 않는 것은 일반형

647 트레일러의 종류에 해당되지 않는 것은 고가 트레일러

648 트레일러의 차량 중량이란 공차 상태의 자동차의 중량

649 도로에서 캠핑 트레일러 피견인 차량 운행 시 횡풍 등 물리적 요인에 의해 피견인 차량이 물고기 꼬리처럼 흔들리는 현상은 스웨이(sway) 현상

650 견인형 특수자동차의 뒷면 또는 우측면에 표시하여야 하는 것은 차량 중량에 승차정원의 중량을 합한 중량

651 견인차의 트랙터와 트레일러를 연결하는 장치는 커플러

652 연결자동차가 초과해서는 안 되는 자동차 길이의 기준은 16.7미터

653 초대형 중량물의 운송을 위하여 단독으로 또는 2대 이상을 조합하여 운행할 수 있도록 되어 있는 구조로서 하중을 골고루 분산하기 위한 장치를 갖춘 피견인자동차는 모듈 트레일러

654 차체 일부가 견인자동차의 상부에 실리고, 해당 자동차 및 적재물 중량의 상당 부분을 견인자동차에 분담시키는 구조의 피견인자동차는 세미 트레일러

655 트레일러의 특성: 급 차로변경을 할 때 전도나 전복의 위험성이 높음

656 대형화물자동차의 선회 특성과 진동 특성: 화물의 종류와 적재 위치에 따라 선회 반경과 안정성이 크게 변할 수 있음

657 트레일러 운전자의 준수 사항: 정당한 이유 없이 화물의 운송을 거부해서는 안됨

658 편도 3차로 고속도로에서 구난차의 주행 차로(버스 전용차로 없음)는 오른쪽 차로

659 구난차로 상시 4륜구동 자동차를 견인하는 경우: 상시 4륜구동자동차는 전체를 들어서 견인

660 구난형 특수자동차의 세부 기준: 고장·사고 등으로 운행이 곤란한 자동차를 구난·견인할 수 있는 구조인 것

661 자동차의 길이 기준(연결자동차 아님)은 13미터

662 교통사고 발생 현장에 도착한 구난차 운전자는 운전자의 부상 정도를 확인하고 2차 사고에 대비해 안전 조치 실시

663 구난차 운전자는 피견인 차량을 견인 시 법규를 준수하고 안전하게 견인

664 구난차가 갓길에서 고장 차량을 견인하여 주행 차로로 진입할 때 주의해야 할 사항: 주행 차로 뒤쪽에서 빠르게 주행해오는 차량에 주의

665 부상자가 발생한 사고 현장에서 구난차 운전자가 취한 행동으로 틀린 것: 바로 견인 준비를 하며 합의 종용

666 구난차의 각종 장치: 작업 시 안정성 확보를 위해 전방과 후방 측면에 부착된 구조물을 아웃트리거라고 함

667 구난차 운전자가 FF방식(Front engine Front wheel drive)의 고장난 차를 구난하는 방법: 차체의 앞부분을 들어 올려 견인

668 구난차 운전자가 교통사고 현장에서 한 조치: 사고 당사자에게 일단 심리적 안정을 취할 수 있도록 도와줌

669 구난차 운전자가 교통사고 현장에서 부상자를 발견하였을 때: 말을 걸어보거나 어깨를 두드려 부상자의 의식 상태 확인

670 교통사고 발생 현장에 도착한 구난차 운전자가 부상자에게 응급조치를 해야 하는 이유로 거리가 먼 것: 부상자의 재산을 보호하기 위하여

671 자동차의 주행 또는 급제동 시 자동차의 뒤쪽 차체가 좌우로 떨리는 현상: 피시테일링(fishtailing)

672 구난차 운전자의 바람직한 행동: 화재 발생 시 초기 진화를 위해 소화 장비를 차량에 비치

673 제한 속도 매시 100킬로미터 고속도로에서 구난 차량이 매시 145킬로미터로 주행하다 과속으로 적발된 경우 벌점과 범칙금액: 벌점 60점, 범칙금 13만원

674 구난차 운전자가 자동차에 도색(塗色)이나 표지를 할 수 있는 것: 응급 상황 발생 시 연락할 수 있는 운전자 전화번호

675 구난차 운전자가 RR방식(Rear engine Rear wheel drive)의 고장난 차를 구난하는 방법: 차체의 뒷부분을 들어 올려 견인

676 교통사고 현장에 출동하는 구난차 운전자의 운전 방법: 신속한 도착도 중요하지만 교통사고 방지를 위해 안전 운전

677 특수자동차의 유형별 구분에 해당하지 않는 것은 도시가스 응급 복구용 특수자동차

678 제1종 특수면허 중 소형견인차면허의 기능시험: 소형견인차면허 합격 기준은 100점 만점에 90점 이상

679 구난차로 고장 차량을 견인할 때 견인되는 차가 켜야 하는 등화는 미등, 차폭등, 번호등

680 구난차 운전자가 지켜야 할 사항: 구난차 운전자는 도로교통법을 반드시 준수

초스피드 정리 안전표지 100+ 정답 한눈에 보기

안전표지 종류

			안전속도 30
주의 표지 노란 정삼각형+빨간 테	규제 표지 흰색/청색 바탕+빨간 테, 또는 빨간 바탕	지시 표지 파란 바탕+흰 글씨 또는 기호	보조 표지 사각형+흰 바탕+검은 글씨

안전표지형 866번~965번

866. 횡단보도	867. 어린이 보호	868. 과속방지턱	869. 우측 방향 통행
신호가 없는 포장도로의 교차로나 단일로	어린이 또는 유아의 통행로나 횡단보도가 있음을 알리는 것	과속방지턱이 있음을 알리는 것	도로 중앙에 장애물이 있으므로 우측 방향으로 주의하면서 통행

초스피드 정리

882. 우선도로	883. 도시부	884. 강변도로	885. 양측방 통행
우선도로에서 우선도로가 아닌 도로와 교차함을 알리는 표지	(틀린 설명) 국토의 계획 및 이용에 관한 법률에 따른 계획관리 구역에 설치	도로의 일변이 계곡 등 추락 위험 지역임을 알리는 주의 표지	양측방 통행 표지

886. 회전형 교차로	887. 미끄러운 도로	888. 우로 굽은 도로	889. 차간거리 확보
회전형 교차로 표지	눈·비 등의 원인으로 자동차 등이 미끄러지기 쉬운 도로	전방 우로 굽은 도로에 대한 주의 표지	자동차전용도로에 설치되며 차간거리를 50미터 이상 확보

890. 최고 속도 제한	891. 통행금지	892. 이륜자동차 및 원동기장치자전거 통행금지	893. 진입 금지
규제 표지, 자동차의 최고 속도가 매시 50킬로미터를 초과해서는 아니 됨	보행자뿐만 아니라 모든 차마는 통행할 수 없음	이륜자동차 및 원동기장치자전거의 통행을 금지	차의 진입을 금지

초스피드 정리

894. 직진 금지	895. 유턴 금지	896. 주차 금지	897. 차 높이 제한
좌우측 도로를 이용하는 등 다른 도로를 이용해야 함	차마의 유턴을 금지하는 규제 표지	승객을 내려 주기 위해 일시적으로 정차할 수 있음	차 높이 제한

898. 차폭 제한	899. 일시정지	900. 서행	901. 위험물 적재 차량 통행금지
차폭 제한	도로에 차량이 없을 때에도 정지해야 함	비탈길 고갯마루 부근	위험물을 실은 차량 통행금지

902. 승합자동차 통행금지	903. 상습 정체 구간	904. 앞지르기 금지	905. 차 중량 제한
승합자동차	상습 정체 구간 표지	앞지르기 금지	중량 5.5t 초과 차의 통행을 제한하는 것

초스피드 정리

 930. 직진 및 좌회전 차가 직진 또는 좌회전할 것을 지시	 931. 횡단보도 보행자가 횡단보도로 통행할 것을 지시	 932. 노인 보호 노인보호구역에서 노인의 보호를 지시하는 것	Ⓐ  Ⓑ  Ⓒ  Ⓓ  933. 규제/보조/지시/주의 표지 (지시표지) Ⓒ
 934. 우회전 우회전 표지	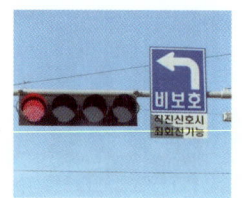 935. 비보호 좌회전 좌회전 신호 시 좌회전하거나 진행 신호 시 반대 방면에서 오는 차량에 방해가 되지 아니하도록 좌회전할 수 있음	 936. 시선 유도봉 (틀린 설명) 중앙선 노면 표시에 설치된 도로 안전 시설물은 중앙 분리봉임	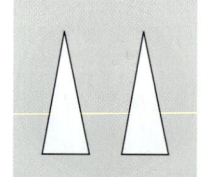 937. 오르막 경사면 전방에 과속방지턱 또는 교차로에 오르막 경사면이 있음
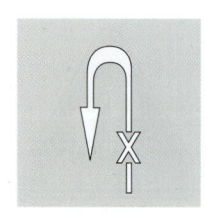 938. 유턴 금지 차마의 유턴을 금지하는 도로의 구간에 설치	 939. 소방 시설 주변 정차·주차 금지 소방 시설 등이 설치된 구역을 표시하는 것	 940. 서행, 정차·주차금지, 어린이보호구역 어린이보호구역으로 어린이 및 영유아 안전에 유의해야 하며 지그재그 노면 표시에 의하여 서행하여야 함	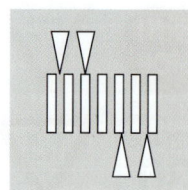 941. 고원식 횡단보도 (틀린 설명) 모든 도로에 설치할 수 있음

초스피드 정리

942. 횡단보도 예고	943. 자전거 횡단도	944. 양보	945. 정차 금지 지대
전방에 횡단보도가 있음을 알리는 것	자전거 등의 횡단도임을 표시하는 것	차가 양보하여야 할 장소임을 표시하는 것	차가 들어가 정차하는 것을 금지하는 표시

946. 자전거우선도로	947. 정차·주차 금지	948. 좌회전유도차로	949. 길가장자리구역선
자전거우선도로 표시	정차 및 주차 금지를 표시하는 것	교차로에서 좌회전하려는 차량이 다른 교통에 방해가 되지 않도록 녹색 등화 동안 교차로 안에서 대기하는 지점을 표시	길가장자리구역선 표시

950. 횡단보도 예고	951. 방향	952. 고속도로 이정	953. 유턴
전방에 횡단보도가 있음을 알리는 것	나들목(IC)의 명칭은 군포	(대전 143km 의미) 가장 먼저 닿게 되는 대전 지역 나들목까지의 잔여 거리	(틀린 설명) 지시 표지이므로 녹색 등화 시에만 유턴할 수 있음

초스피드 정리

954. 자동차·이륜자동차 및 원동기장치자전거 통행금지	955. 주차 금지/견인 지역	956. 기초 번호판	957. 버스전용차로
자동차와 이륜자동차 및 원동기장치자전거는 08:00~20:00 통행을 금지	(견인되는 경우가 아닌 것) 운전자가 차를 정지시키고 운전석에 4분 동안 앉아 있는 경우	(틀린 설명) 녹색로의 시작 지점으로부터 4.73km 지점의 오른쪽 도로변에 설치된 기초 번호판	일요일, 공휴일을 제외하고 버스전용차로 통행차만 통행할 수 있음을 알림

958. 어린이 승하차	959. 출구 감속 유도	960. 도로명판	961. 기점
(틀린 설명) 어린이보호구역에서 자동차 등이 어린이의 승하차를 위해 정차는 할 수 있으나 주차는 할 수 없음	출구 감속 유도 표지	"강남대로"는 도로 이름을 나타냄	고속도로가 시작되는 기점에서 현재 위치까지 거리를 알려주는 표지
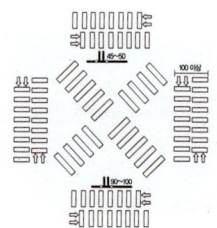	ⓐ ⓑ ⓒ ⓓ		
962. 대각선 횡단보도	963. 건물 번호판	964. 건물 번호판	965. 3방향 도로명 예고
(틀린 설명) 횡단보도 표시 사이 빈 공간은 횡단보도에 포함되지 않음	(관공서용 건물 번호판) ⓓ	평촌길은 도로명, 30은 건물번호	직진하면 300미터 전방에 '관평로'가 나옴